光纤传感器及其应用技术

黎 敏 廖延彪 编著

科学出版社

北 京

版权所有，侵权必究

举报电话：010-64030229；010-64034315；13501151303

内 容 简 介

为了适应光纤传感技术和产业的高速发展，本书以光纤中的光调制机理为主线，详细讨论强度调制、相位调制、波长调制和偏振态调制四大类光纤传感器的传感机理、关键问题和应用范例，以及近年来多行业规模化应用的分布式光纤传感技术的原理、方法和关键技术；选择性地将物联网技术中的重要骨架——光纤成网技术，新型光纤——聚合物光纤、光子晶体光纤和纳米光纤及其传感应用作为延伸与拓展。本书内容重点突出，结合学科最新进展，应用设计实例丰富。有助于在掌握基础理论和应用工具的同时，开阔科研视野、了解学科动态、启发创新思维。

本书适合电子信息类相关专业高年级本科生及研究生学习使用，也适合从事相关科研人员参考阅读。

图书在版编目（CIP）数据

光纤传感器及其应用技术/黎敏，廖延彪编著. —北京：科学出版社，2018.6
ISBN 978-7-03-057784-9

Ⅰ.①光… Ⅱ.①黎… ②廖… Ⅲ.①光纤传感器 Ⅳ.①TP212

中国版本图书馆 CIP 数据核字（2018）第 126519 号

责任编辑：孙寓明/责任校对：董艳辉
责任印制：吴兆东/封面设计：苏 波

科 学 出 版 社 出版
北京东黄城根北街 16 号
邮政编码：100717
http://www.sciencep.com

北京华宇信诺印刷有限公司印刷
科学出版社发行 各地新华书店经销

*

开本：787×1092 1/16
2018 年 6 月第 一 版 印张：14 3/4
2025 年 1 月第七次印刷 字数：378 000

定价：78.00 元
（如有印装质量问题，我社负责调换）

前　言

从第一代光纤传感器——牙科内窥镜开始,光纤传感器的研发和应用引领了生物医药、智能材料、电力等多个行业测试技术的革命性发展。现代光纤技术以 20 世纪 70 年代发展起来的超低损耗光纤为基础,历经 40 年的发展,在信息获取和信息传输领域发挥着不可替代的作用。获取信息是光纤传感的核心使命。作为一类重要的传感技术,光纤传感技术具有许多传统传感器所无法企及的优势,尤其是本征绝缘和抗电磁干扰性能,而与生俱来的信息传输能力,使得光纤传感器日益成为物联网发展的主干技术。正是这些独到之处促进了光纤传感器在我国当前基础建设高速发展、安全生产呼声日涨的条件下,加快进入电力、石油化工、大型基础设施建设、环境安全和生物医学等尚未开垦的传感技术处女地推广应用;并有望在超高压电力、石化、核电、大型构筑物、环境等安全监测领域取代传统的传感方式,成为信息传感技术的先锋。

光纤传感器发展史上有 3 次传感器成功崛起的浪潮。第 1 次浪潮——基于 Sagnac 效应的光纤陀螺和光纤 Mach-Zehnder 干涉型水听器,两者如今同时在军事和民用领域获得了成功的应用;第 2 次浪潮——本征/非本征 Fabry-Perot 干涉仪,迄今已有无数的研究和应用报道;第 3 次浪潮——光纤光栅(fiber bragg grating,FBG),始于为光纤通信设计的在线滤波器,而最终发展为高精度、准分布式多参量传感技术。而每一次传感器的革命浪潮都推动更多新传感机理和技术涌现。

本书旨在从光纤传感器发展历程中数以百计的物理量传感原理和技术中提炼出一条明晰的发展脉络,使读者能够方便地掌握传感器的原理、关键技术、应用及发展方向。为此,将众多光纤通信技术书籍中共有的光纤光学部分的内容浓缩为开篇第 1 章,作为学习导读和基础。传感器内容的第一部分包括第 2~6 章,展开并详细讨论强度调制型、相位调制型、波长调制型和偏振态调制型四大类和分布式光纤传感的原理、针对性的核心技术和设计方法;并提供了大量典型应用和设计案例作为工程师们的设计参考。第二部分包括第 7~9 章,延伸介绍光纤传感网络技术、新材料光纤——聚合物光纤传感器以及新型导光机理光纤——光子晶体和纳米光纤传感器,供读者了解和把握光纤技术最新研究进展及相关领域的现状。相信对开阔读者的专业学习视野、了解学科的前沿动态、启发创新思维会有一定的帮助。

本书结合作者在光纤教学和科研中的切身体会,在参考国内外大量相关书籍资料的基础上编写而成。虽然,少数类型的光纤传感技术已获得大规模工程应用,但由于被测物理参量种类多、传感机理不同、应用环境复杂,仍有大量的传感器处于研发阶段,很多技术尚待完善。新的传感机理和应用领域不断涌现,加之笔者水平所限,书中难免有不当之处,欢迎广大读者不吝批评指正。

黎　敏

二○一八年春于南湖

目 录

第1章 光纤技术基础 ··· 1
1.1 光纤的基本特性 ·· 1
1.1.1 均匀折射率光纤中光线的传播与数值孔径 ································ 2
1.1.2 光纤的弯曲 ·· 3
1.1.3 光纤端面的倾斜效应 ·· 4
1.1.4 圆锥形光纤 ·· 5
1.1.5 光纤的损耗 ·· 6
1.1.6 光纤的色散 ·· 8
1.2 常用光纤器件 ··· 8
1.2.1 光纤定向耦合器、环形器与WDM ·· 9
1.2.2 光纤偏振器件——PM控制器、起偏器与消偏器、扰偏器和光隔离器 ·· 17
1.2.3 全光开关 ·· 25
1.2.4 光纤光栅与光纤滤波器 ··· 27
1.2.5 光调制器 ·· 34
1.2.6 掺杂光纤激光器 ··· 37
1.2.7 大功率光纤激光器与包层泵浦技术 ·· 42
1.2.8 光纤放大器 ·· 45
1.3 小结 ·· 48
习题与思考 ·· 49

第2章 强度调制型光纤传感器 ··· 50
2.1 强度调制传感原理 ·· 50
2.1.1 反射式强度调制 ··· 50
2.1.2 透射式强度调制 ··· 52
2.1.3 光纤模式功率分布强度调制 ·· 54
2.1.4 折射率强度调制 ··· 55
2.1.5 光吸收系数调制 ··· 57
2.2 强度调制型光纤传感器的补偿技术 ·· 57
2.2.1 光源负反馈稳定法 ·· 57
2.2.2 双波长补偿法 ··· 58
2.2.3 旁路光纤监测法 ··· 59

  2.2.4 光桥平衡补偿法 ·· 60
  2.2.5 神经网络补偿法 ·· 62
 2.3 强度调制型光纤传感器的类型及应用实例 ··· 63
  2.3.1 光纤微弯传感器 ·· 63
  2.3.2 光纤温度传感器 ·· 66
 2.4 强度调制型光纤传感器的研究与发展方向 ··· 69
 习题与思考 ·· 69

第3章 相位调制型光纤传感器 ··· 70
 3.1 相位调制型光纤传感器原理 ·· 70
  3.1.1 应力应变效应 ··· 70
  3.1.2 温度应变效应 ··· 73
 3.2 光纤干涉仪的类型 ·· 74
  3.2.1 Mach-Zehnder 和 Michelson 光纤干涉仪 ··· 74
  3.2.2 Sagnac 光纤干涉仪 ·· 75
  3.2.3 光纤 Fabry-Perot 干涉仪 ·· 79
  3.2.4 光纤环形腔干涉仪 ··· 79
  3.2.5 相位压缩原理与微分干涉仪 ··· 81
  3.2.6 白光干涉型光纤传感器 ·· 83
 3.3 相位调制型光传感器的信号解调技术 ··· 87
  3.3.1 干涉仪的信号解调 ··· 87
  3.3.2 光纤锁相环方法 ·· 90
  3.3.3 相位生成载波（PGC）解调方案 ·· 92
 3.4 光纤干涉仪的传感应用实例 ·· 93
  3.4.1 振动传感器 ·· 94
  3.4.2 磁场传感器 ·· 96
  3.4.3 电流传感器 ·· 97
 3.5 相位调制型光纤传感器的发展 ·· 102
 习题与思考 ·· 102

第4章 波长调制型光纤传感器 ··· 103
 4.1 波长调制传感原理 ·· 103
 4.2 光纤布拉格光栅传感器 ·· 103
  4.2.1 光纤布拉格光栅传感模型 ·· 103
  4.2.2 光纤光栅增敏与去敏设计 ·· 109
  4.2.3 光纤布拉格光栅在光纤传感领域中的典型应用 ···································· 113

4.3 光纤 SPR 传感器 ·············· 114
4.3.1 SPR 原理与理论模型 ·············· 114
4.3.2 光纤 SPR 传感器及其应用 ·············· 116
4.4 光声光谱微量气体检测技术 ·············· 121
4.4.1 光声光谱原理 ·············· 121
4.4.2 光声气室的设计与优化 ·············· 122
4.4.3 微量气体的光声光谱法高精度检测实例 ·············· 126
4.5 光纤荧光温度传感器 ·············· 127
4.6 光纤黑体(高温)温度计 ·············· 131
习题与思考 ·············· 132

第 5 章 偏振态调制型光纤传感器 ·············· 133
5.1 偏振态调制传感原理 ·············· 133
5.1.1 泡克耳斯效应 ·············· 133
5.1.2 克尔效应 ·············· 134
5.1.3 法拉第效应 ·············· 135
5.1.4 弹光效应 ·············· 136
5.2 偏振调制光纤传感器类型及应用实例 ·············· 137
5.2.1 光纤电流传感器 ·············· 137
5.2.2 BSO 晶体光纤电场传感器 ·············· 139
5.2.3 医用体压计 ·············· 140
5.2.4 动脉光纤血流计 ·············· 142
5.2.5 光纤偏振干涉仪 ·············· 143
习题与思考 ·············· 143

第 6 章 分布式光纤传感器 ·············· 145
6.1 引言 ·············· 145
6.2 时域分布式光纤传感器的工作机理 ·············· 147
6.2.1 光纤中的背向散射光分析 ·············· 147
6.2.2 OTDR 技术 ·············· 147
6.2.3 瑞利散射型分布式光纤传感技术 ·············· 148
6.2.4 基于拉曼散射的分布式光纤传感技术 ·············· 149
6.2.5 布里渊散射型分布式光纤传感技术 ·············· 149
6.2.6 拉曼型、布里渊型和偏振模式耦合型分布式温度传感方法比较 ·············· 152
6.2.7 FBG 和 BOTDR 性能比较 ·············· 152
6.3 其他(准)分布式光纤传感器 ·············· 153

		6.3.1 光纤 F-P 传感器	154
		6.3.2 基于干涉技术的分布式光纤传感器	157
	6.4	分布式光纤传感器的应用	158
	6.5	小结	160
	习题与思考		160

第7章 光传感器网络技术 ... 161

7.1	概述		161
		7.1.1 可用于构成光传感网的光纤传感器	161
		7.1.2 成网技术	165
7.2	光纤光栅传感网络		169
7.3	基于干涉型光纤传感器的光纤传感网		174
		7.3.1 大规模干涉型光纤传感网络的基本结构	174
		7.3.2 超大容量干涉型光纤传感网络的信号处理方法	176
		7.3.3 超大容量干涉型光纤传感网络的偏振诱导信号衰落及其控制方法	176
		7.3.4 长距离复合复用网络结构中的光放大机理及极限性能	178
习题与思考			179

第8章 新材料光纤传感器及其应用技术 ... 180

8.1	光子晶体光纤及其在传感中的应用		180
		8.1.1 光子晶体光纤	180
		8.1.2 光子晶体光纤传感器	184
		8.1.3 PCF 小结	187
8.2	聚合物光纤及其传感应用		187
		8.2.1 聚合物光纤材料及类型	188
		8.2.2 多模聚合物光纤传感器及其应用	193
		8.2.3 单模聚合物光纤传感器及其应用	198
8.3	小结		203
习题与思考			204

第9章 纳米光纤与传感器 ... 205

9.1	纳米光纤		205
		9.1.1 纳米光纤的典型特征——极高的倏逝场能量	206
		9.1.2 纳米光纤的制造与操作	206
9.2	纳米光纤中的光传输		208
		9.2.1 传输方程与精确解	208

9.2.2 传输损耗	209

      9.2.3 纳米光纤的色散与超连续谱 …………………………………… 210

  9.3 纳米光纤的典型应用 ……………………………………………………… 211

      9.3.1 纳米光纤传感器 …………………………………………………… 211

      9.3.2 非线性光学器件 …………………………………………………… 213

      9.3.3 纳米光纤耦合器 …………………………………………………… 213

      9.3.4 原子捕获与导向 …………………………………………………… 214

  9.4 纳米光纤传感的发展前景 ………………………………………………… 216

  习题与思考 ……………………………………………………………………… 217

参考文献 …………………………………………………………………………… 218

附录 1 符号表 …………………………………………………………………… 220
附录 2 缩写词汇表 ……………………………………………………………… 222

第1章 光纤技术基础

1.1 光纤的基本特性

光纤是光导纤维的简称。光导纤维是工作在光波波段的一种介质波导,通常是圆柱形。光导纤维将以光的形式出现的电磁波能量,利用全反射的原理约束在其界面内,并引导光波沿着光纤轴线的方向前进。光纤的传输特性由其结构和材料决定。

光纤的基本结构是两层圆柱状介质,内层为纤芯,外层为包层;纤芯的折射率 n_1 比包层的折射率 n_2 稍大。当满足一定的入射条件时,光波就能沿着纤芯向前传播。实际的光纤在包层外面还有一层保护层,其用途是保护光纤免受环境污染和机械损伤。有的光纤还有更复杂的结构,以满足使用中不同的要求。图 1-1 是单根光纤结构图。

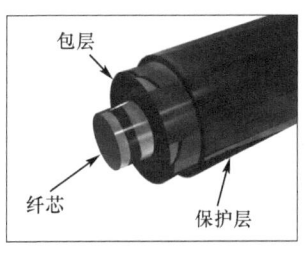

图 1-1 单根光纤结构简图

光波在光纤中传输时,由于纤芯边界的限制,其电磁场解不连续。这种不连续的场解称为模式。光纤分类的方法有多种。按传输的模式数量可分为单模光纤和多模光纤:只能传输一种模式的光纤称为单模光纤,能同时传输多种模式的光纤称为多模光纤。单模光纤和多模光纤的主要差别是纤芯的尺寸和纤芯-包层的折射率差值。多模光纤纤芯直径大($2a=50\sim500\ \mu m$ 标准包层直径 $2b=125\sim400\ \mu m$),芯-包层折射率差大($\Delta=(n_1-n_2)/n_1=0.01\sim0.02$);单模光纤纤芯直径小($2a=2\sim12\ \mu m$),芯-包层折射率差小($\Delta=0.000\ 5\sim0.001$)。

按纤芯折射率分布的方式可分为阶跃折射率光纤和梯度折射率光纤。前者纤芯折射率是均匀的,在纤芯和包层的分界面处,折射率发生突变(即阶跃型);后者折射率是按一定的函数关系随光纤中心径向距离而变化的。图 1-2 给出了这两类光纤的示意图和典型尺寸。图 1-2(a)是单模阶跃折射率光纤,图 1-2(b)和图 1-2(c)分别是多模阶跃折射率光纤和多模梯度折射率光纤。

按传输的偏振态,单模光纤又可进一步分为非偏振保持光纤(简称非保偏光纤)和偏振保持光纤(简称保偏光纤)。其差别是前者不能传输偏振光,而后者可以。保偏光纤又可细分为单偏振光纤、高双折射光纤、低双折射光纤和圆偏光纤 4 种。只能传输一种偏振模式的光纤称为单偏振光纤;能传输两正交偏振模式、且其传播速度相差很大者为高双折射光纤(而其传播速度近于相等的为低双折射光纤);能传输圆偏振光的光纤则称为圆双折射光纤。

按制造的材料分,光纤有:①高纯度熔石英光纤,其特点是材料的光传输损耗低,有的波长可低到 0.2 dB/km,一般小于 1 dB/km;②多组分玻璃纤维,其特点是芯-包层折射率可在较大范围内变化,因而有利于制造大数值孔径的光纤,但材料损耗大,在可见光波段一般为 1 dB/m;③塑料光纤,其特点是成本低,缺点是材料损耗大,温度性能较差;④红外光纤,其特点是可透过近红外($1\sim5\ \mu m$)或中红外($5\sim10\ \mu m$)的光波;⑤液芯光纤,特点是纤芯为液体,因而可满足特殊需要;⑥晶体光纤,特点是纤芯为单晶,可用于制造各种有源和无源光纤器件。

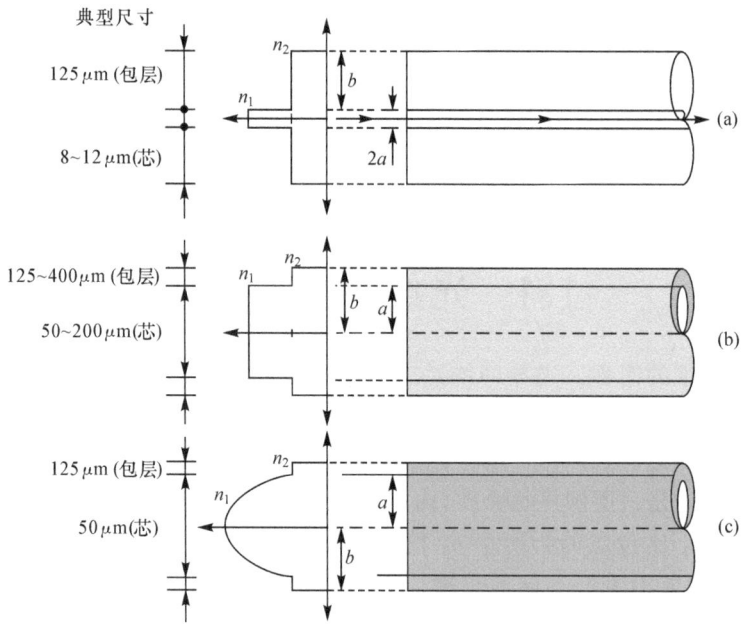

图 1-2 单模和多模光纤结构示意图

1.1.1 均匀折射率光纤中光线的传播与数值孔径

本小节利用几何光学的方法(即光线理论)来处理光波在阶跃折射率光纤中的传输特性。分别讨论子午光线和斜光线的传播,分析光纤弯曲、光纤端面倾斜、光纤为圆锥形情况下光线传播的特性,介绍光纤的损耗和色散。

1. 子午光线的传播

通过光纤中心轴的任何平面都称为子午面。位于子午面内的光线则称为子午光线。显然,子午面有无数个。根据光的反射定律,入射光线、反射光线和分界面的法线均在同一平面,光线在光纤的纤芯-包层分界面反射时,其分界面法线就是纤芯的半径。因此,子午光线的入射光线、反射光线和分界面的法线三者均在子午面内,如图 1-3 所示。这是子午光线传播的特点。

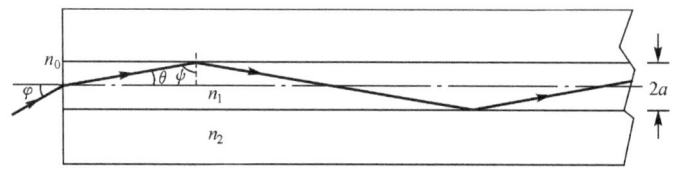

图 1-3 子午光线在光纤中的传播

由图 1-3 可求出子午光线在光纤内全反射所应满足的条件。图中 n_1, n_2 分别为纤芯和包层的折射率,n_0 为光纤周围介质的折射率。要使光能完全限制在光纤内传输,则应使光线在纤芯-包层分界面上的入射角 ψ 大于(至少等于)临界角 ψ_0,即

$$\sin\psi_0 = \frac{n_2}{n_1}, \quad \psi \geqslant \psi_0 = \arcsin\left(\frac{n_2}{n_1}\right)$$

临界角: $\theta_0 = 90° - \psi_0$, $\sin\theta_0 = \sqrt{1-\left(\dfrac{n_2}{n_1}\right)^2}$。

再利用 $n_0 \sin \varphi = n_1 \sin \theta$，可得

$$n_0 \sin \varphi_0 = n_1 \sin \theta_0 = \sqrt{n_1^2 - n_2^2}$$

由此可见，相应于临界角 ψ_0 的入射角 φ_0，反映了光纤集光能力的大小，称为孔径角。与此类似，$n_0 \sin \varphi_0$ 则定义为光纤的数值孔径，一般用 N.A. 表示，即

$$\text{N.A.}_\text{子} = n_0 \sin \varphi_0 = \sqrt{n_1^2 - n_2^2}$$

式中：下标"子"表示是子午面内的数值孔径。由于子午光线在光纤内的传播路径是折线，所以光线在光纤中的传播路径长度一般都大于光纤的长度。由图 1-3 中的几何关系，可得长度为 L 的光纤中，其总光路的长度 S' 和总反射次数 η' 分别为

$$S' = LS = \frac{L}{\cos \theta}, \quad \eta' = L\eta = \frac{L \tan \theta}{2a}$$

式中：S 和 η 分别为单位长度内的光路长和全反射次数；a 为纤芯半径，其表达式分别为

$$S = \frac{1}{\cos \theta} = \frac{1}{\sin \psi}, \quad \eta = \frac{\tan \theta}{2a} = \frac{1}{2a \tan \psi}$$

以上关系式说明，光线在光纤中传播的光路长度只取决于入射角 φ 和相对折射率 n_0/n_1，而与光纤直径无关；全反射次数则与纤芯直径 $2a$ 成反比。

2. 斜光线的传播

光纤中不在子午面内的光线都是斜光线。它和光纤的轴线既不平行也不相交，其光路轨迹是空间螺旋折线。此折线可为左旋，也可为右旋，但它和光纤的中心轴是等距的。图 1-4 为斜光线的全反射光路。图中 QK 为入射在光纤中的斜光线，它与光纤轴 OO' 不共面；H 为 K 在光纤横截面上的投影，$HT \perp QT$；$OM \perp QH$。由图中几何关系得斜光线的全反射条件为

$$\cos \gamma \sin \theta = \sqrt{1 - \left(\frac{n_2}{n_1}\right)^2}$$

再利用折射定律 $n_0 \sin \varphi = n_1 \sin \theta$，可得在光纤中传播的斜光线应满足如下条件

$$\sin \varphi \cos \gamma = \frac{\sqrt{n_1^2 - n_2^2}}{n_0}$$

斜光线的数值孔径则为

$$\text{N.A.}_\text{斜} = n_0 \sin \varphi_a = \frac{\sqrt{n_1^2 - n_2^2}}{\cos \gamma}$$

由于 $\cos \gamma \leqslant 1$，因而斜光线的数值孔径比子午光线的要大。

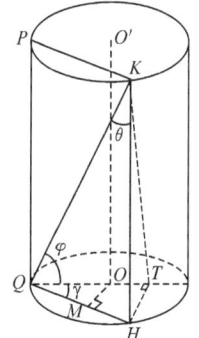

图 1-4 斜光线的全反射光路

由图 1-4 还可求出单位长度光纤中斜光线的光路长度 $S_\text{斜}$ 和全反射次数 $\eta_\text{斜}$ 为

$$S_\text{斜} = \frac{1}{\cos \theta} = S_\text{子}, \quad \eta_\text{斜} = \frac{\tan \theta}{2a \cos \gamma} = \frac{\eta_\text{子}}{\cos \gamma}$$

1.1.2 光纤的弯曲

实际使用中，光纤经常处于弯曲状态。这时其光路长度、数值孔径等参数都会发生变化。图 1-5 为光纤弯曲时光线传播的情况。设光纤在 P 处发生弯曲。光线在离中心轴 h 处的 c 点进入弯曲区域，两次全反射点之间的距离为 AB。利用图 1-5 中的几何关系可得

$$S_0 = \frac{\sin\alpha}{\alpha}\left(1-\frac{a}{R}\right)S_子 \tag{1-1}$$

式中:a 为纤芯半径;R 为光纤弯曲半径。S_0 是光纤弯曲时,单位光纤长度上子午光线的光路长度。

由于 $(\sin\alpha/\alpha)<1$,$(a/R)<1$,因而有 $S_0<S_子$。这说明光纤弯曲时子午光线的光路长度减小了。与此相应,其单位长度的反射次数也变少了,即 $\eta_0<\eta_子$。η_0 的具体表达式为

$$\eta_0 = \frac{1}{\frac{1}{\eta_子}+\alpha a} \tag{1-2}$$

利用图 1-5 的几何关系,还可求出光纤弯曲时孔径角 φ_0 的表达式为

$$\sin\varphi_0 = \frac{1}{n_0}\left[n_1^2 - n_2^2\left(\frac{R+a}{R+h}\right)^2\right]^{1/2} \tag{1-3}$$

由此可见,光纤弯曲时其入射端面上各点的孔径角不相同,且沿光纤弯曲方向由大变小。

由上述分析可知,光纤弯曲时,由于全反射条件不满足,其透光量会下降,这时既要计算子午光线的全反射条件,又要推导斜光线的全反射条件,才能求出光纤弯曲时透光量和弯曲半径之间的关系。实验结果表明,当 $R/2a<50$ 时,透光量已开始下降;$R/2a\approx20$ 时,透光量明显下降,说明大量光能量已从光纤包层逸出。图 1-6 是光纤透光率 T 随弯曲半径变化的一个典型测量结果。

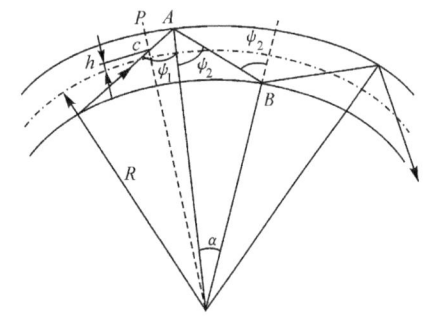

图 1-5 光纤弯曲时光线的传播

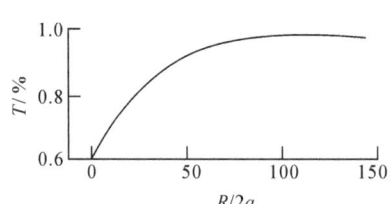

图 1-6 光纤透光率与弯曲半径的关系曲线(实验曲线)

1.1.3 光纤端面的倾斜效应

光纤端面与其中心轴不垂直时,将引起光束发生偏折,这是具体工作中应注意的一个实际问题。

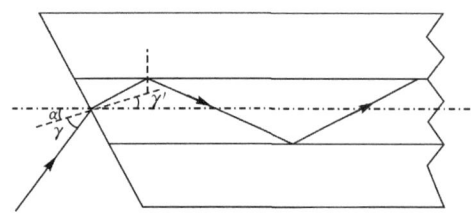

图 1-7 入射端面倾斜时光纤中的光路

图 1-7 是入射端面倾斜的情况,α 是端面的倾斜角,γ 和 γ' 是端面倾斜时光线的入射角和折射角。由图中几何关系可得

$$\sin\alpha = \left[1-\left(\frac{n_0\sin\gamma}{n_1}\right)^2\right]^{\frac{1}{2}}\left[1-\left(\frac{n_2}{n_1}\right)^2\right]^{\frac{1}{2}} - \frac{n_0 n_2}{n_1^2}\sin\gamma$$

$$\tag{1-4}$$

式(1-4)说明:当 n_1,n_2,n_0 不变时,倾斜角 α 愈大,接收角 γ 就越小。所以光纤入射端面倾斜后,要接收入射角为 γ 的光线,其值要大于正常端面的孔径角。反之,若光线入射方向和倾斜端面的法线方向分别在光纤中心轴的两侧,则其接收光的范围就增大了 α 角。

同样,光纤出射端面的倾斜会引起出射光线的角度发生变化,若 β 是出射端面的倾斜角,当 $\beta\neq 0$ 时,出射光线对光纤轴要发生偏折,其偏向角 γ' 为

$$\gamma'=\arcsin\left(\frac{n_1}{n_0}\sin\beta\right)-\arcsin\beta \tag{1-5}$$

1.1.4 圆锥形光纤

圆锥形光纤是指直径随光纤长度呈线性变化的光纤。圆锥形光纤因具有一系列特殊性能,可制成许多光纤器件。在光纤与光纤、光纤与光源、光纤与光学元件的耦合中应用日益广泛。图1-8是子午光线通过圆锥形光纤的光路。设 δ 为圆锥形光纤的锥角,由图1-8可知,在圆锥形光纤中,光线在芯-包层分界面上的反射角 ψ 随反射次数增加而逐渐减小。由图中几何关系以及折射定律可得

$$\psi_n=90°-\frac{n_1}{n_0}\arcsin\psi-(2m-1)\frac{\delta}{2} \tag{1-6}$$

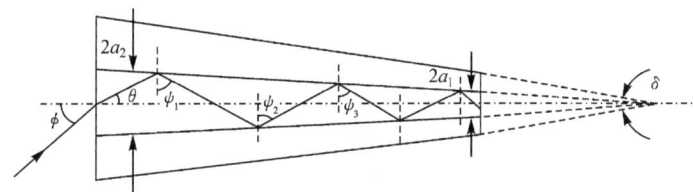

图 1-8 锥形光纤中的子午光线

式中:m 为反射次数。

式(1-6)说明,当光线从圆锥形光纤的大端入射时,由于反射角 ψ_n 随反射次数的增加而不断减小,因而全反射条件易被破坏,可能出现全反射条件不满足的情况。根据全反射条件,要使入射光线都能从光纤另一端出射,则应满足

$$\sin\left(\theta_0+\frac{\delta}{2}\right)\leqslant\frac{a_1}{a_2}=\left[1-\left(\frac{n_2}{n_1}\right)^2\right]^{\frac{1}{2}}$$

式中:a_1 和 a_2 分别为光纤出射端(小端)和入射端(大端)的半径。

若 $\cos\left(\frac{\delta}{2}\right)\approx 1$,则由上式可得

$$\sin\left(\frac{\delta}{2}\right)\leqslant\frac{\dfrac{a_1}{a_2}=\left[1-\left(\dfrac{n_2}{n_1}\right)^2\right]^{\frac{1}{2}}-\sin\theta}{\cos\theta} \tag{1-7}$$

这是一般情况下圆锥形光纤聚光的条件。再利用 $\sin\left(\dfrac{\delta}{2}\right)=\dfrac{a_2-a_1}{l}$($l$ 为光纤长度),可得

$$l\geqslant\frac{1}{2}\frac{2(a_2-a_1)\cos\theta}{\dfrac{a_1}{a_2}\left[1-\left(\dfrac{n_2}{n_1}\right)^2\right]^{\frac{1}{2}}-\sin\theta} \tag{1-8}$$

式(1-8)说明,为使圆锥形光纤聚光,光纤有个最小长度 l_0。

另外,圆锥形光纤两端孔径角不一样,大端孔径角小,小端孔径角大,两者满足下列关系

$$a_2\sin\varphi_0=a_1\sin\varphi_0' \tag{1-9}$$

式中:$\sin\varphi_0'=\dfrac{1}{n_0}(n_1^2-n_2^2)^{\frac{1}{2}}$;$\sin\varphi_0=\dfrac{a_1}{a_2}\dfrac{1}{n_0}(n_1^2-n_2^2)^{\frac{1}{2}}$。

由此可见,圆锥形光纤可改变孔径角,可用于耦合。

1.1.5 光纤的损耗

光纤的损耗、色散、偏振对于光纤通信、光纤传感、光纤非线性效应的研究都是十分重要的特性参量。由于存在损耗,在光纤中信号的能量将不断衰减,为了实现长距离光通信和光传输,就需在一定距离建立中继站,把衰减了的信号反复增强。损耗决定了光信号在光纤中被中继放大之前可传输的最大距离。但是,两中继站间可允许的距离不仅由光纤的损耗决定,而且还受色散的限制。在光纤中,脉冲色散越小,脉冲所携带的信息容量就越大。例如,若脉冲的展宽由1 000 ns减小到1 ns,则脉冲所传输的信息容量将由1 Mb/s增加到1 000 Mb/s。因此,仔细分析光纤的损耗特性和色散特性十分重要。另外,一般的单模光纤不能保持传输偏振光的偏振态,为此需用保偏光纤。因此,在光纤通信、光纤传感和光纤的非线性效应的研究中都需要了解光纤的偏振特性、保偏、消偏和偏振控制的方法。以下各节将对光纤的这些特性分别进行介绍。

光纤的损耗机理如图1-9所示。

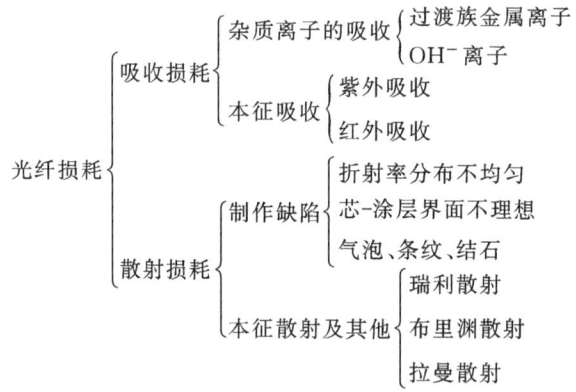

图1-9 光纤的损耗机理

从图1-9可知,光纤的损耗主要由材料的吸收损耗和散射损耗确定。

1. 吸收损耗

在一般的光学玻璃中都有一些附加元素,其中很多是杂质,它们多半具有较低激发能的电子态。同时还存在一些外来金属离子,其电子态比玻璃的本征态更易激发。它们的吸收带可以出现在光谱的可见和红外区域[1]。

对于杂质含量很低的玻璃,它的紫外吸收仅与O^{2-}的激发态有关。在熔融石英中,氧离子束缚很紧,有很高的紫外透明性,其吸收边在短紫外波长区;但是,吸收边尾可延伸到长波区。另外,由于材料随机分子结构会引起电场的局部变化,这局域电场就会感应而引起能量接近或者稍低于带边的激子能级变宽,这些能级加宽所感应的场又可以引起吸收边尾进入可见区域。由于吸收不显著,能量为E的光子的衰减因子α服从如下规律

$$\alpha \sim \exp\left(\frac{E-E_k}{\Delta E}\right) \tag{1-10}$$

式中:E_k是材料的有效能隙;ΔE是表征该材料吸收特性的特征量。

图1-10给出了熔融石英和高纯度碱钙硅酸盐玻璃的本征吸收损耗与入射光波长和频

率的关系曲线。由图 1-10 和式(1-10)可知,熔融石英曲线的斜率较大($\Delta E=0.5$ eV,1 eV$=1.6\times 10^{-19}$ J),而碱钙硅酸盐玻璃的 ΔE 值仅 0.3 eV。熔融石英的能隙较大,一般是 $E_k=13.4$ eV,因此,它的本征吸收损失较低,而且随频率的增加上升速率比其他玻璃缓慢。熔融石英能隙较大是由于 O^{2-} 离子处于紧束缚状态。另外,从图 1-10 可见,波长从 1 μm 变到 0.4 μm 时,熔融石英的损耗要增加一个数量级。

高纯度的均匀玻璃,在可见和红外区域的本征损失很小。但是,一些外来元素产生了重要的杂质吸收,这些主要的杂质是 Cu^{2+}、V^{3+}、Cr^{3+}、Mn^{3+}、Fe^{2+}、Co^{2+} 和 Ni^{2+}。它们的电子跃迁能级位于材料的能隙中,可以被可见光或近红外光激发。因此,它们在可见和近红外区域有很强的吸收损耗。

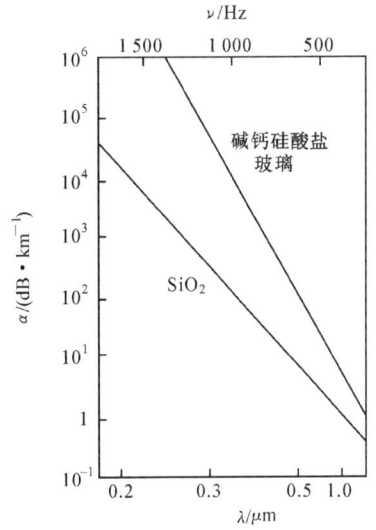

图 1-10 玻璃的本征吸收损耗与波长的关系

对于低浓度杂质离子的玻璃材料,在给定的频率下,由吸收引起的衰减和杂质浓度成正比,在材料中的这些杂质可通过原材料的提纯和制作工艺的改进而除去。除金属杂质外,OH^- 是另一个极重要的杂质。为了降低 O-H 基的吸收损耗,原材料的脱水技术十分重要。近来,消除 OH^- 的方法已有显著成效,可以制出水的质量比小于几十个 ng/g 的高硅玻璃材料。即使这样,在 0.95 μm 处的 OH^- 吸收峰基本上可以消除,但在 1.37 μm 处的 OH^- 吸收峰却很难避免。

实验证明,在纯熔融石英中,要想得到 4 dB/km($\lambda=0.85$ μm)的损耗,杂质的质量比如下:

$OH^-<5$ μg/g　　　$Fe^{2+}<0.05$ μg/g　　　$Co^{2+}<0.01$ μg/g

$Cr^{3+}<0.03$ μg/g　　　$Mn^{3+}<0.002$ μg/g　　　$Cu^{2+}<0.01$ μg/g

要想得到 0.5 dB/km 以下的损耗,OH^- 的质量比要降低到几个 ng/g。

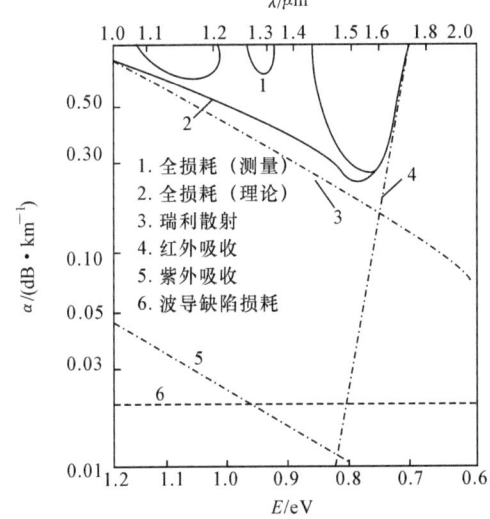

图 1-11 典型单模光纤的损耗曲线

2. 散射损耗

如前所述,散射损耗主要来源于光纤的制作缺陷和本征散射,其中主要是折射率起伏。光纤材料中随机分子结构可以引起折射率发生微观层面上的局部变化,缺陷和杂质原子也可以引起折射率发生局部变化。对这两种折射率变化引起的光能损失可以和波导的结构无关地进行分析。瑞利散射是一种基本的、重要的散射,因为它是一切媒质材料散射损耗的下限。其主要特点是散射损耗与波长的四次方成反比。散射体的尺寸小于入射光波长时,瑞利散射总是存在的。瑞利散射是一种重要的本征散射,它和本征吸收一起构成了光纤材料的本征损耗,它们表示在完美条件下材料损耗的下限。图 1-11 给出了普通单模光纤的损耗曲线,图中还给出了红外吸收、紫外吸收、瑞利散射和波导缺陷损耗。

1.1.6 光纤的色散

在光纤中传输的光脉冲,受到由光纤的折射率分布、光纤材料的色散特性、光纤中的模式分布以及光源的光谱宽度等因素决定的"延迟畸变",使该脉冲波形在通过光纤后发生展宽。这一效应称作"光纤的色散"[2,3]。在光纤中一般把色散分为以下4种。

1. 模式色散

这是仅仅发生于多模光纤中由于各模式之间群速度不同而产生的色散。由于各模式以不同时刻到达光纤出射端,造成脉冲展宽。图 1-12 是说明多模光纤传播特性的 k-β 曲线(k,β 分别为横、纵向传播常数)ω,角频率,在 $\beta=n_1k$ 与 $\beta=n_2k$ 之间并列着许多模的 k-β 曲线,在各模式的曲线与一定频率线(图中虚线)交点处的斜率 $\dfrac{\mathrm{d}\beta}{\mathrm{d}\omega}$,是因模而异产生的色散,$\dfrac{\mathrm{d}\beta}{\mathrm{d}\omega}$ 是群速度的倒数。

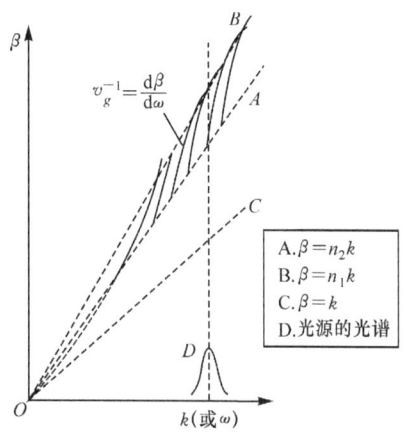

图 1-12　多模光纤 k-β 曲线

2. 波导色散

这是由于某一传播模式的群速度对于光的频率(或波长)不是常数(图 1-12 中 k-β 曲线不是直线),同时光源的谱线又有一定宽度,因此产生波导色散。

3. 材料色散

由于光纤材料的折射率随入射光频率变化而产生的色散。

4. 偏振(模)色散

一般的单模光纤中都同时存在两个正交模式(HE_{11x} 模和 HE_{11y} 模)。若光纤的结构为完全的轴对称,则这两个正交偏振模在光纤中的传播速度相同,即有相同的群延迟,故无色散。实际的光纤必然会有一些轴的不对称性,因而两正交模有不同的群延迟,这种现象称为偏振色散或偏振模色散。

在上述 4 种色散中,波导色散和材料色散都和光源的谱宽成正比,为此常把这两者总称为"波长色散"。下面讨论均匀芯光纤的色散。

首先给出群延时的表达式。群延时是指信号沿单位长度光纤传播后产生的延迟时间 t。设群速度为 v_g,则在角频率 ω_0 附近的 ω 的群时延可表示为

$$t=\frac{1}{v_g}=\frac{\mathrm{d}\beta}{\mathrm{d}\omega}=\frac{\mathrm{d}\beta}{\mathrm{d}\omega}\bigg|_{\omega=\omega_0}+(\omega-\omega_0)\left[\frac{\mathrm{d}^2\beta}{\mathrm{d}\omega^2}\right] \tag{1-11}$$

如光源发出的是严格的单色波,则上式只有第一项。第一项之值因模式不同而异,故引起模式色散;第二项则产生波导色散和材料色散。

1.2　常用光纤器件

光无源器件是一种能量消耗型器件,它包括光连接器、光耦合器、光开关、光衰减器、光隔

离器、光滤波器和波分复用/解复用器等器件。其主要功能是对信号或能量进行连接、合成、分叉、转换以及有目的的衰减等。因此,光无源器件在光纤通信系统、光纤局域网(包括计算机光纤网、微波光纤网、光纤传感网等)以及各类光纤传感系统中是必不可少的重要器件。近十多年随着光通信技术的发展,光无源器件在结构和性能方面都有了很大的改进和提高,并已进入实用阶段。

早期,光无源器件的制造多采用传统光学的方法。这种用传统光学分立元件构成的光无源器件的缺点是:体积大、质量大、结构松散、可靠性差、与光纤不兼容。于是人们纷纷转向全光纤型光无源器件的研究。其中对全光纤定向耦合器的研究最活跃,进展也最迅速。这不仅因为定向耦合器本身是极为重要的光无源器件,而且它还是许多其他光无源器件的基础。

全光纤定向耦合器的制造工艺有磨抛法、腐蚀法和熔锥法3类。

磨抛法是把裸光纤按一定曲率,固定在开槽的石英基片上,再进行光学研磨、抛光,以除去一部分包层,然后把两块磨抛好的裸光纤拼接在一起,利用两光纤之间的模场耦合以构成定向耦合器。这种方法的缺点是器件的热稳定性和机械稳定性差。在一定条件下,它还具有波分复用器和光滤波器的功能。

腐蚀法是用化学方法把一段裸光纤包层腐蚀掉,再把两根已腐蚀后的光纤扭绞在一起,构成光纤耦合器。其缺点是工艺的一致性较差,且损耗大,热稳定性差。

熔锥法是把两根裸光纤靠在一起,在高温火焰中加热使之熔化,同时在光纤两端拉伸光纤,使光纤熔融区成为锥形过渡段,从而构成耦合器。用这种方法可构成光纤滤波器、波分复用器、光纤偏振器、偏振耦合器、光纤干涉仪、光纤延迟线等。用此方法所得光纤耦合器的实用性能优于其他方法。

对于光无源器件,本节将介绍用熔锥法和磨抛法制成的光纤耦合器,以及以此为基础构成的光纤波分复用/解复用器、光纤滤波器以及光纤偏振器等,此外,还介绍光纤隔离器和光纤电光调制器等典型光纤无源器件,以及光纤光栅这一新型光纤器件。

除光无源器件外,本节还将介绍用光纤构成的光有源器件——光纤激光器和光纤放大器,这是近几年发展极为迅速而且已经进入实用阶段的新型激光器和放大器。

1.2.1 光纤定向耦合器、环形器与WDM

1. 熔锥型光纤耦合器(分/合路连接器)

光纤分路器件指的是有3个或3个以上光路端口的无源器件。这种器件与波长无关时称为光分路器(包含星形耦合器),与波长有关时则称为波分复用器(wavelength division multiplexer,WDM)。如上所述,用熔锥法制造光纤耦合器的优点是工艺较简单,制作周期短,适于实现微机控制的半自动化生产,成品器件的附加损耗低,性能稳定等。至于波分复用器件有棱镜型、光栅型、干涉滤光膜型和全光纤型等多种,其中棱镜型和近年发展的有源型和光集成型的性能都达不到实用的要求,而光栅型、干涉滤光膜型和全光纤型则已实用化。熔锥型波分复用器是全光纤型,其原理是:器件在过耦合状态下耦合比随波长而变。

1) 理论分析

光纤四端口定向耦合器和两信道波分复用器件是单模全光纤型光分/合路器的典型例子。很多学者从不同角度对其耦合机理进行了分析研究,提出了不同的近似模型。主要有两种,一种是适用于磨抛型和腐蚀型的弱耦合理论(瞬逝场耦合理论),另一种是适用于熔锥型的强耦合理论(模激励理论),下面介绍后者。

熔锥型器件中拉锥的效果是使两光纤纤芯靠近,使传播场向外扩展,以便在相当短的锥体颈部区域出现有效的功率耦合。从严格的数学分析角度看,这种场需要在纤芯、包层及填充介质(或空气)所构成的区域内求解矢量波动方程,但这很烦琐。为简化分析,通常的办法是忽略纤芯的影响。可进行这种简化的基础是:在耦合器中功率耦合最有效区域(锥体颈部)内的模式基本上是包层模,传播场脱离纤芯,这时场是在包层和外部介质(空气或其他适合的填料)所形成的新波导中传播。相对而言,光纤芯的尺寸因拉锥而减小到可以忽略的程度。无芯近似处理即使对于任意截面的耦合器也可得到简单的结果。典型的熔锥型耦合近似模型有两种:一是锥体颈部区域纵向为平行线形、横向截面为矩形,如图1-13所示。其中:L为双锥间的颈部长度;n_2为光纤包层的折射率;n_3为填充介质的折射率;x为耦合器颈部最小截面尺寸。二是锥体颈部区域为抛物线形、横向截面为相切的双圆形,如图1-14所示。其中:Δz是加热区宽度,a是纤芯的初始半径,n_1是纤芯的折射率。最近还报道了一种横向截面为椭圆的模型。

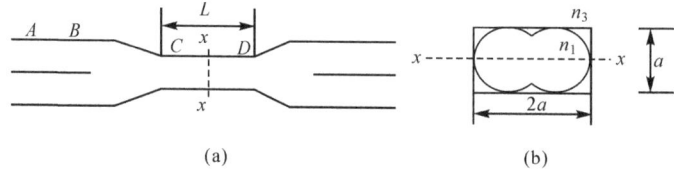

图1-13 纵向为平行线形、横截面为矩形的熔锥型耦合模型

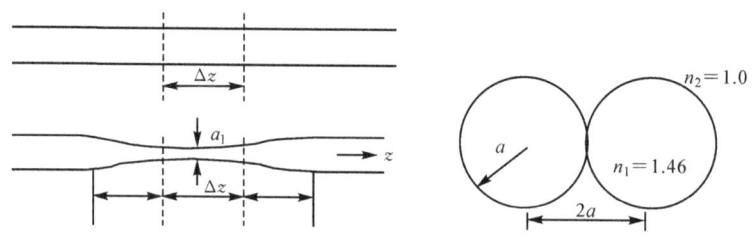

图1-14 纵向截面为抛物线形、横向截面为相切双圆形的熔锥型耦合模型

纵向平行、横向矩形近似模型的分析,考虑了图1-13的矩形波导中两种最低阶奇偶模的相互作用,其一个输出端的光功率将随波长而周期变化,即

$$P = P_0 \sin^2(CL) \tag{1-12}$$

式中:P_0为输入光功率;C为耦合系数,其值由下式计算

$$C = \frac{3\pi\lambda}{32n_2 a^2} \frac{1}{1+1/V} \tag{1-13}$$

$$V \equiv ak_0(n_2^2 - n_3^2)^{1/2}$$

式中:λ为工作波长;k_0为真空中的传播常数。

图1-14的纵向截面为抛物形、横向截面为相切圆形的耦合模型则是基于无芯近似条件下,根据光纤的耦合可按空气(或填充介质)中两相接触的玻璃棒的耦合理论来计算,这时的耦合系数是已知的。在把这种耦合理论用于熔锥型耦合器时,只需假设出双锥的几何形状。熔锥体的抛物线模型可以预测耦合器的耦合长度和最后光纤直径,这两者均与光纤的加热初始条件有关。其耦合系数为

$$C = \frac{\sqrt{\delta} U^2 K_0(2W)}{a V^3 K_1^2(W)} \tag{1-14}$$

式中： $\delta = 1 - \left(\frac{n_2}{n_1}\right)^2$, $\quad V = a k_0 (n_1^2 - n_2^2)^{\frac{1}{2}}$

$$U = a k_0 \left[n_1^2 - \left(\frac{\beta}{k_0}\right)^2\right]^{\frac{1}{2}}, \quad W = a k_0 \left[\left(\frac{\beta}{k_0}\right)^2 - n_2^2\right]^{\frac{1}{2}}$$

K_0、K_1 是第 2 类修正贝塞尔函数；n_2 是包层(空气或其他填充媒质)折射率。

若取 $n_1 = 1.46$, $n_2 = 1$, 且认为 $n_1 \gg n_2$, V 足够大 ($\gg 10$), $\frac{\beta}{k_0} \approx n_1$, 则有 $W \approx V$。在对 $\frac{K_0(2W)}{K_1^2(W)}$ 作近似处理后，式(1-14)中的耦合系数可简化为

$$C \approx 3.26 \frac{\sqrt{\delta}}{a V^{\frac{5}{2}}} \tag{1-15}$$

显见，耦合系数 C 随光纤半径急剧变化。参照图 1-14，锥体抛物线模型可用光纤半径的纵向变化表征，即

$$a(z) = a_1 (1 + \gamma z^2)$$

式中：z 为光纤的轴向坐标，原点在双锥的中心；a_1 为 $z = 0$ 时的光纤半径；γ 为锥体常数。

抛物线模型可在给定初始光纤半径 a_0 和有效加热尺寸 Δz 条件下，通过作图法估算 3 dB 耦合器的拉伸长度 l 和锥体颈部半径 a_1。

熔锥型单模光纤波分复用器是在熔锥型耦合器的基础上发展起来的，因此可借鉴相关的理论进行分析。耦合器的一条输入臂中由纤芯传播最低阶模 LP_{01}，直到进入拉锥区后，LP_{01} 模在芯包层边界处的局部入射角等于临界角为止。在此临界点，LP_{01} 模折射离开纤芯并在耦合器整个截面内传播，于是场的分离发生在双锥的颈部，光场将由包层(n_2)和周围外部介质(n_3)之间所形成的光波导来传播，芯的作用减小到可以忽略的程度。新形成的波导结构的芯就是熔锥区的包层，新的包层就是填充在熔区周围的介质材料或空气，这就是无芯近似的物理图像。在这种光波导中，入射光场只能激起两种模式：一种是对称的基模或零阶模 HE_{11}(或 LP_{01})，另一种是反对称的一阶模 HE_{21}。主要的耦合作用可以理解为熔锥区内两种最低阶模之间的干涉效应。如果这两种模式的传播常数分别为 β_0 和 β_1，则耦合器一臂中的光功率为

$$I = I_0 \sin^2 (\beta_0 - \beta_1) z \tag{1-16}$$

式中：z 为耦合长度；$(\beta_0 - \beta_1)$ 为耦合系数，表示使两光纤间产生功率转换的两种模式间的相移。

因为器件的耦合度与熔锥区的波导条件相关，所以也应是波长的函数。在制造过程中，如果使耦合过程继续超过 3 dB 点，即器件处于过耦合状态时，器件的输出特性与波长的依赖关系逐渐增强，以至形成振荡。于是，这种过耦合状态下的熔锥耦合器就有波分复用器的功能。分析表明，熔锥型耦合器中的归一化耦合功率与波长近似地满足正弦曲线关系，即

$$P(\lambda) = \frac{1}{2} \left\{ 1 + \sin \left[\frac{2\pi}{\Delta \lambda} (\lambda - \lambda_k) \right] \right\} \tag{1-17}$$

式中：$\Delta \lambda$ 为耦合周期；$2\pi \lambda_k / \Delta \lambda$ 为相位参数。

如果光源有一定光谱宽度，其发射功率是波长的函数，则耦合端的出射总耦合功率将由一个积分式给出。

2) 制作工艺

目前国内外普遍采用的熔锥工艺框图如图 1-15 所示。基本步骤是将已除去保护套的两根或多根裸光纤并排安装在调节架上,再用火焰加热,到光纤软化时一边加热一边拉伸光纤,同时用光纤功率计监测两输出端的功率比,直到耦合比符合要求时停止加热,进行成品封装。加热熔锥方式可分为:直接加热法、间接加热法和部分直接加热部分间接加热法。直接加热法是使火焰和光纤接触,优点是热量的利用率

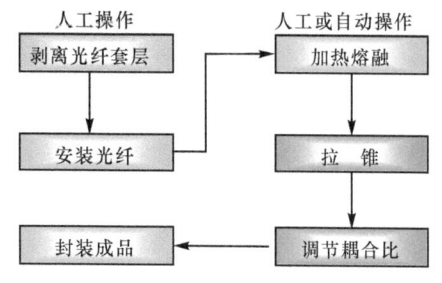

图 1-15 熔锥工艺框图

较高,加热速度快,装置较简单。但熔拉过程中由于火焰与光纤熔拉区直接接触,有许多缺点。例如:光纤过热熔融状态使操作者难以控制熔锥区外径以达到给定的设计值,喷灯的气流有时会使光纤熔融区弯曲或变形,对室内清洁条件要求高等。间接加热法是把欲熔锥的光纤套在石英毛细管中,火焰通过加热石英套使光纤熔化,此法可克服直接加热法的上述缺点,但要提高加热的温度,还要有石英套管的转动装置。部分直接加热部分间接加热法是让单喷灯火焰在开槽石英管内对光纤耦合区加热,与直接加热法相比,其热场的均匀性较好,也避免了火焰喷力使熔锥区形变的不利影响;既克服了直接加热法的缺点,又较间接加热方式简单。

拉锥过程的控制由光纤功率计监视。对于 3 dB 耦合器,当耦合比达 50% 时,拉锥即可停止。理论分析结果表明,在给定监控波长下,如继续拉锥,耦合功率将呈现正弦式振荡。当耦合功率循环过一完整的正弦振荡回复到零时,耦合器拉伸过了一个拍长。耦合器被拉过一个拍长的整数倍时,耦合比为零;拉过半拍长的整数倍时,耦合比为 100%。图 1-16 为两耦合臂相对光功率与拉伸长度的关系。另外,耦合比随波长变化也呈正弦振荡,且其振荡周期与耦合器被拉过的拍长数紧密相关。例如,3 dB 耦合器的拉锥过程将在第一个功率转换循环(即第一个拍长)的第一个 3 dB 点停止,这种耦合器有宽的半波振荡周期:$\Delta\lambda/2 \approx 550$ nm。若继续拉过此点,耦合器将处于过耦合状态,耦合比与波长的依赖关系逐渐增强,若选择半波周期等于两个所需工作波长之差,这种过耦合器就成为二信道的光纤波分器。若取 1.32 μm 和 1.55 μm 为复用波长,就需要 230 nm 的半波周期。图 1-17 为耦合比 U 随波长 λ 变化关系列的曲线。

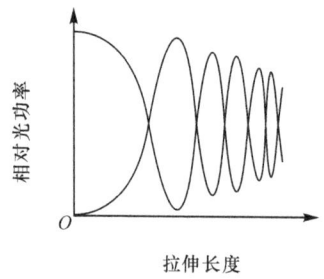

图 1-16 两耦合臂相对光功率与拉伸长度的关系

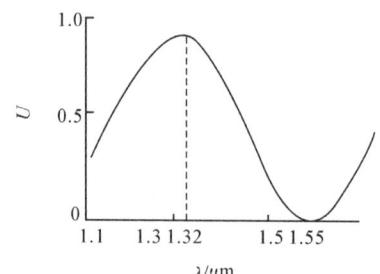

图 1-17 耦合比随波长变化关系的曲线

熔锥型单模光纤分路器件除应严格控制拉锥长度、熔区形状、锥体光滑度外,还应注意以下几点。

(1) 光纤类型的选择

单模光纤有 3 种类型,即凹陷包层光纤、上升包层光纤和匹配包层光纤。其中,以匹配包层光纤的耦合效率最佳。但对于实际的光纤耦合器,尚应考虑系统中使用的光纤是何种类型。

原则是:在其他损耗因素得到有效控制的条件下,选用同一批号的匹配包层光纤可以得到低的附加损耗。

(2) 光纤的安置

安置光纤应有微调机构及平稳的移动机构,一般光纤为水平安置。

(3) 封装工艺

封装时应仔细选择填充材料,这种材料的温度特性应与光纤相匹配。它既能对光纤的熔锥区起保护作用,又不会对耦合区施加显著的应力。另外此材料的折射率也应低于光纤材料的折射率,以起到包层的作用。实际上可供使用的材料有硅弹性树脂、氟化聚合物、硅油和甘油等,其中硅弹性树脂最适合于作填料兼包层材料,它可提供极好的机械保护,且化学性能稳定,在宽的温度范围内一致性好。可供采用的胶合剂则有丙烯酸树脂(对潮湿环境耐久性差)、环氧树脂(对低温环境的耐久性差)等。

目前熔锥型单模光纤定向耦合器性能的典型数据值为:附加损耗最佳为 0.05 dB,一般为 0.1 dB;使用温度范围为 $-20\sim+100$ ℃,最佳可达 $-55\sim+125$ ℃。熔锥型单模光纤波分复用器性能的典型数值为:工作波长 1.30 μm 和 1.55 μm;插入损耗小于 0.2 dB;隔离度大于 20 dB(反向隔离度小于 -55 dB,带宽±15 nm);使用温度范围为 $-40\sim+50$ ℃。

2. 磨抛型光纤定向耦合器

磨抛型单模光纤定向耦合器是利用光学冷加工(机械抛磨)除去光纤的部分包层,使光纤波导能相互靠近,以形成消逝场互相渗透。图 1-18 为其结构示意图。制作的方法如下[4]:先在石英基块上开出曲率半径为 R 的弧形槽,把单模光纤黏进弧形槽中,使光纤具有确定的曲率半径,然后把石英基块连同光纤一起研磨、抛光、除去部分光纤包层,使磨抛面达到光纤芯附近的消失场区域。再把两个抛磨好的石英块对合,使光纤的磨抛面重合。这时由于两纤芯附近的消失场重叠而在两光纤之间产生耦合,构成定向耦合器。由下述理论分析可知:设计光纤定向耦合器时,主要考虑因素是光纤的曲率半径 R 和两光纤芯的间隔 h,h 的大小通过光纤包层的磨抛量来控制。由此可控制其耦合率,这是其优点之一。耦合器加工好以后,利用微调装置,改变两光纤的相对位置还可连续改变耦合器的耦合率,是其另一优点。其缺点是热稳定性和机械稳定性较差。

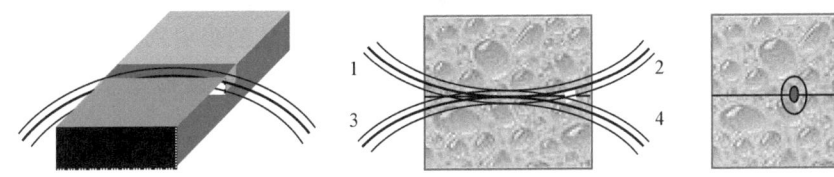

图 1-18 磨抛型单模光纤定向耦合器

由已有的理论分析可知,耦合区内光功率为

$$P_1(z) = \cos^2(Cz)$$
$$P_2(z) = \sin^2(Cz)$$

(1-18)

式中:C 为耦合系数。对于弱导光纤以及弱耦合、对称、无损波导,C 可近似为

$$C \approx \frac{\lambda}{2\pi n_1} \cdot \frac{U^2}{a^2 V^2} \cdot \frac{K_0\left(W\dfrac{h}{a}\right)}{K_1^2(W)}$$

式中:λ 为真空中光波波长;n_1 为纤芯的折射率;a 为纤芯半径;K 为第二类变型贝塞尔函数。

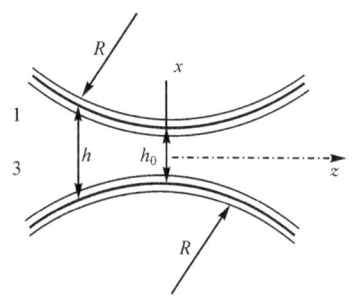

图 1-19 磨抛型光纤耦合器各参数关系图

如图 1-19 所示，由于耦合器中两光纤是弯曲的对称结构，光纤间隔 h 随 z 而变，因此耦合系数是 z 的函数。式（1-18）中的相位因子 Cz 应用积分 $\int_0^z C(z)\mathrm{d}z$ 代替。但在实际应用中，人们关心的是耦合器总的能量耦合率，而不必知道耦合区每一点的耦合系数。因此上述积分可等效为

$$\int C(z)\mathrm{d}z = C_0 L$$

式中：C_0 为耦合器中心 h 最小处（$h = h_0$）的耦合系数；L 为相同耦合率时，耦合系数为 C_0 时两平行光纤的等效耦合长度。

若光纤弯曲的曲率半径为 R，且 $z^2 \ll h_0 R$ 时，L 可表示为

$$L \approx \left(\frac{\pi a R}{W}\right)^{\frac{1}{2}} \tag{1-19}$$

当光纤 1 端输入为 1，2 端输入为 0 时，定向耦合器的输出为

$$P_1 = \cos^2(C_0 L)$$
$$P_2 = \sin^2(C_0 L) \tag{1-20}$$

耦合器的耦合率定义为

$$K = \sin^2(C_0 L) \tag{1-21}$$

它代表从一根光纤耦合到另一根光纤的功率的百分比。

由式（1-19）可知，等效耦合长度 L 随 R 的增大而增大。而由式（1-21）可知，当 L 较大时，C_0 的微小变化就可引起耦合率 K 的较大变化，这就要求光纤包层的磨抛和耦合器的调节要有很高的精度。但是 R 太小又会使光纤的弯曲损耗增加，因此 R 的取值要适当。实际制作时 R 取值为 $200 \sim 400$ mm。此时光纤的微弯损耗可忽略。

光纤芯间隔 h 是定向耦合器最关键的参数。它不仅决定耦合率的大小，还影响耦合器插入损耗。实际的耦合器，由于耦合区波导的不完整性，存在磨抛面的反射、散射损耗，以及耦合模式因辐射引起的损耗。计算结果表明，损耗随 h 的增加而增加。由于插入损耗直接反映耦合器质量的好坏，因此决定 h 的大小时，必须考虑其对插入损耗的影响，为此 h 应取较小值，一般可取 k_0/a 为 $2.0 \sim 2.5$。在实际制作时，关键是控制光纤包层的磨抛量。由于单模光纤芯径很小（直径小于 10 μm），为获得高质量的耦合器，需将光纤包层磨抛至距光纤芯表面 1 μm 以内，同时又不能将纤芯磨破，否则将因波导严重畸变而引起很大的损耗。控制磨抛量的关键在于精确测定磨抛过程中磨抛面与光纤芯的距离。

3. 光波分复用器

光纤技术中，波分复用是借助不同波长（即颜色）的激光光源将大量光载波信号加载到一根光纤中的特殊技术。该技术成倍地扩展了单根光纤的双向通信的能力。光波分复用包括频分复用和波分复用。术语"波分复用"对应于由波长定义的光载波而言，就如同频分复用更多地用于由频率定义的射频载波一样。由于波长和频率是通过一个简单的反比关系紧密关联的，所以二者实际上无明显区别。通常也可以这样理解：光频分复用指光频率的细分，光信道非常密集。光波分复用指光频率的粗分，光信道相隔较远，甚至处于光纤不同窗口。

WDM 是将一系列载有信息、但波长不同的光信号合成一束，沿着单根光纤传输的光器

件,外形结构与光纤耦合器一样。在接收端再逆向使用 WDM 即可将各个不同波长的光信号分别下载。由于可以同时在一根光纤上传输多路信号,每一路信号都由某种特定波长的光来传送,这就是一个波长信道。光波分复用器和解复用器的原理是相同的。

WDM 的主要类型有熔融拉锥型、介质膜型、光栅型和平面型四种。其主要特性指标为插入损耗和隔离度。通常,由于光链路中使用波分复用设备后,光链路损耗的增加量称为波分复用的插入损耗。当波长 λ_1、λ_2 通过同一光纤传送时,在与分波器中输入端的功率与输出端光纤中混入的功率之间的差值称为隔离度。目前,通信领域广泛使用的 WDM 技术的产品主要有粗波分复用器(coarse wavelength division multiplexer,CWDM)和密集波分复用器(dense wavelength division multiplexer,DWDM)。图 1-20(a)为 WDM 的一个带波长滤波器的基本结构单元,(b)为 Nortel 的一个 WDM 系统。

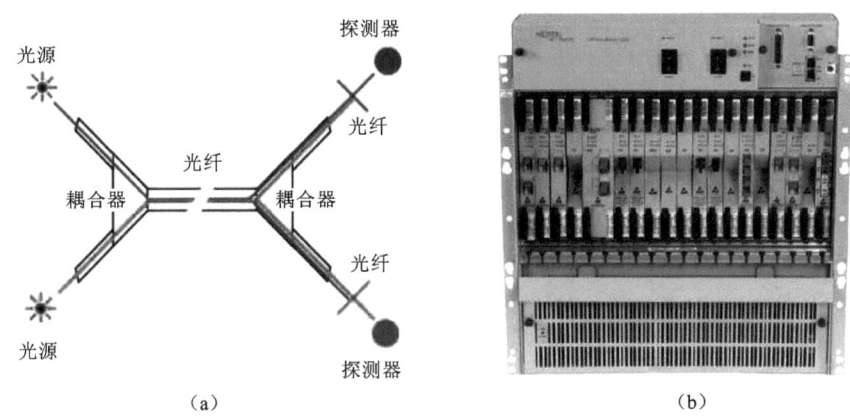

图 1-20 WDM 的基本结构单元和 WDM 系统示例

1) CWDM 系统原理

CWDM 是一种面向城域网接入层的低成本 WDM 传输技术。从原理上讲,CWDM 就是利用光复用器将不同波长的光信号复用至单根光纤进行传输,在链路的接收端,借助光解复用器将光纤中的混合信号分解为不同波长的信号,连接到相应的接收设备。与 DWDM 的主要区别在于:相对于 DWDM 系统中 0.2 nm 到 1.2 nm 的波长间隔而言,CWDM 具有更宽的波长间隔,业界通行的标准波长间隔为 20 nm。ITU-T G.694.2 规定的波长如表 1-1 所示。各波长所属的波段覆盖了单模光纤系统的 O、E、S、C、L 五个波段。

表 1-1　ITU-T G.694.2 规定的 CWDM 波长

表 1/G.694.2 归一划中心波长间隔 20 nm					
1 271	1 291	1 311	1 331	1 351	1 371
1 391	1 411	1 431	1 451	1 471	1 491
1 511	1 531	1 551	1 571	1 591	1 611

由于 CWDM 系统的波长间隔宽(达到 20 nm),所以对激光器的技术指标要求较低,最大波长偏移可达 $-6.5 \sim +6.5$ ℃,激光器的发射波长精度可放宽到 ± 3 nm,而且在工作温度范围($-5 \sim 70$ ℃)内,温度变化导致的波长漂移仍然在容许范围内,激光器无需温度控制机制,所以激光器的结构大大简化,成品率提高。另外,较大的波长间隔意味着光复用器/解复用器

的结构大大简化。例如,CWDM系统的滤波器镀膜层数可降为50层左右,而DWDM系统中的100 GHz滤波器镀膜层数约为150层,这导致成品率提高,成本下降,而且滤波器的供应商大大增加有利于竞争。CWDM滤波器的成本比DWDM滤波器的成本要低50%以上,而且随着自动化生产技术和批量的增大会进一步降低。

CWDM技术的最大问题是其相对于DWDM设备的成本优势仍不够明显。目前的CWDM设备支持的光通道(波长)数目不超过8个,主要是E波段的光收发模块制造工艺还不成熟,另外,消除了水吸收峰的G.652C光缆在现网中应用较少,所以对E波段光收发模块的市场需求不大。更高速率和更远传输距离的CWDM系统还存在很多技术问题。如10G系统的色散问题、超宽带光放大技术等。另外,标准化进程需要加快,特别是对业务接口功能方面需要运营商的引导。

目前制约CWDM产品发展的关键因素之一是光收发模块和复用解复用器件的价格。随着市场的发展和制造工艺的进步,进一步降低设备成本是一个重要的发展方向。开发E波段的光器件技术,使之尽快成熟。开发10G速率光通道技术,提高CWDM系统的容量和可升级性。支持各种业务接口是CWDM发展的方向。

2) DWDM系统原理

DWDM技术是利用单模光纤的带宽以及低损耗的特性,采用多个波长作为载波,允许各载波信道在光纤内同时传输。与通用的单信道系统相比,DWDM不仅极大地提高了网络系统的通信容量,充分利用了光纤的带宽,而且它具有扩容简单和性能可靠等诸多优点,特别是它可以直接接入多种业务更使得它的应用前景十分光明。

DWDM从结构上分,目前有集成系统和开放系统。集成式系统要求接入的单光传输设备终端的光信号是满足G.692标准的光源。开放系统是在合波器前端及分波器的后端,加波长转移单元OTU,将当前通常使用的G.957接口波长转换为G.692标准的波长光接口。这样,开放式系统采用波长转换技术使任意满足G.957建议要求的光信号能运用光-电-光的方法,通过波长变换之后转换至满足G.692要求的规范波长光信号,再通过波分复用,从而在DWDM系统上传输。目前的DWDM系统可提供16/20波或32/40波的单纤传输容量,最大可到160波,具有灵活的扩展能力。

DWDM充分利用光纤的低损耗波段,优势明显:

(1) 充分利用光纤的低损耗波段:增加光纤的传输容量,使一根光纤传送信息的物理限度增加一倍至数倍。目前我们只是利用了光纤低损耗谱(1 310~1 550 nm)极少一部分,波分复用可以充分利用单模光纤的巨大带宽约25 THz,传输带宽充足;

(2) 具有在同一根光纤中传送多个非同步信号的能力:有利于数字信号和模拟信号的兼容,与数据速率和调制方式无关,在线路中间可以灵活取出或加入信道;

(3) 灵活性强:对已建光纤系统,尤其早期铺设的芯数不多的光缆,只要原系统有功率余量,可进一步增容实现多个单向信号或双向信号的传送,而不用对原系统作大改动,具有较强的灵活性;

(4) 恢复迅速方便:由于大量减少了光纤的使用量,降低建设成本,故障恢复也迅速、方便;

(5) 降低了成本:有源光设备的共享性、对多个信号的传送或新业务的增加降低了成本;

(6) 提高系统的可靠性:系统中有源设备得到大幅减少,提高了系统的可靠性。

4. 光纤环形器

光纤环行器是不可逆的单向三/四端口器件,如图1-21所示,在大量光学设备和许多场合具

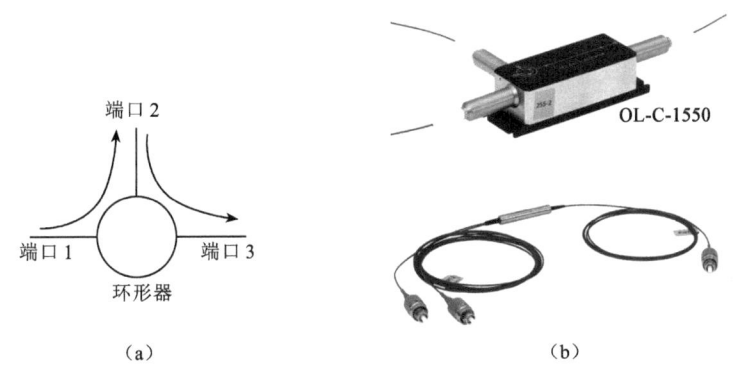

图 1-21　3 端口光纤环形器原理与结构外形图

有广泛应用。光纤环行器与隔离器类似,所依据的原理是法拉第磁光效应,即当光波通过置于磁场中的法拉第旋光片时,光波的偏振方向总是沿与磁场(H)方向构成右手螺旋的方向旋转,而与光波的传播方向无关。这样,当光波沿正向和沿反向两次通过法拉第旋光片时,其偏振方向旋转角将叠加而不是抵消(如在互易性旋光片中的情形),这种现象称之为"非互易旋光性"。

光纤环行器的结构和光隔离器十分类似,所不同的只是偏振分光镜的设计。典型的分光式光纤环行器的结构采用了偏振分光镜。当光信号由 1 端口输入时,由 YIG 晶体和石英旋光片构成的旋光系统不改变光的偏振方向,合光之后光信号将由 2 端口输出;当光信号由 2 端口输入时,两束线偏光的偏振方向各自旋转 90°,合光之后由 3 端口输出;当光信号从 3 端口输入时,光的偏振方向也不发生变化。因此,这种光环行器具有 1—2—3 的环行功能。当不按照这种顺序传输时,就会出现很大的损耗。所以这种环行器也兼具隔离器功能。实际上,环行器等效于 1 与 2、2 与 3 之间两个光隔离器。

目前,各种实用的光纤环行器还主要是用磁光材料作为旋光材料。但可用大块介质或光纤作为偏振分光镜。大块介质做成的棱镜分光镜是在两直角棱镜的斜面上镀制偏振分光膜并胶合而成,而光纤偏振分光器件可用拉锥方法制成。

衡量光纤环行器性能的主要参数有:①正向插入损耗,定义为正向传输时输出光功率与输入光功率之比;②反向(逆向)隔离比,定义为反向(逆向)传输时输出功率与输入光功率之比;③回波损耗,定义为输入端口自身返回功率与输入功率之比。

单模光学环行器的工作中心波长通常有 1 064 nm、1 310 nm 或 1 550 nm(C 带)。这些单模光纤环行器的可选参数包括:裸纤、FC/PC 接头或 FC/APC 接头,以及保偏(PM)光纤光学环行器。

光纤环行器与电子环行器类似,正向穿过该设备引起的光的任何性质改变,当光反向输入时并不会得到相反的结果。环行器通常结合光纤布拉格光栅从 DWDM 系统中分离光信道。由于其隔离性高,插入损耗小,光纤环行器广泛用在先进通信系统中,例如分插复用器、双向泵浦系统和色散补偿装置。环行器还可以用来从单根光纤中发送两个方向的光信号。环行器放置在光纤两端。每个环行器都可以在一个方向上加入一个信号,而在另一个方向上移除信号。

1.2.2　光纤偏振器件——PM 控制器、起偏器与消偏器、扰偏器和光隔离器

1. 光纤偏振控制器

一般光学系统均采用波片来改变光波场的偏振态。在光纤系统中可采用更简单的方法:利用弹光效应改变光纤中的双折射,以控制光纤中光波的偏振态。由前面的讨论可知,当光纤

在 x-z 平面弯曲时,由于应力作用,光纤折射率发生变化,对于石英光纤可得

$$\delta n = \Delta n_x - \Delta n_y = -0.133 \left(\frac{a}{R}\right)^2 \tag{1-22}$$

其快轴位于弯曲平面内,慢轴垂直于弯曲平面。因此利用弯曲光纤的双折射效应,可以制成波片,对于弯曲半径为 R 的 N 圈光纤,如选择适当的 N、R 使得

$$|\delta n| 2\pi NR = \frac{\lambda}{m} \quad (m = 1, 2, 3, \cdots)$$

则该光纤圈即成为 λ/m 波片。例如,对于 $\lambda = 0.63~\mu m$ 的红光,把纤芯半径为 $62.5~\mu m$ 的光纤绕成 $R = 20.6~mm$ 的一个光纤圈时,就成为 $\lambda/4$ 波片;若绕两圈,就构成 $\lambda/2$ 波片。

图 1-22 为光纤偏振控制器的装置图,其工作原理如下:当改变光纤圈的角度时,便改变了光纤中双折射轴主平面方向,产生的效果与转动波片的偏振轴方向一样。因此在光纤系统中加入这种光纤圈,并适当转动光纤圈的角度,就可控制光纤中双折射的状态。常用的偏振控制器一般由 $\lambda/4$ 光纤圈和 $\lambda/2$ 光纤圈组成。适当调节此两光纤圈的角度,就可获得任意方向的线偏振光。

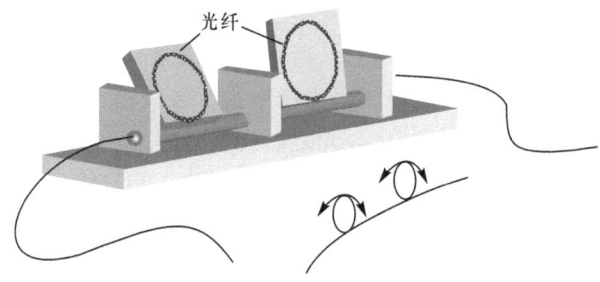

图 1-22 光纤偏振控制器装置图

2. 起偏器与消偏器

1) 保偏光纤偏振器

利用高双折射光纤构成光纤偏振器的设计思想是:利用光纤包层中的消逝场。把高双折射光纤中两偏振分量之一泄漏出去(高损耗),使另一偏振分量在光纤中无损(实际是低损)地传输,从而在光纤出射端获得单偏振光。具体结构方式可有多种,仅举 3 例如下。

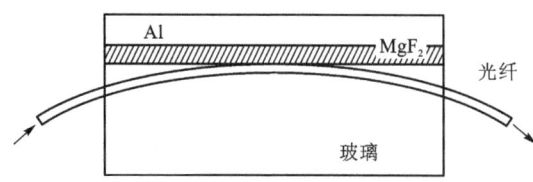

图 1-23 镀金属膜的光纤偏振器示意图

例 1-1 用镀金属膜的办法吸收一个偏振分量,以构成光纤偏振器[1,4]。器件结构如图 1-23 所示。在石英或玻璃基片上开一弧形槽,保偏光纤定轴后胶固于其中,经研磨抛光到光场区域,然后在上表面镀一层金属膜,在此处介质和金属形成一复合波导。当光纤中的偏振光到达此区域时,TM 波导能够激发介质-金属表面上的表面波,使其能量从光纤耦合到介质-金属复合波导中,进而被泄损耗掉,而 TE 波不发生这种耦合,能够几乎无损耗地通过此区域,从而在输出中得到单一的 TE 偏振光。

用这种方法制作保偏光纤偏振器需解决的技术关键有:光纤定轴、研磨深度的检测、薄膜蒸镀以及性能的检测等。偏振器要实现 40 dB 的消光比,定轴误差不能超过 0.5°,研磨深度则应在研磨过程中精确监测,一般是通过泄漏能的检测来推算研磨深度。目前用这种方法制成

的保偏光纤偏振器,其优秀者的性能指标为:消光比>40 dB,插入损耗<0.5 dB。

例 1-2 用双折射晶片泄漏掉一个偏振分量,以构成光纤偏振器。器件结构如图1-24所示。在石英或玻璃上开一弧形的槽,保偏光纤定轴后胶固于其中,经研磨抛光到光场区域,然后在上表面固定一块晶片,此双折射晶片的一个折射率应大于纤芯的折射率,另一个折射率则应小于纤芯的折射率,即 $n_0>n_{芯}>n_e$ 或 $n_e>n_{芯}>n_0$,这时光纤中一个偏振分量被泄漏,另一个则继续保持在光纤中传输。例如,有人用 $KB_5O_8 \cdot 4H_2O$ 晶体,沿垂直于 b 轴切割,见图1-24。由于此晶体对 $\lambda=0.633~\mu m$ 的红光有: $n_a=1.49, n_b=1.43, n_c=1.42$,而石英芯光纤的 $n_1=1.456$,因此,对于垂直分界面(晶体-光纤的分界面)振动的光,其折射率为 $n_b=1.43$;对于平行分界面振动的光,其折射率为 $n_c=1.42, n_a=1.49$。设计偏振器时,应选晶体夹角,使其中一个偏振分量从导模中有效地泄漏,此角 θ 与纤芯取向如图1-25所示,其值由下式计算:

$$n_1=\left(\frac{\sin^2\theta}{n_c^2}+\frac{\cos^2\theta}{n_a^2}\right)^{\frac{1}{2}}$$

最后再通过微调以获得最佳消光比。实际器件的消光比有的达到60 dB。

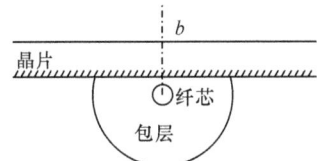

图 1-24 用双折射晶体的光纤偏振器

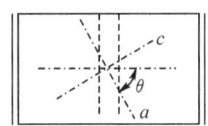

图 1-25 光纤偏振器的晶体取向

例 1-3 用异形光纤构成偏振器。结构如图1-26所示。和一般光纤的差别是:在光纤的包层区有D形长筒,其中充以金属。利用此异形的金属包层可使纤芯中传输的两正交分量的损耗相差20 dB以上。这种方法构成的偏振器,在 $1.3\sim 1.5~\mu m$ 的大波长范围内可获30 dB的消光比,插入损耗为1 dB。

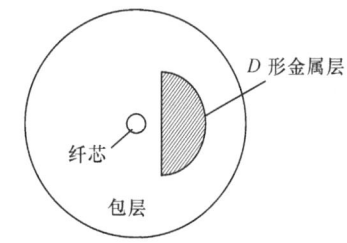

图 1-26 用异形光纤的光纤偏振器结构示意图

2) 消偏器

在光纤干涉仪中,偏振态的起伏和干扰使最终通过偏振滤波器输入到光电检波器的光强幅度发生随机变化,从而限制了光纤干涉仪的精度。为了减小由偏振交扰所引起的该误差,在光路中适当位置加入消偏器——使光波(常为部分偏振光)经消偏器后成为完全非偏振光,相当于光强均匀地分布在所有方向的偏振态上。这样,虽然光纤线圈中的偏振交扰会引起某两个偏振态间功率的转移,但因消偏器的作用,使输出光强各方向均匀化,最终通过偏振滤波器到达光电检波器的光强幅度是恒定的,消除了由偏振交扰所导致的测量误差。

光学消偏器分为空间光学消偏器和全光纤消偏器,Loyt光纤消偏器是全光纤化的消偏器(如图1-27所示),由两段长度之比为 $l_1:l_2=1:2$,折射率主轴相对旋转45°的保偏光纤熔接而成。设消偏器在光纤 l_1 入口处光波为 $u(0)$,它可在 l_1 的双折射快慢轴 $x、y$ 方向上分解为

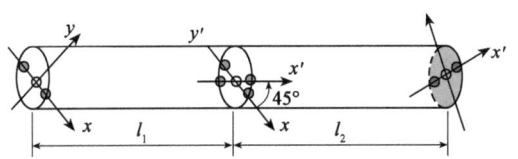

图 1-27 Loyt光纤消偏器的结构示意图

$u_x(0)$、$u_y(0)$，经光纤 l_1 传输后为 $u_x(l_1)$、$u_y(l_1)$；这时 $u_x(l_1)$、$u_y(l_1)$ 之间有了 $\tau_1=(\Delta n/c)l_1$ 的相对延迟；在光纤 l_2 的入口处，$u_x(l_1)$、$u_y(l_1)$ 再在 l_2 的快慢轴 x'、y' 方向上分解为 $u_{xx'}(l_1)$、$u_{xy'}(l_1)$、$u_{yx'}(l_1)$、$u_{yy'}(l_1)$。当到达 l_2 的末端时，在 x'、y' 方向相对延迟 $\tau_2=2\tau_1$。

一段保偏光纤的琼斯矩阵

$$B(l)=\begin{bmatrix} e^{i\beta_r(v)l} & 0 \\ 0 & e^{i\beta_s(v)l} \end{bmatrix}$$

式中：r、s 为两个偏振方向；v 为光波的主频率；l 为该段光纤的主长度。

两段光纤主轴的错位引起的旋转因子

$$S(\theta)=\begin{bmatrix} \cos\theta & \sin\theta \\ -\sin\theta & \cos\theta \end{bmatrix}$$

式中：θ 为相对旋转的角度。设输入偏振光与消偏器端口主轴成 45°角，消偏器的琼斯矩阵可以表示为

$$D=B(l_2)S(-45°)B(l_1)S(45°)=\frac{1}{2}\begin{bmatrix} e^{i\beta_x l_1}(e^{i\beta_{x'}l_2}+e^{i\beta_{y'}l_2}) & e^{i\beta_x l_1}(e^{i\beta_{x'}l_2}-e^{i\beta_{y'}l_2}) \\ e^{i\beta_y l_1}(e^{i\beta_{x'}l_2}-e^{i\beta_{y'}l_2}) & e^{i\beta_y l_1}(e^{i\beta_{x'}l_2}+e^{i\beta_{y'}l_2}) \end{bmatrix}$$

式中：乘积 $\beta_x l_1$、$\beta_y l_1$、$\beta_{x'} l_2$、$\beta_{y'} l_2$ 等均代表相位，因此可以把消偏振器的琼斯矩阵改写为

$$D=\frac{1}{2}\begin{bmatrix} e^{i\varphi_{x1}}(e^{i\varphi_{x'2}}+e^{i\varphi_{y'2}}) & e^{i\varphi_{x1}}(e^{i\varphi_{x'2}}-e^{i\varphi_{y'2}}) \\ e^{i\varphi_{y1}}(e^{i\varphi_{x'2}}-e^{i\varphi_{y'2}}) & e^{i\varphi_{y1}}(e^{i\varphi_{x'2}}+e^{i\varphi_{y'2}}) \end{bmatrix}$$

由于输出口各光波分量不相干涉，则 φ_{x1}、φ_{y1}、$\varphi_{x'2}$、$\varphi_{y'2}$ 是互不相关的。

(1) 消偏作用分析

任意偏振度的光波可以用相干矩阵表示为 $J=\begin{bmatrix} I_1 & 0 \\ 0 & I_2 \end{bmatrix}$，其中 I_1、I_2 代表光波两个正交偏振分量的强度。

设该光波通过光纤消偏振器后的相干矩阵为 J_1，则 $J_1=\langle DJD^+\rangle$。式中 D^+ 为 D 的厄米共轭矩阵，$\langle\cdot\rangle$ 指时间平均。由于 φ_{x1}、φ_{y1}、$\varphi_{x'2}$、$\varphi_{y'2}$ 互不相关，故有 $\langle e^{i\varphi_a}\cdot e^{i\varphi_b}\rangle=1$，$\langle e^{i\varphi_a}\cdot e^{-i\varphi_b}\rangle=0$，其中，$\varphi_a$、$\varphi_b$ 为上述任意相位，但 $\varphi_a\neq\varphi_b$，求得 $J_1=\frac{1}{2}(I_1+I_2)\begin{bmatrix} 1 & 0 \\ 0 & 1 \end{bmatrix}$。

可见，从消偏器输出的光波成为偏振度 $P=0$ 的完全非偏振光。由于 I_1、I_2 是符合实际情况的任意值，故这一结论适用于任何偏振态的光波，从而实现了消除偏振的作用。

(2) 消偏器的结构参数对其消偏性能的影响

在上述分析中，曾假定输出口光波分量间无相干作用，这实际上是一种近似，并且实际制作消偏器时两光纤的长度及相对转角与设定值也会有一定偏差，这使得消偏器的消偏性能受到影响。

① 两段光纤相对旋转角度制作误差的影响

$k(\theta)$ 反映当两端光纤相对旋转角为 θ 时，输出光波的偏振度 P 的变化，如图 1-28(a) 所示。当 $\theta=45°$ 时，$k(\theta)=0$，$P=0$ 能完全消除偏振；θ 偏离 45°，则消偏性能下降。所以为了提高消偏器的消偏性能，应尽可能减小 θ 与 45°的偏差。

② 光纤长度 l_1、l_2 对消偏器性能的影响

在消偏器中，因为 $\tau_1=(\Delta n/c)l_1$，$\tau_2=(\Delta n/c)l_2$，故 l_1、l_2 误差与消偏性能的关系可以通过

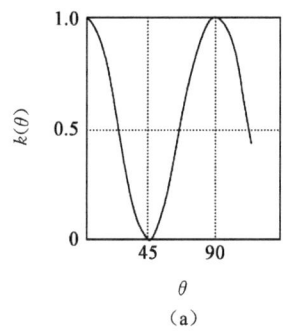 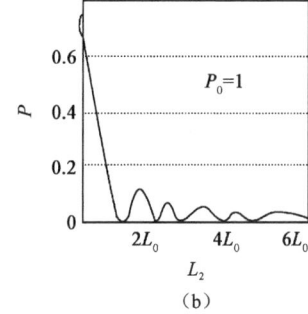

图 1-28　偏振相关度与两光纤相对旋转 θ 角(a)和长度(b)的关系

分析光波在光纤中的相干特性得到。出于消除偏振的目的,要求输出口各分量不相干,这就必须使 τ_1、τ_2 满足 $\tau_1 \geqslant \tau_c$,$\tau_2 - \tau_1 \geqslant \tau_c$。取 $\tau_1 = \tau_c$,$\tau_2 = 2\tau_1$ 即可满足这个条件,其中 τ_c 为光波的相干时间。

由图 1-28(b)可见,在 $l_2 = nL_0$ 的点上输出光偏振度 P 恒等于零,与输入光偏振度无关;光纤长度存在的误差越小,输出光的偏振度越接近于零,且对输入光偏振度的依赖性越弱,随着 l_2 的增大,曲线包络呈振荡衰减趋势。设 N 表示曲线包络的第 N 个零点,当 N 增大时,光纤长度误差所导致的消偏性能的降低将减小;N 增大到一定值,再继续增大 N 对消偏振器性能的改善已无显著作用。所以,N 的选取并不是越大越好,通常取 $l_1 = 2 \sim 3 L_0$,$l_2 = 2 l_1$。

3. 扰偏器

光纤系统中的偏振相关损害包括:光纤中的偏振模色散(polarization mode dispersion, PMD),无源光器件中的偏振相关损耗(polarization dependent loss,PDL),电光调制器中的偏振相关调制(polarization dependent modulation,PDM),光放大器中的偏振相关增益(polarization dependent gain,PDG),WDM 滤波器中的偏振相关波长(polarization dependent wavelength,PDW),接收机中的偏振相关响应(polarization dependent response,PDR),传感器和相干通信系统中的偏振相关灵敏度(polarization dependent sensitivity,PDS)。

扰偏器是利用高速的扰偏技术动态改变偏振态(states of polarization,SOP),将偏振度(degree of polarization,DOP)降至零度的器件。其工作原理是:一束完全偏振光,如果它的 SOP 受到外来因素的控制,以某一个速率发生随机变化,那么这束光就被称为"扰偏光"。扰偏光在任何瞬时的偏振态的偏振度(DOP)都接近 1,然而从平均时间上看,它的 DOP 接近 0。所以,扰偏光的 DOP 取决于平均时间取值的长度或探测器的检测带宽。扰偏技术可减轻偏振相关损害。目前,已有一些采用不同技术的扰偏器,主要包括 LiNbO$_3$(铌酸锂)晶体扰偏器、谐振光纤环扰偏器和光纤挤压扰偏器。

LiNbO$_3$ 晶体扰偏器:利用电光效应调制偏振态。如 LiNbO$_3$ 相位调制器,当一束线偏振光与扰偏器调制电场成 45°角入射的时候,它就是一个扰偏器。这种扰偏器的优点是速度高,缺点是插入损耗高、PDL 高、残余振幅调制(动态损耗)高、输入偏振态的不同对扰偏效果的影响大(偏振灵敏度高)、成本高。

虽然采用多个带有不同电场方向的调制器件(图 1-29)可以减小入射偏振态变化对扰偏效果产生的影响,但代价是增加了这种扰偏器的复杂性和成本。图中,V_i 为加载电压。

谐振光纤环扰偏器:这种扰偏器的基本结构是在可膨胀的压电陶瓷圆柱上缠绕光纤。

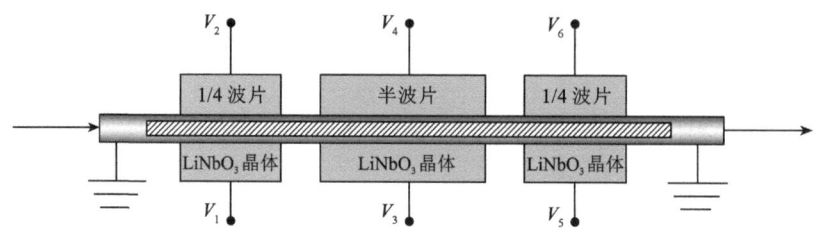

图 1-29 LiNbO$_3$ 晶体扰偏器

对圆柱加一个电场使其膨胀,进而由于弹光效应引起光纤内的双折射,从而实现对光纤内的偏振光的偏振调制。如果电场频率与压电圆柱体的谐振频率一致,则这种偏振调制效率最高。在实际应用中,同时串联使用多个具有不同定位的光纤圆柱体可以减小扰偏器的偏振灵敏度(图 1-30)。与 LiNbO$_3$ 晶体扰偏器相比,膨胀光纤环扰偏器具有插入损耗低、PDL低和成本低的优点。缺点是体积大、扰偏速度低和光纤拉伸导致的残余相位调制大。

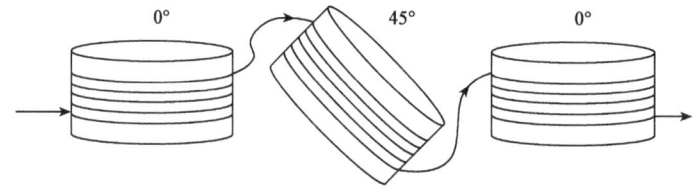

图 1-30 谐振光纤环扰偏器

挤压光纤扰偏器:挤压光纤引起的弹光效应可在光纤内引起大的双折射,如果入射光的偏振态与挤压方向成 45°角,则可产生大的偏振调制,这就构成了挤压光纤扰偏器。串联使用多个互成 45°角的光纤挤压器,就成了一个对入射偏振态不敏感的扰偏器(图 1-31)。该仪器既可工作在高频谐振扰偏模式下,也可工作在低频非谐振扰偏模式下。与 LiNbO$_3$ 晶体扰偏器相比,这种仪器具有插入损耗低、PDL 低和成本低的优点。与谐振光纤环扰偏器相比,它具有体积小、残余相位调制低和使用灵活的优点。另外,与 LiNbO$_3$ 晶体扰偏器和光纤环扰偏器两者中任何一个相比,它都具有残余相位调制低和残余振幅调制(动态损耗)低的优势。低残余相位调制在光学系统中对于避免干涉相关噪声非常重要,而对于 PDL 和 DOP 测量仪器,扰偏器的残余振幅调制要求很低。

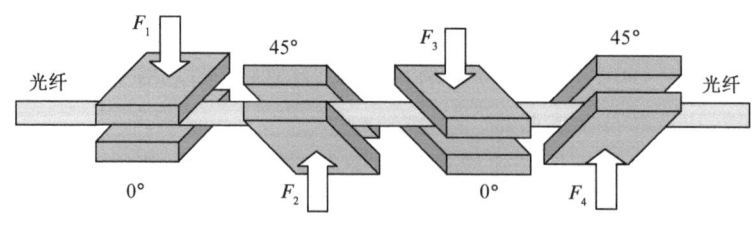

图 1-31 挤压光纤扰偏器

1) 扰偏器的性能

(1) 性能测试方法

测量扰偏光经过一段时间后的偏振度和邦加球上偏振态覆盖区的均匀性。在实际应用中,扰偏器的波长和温度灵敏性也非常重要。图1-32(a)展示了电控制扰偏器在邦加球上实现的完美的扰偏均匀性。图1-32(b)是作为探测器带宽函数的DOP,展示了波长灵敏度。图1-32(c)表现出多段光纤挤压扰偏器对波长变化的灵敏度远低于其他类型的扰偏器。实验结果还显示,光纤挤压扰偏器对温度变化的敏感度也较低(如图1-32(d)所示)。

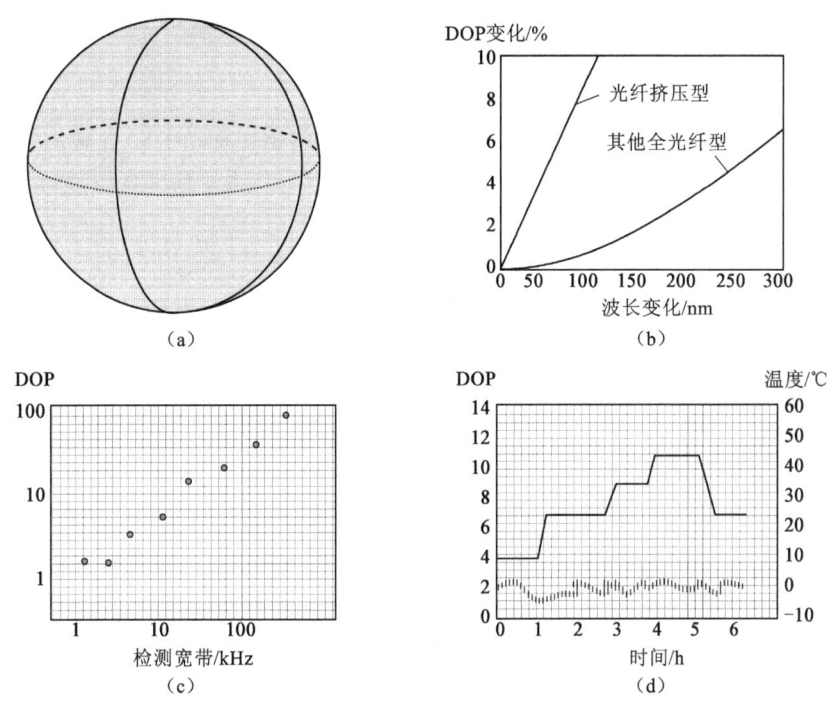

图1-32　扰偏器性能参数测试结果示例

(2) 工作寿命

寿命是系统和工业应用中需要考虑的一个重要参数。有些用户会对光纤挤压器中光纤在应力下的使用寿命提出疑问。事实上,如果不正确使用和保护,光纤会在很短的时间内损坏。通用光电公司从1996年起花了很大力气对在应力状态下光纤受损失效的机理及保护技术进行了研究。采用通用光电公司的光纤保护专利技术,经测算,挤压器中的光纤在最大工作应力下的平均失灵时间(mean time to failures,MTTF)可达到20亿年。这一结果并不值得惊讶,因为光纤挤压器将应力作用于光纤时,其应力的大小,和保偏光纤中由两根应力杆引起的应力是一个数量级。在耐久性测试中,光纤通过了一万亿次挤压后仍保持性能不变。

(3) 驱动频率

对于光纤挤压扰偏器,其内部的各个挤压器所要求的驱动频率是不一样的。为了获得最佳结果,它们之间的频率关系不应是谐振或次谐振关系。有一种类型的扰偏器,其驱动频率是在出厂前设定好的,不能更改。这类扰偏器通常是利用压电转换器的谐振特性获得最佳扰偏效率的。除此之外,还有适用于手提和现场测试的微型扰偏器。这种微型扰偏器的扰偏速率可通过按键或计算机指令步进式改变,范围从几赫兹到几十千赫兹。

(4) 特性参数

扰偏器的特征参数包括输入偏振相关度,工作波长范围(一般大于40 nm);插入损耗(<0.7 dB典型)和偏振模色散(<0.2 ps典型)等。

2）扰偏器的典型应用

（1）解决长段通信系统中的偏振相关增益问题

假设一个掺铒放大器（Erbium doped fiber amplifier，EDFA）的时间常数大约为 1 ms，偏振烧孔效应（polarization burn hole effect，PHB）将产生偏振相关增益。扰偏器能够除去一长串 EDFA 链中的偏振相关增益。如果光信号偏振扰频快于 EDFA 的响应时，偏振相关增益将得到抑制。

（2）去除偏振相关影响的器件测试

光器件都有自身的偏振相关损耗（PDL），由于偏振相关损耗（PDL）导致器件检测的结果出现误差。扰偏器被用于进行偏振无关测试的去偏光源上。并使测试系统能够得出待测器件的精确数值，例如插损、滤波片的情况等。

（3）消除光纤干涉计中偏振产生的相位噪音或错误

光纤干涉计和传感系统由于偏振可能导致相位噪音和错误。扰偏器能够去除如可调谐激光器、DFB 激光器之类的单频光源。因为偏振被快速调整过程中，传感信号和传感系统的物理数量都需要被精确测量。

4. 光隔离器

利用光纤材料的法拉第效应 $\theta=VHL$ 可以构成光纤隔离器，式中 θ 为在磁场强度 H（沿光纤轴方向）作用下，在光纤中传输的光的偏振面的转角，L 为在磁场中的光纤长度，V 为光纤材料的韦尔代（Verdet）常数。利用光纤做隔离器的主要问题是：一般低损光纤材料的韦尔代常数都很小（例如，熔石英的韦尔代常数为 $0.012\ 4\ \text{min/cm} \cdot Oe$），因此，要获得 45°转角，就需要很长的光纤处于强磁场中。对于熔石英光纤，若 $H=1\ 000 Oe=79.6\ \text{A/m}$，则在磁场中的光纤长度约为 2 m。这是光纤隔离器实用化的主要问题之一。利用高韦尔代材料制成单晶光纤以构成隔离器是解决此问题的途径之一。

图 1-33(a)是目前广泛使用的偏振无关光隔离器的原理图。图中 P_1、F、R、P_2 分别为双折射晶片、法拉第旋光片、自然旋光片和双折射晶片。入射光经双折射晶片 P_1 后，分为光振动方向（光波的电矢量）相互垂直的 a、b 两束光进入法拉第旋光片 F，法拉第旋光片使 a、b 两束光的振动方向均旋转 45°，经自然旋光片 R 后，a、b 两束光的振动方向再旋转 45°。所以 a、b

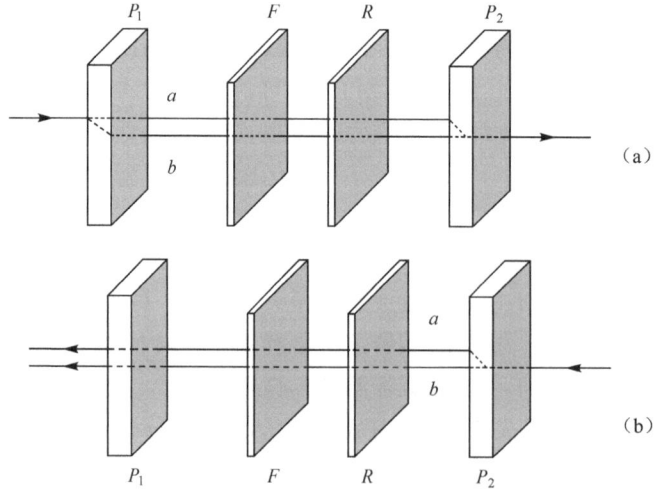

图 1-33 光隔离器原理图

两束光进入双折晶片 P_2 时,其光电矢量方向已旋转 90°。因此在晶片 P_1 中的 o 光(寻常光——光振动方向垂直图面)即光束 a 到晶片 P_2 中后就成为光振动方向在图面内的 e 光(异常光)。反之,在晶片 P_1 中的 e 光(异常光——光振动方向在图面内)。即光束 b 到晶片 P_2 中后就成为光振动方向垂直图面的 o 光(寻常光)。从晶片 P_2 出射后。a、b 两光束合成一束出射(由于晶片 P_1、P_2 厚度相同,光轴取向也相同)。

这时,如果出射光因反射等原因而反向传播时。其光振动旋转方向就和正向传播不同。这时法拉第旋光片 F 和自然旋光片 R 使光振动的旋转方向相反。所以光束 a 从旋光片 F 出射后。其光振动方向仍在图面内(和通过晶片 P_2 时的振动方向相同),因此光束 a 通过晶片 P_1 时为 e 光,要发生偏折。同时光束 b 通过晶片 P_1 时,为 o 光(光振动主向垂直图面),不发生偏折。由图可见,反射光通过晶片 P_1 后和入射光不重合。如图 1-33(b)所示。所以这种器件可阻止反射光沿入射光方向反向传输。故称为光隔离器。

1.2.3 全光开关

光开关与光开关阵列是光纤通信系统和光传感系统重要的光器件,光开关的主要任务是切换光路。图 1-34 是使用 1×2 光开关切换光路的示意图。

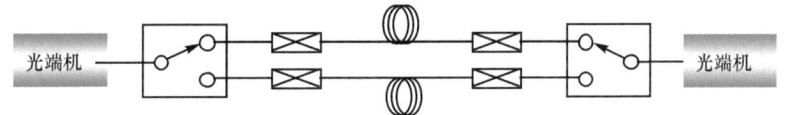

图 1-34　使用 1×2 光开关切换光路示意图

光开关分为机械式光开关和非机械式光开关两类。前者利用驱动机构带动活动的光纤(或微反射镜),使活动光纤(或微反射镜)根据指令信号要求与所需光纤(或光波导)连接。这类光开关的缺点是体积和重量都大,不耐振动且开关速度较慢。

非机械式光开关又分为体光学器件组成的光开关和以光波导为基础的光开关。图 1-35 和图 1-36 分别是由体光学器件组成的光开关和波导式光开关的示意图。非机械式光开关的工作原理视不同器件而不同,有的根据电光效应原理,有的根据载流子注入效应、热光效应、声光效应和折射率效应原理等。从目前看,可以把所有光开关归为四个大类,即机械式光开关、液晶光开关、电光式光开关和热光式光开关。无论哪种光开关及阵列都有共同的要求,这些要求可归纳为:①小的串音;②大的消光比;③低的插入损耗;④小的驱动电压(或电流);⑤无偏振依赖性;⑥与光纤有高的耦合效率;⑦紧凑的器件尺寸;⑧可根据需求而定的开关速度和频率带宽。

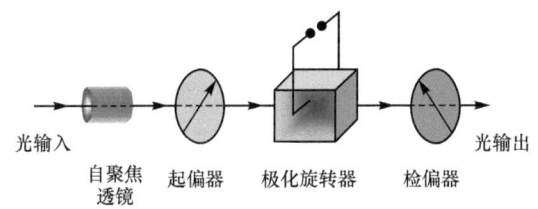

图 1-35　由分立光学器件组成的光开关

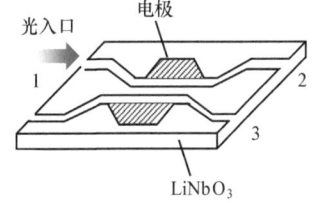

图 1-36　波导式光开关

1. 机械式光开关

机械式光开关是传统的光开关,在目前的光纤通信系统中已成为最成熟的光开关产品。

实用化的机械式多模光纤光开关插入损耗小于 1 dB,开关时间小于 1 ms。但是传统的机械式光开关已远不能满足快速发展的光纤网的要求,而需不断研究开发新型的机械式光开关,最具成效的是微光机电系统光开关和金属膜与无源波导相结合的光开关。

(1) 微光机电系统光开关

微光机电系统(micro optoelectro mechanical system,MOEMS)光开关是微机电系统(micro electro mechanical system,MEMS)技术与传统光技术相结合的新型机械式光开关。MEMS 技术是基于半导体微细加工技术而成长起来的平面制作工艺技术,利用这种技术可以制作出微小而活动的机械系统。它采用集成电路(integrated circuit,IC)标准工艺在 Si 衬底上制作出集成的微反射镜阵列,反射镜尺寸非常小,仅 300 μm 左右。根据被驱动部件不同,可以把 MOEMS 技术制作的光开关分为两类:一类是基于传统的机械式光开关,依靠驱动光纤达到光开关的目的,其驱动力可以是热力,也可以是静电力。这类光开关保持了传统机械式光开关的高消光比特性,加之器件的体积大幅度缩小和器件开关速度的提高(可达毫秒级),故这类器件已开发出成熟的产品。另一类机械式光开关则是移动器件的其他部件,如微反射镜等,其驱动可以是热力效应,也可以是磁效应。

(2) 金属薄膜光开关

这类光开关使用金属膜与无源波导相结合的构形,其结构如图 1-37 所示。

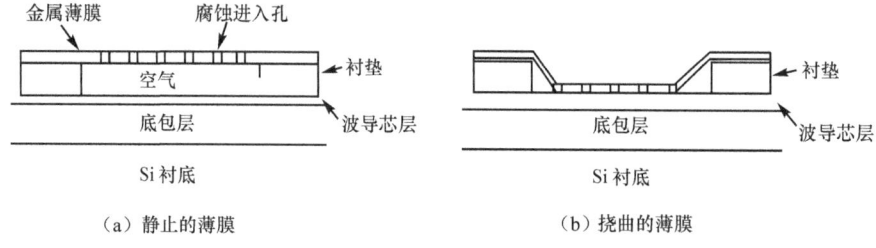

图 1-37 使用金属膜与无源波导相结合的光开关截面图

这类器件的优点是不仅呈现良好的波导特性,而且克服了电功率需求高和工作速度不高的缺点。金属膜是利用微细加工技术制作,它和无源波导的接触依靠静电力。由于波导的包层是金属膜,使用适中的驱动电压就可有效改变波导的折射率。悬浮张力的金属膜通常是使用淀积和化学腐蚀工艺制作在波导上。首先在 Si 衬底上采用淀积方法形成波导底包层和波导芯层,接着在波导芯层上再形成衬垫层,衬垫层通常是光致抗蚀剂。之后在衬垫层上淀积具有张力的金属膜。接着在金属膜上刻蚀出腐蚀液进入的孔阵,孔阵不延伸到金属膜的边缘。腐蚀孔阵形成后,采用等离子腐蚀办法刻蚀掉孔阵下方的光致抗蚀剂。这样在金属膜下方便留下空气隙。通过在衬底和金属膜之间施加电压,由于静电力作用,便可将金属膜与波导接触在一起。当外加电压切断时,通过金属膜的内应力可使薄膜收缩而使金属膜与波导隔开。由于被激励的金属膜具有较大的光吸收系数,故可制作启、闭式光开关或调制器,在理论上可获得很大的消光比。使用这种构形和 50 V 的驱动电压演示了光开关功能,当金属膜与波导的相互作用为 3 mm 时,可实现 80∶1 的消光比和约 500 ms 的响应时间。

2. 电光效应光开关

电光开关是利用电光效应达到改变波导材料的折射率而实现光的开关,其材料包括 $LiNbO_3$(铌酸锂)、半导体材料和有机聚合物材料。电光开关的主要优点是开关速度快、集成方便,是未来光交换技术中需要的高速器件,不足的是高的偏振相关损耗和高的串扰。此外,它们对电漂移敏感,一般需要较高的工作电压。此外,电光开关是非锁定形的,这限制它们在网络保护和重组方面的应用,较高的生产成本也妨碍了其广泛的商用。

LiNbO₃ 光开关和 LiNbO₃ 调制器有着类似的工作原理和结构。通常,LiNbO₃ 光开关采用 Mach-Zehnder 干涉仪(MZI)型结构。LiNbO₃ MZI 电光开关由电光晶体 LiNbO₃ 波导组成,结构类似于 3 dB 耦合器的双分支波导,在输入和输出端由两个波导连接成 MZI(见图 1-36)。这种光开关的工作原理也较简单,由于在 LiNbO₃ 基片上的两条彼此靠近的光波导附近安装了电极,电极上的电压变化改变波导的耦合状态,致使光路"通"或"断",加载于 MZI 结构上的控制电压可以是一个或两个。由于它没有机械可动部分,可把相同的若干光开关集成在同一块 LiNbO₃ 衬底上达到高密集安装。由于电极的分布参数很小,开关速度可达到几十千赫兹。目前,LiNbO₃ 光开关的结构已达十余种,有 2×2、4×4、8×8、16×16、32×32 等系列样品,研制水平可达 64×64。

1.2.4　光纤光栅与光纤滤波器

1. 光纤光栅

光纤光栅是近几年发展最为迅速的光纤无源器件之一。自从 1978 年 Hill K O[5]等首先在掺锗光纤中采用驻波写入法制成世界上第一只光纤光栅以来,由于它具有许多独特的优点,因而在光纤通信、光纤传感等领域均得到广泛应用。随着光纤光栅制造技术的不断完善,应用成果日益增多,使得光纤光栅成为目前最有发展前途、最具有代表性的光纤无源器件之一。光纤光栅的出现使构建复杂的全光纤通信和传感网成为可能,极大地拓宽了光纤技术的应用范围。

光纤光栅是利用光纤材料的光敏性(外界入射光子和纤芯内锗离子相互作用引起折射率的永久性变化),在纤芯内形成空间相位光栅,其作用实质上是在纤芯内形成一个窄带的(透射或反射)滤波器或反射镜。利用这一特性可构成许多性能独特的光纤无源器件[6,7]。例如,利用光纤光栅的窄带高反射率特性构成光纤反馈腔,依靠掺铒光纤等为增益介质即可制成光纤激光器;用光纤光栅作为激光二极管的外腔反射器,可以构成外腔可调谐激光二极管;利用光纤光栅可构成 Michelson 干涉仪型、Mach-Zehnder 干涉仪型和 Fabry-Perot 干涉仪型的光纤滤波器;利用闪耀型光纤光栅可以制成光纤平坦滤波器;利用非均匀光纤光栅可以制成光纤色散补偿器等。此外,利用光纤光栅还可制成用于检测应力、应变、温度等诸多参量的光纤传感器和各种光纤传感网。

随着光纤光栅的日益工程化应用,其主要研究内容从最初的 3 个方面:光栅的写入技术(尤其是非周期光栅的写入技术)、光栅的传输和传感特性以及光栅的应用等,逐步转向多领域工程应用、大规模传感网和特种器件的研究,并均已取得长足的进步。本节将对此进行简单的介绍。

1) 光纤布拉格光栅的理论模型

光纤布拉格光栅(fiber Bragg grating,FBG)的形成是由于光纤芯区折射率周期变化造成光纤波导条件的改变,导致一定波长的光波发生相应的模式耦合,使得其透射光谱和反射光谱对该波长出现奇异性,图 1-38 表示了其折射率分布模型[6]。这只是一个简化图形,实际上光敏折射率改变的分布将由照射光的光强分布所决定。对于整个光纤曝光区域,可以由下列表达式给出折射率分布较为一般的描述。

$$n(r,\varphi,z)=\begin{cases} n_1[1+F(r,\varphi,z)] & |r|\leqslant a_1 \\ n_2 & a_1\leqslant |r|\leqslant a_2 \\ n_3 & |r|>a_2 \end{cases} \quad (1\text{-}23)$$

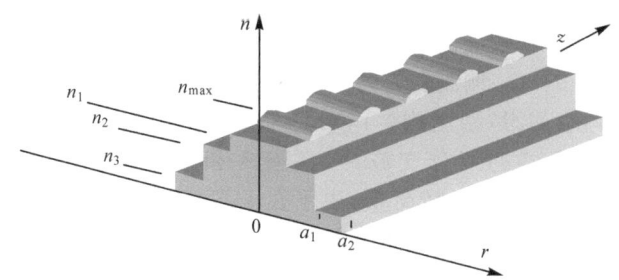

图 1-38 光纤光栅折射率分布示意图

式中：$F(r,\varphi,z)$ 为光致折射率变化函数，具有如下特性

$$F(r,\varphi,z)=\frac{\Delta n(r,\varphi,z)}{n_1}$$

$$|F(r,\varphi,z)|_{\max}=\frac{\Delta n_{\max}}{n_1} \quad (0<z<L)$$

$$F(r,\varphi,z)=0 \quad (z>L)$$

式中：a_1 为光纤纤芯半径；a_2 为光纤包层半径；相应地 n_1 为纤芯初始折射率；n_2 为包层折射率；$\Delta n(r,\varphi,z)$ 为光致折射率变化；$\Delta n_{\max}$ 为折射率最大变化量。

因为制作光纤光栅时需要去掉包层，所以这里的 n_3 一般指空气折射率。之所以式中出现 r 和 φ 坐标项，是为了描述折射率分布在横截面上的精细结构。

在式(1-23)中隐含了如下两点假设：第一，光纤为理想的阶跃型光纤，并且折射率沿轴向均匀分布；第二，光纤包层为纯石英，由紫外光引起的折射率变化极其微弱，可以忽略不计。这两点假设有实际意义，因为目前实际用于制作光纤光栅的光纤，多数是采用改进化学气相沉积法(modified chemical vapor deposition,MCVD)制成，且使纤芯重掺锗以提高光纤的紫外光敏性，这就使得实际的折射率分布很接近于理想阶跃型，因此采用理想阶跃型光纤模型不会引入与实际情况相差很大的误差。此外，光纤包层一般为纯石英，虽然它对紫外光波也有一定的吸收作用，但很难引起折射率的变化，而且即使折射率有微弱变化，也可由调整 Δn 的相对值来获得补偿，因此完全可以忽略包层的影响。

为了给出 $F(r,\varphi,z)$ 的一般形式，必须对引起这种折射率变化的光波场进行详尽分析。目前采用的各类写入方法中，紫外光波在光纤芯区沿 z 向光场能量分布大致可分为如下几类：均匀正弦型、均匀方波型和非均匀方波型。从目前的实际应用来看，非均匀性主要包括光栅周期及折射率调制沿 z 轴的渐变性、折射率调制在横截面上的非均匀分布等，它们分别可以采用对光栅传播常数 k_g 修正——与 z 相关的渐变函数 $\varphi(z)$，以及采用 $\Delta n(r)$ 代表折射率调制来描述。为了更全面地描述光致折射率的变化函数，可以直接采用傅里叶级数的形式对折射率周期变化和准周期变化进行分解。基于这些考虑，可以得到光栅区的实际折射率分布为

$$n(r,\varphi,z) = n_1 + \Delta n_{\max} F_0(r,\varphi,z) \sum_{q=-\infty}^{+\infty} a_q \cos[(k_g q + \varphi(z))z] \tag{1-24}$$

式中：a_q 为展开系数；q 为非正弦分布（如方波分布）时进行傅里叶展开得到的谐波阶数。

式(1-24)即为光纤布拉格光栅的折射率调制函数，它给出了光纤光栅的理论模型，是分析光纤光栅特性的基础。

2）均匀周期正弦型与非均匀周期光纤光栅

（1）均匀周期正弦型光纤光栅

用目前的光纤光栅制作技术，多数情况下生产的都属于均匀周期正弦型光栅，如最早出现的全息相干法、分波面相干法以及有着广泛应用的相位模板法，都是在光纤的曝光区利用紫外激光形成的均匀干涉条纹，在光纤纤芯上引起类似条纹结构的折射率变化。尽管在实际制作中很难使折射率变化严格遵循正弦结构，但对于这种结构光纤光栅的分析仍然具有相当的理论价值，可以在此基础之上展开对各种非均匀性（由曝光光斑的非均匀性、光纤自身的吸收作用、光纤表面的曲面作用等引起）影响的讨论。考虑篇幅问题这里直接给出结论，进一步的推导可以参阅相关参考文献。

光栅的反射率可由下式求得

$$R = \frac{P^{(-)}(0)}{P^{(+)}(0)} = \frac{\left| E_z^{(-)}(r,t) \right|_{Z=0}^2}{\left| E_z^{(+)}(r,t) \right|_{Z=0}^2} = \frac{K^2 \sinh^2(SL)}{\Delta\beta^2 \sinh^2(SL) + S^2 \cosh^2(SL)} \quad (1-25)$$

$$T = \frac{P^{(+)}(L)}{P^{(+)}(0)} = \frac{\left| E_z^{(+)}(r,t) \right|_{Z=L}^2}{\left| E_z^{(+)}(r,t) \right|_{Z=0}^2} = \frac{S^2}{\Delta\beta^2 \sinh^2(SL) + S^2 \cosh^2(SL)} \quad (1-26)$$

并可验证能量守恒关系 $R+T=1$。由此式可知，对于理想正弦型光栅，光栅区仅发生同阶模前后向之间的能量耦合，其总能量与相对应的普通光纤本征模能量一致。图1-39给出了一组不同参数下计算得到的光纤光栅反射谱及透射谱曲线。可以看出，光栅反射率与折射率调制 Δn 及光栅长度 L 成正比，Δn 越大，L 越长，则反射率越高；反之，反射率越低。同时可以看出，反射谱宽也与 Δn 成正比，但与 L 成反比。

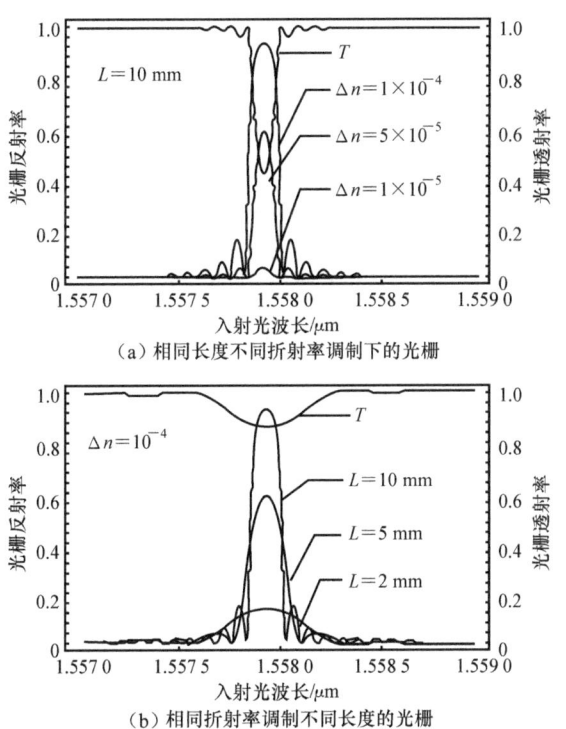

图 1-39　光纤光栅反射谱、透射谱与光纤参数的关系

在完全满足相位匹配的条件下,可对式(1-25)、式(1-26)进一步化简而得到布拉格波长的峰值反射率,此时值 $\Delta\beta=0$,故 $S=K$,则

$$\begin{cases} R=\tan h^2(SL)=\sin h^2\left(\dfrac{\pi\Delta n_{\max}}{\lambda_B}L\right) \\ T=\cos h^{-2}(SL)=\cos h^{-2}\left(\dfrac{\pi\Delta n_{\max}}{\lambda_B}L\right) \end{cases} \quad (1\text{-}27)$$

光纤光栅的半峰值宽度(full width athalf maximum,FWHM)$\Delta\lambda_H$ 定义为

$$R\left(\lambda_B\pm\dfrac{\Delta\lambda_H}{2}\right)=\dfrac{1}{2}R(\lambda_B) \quad (1\text{-}28)$$

为求解上述方程,必须对式(1-27)进行化简,因 SL 一般较小,故可对式中的指数项采用零点附近泰勒级数展开,忽略高阶小项,利用式(1-28)并经化简得到带宽的近似分式为

$$\left(\dfrac{\Delta\lambda_B}{\lambda_B}\right)^2=\left(\dfrac{\Delta n_{\max}}{2n_{\text{eff}}}\right)^2+\left(\dfrac{\Lambda}{L}\right)^2 \quad (1\text{-}29)$$

(2) 非均匀周期光纤光栅

光栅周期非均匀性意味着在式(1-24)中周期非均匀函数 $\varphi(z)$ 不为零,这就构成了 chirp 型光栅。为了说明 chirp 光栅的典型特性,在此仅研究线性 chirp 问题,亦即 $\varphi(z)$ 为 z 的线性缓变函数,可定义线性 chirp 光栅的周期为

$$\Lambda^1=\dfrac{\Lambda}{1+F\dfrac{z}{L}} \quad \left(-\dfrac{L}{2}\leqslant z\leqslant+\dfrac{L}{2}\right) \quad (1\text{-}30)$$

式中:Λ 为光栅中心的周期值;F 为表征光栅 chirp 程度的常数,称为 chirp 参数。

根据此式可得出式(1-24)中

$$\varphi(z)=\dfrac{2\pi}{\Lambda}F\dfrac{z}{L}$$

如仅考虑折射率为正弦方波的情况,可得 chirp 光栅的折射率分布函数为

$$\Delta n(r)=\Delta n_{\max}\cos\left[\left(\dfrac{2\pi}{\Lambda}+\dfrac{2\pi}{\Lambda}F\dfrac{z}{L}\right)z\right] \quad (1\text{-}31)$$

由此可见,此时耦合波方程将不再是一个常系数线性微分方程,对此也必须采用数值法才能求解。图 1-40 示出了采用上述矩阵积分方法算得的线性 chirp 光栅的反射谱。从图中可以看

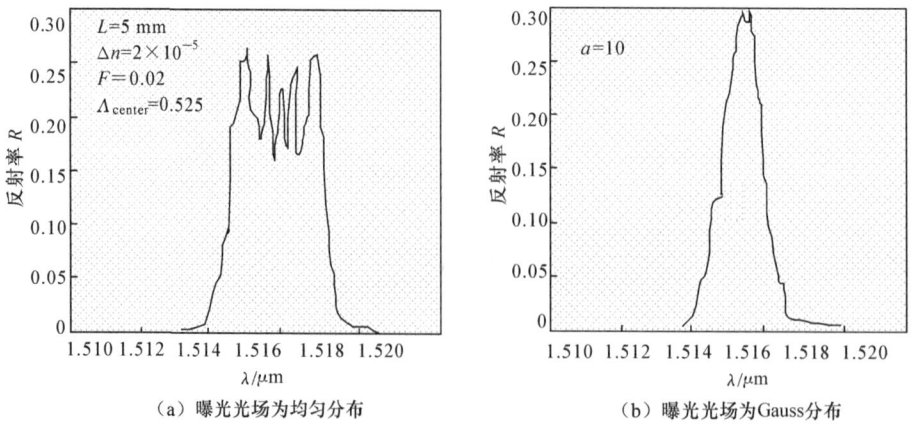

(a) 曝光光场为均匀分布　　(b) 曝光光场为Gauss分布

图 1-40　计算得到的 chirp 光栅反射谱

出,周期非均匀光栅的反射谱宽明显增加,反射率与同样参数的均匀光栅相比显著下降,而且在反射谱宽内存在明显振荡现象;当考虑曝光光场的 Gauss 分布时,反射率进一步下降,且线宽变窄,这对 chirp 光栅的应用要求往往造成不利影响。可见制作 chirp 光栅时对光场均匀性的要求较普通光栅更高。

2. 光纤滤波器

利用光纤耦合器和光纤干涉仪的选频作用可以构成光纤滤波器,目前研究得比较多且有实用价值的有:Mach-Zehnder 光纤滤波器、Fabry-Perot 光纤滤波器、光纤光栅滤波器等。

1) Mach-Zehnder 光纤滤波器

图 1-41 为 Mach-Zehnder 光纤滤波器的结构示意图,它由两个 3 dB 光纤耦合器串联,构成一个有两个输入端、两个输出端的光纤 Mach-Zehnder 干涉仪。干涉仪的两臂长度不等,相差 ΔL,其中一个光纤臂用热敏膜或压电陶瓷(PZT)来调整,以改变 ΔL。

由于 Mach-Zehnder 光纤滤波器的原理是基于耦合波理论,因而其传输特性为

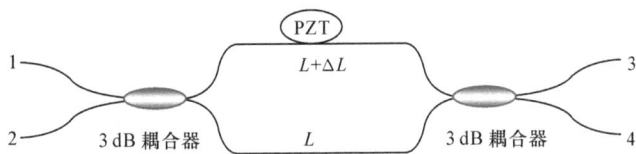

图 1-41 Mach-Zehnder 光纤滤波器结构示意图

$$\left.\begin{array}{l} T_{1\to 3}=\cos^2\left(\dfrac{\varphi}{2}\right) \\ T_{1\to 4}=\sin^2\left(\dfrac{\varphi}{2}\right) \end{array}\right\}, \quad \left(\varphi=2\pi\Delta L n f\dfrac{1}{c}\right) \tag{1-32}$$

式中:f 为光波频率;n 为光纤的折射率;c 为真空中光速。

由此可见,从干涉仪 3、4 两端口输出的光强随光波频率和 ΔL 呈正弦和余弦变化。对于光频其变化周期 f_s 可写成

$$f_s=\dfrac{c}{2n\Delta L}$$

因此,若有两个频率分别为 f_1 和 f_2 的光波从 1 端输入,而且 f_1 和 f_2 分别满足

$$\begin{cases} \varphi_1=2\pi n\Delta L f_1\dfrac{1}{c}=2\pi m \\ \varphi_2=2\pi n\Delta L f_2\dfrac{1}{c}=2\pi\left(m+\dfrac{1}{2}\right) \end{cases} \quad (m=1,2,3,\cdots)$$

则有

$$T_{1\to 3}=1, \quad T_{1\to 4}=0, \quad f=f_1$$
$$T_{1\to 3}=0, \quad T_{1\to 4}=1, \quad f=f_2$$

结果说明,在满足式(1-33)的条件下,从 1 端输入的频率不同的光波将被分开,其频率间隔为

$$f_c=f_s=\dfrac{c}{2n\Delta L} \quad \text{或} \quad \Delta\lambda=\dfrac{\lambda_1\lambda_2}{2n\Delta L} \tag{1-33}$$

这种滤波器的频率间隔必须非常精确地控制在 f_c 上,且所有信道的频率间隔都必须是 f_c 的倍数,因此在使用时随信道数的增加,所需的 Mach-Zehnder 光纤滤波器为 2^n-1(2^n 为

光频数)个。图 1-42 为 4 个光频的滤波器,需两级共 3 个 Mach-Zehnder 光纤滤波器,频率间隔一般为 GHz 量级。

2) Fabry-Perot 光纤滤波器

利用光纤 Fabry-Perot 干涉仪的谐振作用即可构成滤波器。光纤 Fabry-Perot 滤波器(Fiber Fabry-Perot Filter,FFPF)的结构主要有 3 种。

(1) 光纤波导腔 FFPF

图 1-43(a)是其结构的示意图,光纤两端面直接镀高反射膜,腔长(即光纤长度)一般为厘米到米量级,因此自由谱区较小。

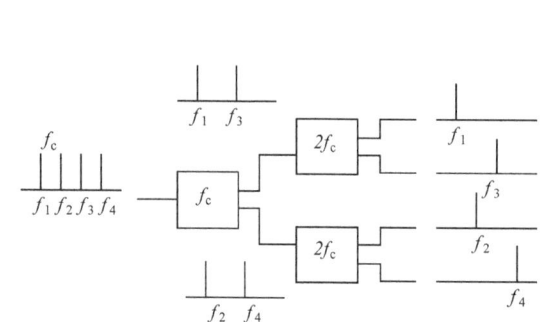

图 1-42 级联 Mach-Zehnder 光纤滤波器

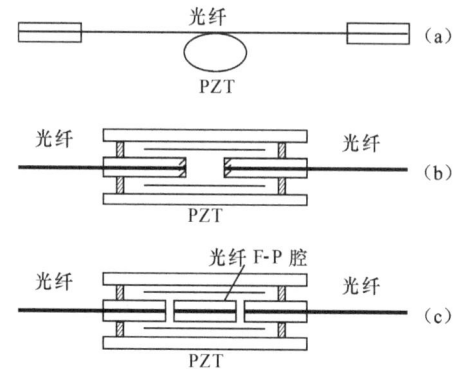

图 1-43 FFPF 结构示意图

(2) 空气隙腔 FFPF

这种结构的 Fabry-Perot 腔(以下简称 F-P 腔)是空气隙,如图 1-43(b)所示,腔长一般小于 10 μm,因此自由谱区较大。由于空气腔的模场分布和光纤的模场分布不匹配,致使这种结构的腔长不能大于 10 μm,插入损耗也比较大。曾有插入损耗为 4.3 dB,腔长为 7 μm,细度为 100 的报道。

(3) 改进型波导腔 FFPF

这种结构的特点是:可通过中间光纤波导段的长度来调整其自由谱区,图 1-43(c)为其结构示意图。其光纤长度一般从 100 μm 到几厘米。这正好填补了上面两种 FFPF 的自由谱区的空白,同时也改善了空气隙腔 FFPF 存在的模式失配和插入损耗。

FFPF 一般用 4 个指标来衡量其性能[8,9]:

(1) 自由谱区(free spectrum range,FSR)。自由谱区定义为光滤波器的相邻两个透过峰之间的谱宽,就是光纤滤波器的调谐范围 $FSR=\lambda_1-\lambda_2$。

(2) 细度 N。细度定义为 $FSR/\delta\lambda$。$\delta\lambda$ 为光纤滤波器透过峰的半宽度。

(3) 插入损耗。插入损耗反映了入射光波经光纤滤波器后衰减的程度,其损耗值为 $-10\lg(P_2/P_1)$。P_1,P_2 分别为入射和出射光功率。

(4) 峰值透过率 τ。峰值透过率是指在光纤滤波器的峰值波长处测量的输出光功率和输入光功率之比。FFPF 的细度和峰值透过率是反映其光学性能的两个重要指标。

从使用角度看,希望这两个指标要高,但是当腔内存在损耗时,获得的精细度越高,其峰值透过率就越低(由于光在腔内的等效反射次数随细度的提高而增加)。这说明提高反射镜的反射率并不能任意提高细度,它实际上受到腔内损耗的制约。图 1-44 为 FFPF 的原理图。图中 B、C 为两个反射镜,A 代表反射镜的吸收与散射因子,R 为反射率,E_0 代表入射光的电场分量,$E_p(t)$ 代表第 p 束出射光的电场分量,α 为腔内损耗(包括光纤的吸收与散射损耗、弯曲损耗、光纤两端面与反射镜之间的耦合损耗等)。对每束出射光求和则可得输入与输出光强之比

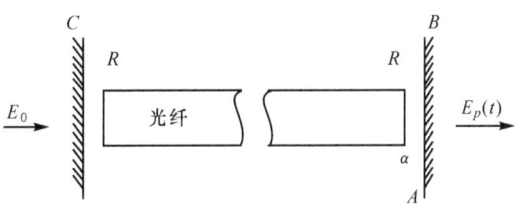

图 1-44 FFPF 的原理图

$$\frac{I_i}{I_0}=\frac{|E^{(i)}|^2}{|E_0|^2}=\left[\frac{1-R-A}{1-R-\alpha R}\right]^2\frac{1}{1+F^1\sin^2\delta/2} \quad (1-34)$$

式中:I_i 为输入光强

$$E^{(i)}=\sum_{p=1}^{\infty}E_p^{(i)}=\frac{t^2 E_0}{1-(1-\alpha)r^2 e^{-i\delta}}$$

$$\delta=4\pi n_1\frac{1}{\lambda},\quad F^1=\frac{4(1-\alpha)R}{[1-(1-\alpha)R]^2},\quad R=r^2 \quad (1-35)$$

式中:n_1 为光纤芯的折射率;L 为光纤长度;λ 为工作波长。

由此可导出细度 N 的峰值透过率 τ 的表达式

$$N=\frac{\pi\sqrt{(1-\alpha)R}}{1-R+\alpha R},\quad \tau=\frac{1-R-A}{1-R+\alpha R} \quad (1-36)$$

从以上公式可以看出:损耗 α 不但影响细度 N,也影响峰值透过率 τ。由于 α 的影响,使等效反射率从 R 下降到 $(1-\alpha)R$。显见,它对细度的影响很大。图 1-45(a)、(b)给出了以损耗 α 为参变量时细度 N 和反射镜透过率 T 的关系曲线,以及峰值透过率 τ 和 T 的关系曲线。这表明:当损耗 α 较小时,增大反射镜反射率 R(即减小透过率 T)将使细度剧增,峰值透过率也有较大的值。当 α 之值与 R 之值可比拟时,增大 R 不但不会使细度明显增加,反而会使峰值透过率急剧减小。例如,当 $\alpha=0.5\%$ 时,透过率 T 从 1% 减小到 0.5%,细度增加约 25%,但这时峰值透过率却下降了 60%,因此实际工作中应根据具体情况综合考虑上述诸参数的选择。

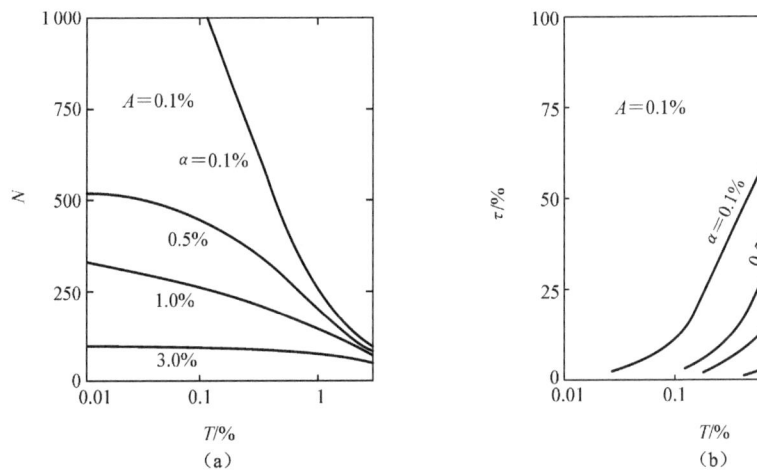

图 1-45 (a)细度 N 和(b)峰值透过率 τ 与反射镜透过率 T 的关系曲线

腔内损耗主要由光纤端面与反射镜的耦合损耗引起,其他损耗因素均可忽略不计。耦合损耗的原因较复杂,主要有3个:①反射镜与光纤端面之间的距离 d 越大,损耗越大。计算表明:当 $d=6\ \mu m$ 时,将产生 0.5% 的损耗。若采用在光纤端面直接镀多层介质膜的办法,则可使 d 减到最小程度。②光纤端面(主要是芯部)的不平度。③光纤轴与反射镜平面法线不平行。计算表明:当两者夹角小于 0.1°时,耦合损耗小于 0.2%;当两者夹角小于 0.2°时,耦合损耗小于 0.8%。这是制作高质量 FFPF 的关键之一[9]。

1.2.5 光调制器

1. 光纤调制器

利用光纤中的克尔效应可构成光相位调制器(克尔效应相位调制光纤),其结构如图 1-46 所示。在纤芯两侧包层区做两个金属电极,电极材料为铟/镓的混合物。当电极上有外加电压时,由于克尔效应,在纤芯中将引起双折射效应。其大小与外加场 E_k 平方成正比,即 $B_h = \delta\beta/\beta = KE_k^2$。式中 K 是光纤材料的归一化克尔常数。

石英材料的克尔效应虽然很弱,但可利用光纤的长作用区以获得足够大的相移。

图 1-47 为 30 m 长光纤上外加电压和相移的关系,外加电压频率为 2 kHz。由图中曲线可见,外加电压为 50 V 可获近 150°相位差。

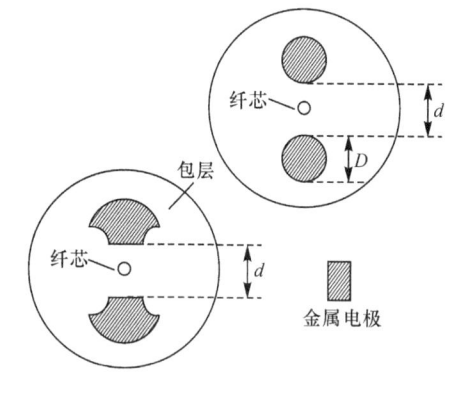

图 1-46 光纤调制器结构图

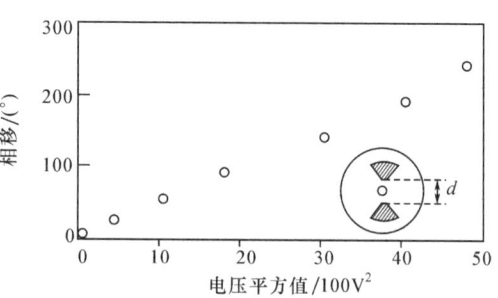

图 1-47 光纤调制器电压-相移关系

2. 电光效应光调制器

目前的光纤通信系统和光传感系统,基本上是采用电光晶体(如 $LiNbO_3$)电光效应制成光调制器,图 1-48 为其基本构形。电光效应调制器是利用某些电光晶体,例如铌酸锂晶体($LiNbO_3$)、砷化镓晶体(GaAs)和钽酸锂晶体($LiTaO_3$)的电光效应而制成。

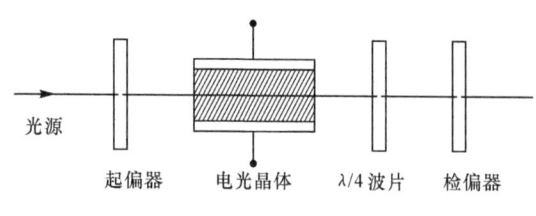

图 1-48 电光调制器原理图

所谓电光效应是指外电场加到晶体上引起晶体折射率的变化的效应,从而影响光波在晶体中传播特性变化,实质上是电场作用引起晶体的非线性电极化。实验表明,折射率的变化(Δn)与外加电场(E)有着复杂的关系,可以近似地认为 Δn 与 $(r|E|+R|E|^2)$ 成正比,括号中的第一项与电场呈线性关系,这个现象称为泡克耳斯(Pockels)效应,括号中的第二项与电场成平方关系,这个现象称为克尔(Kerr)效应。由于系数 r 和 R 均甚小,所以对于体电光晶体而言

要使折射率获得明显的变化,需要加上 1 000 V 甚至 10 000 V 的电压。为此,通常采用极薄的光波导结构。

作为信息载波的激光,具有振幅(强度)、频率、相位和偏振等载波参数。利用电信号连续地改变任一载波参数,均可实现光波的调制。根据被调制的载波参数,分别称为幅度调制(强度调制)、频率调制、相位调制和偏振调制,这些调制统称为模拟调制。由于光探测器的输出电信号直接与入射光波强度有关,而相位调制和频率调制必须采用外差接收机来解调,在技术上实现比较困难,所以,在光波的模拟调制中一般都采用强度调制。然而,相位调制是构成强度调制以及其他类型调制的基础,图 1-49 为 $LiNbO_3$ 电光相位调制器的立体结构和剖面结构。

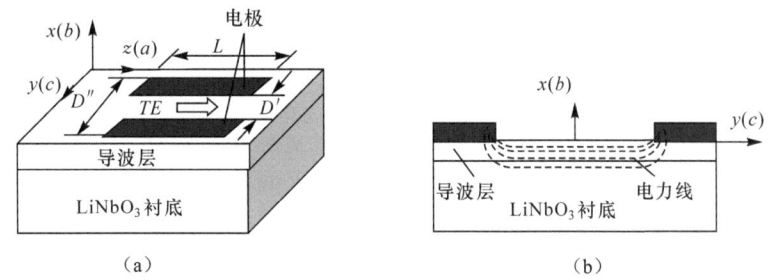

图 1-49　$LiNbO_3$ 电光波导相位调制器的立体结构和剖面结构

设外电场作用区为 $0<z<L$,则导模在 $z=L$ 处的相位为

$$\varphi=(\beta_\mu+K_{\mu\mu})L=(n_{eff}+\Delta n_{eff})kL \tag{1-37}$$

式中:$K_{\mu\mu}$ 是自耦合系数,其值等于外电场引起导模传播常数 β_μ 的增量,即 $\Delta\beta_\mu=K_{\mu\mu}$;$n_{eff}$ 和 Δn_{eff} 分别为导模的有效折射率和受外电场作用而产生的增量;k 为耦合系数;L 为外电场作用区长度。

由外电场引起的相位变化量 $\Delta\varphi$ 为

$$\Delta\varphi=K_{\mu\mu}L=\Delta n_{eff}kL \tag{1-38}$$

对于一个正弦调制,$\Delta\varphi(t)$可表示如下

$$\Delta\varphi(t)=\eta_\varphi\sin\omega_m t \tag{1-39}$$

式中:η_φ 为调相指数;$\eta_\varphi=\dfrac{2\bar{n}}{\lambda}\overline{\Delta n}_{eff}L$;$\overline{\Delta n}_{eff}$ 是 Δn_{eff} 的峰值。

两个光波相位调制器的组合便可构成一个强度调制器,换句话说,两个调相波相互干涉就可构成调强波,相应的光波器件叫做干涉式光波导强度调制器。图 1-50 是 $LiNbO_3$ 分支波导干涉式强度调制器的构形,即通常所称的 Mach-Zehnder 干涉仪(MZI)强度调制器。如图所示,在输入波导

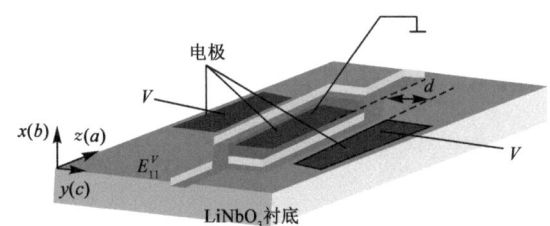

图 1-50　$LiNbO_3$ 分支波导干涉式强度调制器

中传播的 E_{11}^y 基模经过第一个分支波导分割成功率相等的两束光,分别馈入两个结构完全相同的直波导中,作为这个直波导的 E_{11}^y 基模传播。这两个导模分别受到大小相等而符号相反的电场 E_y 的作用,并经过电光系数为 γ_{33} 的晶体变成调相波。这两个调相波在第二个分支波导的汇合处相互干涉,并进入输出波导中作为 E_{11}^y 基模的调幅波传播。

根据电光晶体的应用方式,可把电光效应分为纵向和横向电光效应,强度调制器属于横向

电光调制器,由于电场是横向,因此能确保在一恒定电场作用下提供较长的电光作用区,同时它的电极不需透光,因此电极不必采用透光材料制作。在线性限度内,电感应的折射率变化与电场强度成正比,由此引起的相位延迟和 EL 成正比,EL 的表达式为

$$EL = (v/d)L = v(L/d) \tag{1-40}$$

式中:d 为电极间距离;v 为光速。

由此可见,电感应相位的延迟量与调制器的几何纵横比(L/d)成正比。显然,强度调制器更适合制作低驱动电压的高效调制器。电光调制除利用固定电场外,还使用行进的微波电场来驱动,这种行波驱动的调制器叫做行波调制器。它的优点是,有高的调制中心频率,且可获得很大的调制带宽。为了得到较好的电光调制性能,要求晶体有大的电光系数和电阻率,且对所用波长透明。

3. 磁光效应光调制器

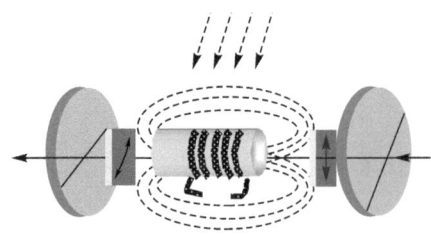

图 1-51 磁光调制器

磁光效应又称法拉第效应。图 1-51 是利用磁光效应构成的磁光调制器的示意图。调制原理如下:经起偏器的光信号通过磁光晶体,其偏转角与调制电流有关。由于起偏器与检偏器的透光轴相互平行,当调制电流为零时,透过检偏器的光强最大;随电流逐渐增大,旋转角加大,透过检偏器的光强逐渐下降。利用这一原理既可制作光调制器也可制作光开关。

4. 光调制器的主要参数

光调制器的主要参数归纳于表 1-2。此外,光调制器的参数还有单位带宽的驱动功率 $P_1/\Delta f$,RF 增益可表示为 RF_{in}/RF_{out}。消光比 r_s 和插入损耗 L_s 更详细的介绍见参考文献。

表 1-2 光调制器的主要参数表

参数名称	定 义	符号说明	备 注
半波电压(V_π)	调制器的调制指数 η:$\varphi = \pi$ 时的调制电压。	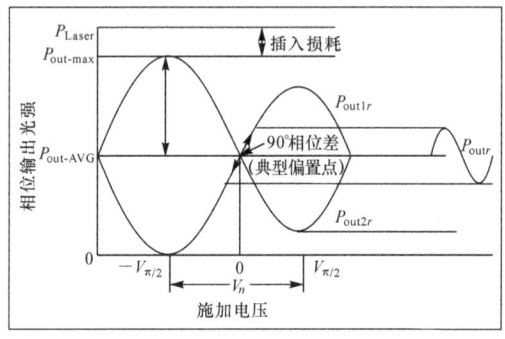	
调制深度 (调制效率)	$\eta_1 = \begin{cases} \|I-I_0\|/I_0 & I_0 > I_M \\ \|I-I_0\|/I_M & I_M > I_0 \end{cases}$	I 调强波光强 I_0 没有调制信号时的光强 I_M 为施加最大调制信号光强	调制深度取决于相位差;在模拟强度调制中,为保证调幅波的光强与调制信号的线性关系,以避免光信号畸变,起始相位差应选为 $(\Delta\varphi)_0 = \pi/2$

续表

参数名称	定 义	符号说明	备 注
调制指数	$\eta\varphi = \dfrac{2\pi}{\lambda} \cdot \Delta n_{\text{eff}} \cdot L$	Δn_{eff}是导模受外电场作用而产生的折射率增量 L 是电极长度	
调制带宽	$\Delta f_{\text{m}} = (\pi RC)^{-1}$	R 负载电阻 C 集总电容，包括电极、连接器和引线间电容	晶体电阻率越高，越易实现宽带调制，$LiNbO_3$ 具有很高电阻率，因此其调制器有大的调制带宽
最大调制频率	$\omega_{\text{m}} \cdot \tau_{\text{d}} = \pi/2$ 时调制频率 $(f_{\text{m}})_{\max} = c/4nL$	c 为真空中的光速 n 为导模的有效折射率 L 为电极长度	调制带宽上限是最大调制频率，达几千兆赫。为了进一步提高调制带宽，必须使用行进电场

1.2.6 掺杂光纤激光器

光纤激光器和放大器是相互关联的新型有源光纤器件，光纤激光器可以在光纤放大器的基础上开发而成。目前主要有 4 类。

(1) 晶体光纤激光器与放大器：其中有红宝石单晶光纤激光器、Nd:YAG 单晶光纤激光器等；

(2) 基于非线性光学效应的光纤激光器与放大器：其中有受激拉曼散射(stimulated Raman scattering,SRS)和受激布里渊散射(stimulated Brillouin scattering,SBS)光纤激光器与放大器等；

(3) 掺杂光纤激光器与放大器：其中以掺稀土元素离子的光纤激光器与放大器最为重要，且发展最快；

(4) 塑料光纤激光器：向塑料光纤芯部或包层内掺入激光染料而制成光纤激光器。

1964 年世界上第一代玻璃激光器就是光纤激光器。由于光纤的纤芯很细，一般的泵浦源(例如气体放电灯)很难聚焦到芯部。所以在以后的二十余年中光纤激光器没有得到很好的发展。随着半导体激光器泵浦技术的发展，以及光纤通信蓬勃发展的需要，1987 年英国南安普顿大学及美国贝尔实验室实验证明了掺铒光纤放大器(EDFA)的可行性。它采用半导体激光光泵掺铒单模光纤对光信号实现放大，现在这种 EDFA 已经成为光纤通信中不可缺少的重要器件。由于要将半导体激光泵浦入单模光纤的纤芯(一般直径小于 $10~\mu m$)，要求半导体激光也必须为单模的，这使得单模 EDFA 难以实现高功率，报道的最高功率也就几百毫瓦。为了提高功率，1988 年左右有人提出光泵由包层进入。初期的设计是圆形的内包层，但由于圆形内包层完美的对称性，使得泵浦吸收效率不高，直到 20 世纪 90 年代初矩形内包层的出现，使激光转换效率提高到 50%，输出功率达到 5 W。1999 年用四个 45 瓦的半导体激光器从两端泵浦，获得了 110 W 的单模连续激光输出。

近两年，随着高功率半导体激光器泵浦技术和双包层光纤制作工艺的发展，光纤激光器的输出功率逐步提高。目前采用单根光纤，已经实现了 1 000 W 的激光输出。近期，随着光纤通信系统的广泛应用和发展，超快速光电子学、非线性光学、光传感等各种领域应用的研究日益得到重视。其中，以光纤作基质的光纤激光器，在降低阈值、振荡波长范围、波长可调谐性能等方面，已明显取得进步，是目前光通信领域的新兴技术。它可以用于改造现有通信系统，以支持更高的传输速度,是未来高码率密集波分复用系统和未来相干光通信的基础。目前光纤激光器技术是研究的热点技术之一。

光纤激光器由于具有绝对理想的光束质量、超高的转换效率、完全免维护、高稳定性以及体积小等优点,对传统的激光行业产生巨大而积极的影响。光纤激光器应用范围非常广泛,包括激光光纤通讯、激光空间远距通讯、工业造船、汽车制造、激光雕刻激光打标激光切割、印刷制辊、金属非金属钻孔/切割/焊接(铜焊、淬水、包层以及深度焊接)、军事国防安全、医疗器械仪器设备、大型基础建设,作为其他激光器的泵浦源等等。尤其是光纤激光器的工作波长正处于光纤通信的窗口,在光纤通信、光纤传感等领域有巨大的实用价值。

最新市场调查显示:2014年光纤激光器已经超过CO_2激光器成为工业激光系统的第一主力。到2015年,光纤激光器占领工业激光器116亿美元市场份额的36%。

光纤激光器和放大器的主要特点是:①转换效率高,激光阈值低。原因是光纤的芯径很小,在纤芯内易于形成高功率密度,光纤的几何形状具有很低的体积与表面比,在单模状态上激光与泵浦光可充分耦合。②器件体积小、灵活。原因是光纤本身有极好的挠性,而激光器的腔镜又可直接镀在光纤的两个端面,或采用光纤定向耦合器方式构成谐振腔。③激光输出谱线多,单色性好,调谐范围宽。原因是光纤基质有很宽的荧光谱,光纤可调参数多,选择范围大,因此可产生多激光谱线,再配之以波长选择器,即可获得相当宽的调谐范围。

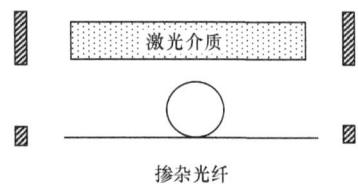

图 1-52 掺杂光纤激光器原理图

图 1-52 是掺杂光纤激光器原理图。与一般激光器原理相同,它也是由激光介质和谐振腔构成的。此处激光介质是掺杂光纤,谐振腔则是由高反射率镜 M_1 和 M_2 组成的 F-P 腔。当泵浦光通过掺杂光纤时,光纤被激活,随之出现受激过程。由于光纤激光器的激光介质是光纤,因此除上述 F-P 腔外,尚有以下几种新型的谐振腔结构。

1. 光纤环形谐振腔

如图 1-53 所示,它是由光纤环形腔构成的。把光纤耦合器的两臂连接起来就构成光的循环传播回路,耦合器起到了腔镜的反馈作用,由此构成环形谐振腔。与 F-P 腔不同,此处多光束的干涉是由透射光叠加而成的。而耦合器的分束比则与腔镜的反射率有类似作用,它们决定了谐振腔的精细度。要求精细度高则应选择低的耦合比,反之亦然。

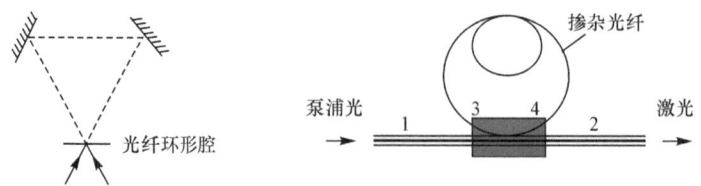

图 1-53 光纤环形谐振腔示意图

1) 光纤环路反射器及其谐振腔

图 1-54 是光纤环路反射器示意图。可以证明,若光纤的输入功率为 P_{in},耦合比为 K,在不计耦合损耗时,透射和反射的光功率分别为

$$P_t=(1-2K)^2 P_{in}, \quad P_r=4K(1-K)P_{in}$$

显然 $P_r+P_t=P_{in}$,遵守能量守恒,当 $K=0$ 或 1 时,反射率 $r=P_r/P_{in}=0$,$K=1/2$ 时,$r=1$。因此,一个光纤环路可以看成是一个分布式光纤反射器。把这样两个环路串联,如图 1-55 所示,就可构成一个光纤谐振腔,这两个光纤耦合器起到了腔镜的反馈作用。

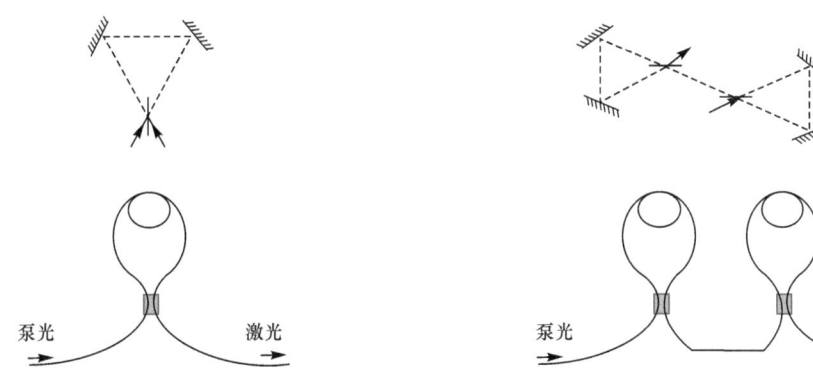

图 1-54 光纤环路反射器示意图　　　　图 1-55 双光纤环腔谐振腔

2) Fax-Smith 光纤谐振腔

Fax-Smith 光纤谐振腔是由镀在光纤端面上的高反射镜与光纤定向耦合器组合成的一种复合谐振腔,如图 1-56 所示。两个腔体分别由 1 臂、4 臂和 1 臂、3 臂构成。由于复合腔有抑制激光纵模的作用,因此用这种谐振腔可获得单纵模输出。

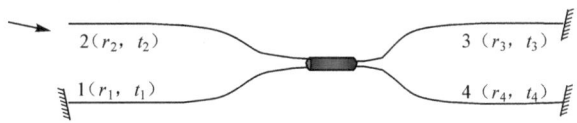

图 1-56 Fax-Smith 光纤谐振腔示意图

2. 掺杂光纤激光介质

最有实际意义的掺杂是稀土元素离子的掺杂。稀土元素或称镧系元素一共有 15 种,全部稀土元素的原子具有相同的外电子结构:$5s^2 5p^6 5d^0$,即满壳层。稀土元素的电离通常形成三价态,如离子钕(Nd^{3+})、离子铒(Er^{3+})等。它们均逸出 2 个 6s 和 1 个 4f 电子。由于剩下的 4f 电子受到屏蔽作用,因此其荧光波长和吸收波长不易受到外场的影响。由于掺钕和掺铒的光纤激光器与放大器已有实际应用,因此下面只讨论掺铒和掺钕的光纤激光介质。图 1-57 给出了 Nd^{3+} 和 Er^{3+} 的能级图,因此可见有关的重要跃迁。

产生激光和激光放大的原则是:在其吸收带对应的波长上提供必要的泵浦光,在其荧光带对应的波长上提供形成增益和振荡的

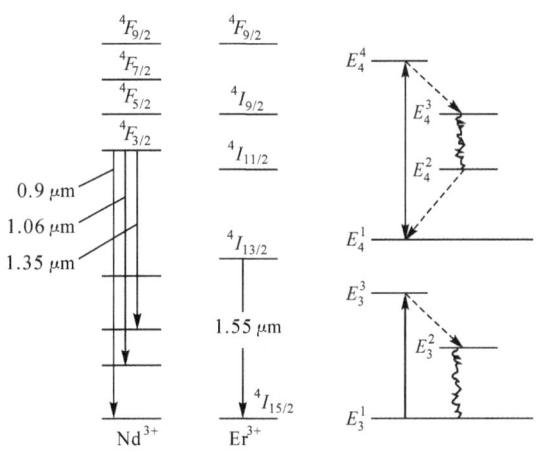

图 1-57 Nd^{3+} 和 Er^{3+} 的能级图

条件。因此由能级图(图1-57)可见,掺钕光纤可产生波长为 0.90 μm、1.06 μm 和 1.35 μm 的激光,掺铒光纤可产生波长为 1.55 μm 的激光,其中 0.90 μm 和 1.55 μm 为三能级系统,1.06 μm 和 1.35 μm 为四能级系统。由于三能级较四能级系统有更高的阈值,因此对于光纤激光器,在不考虑光纤损耗的情况下,四能级的激光阈值与掺杂光纤长度成反比。而三能级系统,则需考虑光纤对激光光子的再吸收,因而有一个光纤的最佳长度,只有在这个长度上激光阈值才是最低值。此外,对于光纤激光器还有一个最佳的掺杂量,掺杂量过低和过高都不利于激光的产生。实验结果表明,对于硅玻璃基质的光纤激光器,其最佳掺杂的质量分数均为几百 ppm(1 ppm=10^{-6})。这是经验数据,尚无严格的理论分析和计算结果。

3. 各种光纤激光器

1) 稀土掺杂的光纤激光器

现以掺 Er^{3+} 光纤激光器为例说明稀土掺杂光纤激光器的具体结构(见图1-58)。两个

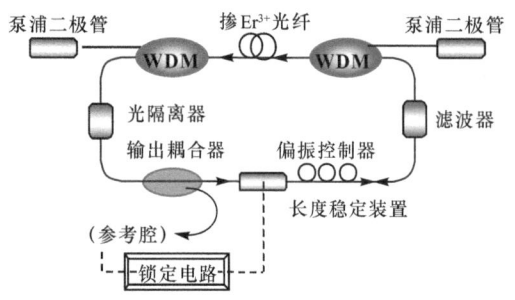

图 1-58 掺 Er^{3+} 光纤环形激光器构形

0.98 μm 或 1.48 μm 的激光二极管通过波分复用器 WDM 的耦合,对掺 Er^{3+} 光纤两端泵浦,通过滤波器和偏振控制器使得腔内只有 1.554 μm 的 TM 模振荡,与偏振无关的光隔离器确保光的单向传输,最后激光由一个输出耦合器输出。

掺 Yb^{3+} 光纤激光器是 1.0~1.2 μm 的通用源,Yb^{3+} 具有相当宽的吸收带(800~1 064 nm)以及相当宽的激发带(970~1 200 nm),故可选择泵浦源非常广泛,且泵浦源和激光都没有受激态吸收。如果 Er^{3+} 和 Yb^{3+} 共同掺杂,将会使 1.55 μm Er^{3+} 光纤激光器的性能得以提高。Tm^{3+} 光纤激光器的激射波长为 1.4 μm 波段,位于光纤通信的 1.45 μm~1.50 μm 低损耗窗口,是重要的光纤通信光源。其他的掺杂光纤激光器,如 2 μm 工作的掺 Ho^{3+} 光纤激光器主要是用于医疗上;3.9 μm 工作的掺 Ho^{3+} 光纤激光器主要用于大气通信上。

2) 非线性效应光纤激光器

非线性效应光纤激光器主要应用于光纤陀螺、光纤传感、WDM 以及相干光通信系统中。这类光纤激光器最大的优点是它有比稀土掺杂光纤激光器更高的饱和功率和没有泵浦源的限制。主要分为两类:受激拉曼散射光纤激光器和受激布里渊散射光纤激光器。

受激拉曼散射是一种三阶非线性光子效应,本质上是强激光与介质分子相互作用所产生的受激声子对入射光的散射。其谐振腔为环形行波腔,腔内有一光隔离器使光单向传输,耦合器的光强耦合系数为 k。一般典型的受激拉曼分子主要有 GeO_2、SiO_2、P_2O_5 和 D_2。实现 1.55 μm 拉曼激光大致有下面两种途径:①1.064 μm 的 Nd:YAG 固体激光器泵浦 D_2 分子光纤;②1.64 μm 的二极管激光泵浦 GeO_2 光纤。

受激布里渊散射是强激光与介质中的弹性声波场发生相互作用而产生的一种光散射现象。目前这类光纤激光器研究稍显滞后,主要由于两个特征偏振态致使受激布里渊散射通常不稳定,这对于光纤陀螺应用来说无疑是致命的弱点,利用由接头处有 90°偏振轴旋转的保偏光纤组成的无源环形腔可消除这一不利因素。为了克服输出功率小、泵浦匹配以及腔内插入元件困难等问题,可采用布里渊和 Er^{3+} 光纤激光器的混合结构。

3) 光纤光栅激光器

光纤光栅激光器的优点主要有：①半导体激光器的波长较难符合 ITU-T 建议的 DWDM 波长标准，且成本很高，而稀土掺杂光纤光栅激光器利用光纤光栅能非常准确地确定波长，成本较低；②用作增益的稀土掺杂光纤制作工艺比较成熟；③有可能采用灵巧紧凑且效率高的泵浦源；④光纤光栅激光器具有波导式光纤结构，可以在光纤芯层产生较高的功率密度；⑤可以通过掺杂不同的稀土离子，获得宽带的激光输出，且波长可调谐；⑥高频调制下的频率啁啾效应小、抗电磁干扰，温度膨胀系数较半导体激光器小等。

近年来，随着紫外光(ultraviolet light,UV)写入光纤光栅技术的日趋成熟，已可以制作出多种光纤光栅激光器，并可使用不同的泵浦源，输出多种特性的激光。光纤光栅激光器在频域上可分为单波长、多波长两大类；在时域上可分为连续、脉冲两大类。下面简要介绍单波长和多波长光纤光栅激光器。

(1) 单波长光纤光栅激光器

单波长光纤光栅激光器有两种主要构形，一种是分布布拉格反射器(distributed Bragg reflector,DBR)光纤光栅激光器，一种是分布反馈布拉格光纤光栅(distributed feedback Bragg,DFB)激光器。

图 1-59 是 DBR 光纤光栅激光器的基本结构图。利用一段稀土掺杂光纤和一对光纤光栅(布拉格波长相等)构成谐振腔。利用光纤光栅与纵向拉力的关系，可以实现频率的连续可调，其调谐范围可达 15 nm 以上。目前，DBR 光纤光栅激光器面临的主要问题是两个：一是由于谐振腔较短，导致对泵浦的吸收效率低和斜率效率低，谱线较环形激光器要宽；二是存在自脉动现象(即模式跳变现象)。

图 1-60 示出了 DFB 光纤光栅激光器的基本结构，利用直接在稀土掺杂光纤中写入的光栅构成谐振腔，有源区和反馈区同为一体。DFB 光纤光栅激光器较 DBR 光纤光栅激光器最突出的优点是只用一个光栅来实现反馈和波长选择，因而频率稳定性更好，旁瓣抑制比高，还避免了掺铒光纤与光栅的熔接损耗。但是因掺铒光纤纤芯的含 Ge 量少或不含 Ge，致光敏性差，且光栅的写入也较困难。DFB 光纤光栅激光器也存在着如同 DBR 光纤光栅激光器出现的问题，其改进办法也与其相同。

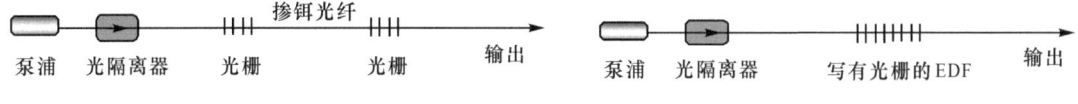

图 1-59 DBR 光纤光栅激光器结构示意图　　图 1-60 DFB 光纤光栅激光器结构示意图

(2) 多波长光纤光栅激光器

按照实现多波长的机制，可将多波长光纤光栅激光器分为 4 大类：一是利用光纤光栅提供光反馈并选择波长实现多波长；二是利用滤波机理实现多波长；三是利用锁模机制实现多波长；四是利用非线性实现多波长。下面将分别简要介绍。

① 利用光纤光栅提供光反馈并选择波长的多波长光纤光栅激光器。

这类激光器主要有 3 种构形，即串联 DBR 光纤光栅激光器、串联 DFB 光纤光栅激光器和 σ 形腔光纤光栅激光器。

如图 1-61 所示为串联 DBR 光纤光栅激光器结构示意图。在掺铒光纤上写入布拉格波长

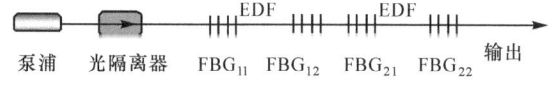

图 1-61 串联的 DBR 光纤光栅激光器结构示意图

不同的两对光栅,FBG_{11} 与 FBG_{12} 为一对,FBG_{21} 与 FBG_{22} 为另一对,每一对光栅具有相同的 Bragg 波长,它们与其间的掺铒光纤构成一个 DBR 激光器。两个或多个 DBR 激光器串联便构成两波长或多波长光纤光栅激光器。每个 DBR 激光器确定一个波长,并可分别进行调谐。利用如图 1-61 所示的构形已获得了间隔 59GHz、线宽 16kHz 的双波长激光输出。这种结构的缺点是:需要多段掺铒光纤和多对 Bragg 波长不相同的光栅来构成谐振腔,故激光器的外形尺寸较大。为了减小激光器的尺寸,可以采用共用增益介质的办法,即各激光波长的增益介质为同一段掺铒光纤,但这带来了增益均匀展宽和模式竞争问题,难以实现多个波长的激光同时出射。

② 利用滤波机理实现多波长的光纤光栅激光器。

利用滤波机理实现多波长的光纤光栅激光器主要有 3 种可供利用的结构:在腔内放置多个单波长窄带滤波器,在腔内放置梳状滤波器和在腔内放置光栅波导路由器。

③ 其他类型的多波长光纤光栅激光器。

除上述利用光纤光栅提供反馈并选择波长和利用滤波机理实现多波长激光外,还有利用锁模和非线性技术实现多波长激光输出的。例如,使用双折射保偏光纤,在环形主动锁模光纤光栅激光器中实现了双波长激光脉冲输出,其脉冲宽度为 2 ps,波长间隔为 1 nm。另外,使用色散补偿光纤增加腔内色散的办法,在主动锁模光纤环形激光器实验中实现了 3 个波长的激光输出。并通过调节调制频率,实现了单波长、双波长的连续调谐。还有利用受激布里渊散射和受激拉曼散射等非线性效应实现多波长光纤光栅激光器的报道。不过要使这些器件能付诸实用化,还需做更多的研究工作。

1.2.7 大功率光纤激光器与包层泵浦技术

1. 双包层光纤与大功率光纤激光器

双包层(double cladding,DC)光纤的出现是光纤领域的又一重大突破。它使得大功率的光纤激光器和光放大器的制作成为现实。自 1988 年 E. Snitzer 首次描述包层泵浦光纤激光器以来,包层泵浦技术已被广泛地应用到光纤激光器和光纤放大器等领域,成为制作高功率光纤激光器首选途径。

这一突破主要归功于两个驱动要素——大模场面积(large mode area,LMA)的光纤和高亮度半导体泵浦激光器的发展。LMA 光纤对大功率激光器有三项主要贡献:

(1) 减少了纤芯中非线性相互作用带来的不利影响;

(2) 减少了光纤中可能发生的光损伤;

(3) 利用双包层光纤的大包层尺寸可以使用更强的泵浦功率。

自 1970 年首次制造出低损耗光纤以来,为了克服多模光纤中模式色散和脉冲的时间展宽导致的信号畸变,光纤设计趋势是从大芯径的多模光纤逐步向小芯径的单模光纤发展;然而近来,为了光纤激光器能够获得更高的平均功率和峰值功率,双包层光纤设计又向相反的方向发展:纤芯和包层的直径逐步增大,甚至超出了严格的单模工作的芯径,但是仍然保持单横模输出。图 1-62 是标准的 SMF-28 通信光纤和典型的 LMA-DC 光纤的对比。

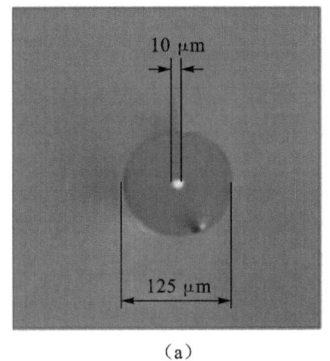 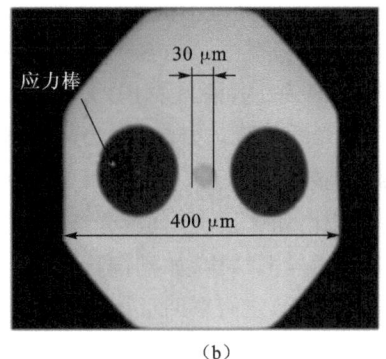

图 1-62　标准通信光纤 SM-28(a)和 LMA-DC 光纤(b)的基本几何参数对比

光纤激光器是当今市场上功率最大的固体激光器——其衍射极限功率是传统固体激光器的 2 倍。图 1-63 是连续波光纤激光器(单横模)输出功率的历年发展,多模输出的光纤激光器的输出功率还要高得多,接近 10 kW。同时,由于 LMA 技术的出现,光纤激光器的峰值功率和脉冲能量都提升到相应的高水平。图 1-62(b)展示了脉冲能量达 mJ 和峰值功率超过 1MW 的单横模和多模输出激光器。

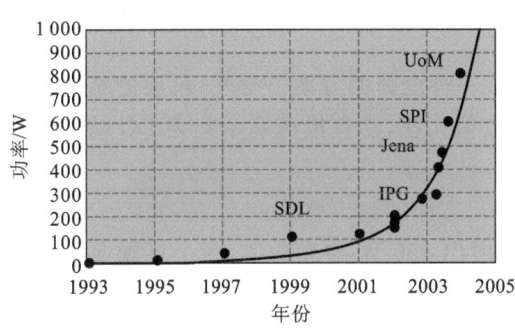 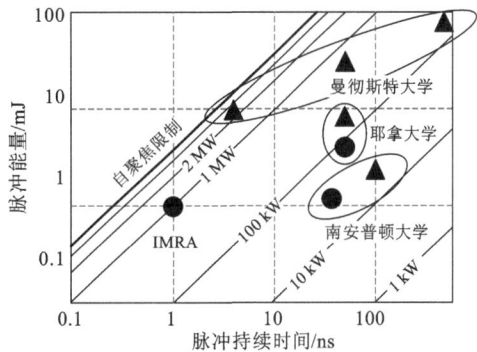

(a) CW 光纤激光器达到的最高输出功率　　(b) 2000-2004 光纤激光器达输出的脉冲能量和峰值功率

图 1-63　大功率光纤激光器的发展进程

由于目前大功率激光器提高功率的关键是采用现有的 Yb^{3+} 掺杂双包层光纤,这种光纤可能达到的 CW(continue wave)激光功率在千瓦量级。图 1-64 是一台采用市售 20 μm 芯径 Yb^{3+} 双包层 LMA 光纤,输出功率达 810 W 的光纤激光器示例,及测量得到的对应 $M^2=1.27$ 的单横模包络。可以预期,更好的 LMA 光纤设计将会使单根光纤输出达到 1~10 kW 量级水平。卓越的实用价值使高功率光纤激光器的发展将对激光技术产生全方位的影响,并促进光纤激光器在更多领域的应用。

最近出现了一种替代技术——采用单模光子晶体光纤(photonics crystal fiber,PCF)。由

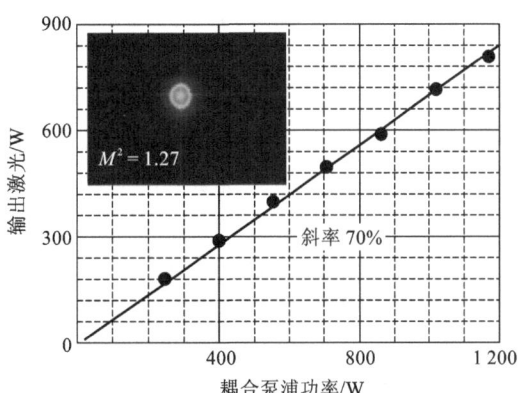

图 1-64　输出 810 W 的光纤激光器(芯径 20 μm LMA-DC 光纤)的光束质量和功率特性的测量结果

于 PCF 光纤的导光机理完全不同于传统光纤的全反射传导,因此在一定程度上降低了大芯径光纤的弯曲损耗。据报道 30 μm 腰斑模场直径(mode Field diameter,MFD)的弯曲单模 PCF 光纤仍然能够正常工作,但是当 MFD 增加到 40 μm 时将引入过高弯曲损耗,而必须在工作中保持该 LMA-PC 光纤笔直,这样将无法适应激光系统的封装。

2. 包层泵浦技术

包层泵浦技术由四个层次组成:光纤芯、内包层、外包层和保护层。将泵浦光耦合到内包层(内包层一般采用异形结构,如椭圆形、方形、梅花形、D 形及其六边形等);光在内包层和外包层(一般设计为圆形)之间来回反射,多次穿过单模纤芯被其吸收。这种结构的光纤不要求泵浦光是单模激光,而且可以对光纤的全长度泵浦,因此可选用大功率的多模激光二极管阵列作泵源,将约 70% 以上的泵浦能量间接地耦合到纤芯内,大大提高了泵浦效率。

由于在 DC 光纤中是通过全反射实现光的传输,因此用于泵浦 DC 光纤的特殊光源需根据其光束质量因子(beam quality,BQ)来选择。

$$BQ = M^2 = \theta_{diverg.} w_{waist} \pi n / \lambda$$

式中:$\theta_{diverg.}$ 是光束在折射率为 n 的介质中聚焦为腰斑半径 w_{waist} 时的发散角。

理论上,只有当 $\theta_{diverg.} w_{waist} \leq \theta_{clad} R_{clad}$ 时($NA_{clad} = \sin(\theta_{clad.})$),所有的泵浦光能够全部耦合进入 DC 光纤的包层中。这也解释了人们长期以来对适合用作 DC 光纤的新的聚合物包层材料的坚持不懈地努力搜寻。大量可供选择的新的氟化物被覆层,可以将市售 DC 光纤的数值孔径从 0.35 提高到 0.47。

同样是 PCF 光纤为包层设计和光纤制造提供了一种全新的方案。空气-包层的结构设计实际上是通过包层外表面的空气-玻璃界面获得大数值孔径,已有报道显示此类 DC 结构的数值孔径可高达 0.7。

包层泵浦技术特性决定了此类激光器具有以下几方面的突出性能:

(1) 高功率。一个多模泵浦二极管模块组可辐射出 100 W 的光功率,多个多模泵浦二极管并行设置,即可允许设计出很高功率输出的光纤激光器;

(2) 无需热电冷却器。这种大功率的宽面多模二极管可在很高的温度下工作,只需简单风冷,成本低;

(3) 很宽的泵浦波长范围。高功率的光纤激光器内的活性包层光纤掺杂了铒/镱稀土元素,有一个宽且又平坦的光波吸收区(930~970 nm),因此,泵浦二极管不需任何类型的波长稳定装置;

(4) 高效率。泵浦光多次横穿过单模光纤纤芯,因此其利用率高;

(5) 高可靠性。多模泵浦二极管比起单模泵浦二极管来其稳定性要高出很多。其几何上的宽面就使得激光器的断面上的光功率密度很低且通过活性面的电流密度也很低。这样一来,泵浦二极管其可靠运转寿命超过 100 万小时。

目前实现包层泵浦光纤激光器的技术概括起来可分为线形腔单端泵浦、线形腔双端泵浦、全光纤环形腔双包层光纤激光器三大类,不同特色的双包层光纤激光器可由该三种基本类型拓展得到。

2002 年一篇文献报道实现了输出功率为 3.8 W、阈值为 1.7 W,倾斜效率高达 85% 的新型包层泵浦光纤激光器。在产品技术方面,美国 IPG 公司异军突起,已开发出 700 W 的掺 Yb^{3+} 双包层光纤激光器,并宣称将推出 2 000 W 的光纤激光器。

2002 年南开大学报道了在掺 Yb^{3+} 双包层光纤器中得到了脉宽 4.8 ns 的自调 Q 脉冲输

出和混合调 Q 双包层光纤激光,得到峰值功率大于 8 kW、脉宽小于 2 ns 的脉冲输出。2004年,报道了连续泵浦 206 kW 峰值功率的调 Q 脉冲输出;烽火通信成功制造出激光输出功率达 440W 的双包层掺 Yb^{3+} 光纤,达到国际领先水平。这是烽火通信在特种光纤领域迈出的重要一步,同时也是我国在高功率激光器用光纤领域的重大突破。掺 Yb^{3+} 双包层光纤激光器是国际上新近发展的一种新型高功率激光器件,由于其具有光束质量好、效率高、易于散热和易于实现高功率等特点,近年来发展迅速,并已成为高精度激光加工、激光雷达系统、光通信及目标指示等领域中相干光源的重要候选者。双包层掺 Yb^{3+} 激光器的主要激光增益介质是双包层掺 Yb^{3+} 光纤,因此双包层掺 Yb^{3+} 光纤的性能直接决定了该类激光器的转换效率和输出功率。

光纤激光器作为第三代激光技术的代表,具有其他类型激光器无可比拟的优越性。由于成本太高,短期内光纤激光器市场将主要集中于高端市场。随着成本的降低以及产能的提高,光纤激光器将普及,并最终可能替代全球大部分高功率 CO_2 激光器和绝大部分 YAG 激光器。

早期对激光器的研制主要集中在研究短脉冲的输出和可调谐波长范围的扩展方面。如今,密集波分复用(DWDM)和光时分复用(optical time division multiplex,OTDM)技术的飞速发展加速刺激了多波长和超连续光纤激光器技术的进步。其实现技术途径包括:采用 EDFA 放大的自发辐射、飞秒脉冲技术、超辐射发光二极管等。目前国内外对于光纤激光器的研究方向和热点主要集中在高功率光纤激光器、高功率光子晶体光纤激光器、窄线宽可调谐光纤激光器、多波长光纤激光器、非线性效应光纤激光器和超短脉冲光纤激光器等几个方面。

随着半导体激光器连续输出功率的日益提高,其应用范围也不断扩大。其中大功率半导体激光器泵浦的固体激光器(diode pumped solid state laser,DPSSL)是它最大的应用领域之一。但是半导体激光器本身的光束质量较差,且两个方向不对称,横模特性也不理想。固体激光器的输出光束质量较高,有很高的时间和空间相干性,光谱线宽与光束发散角比半导体激光小几个量级。然而,DPSSL 是吸收短波长的高能量光子,转化为波长较长的低能量光子,这样总有一部分能量以无辐射跃迁的方式转换为热。这部分热能将如何从块状激光介质中散发、排除成为半导体泵浦固体激光器的关键技术。为此,人们开始探索增大散热面积的方法。方法之一就是将激光介质做成细长的光纤形状——即光纤激光器。

1.2.8 光纤放大器

光纤放大器根据增益介质的不同可分为两类:一类采用活性介质,如半导体材料和掺稀土元素(Nd、Sm、Ho、Er、Pr、Tm 和 Yb 等)的光纤,利用受激辐射机制实现光的直接放大,如半导体光放大器(semiconductor optical amplifier,SOA)和掺杂光纤放大器;另一类基于光纤的非线性效应实现光的放大,典型的为拉曼光纤激光放大器和布里渊光纤激光放大器。

光纤放大器和光纤激光器的差别是光纤放大器除泵浦光外,还有信号光输入,为此需要一个波分复用器 WDM。光纤放大器的结构如图 1-65 所示。泵浦光和信号光通过光纤合波器 WDM 耦合到掺杂光纤中,例如掺铒光纤(Er-doped fiber,EDF)。如果泵浦光功率足够强,光纤中就会有足够的掺杂离子激发到上能级形成粒子数反转,信号光通过时就能得到放大。

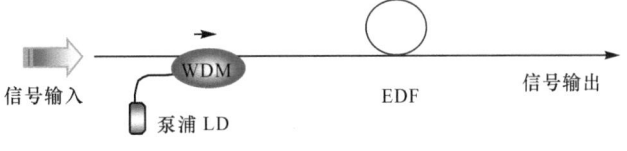

图 1-65 光纤放大器结构示意图

根据泵浦光和信号光传播方向的相对关系,光纤放大器的结构通常可分为正向泵浦、反向泵浦和双向泵浦3类。图1-65为正向泵浦结构,信号光和泵浦光同方向传播。图1-66是信号光和泵浦光反方向传输,是反向泵浦结构;而正、反向都有泵浦光输入时,则为双向泵浦,如图1-67所示。

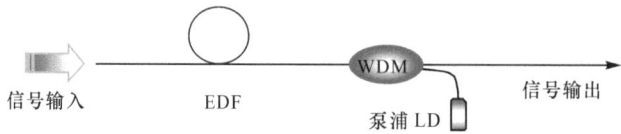

图1-66 反向泵浦的光纤放大器结构图

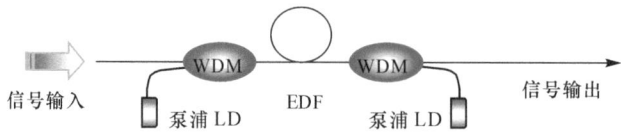

图1-67 双向泵浦的光纤放大器结构图

3种泵浦方式构成的光纤放大器在特性上略有差别,可根据用途选择。

光纤放大器的特性一般用以下几个参数衡量。

(1) 增益。定义为由光纤放大器输出的放大信号的光功率与输入信号光功率的比值。增益G(dB)一般由该比值的对数表示,即

$$G = 10\lg(P_s^{out}/P_s^{in})$$

(2) 饱和输出功率。其定义为:信号增益比小信号增益下降3 dB或10 dB时的信号输出功率。

(3) 增益带宽。其定义为:在最高增益以下3 dB增益范围之内的信号波长范围。

(4) 噪声系数(Noise Figure,NF)。其定义为:光纤放大器输出信噪比与输入信噪比之比(单位:dB),一般用对数表示为

$$NF = 10\lg\left[\frac{(S/N)_{out}}{(S/N)_{in}}\right]$$

式中:S/N表示信噪比。光纤放大器的噪声主要来自放大的自发辐射,NF可用放大的自发辐射的功率表示为

$$NF = 10\lg\left[\frac{P_{ase}}{h\nu GB_0}\right]$$

式中:B_0为光滤波器带宽;P_{ase}为滤波带宽B_0内放大的自发辐射功率;h为普朗克常数;ν为放大的自发辐射的光频率。

目前已成为商品的掺铒光纤放大器的技术指标是:增益为25~35 dB,输出功率为10~15 dBm,噪声系数4.5~6 dB(对0.98 μm的光泵浦)或6~9 dB(对1.48 μm的光泵浦),带宽为25~35 nm。在光纤通信中光纤放大器有3种用途:功率放大、中继放大和前置放大。但三者的要求有所不同,功率放大器强调大功率输出,前置放大器需要低噪声,而中继放大器既需要较高的增益,又需要较大的输出功率。因此,高增益、大输出功率、低噪声系数是光纤放大器的发展方向。

1. 掺铒光纤放大器

掺铒光纤放大器(EDFA)的工作波长为1 550 nm,与光纤的低损耗波段一致,是目前最具

吸引力和最成熟的光纤放大器。它具有如下优点：

(1) EDFA 的信号增益谱很宽，达 30 nm 或更高，可用于宽带信号的放大，尤其适合于密集波分复用(DWDM)光纤通信系统。

(2) 光纤放大器可以用来控制现有通信网络的带宽利用率。目前已有人通过级联的 24 dBm 的光纤放大器和 DWDM 技术在一根光纤中传输 10 Gb/s×128 路的数据流，使单模光纤的总数据率达到太比特以上 Tb/s。在密集波分复用 DWDM 系统中，高饱和功率的 EDFA 可用来弥补每个通道的光损耗，扩展带宽载波能力。由于光纤放大器对信号光功率的放大与信号的码率无关，所以使用光纤放大器的网络可以在现存的网络基础上增加发射机，以满足未来对带宽的需要，这样可节省昂贵的发射设备并灵活地升级现存的网络，从而降低预算成本及相应的工程造价。

(3) EDFA 具有较高的饱和输出功率(10~20 dBm)，可用做发射机后的功率放大，提高无中继线路传输距离或分配的光节点数。网络设计者通过选用大功率的光纤放大器可以使系统具有足够的富裕度，为以后的发展预留足够空间。

(4) EDFA 与光纤线路的耦合损耗小(<1 dB)。

(5) EDFA 具有较低噪声(4~8 dB)。

(6) 增益与光纤的偏振状态无关，故稳定性好。

(7) 弛豫的时间很长(约 10 ms)。

(8) 所需的泵浦功率低(数十毫瓦)。

2. 拉曼光纤放大器[10]

拉曼光纤放大器(Raman fiber amplifier, RFA)的出现，对光纤放大器和光纤传输产生重大的影响。人们对拉曼光纤放大器的兴趣来源于这种放大器可以提供整个波段的放大。通过适当改变泵浦激光的波长，就可达到在任意波段进行光放大的宽带放大器，甚至可在 1 270~1 670 nm 整个波段内提供放大。拉曼光纤放大器已在三个波段内获得成功：第一是在 1.3 μm 波段对 CATV 光纤线路提供光放大；第二是对全波(all wave)光纤在 1.4 μm 波段窗口的 DWDM 系统提供有用放大；第三是对真波(true wave)光纤在 1.55 μm 波段窗口的光放大。

拉曼光纤放大器的工作原理是基于光纤中的非线性效应——受激拉曼散射(SRS)。当向光纤中射入强功率的光信号，输入光的一部分变换成比输入光波长更长的光波信号输出，这种现象称为拉曼散射。这是由于输入光功率的一部分会在光纤的晶格运动中消耗所产生的现象。如果输入光是泵浦激光，则变换波长的光又称为斯托克斯(Stokes)光或自发拉曼散射光。若把与斯托克斯光相同的光输入到光纤中，会使波长变换更加显著(即受激拉曼散射)。例如，在光纤中射入小功率 1 550 nm 光信号时，光纤输出的光是经光纤传输衰减的光，如图 1-68(a)所示。此时，如果另外在输入端同时射入强功率的 1 450 nm 光信号，则 1 550 nm 的光功率会明显增加，如图 1-68(b)所示。这说明由于光纤拉曼散射的原因，1 450 nm 光的一部分已变成 1 550 nm 光。

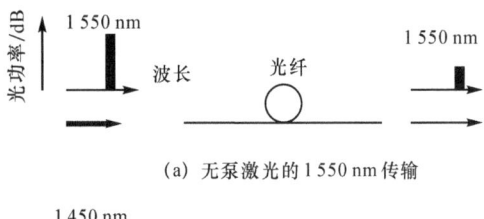

(a) 无泵激光的 1 550 nm 传输

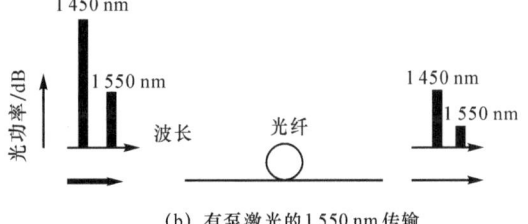

(b) 有泵激光的 1 550 nm 传输

图 1-68 光纤拉曼放大示意图

应用这一原理做成的光纤放大器称为拉曼光纤放大器。如果用多个波长同时泵浦拉曼光纤放大器就可获得波长位移几十纳米到 100 nm 左右的超宽带放大波段。图 1-69 示出 4 个泵浦波长同时泵浦拉曼光纤放大器的情况。

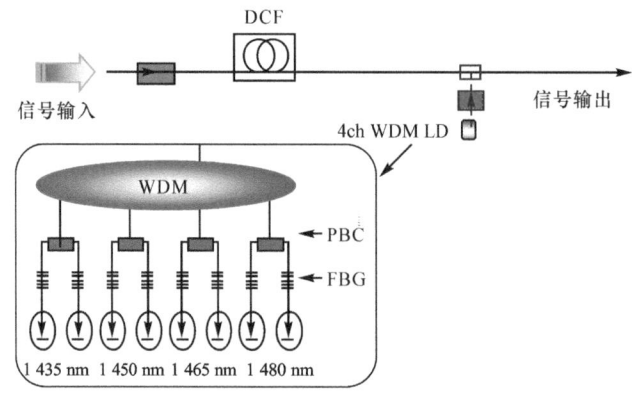

图 1-69　多个泵浦波长同时泵浦的拉曼光纤放大器

但是,值得注意的是,如果泵浦光源的带宽过宽,则会出现泵浦光源间的受激拉曼散射效应,致使长波长泵浦光增益争夺短波长泵浦光增益,从而达不到预期的宽带平坦性。如果对拉曼光纤放大器和 EDFA 的泵浦波长加以优选,在进行串接时可以获得互补,从而达到满意的增益平坦性,实现宽带化。拉曼光纤放大器的拉曼增益与泵浦光功率有关。由于在光的行进方向和逆行方向均能产生拉曼散射光。因而,拉曼放大的泵浦光方向既可前向泵浦也可后向泵浦。

3. 半导体光放大器

半导体光放大器 SOA 也是重要的光放大器,其结构类似于普通的半导体激光器。图 1-70 为半导体光放大器的示意图。根据光放大器端面反射率和工作偏置条件可将半导体光放大器分为:法布里-珀罗腔放大器、行波放大器(travelling wave amplifier,TWA)和注入锁模放大器(injection lock mode amplifier,ILA)三类。前两类是开发最多的产品。RFA 与 TWA 的区别在于端面的反射率大小,RFA 具有较高的端面反射率,这种高反射为激光产生提供必要条件。当作为放大器工作时,偏置于阈值电流以下。这种放大器的增益在理论上可达 25～30 dB。由于它具有低的噪声输出,可用作光接收机的前置放大器。而 TWA 却具有极低的端面反射率,通常在 0.1% 以下。反射率达到零的放大器称为"真行波放大器"。

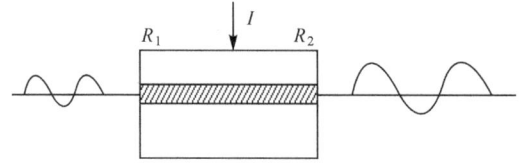

图 1-70　半导体光放大器示意图

1.3　小　　结

本章在回顾光纤基本理论和特性,包括光纤结构、类型及其弯曲、损耗和色散特性的基础上,针对光纤工艺中的常用技术(耦合、封装技术),以及常用光纤器件的选择,从理论计算和实际应用两方面进行了详细的阐述,并列举了大量实例供参考。

习题与思考

1.1 要使光纤对光线有聚焦作用,其折射率分布应满足何种规律?
1.2 试说明模式的含义及其特点,并比较光纤中的模式和自由空间的场解。
1.3 减小光纤中损耗的主要途径有哪些?
1.4 试分析影响单模光纤色散的诸因素,如何减小单模光纤中的色散?
1.5 试分析影响光纤中双折射的诸因素。
1.6 试分析比较各种光纤偏振器的基本原理。要制作一个光纤偏振器主要难点何在?试分析比较现有的各种解决方法。
1.7 制作全光纤型光纤隔离器的主要困难是什么?试设想可能的解决途径。
1.8 详细说明偏振无关的光隔离器的构造原理。
1.9 试分析比较光纤激光器和半导体激光器的优缺点及应用前景。
1.10 用光纤环形腔构成光纤激光器或光纤放大器时,对环形腔有何要求?为什么?
1.11 大功率光纤激光器的核心技术有哪些?目前的功率输出水平如何?

第2章 强度调制型光纤传感器

2.1 强度调制传感原理

强度调制的机理：被测物理量作用于光纤（接触或非接触），使光纤中传输的光信号的强度发生变化，检测出光信号强度的变化量即可实现对被测物理量的测量。其基本原理如图2-1所示。因此，强度调制型光纤传感器定义为：利用外界因素引起光纤中光强的变化来探测外界物理量及其变化量的光纤传感器。

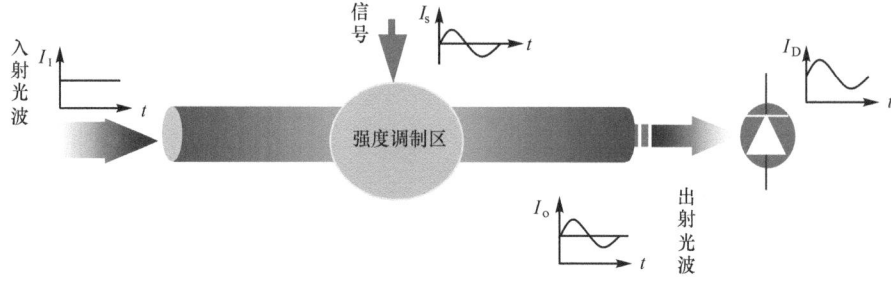

图 2-1 强度调制型光纤传感的基本原理图

强度调制型光纤传感器种类很多。根据对信号光调制方式的不同，可以分为外调制（调制区域在光纤外部——传光型）和内调制（调制区域为光纤本身——传感型）两大类。外调制型又分为反射式和透射式；内调制型则包括光模式功率分布型、折射率强度调制型和光吸收系数调制型等。

目前，改变光纤中光强的办法有以下几种：改变光纤的微弯状态；改变光纤的耦合条件；改变光纤对光波的吸收特性；改变光纤中的折射率分布等，在后续章节中将陆续介绍。

2.1.1 反射式强度调制

反射式强度型光纤传感器，具有原理简单、设计灵活、价格低廉等特点，并且已经在许多物理量（如位移、压力、振动、表面粗糙度等）的测量中获得成功应用。

最简单的反射式传感器的结构包括光源、传输光纤（输入与输出）、反射面以及光电探测器。由于光纤接收的光强信号是与光纤参量、反射面特性以及二者之间的距离等密切相关的，因而在其他条件不变的情况下，光纤参量——包括光纤间距、芯径和数值孔径等都直接影响光强调制特性。因此，有专门的研究讨论由输入光纤和输出光纤组成的光纤对的光强调制特性。

反射式调制的基本原理如图2-2所示，输入光纤将光源发出的光射向被测物体表面，然后由输出光纤接收物体表面反射回来的光并传输至光电接收器；光电接收器所接收到的光强的大小随被测表面与光纤（对）之间的距离而变化。

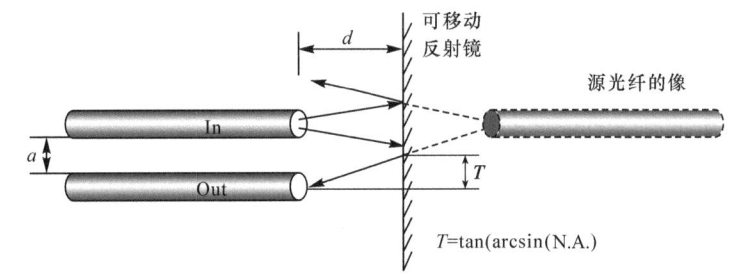

(a) 光纤对与镜面构成的传感头的耦合效率分析

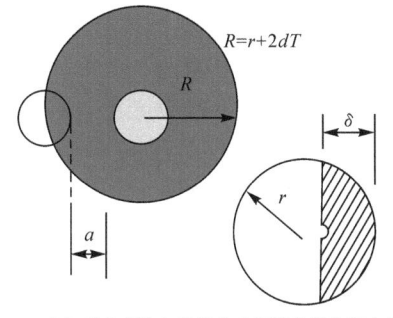

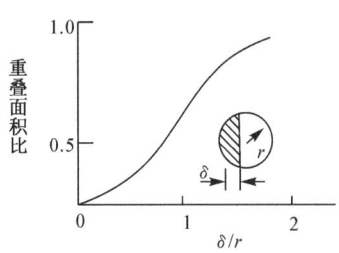

(b) 输入/输出光纤芯重叠部分确定耦合光功率　　(c) 纤芯重叠面积与边缘位置的关系曲线

图 2-2　反射式传感器基本原理图

通常,为了提高被测物体表面的反射率,即提高光电探测器的接收光强,常常采用在物体表面镀膜等工艺。如图 2-2(a)中的可移动反射镜面。在图 2-2(a)中,在距离光纤端面 d 的位置,垂直于输入/出光纤轴放置有一反光物体——反射镜,并且可以沿光纤轴向移动。在平面反射镜后 d 处即形成一个输入光纤的虚像。因此,确定传感器的响应(输入光纤—平面镜—输出光纤的光路耦合)等效于计算虚光纤与输出光纤之间的耦合。

设输出—输入光纤为同型号的阶跃折射率光纤,其间距为 a,芯径为 $2r$,数值孔径为 N.A. (numerical aperture),则输出光纤的光耦合系数有 3 种情况。

(1) 当 $d < \dfrac{a}{2T}$ 时。

即 $a > 2dT$(dT 为发射光锥的底面半径),且 $T = \tan(\arcsin(\text{N.A.}))$ 时,耦合进入输出光纤的光功率为零。

(2) 当 $d > \dfrac{a+2r}{2T}$ 时。

输出光纤与输入光纤的像的光锥底端相交,截面积恒为 πr^2,此光锥的底面积为 $\pi(2dT)^2$,因此在此间隙范围内的光耦合系数为 $\left(\dfrac{r}{2dT}\right)^2$。

(3) 当 $\dfrac{a}{2T} \leqslant d \leqslant \dfrac{a+2r}{2T}$ 时。

耦合到输出光纤的光通量由输入光纤的像发出的光锥底面与输出光纤重叠的面积确定,如图 2-2(b)所示。利用伽马函数可以精确地计算出重叠部分的面积,或利用线性近似法和简单的几何分析推导,可得输出光纤端面中光锥照射部分的面积为

$$\alpha = \frac{1}{\pi}\left\{\arccos\left(1-\frac{\delta}{r}\right) - \left(1-\frac{\delta}{r}\right)\sin\left[\arccos\left(1-\frac{\delta}{r}\right)\right]\right\} \qquad (2\text{-}1)$$

由图 2-2(b)中的几何关系可以计算得到

$$\frac{\delta}{r} = \frac{2dT-a}{r}$$

由此输出光纤所接收到的入射光功率百分比为

$$\frac{P_o}{P_I} = F = \alpha\left(\frac{\delta}{r}\right) \cdot \left(\frac{r}{2dT}\right)^2 \tag{2-2}$$

式中：F 为耦合效率。此关系式可用于反射式强度调制型传感器的设计中。

例 2-1 图 2-3 表示一对阶跃型光纤的耦合效率 F 与反射位置的关系曲线。已知光纤芯直径为 $2r = 200~\mu m$，数值孔径 N.A.$=0.5$，光纤间距 $a = 100~\mu m$。若取函数的最大斜率处(图中 A 点，距离为 $d = 200~\mu m$)确定为该系统的灵敏度，则耦合功率随 d 变化速率近似为 $0.005\%/\mu m$。当 $d = 320~\mu m$ 时，最大耦合系数 $F_{max} = 7.2\%$。设用 LED 光源，探测器在 10 kHz 带宽范围内能获得的总功率为 $10~\mu W$；探测器的负载电阻为 10 kΩ，主要噪声源为热噪声的条件下，系统分辨率可以达到 10^{-7} 数量级，对应于传感器的固有分辨率为 <1 nm。

例 2-1 的分析中，用到了以下假设。

(1) 光纤为阶跃型折射率分布，且各个模式被均匀激励，即光纤的出射光锥内光功率密度分布是均匀的。

(2) 反射镜垂直于光纤轴向移动，且反射率为 100%。实际应用中，反射镜取向的微小倾斜将明显改变其对应于最大灵敏度的距离 d，而反射损耗使灵敏度相应地减小。

反射式强度调制型光纤传感器还有很多其他形式的结构，图 2-4 中列举了最常用的几种。

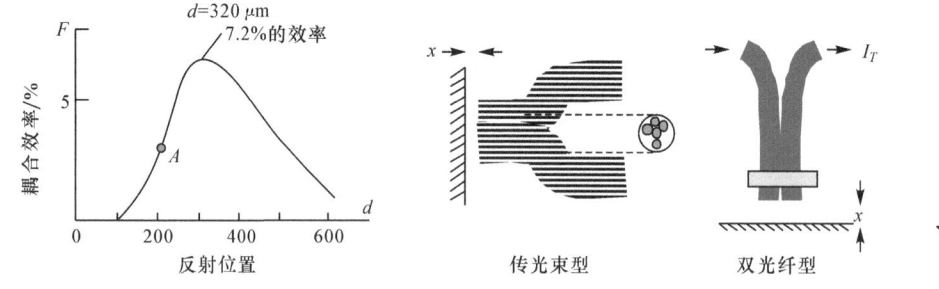

图 2-3 传感器的耦合效率与反射位置之间的关系计算曲线

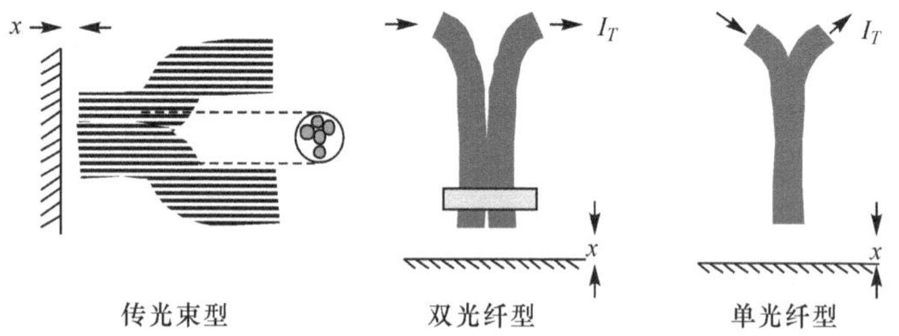

图 2-4 反射式强度调制型传感器的其他结构举例

2.1.2 透射式强度调制

强度调制的方式还可以采用透射式调制。透射式调制是在输入与输出光纤的耦合端面之间插入遮光板，或者改变输入与输出光纤(其中之一为可动光纤)的间距、位置，以实现对输入与输出光纤之间的耦合效率的调制，从而改变光电探测器所接收到的光强度。透射式调制型传感器的基本原理如图 2-5 所示。此类型的传感器常常被用于测量位移、压力、温度和振动等物理量。这些物理量作用于遮光板或者动光纤上，使得输入与输出光纤的轴线发生相对移动，从而导致耦合效率的改变。

图 2-5(a)中所示为动光纤式的强度调制模型。图 2-5(b)为接收光强随两光纤轴线间偏离距离 x 而变化的曲线，其中 x 为归一化的纤芯直径。从图示曲线可以看出光强度调制的线性度和灵敏度都很好。

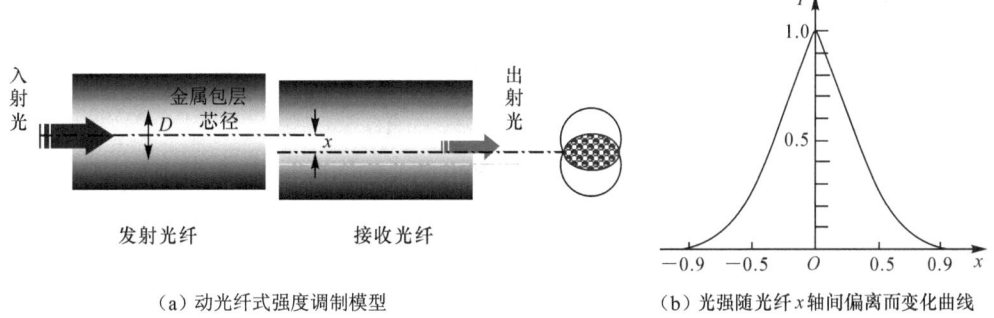

(a) 动光纤式强度调制模型　　　　　(b) 光强随光纤 x 轴间偏离而变化曲线

图 2-5　透射式调制原理图

遮光屏法是在光路中(输入-输出光纤之间)加入与被测物体相连的遮光屏,遮挡部分光线以调制输出光强,从而根据输出光强度的变化来测量被测物体的运动参数,如位移。图 2-6 描绘了遮光屏法透射式光强调制的基本原理。

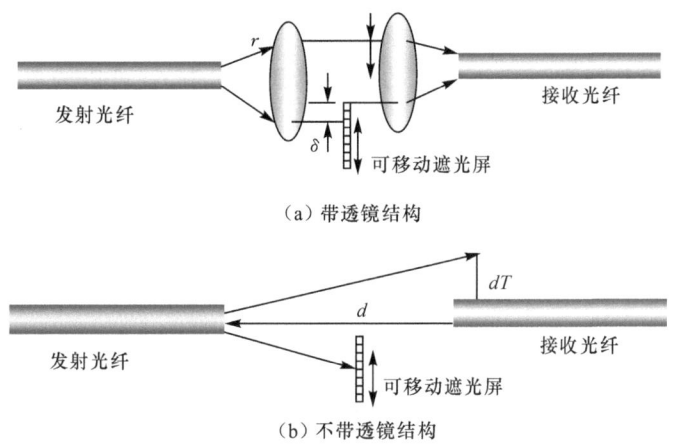

(a) 带透镜结构

(b) 不带透镜结构

图 2-6　遮光屏法透射式光强调制基本原理图

图 2-6(a)中采用双透镜系统使入射光纤在出射光纤上成像,遮光屏在垂直于两透镜之间的光传播方向上上下移动。传感器的光耦合计算与反射式传感器相同。在前述的简化分析范围内,比值 δ/r 与可移动遮光屏及两透镜间半径为 r 的光柱相交,其重叠面积的百分比为 α,如图 2-2(b)的关系曲线。采用这种结构制作的传感器灵敏度可以达到 δ/r 变化范围的 1%。

图 2-6(b)采用无透镜的两光纤直接耦合系统。该系统利用简单的结构,工作性能良好。但是由于接收光纤端面只占发射光纤发出的光锥底面的一部分,使得光耦合系数减小,灵敏度也降低一个数量级 $(r/dT)^2$。

例如,采用芯径为 200 μm,数值孔径 0.5 的光纤,两光纤间隔为 1 mm,系数 $(r/dT)^2=1/3$,给出的分辨率为光纤半径的 0.1%,即 0.1 μm,而且可测量位移的动态范围小,仅仅为光纤芯径 200 μm。

在简单的遮光屏透射式光强调制的基础上,还可以通过改进结构,如利用两个周期性结构的遮光屏传感器,提高测量的灵敏度,如图 2-7 所示。这里遮光屏由等宽度、透明与不透明区交替地排列的光栅组成,其中一支为固定光栅,另一支为可移动光栅。则在此遮光屏的空间周期内,通过这对光栅遮光屏的透射率从 50%(两个屏完全重叠)→0(一个屏的不透明区和另一

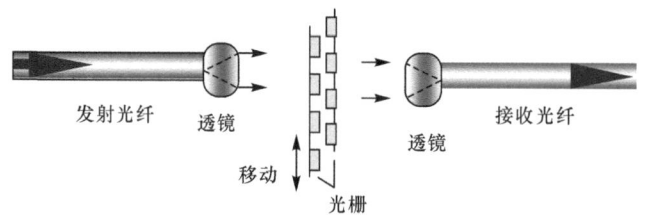

图 2-7 光栅遮光屏透射式强度调制原理图

个屏的透明区完全重叠)。在此周期性结构范围内,光的输出强度为周期性的,而且其分辨率为光栅条纹间距(10^{-6})数量级,可以构成高灵敏度、简单、可靠的位移传感器。

2.1.3 光纤模式功率分布强度调制

1. 微弯调制型

当光纤在外力作用下发生微弯时,会引起光纤中不同模式的转化,即某些传导模变为辐射模或泄漏模,从而引起损耗,这就是微弯损耗。如果将微弯损耗与特制的微弯变形器及其位置,引起微弯的压力等物理量通过特定的关系式联系起来,就可以构成各种不同功能的传感器。

图 2-8 是光纤微弯传感器的基本工作原理示意图。其中微弯变形器由两块具有特定周期的波纹板和夹在其中的多模光纤构成。波纹板的周期 Λ 根据满足两个光纤模式之间的传播常数匹配原则来确定。设两个相互耦合的模式的传播常数分别为 β 和 β',则周期 Λ 必须满足

$$\Delta\beta = |\beta - \beta'| = \frac{2\pi}{\Lambda} \tag{2-3}$$

此时相位失配为零,模间耦合达到最强。因此,波纹板有一个最佳周期 Λ,该周期由光纤本身的模式特性决定。当变形器发生垂直于波纹板周期方向的位移时,将改变弯曲处的模振幅,从而产生对光纤中传输光强的调制。调制系数记为

$$Q = \frac{dT}{dx} \cdot \frac{dx}{dp} \tag{2-4}$$

式中:T 为光纤的传输系数;x 为波纹板的位移;p 为外压力。

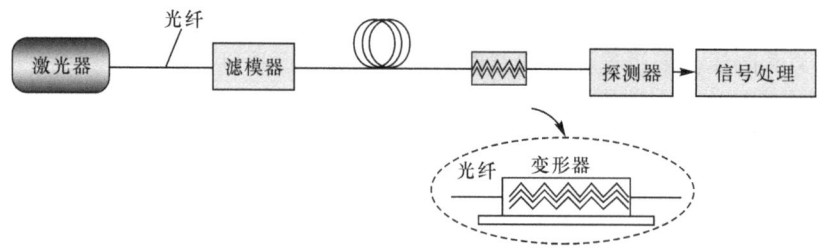

图 2-8 微弯传感器的工作原理图

调制系数由两个参数决定:一是光纤本身性能确定的光学参数 $\frac{dT}{dx}$;二是 $\frac{dx}{dp}$,由微弯传感器的机械设计确定。为了优化传感器性能,必须使光学、机械设计都满足最优化条件,两者相统一。如前所述,由式(2-3)可以求得传感器的最佳机械设计周期。光学参数 $\frac{dT}{dx}$ 由光纤的参

数决定,因而主要决定于光纤的折射率分布。光纤的折射率分布形式为

$$n^2(r)=n^2(0)\left[1-2\Delta\left(\frac{r}{a}\right)^g\right]$$

2. 模式功率分布型

模式功率分布型(mode power distribution, MPD)光纤传感器是目前强度调制型光纤传感器中,理论和研究结果最少、可借鉴资料最少的一种,尚存在很多亟待解决的问题和研究的空间。

模式功率分布型传感器是利用大芯径多模光纤中特殊激励的高阶模对作用于光纤上的外界物理量非常敏感的特性,通过测量被测物理量(变化)与光纤输出光强的关系,实现对被测物理量的检测。由于所采用装置的结构简单、成本低,因而非常适宜于对检测精度要求不高,用量大的场合。由于兼备光纤传感器抗电磁干扰和易成网的优点,具有非常广阔的应用前景。

(1) 光纤 MPD 传感原理

MPD 的基本原理如图 2-9 所示。特定角度(8°～11°)的离轴激励将在光纤端面远场产生环形模斑,此时外界物理量的作用将会造成光纤内传输功率的极大损耗,即此时光纤对作用于其上的外界物理量最为敏感。如果在光纤的输出端适当的位置——模斑光强极大处布设光电探测器,就可以获得对作用于光纤上的被测物理量(应力、压力、化学量、生物量等)的检测。其中,光源、光纤的选择,光源与光纤的耦合是 MPD 传感器的关键。

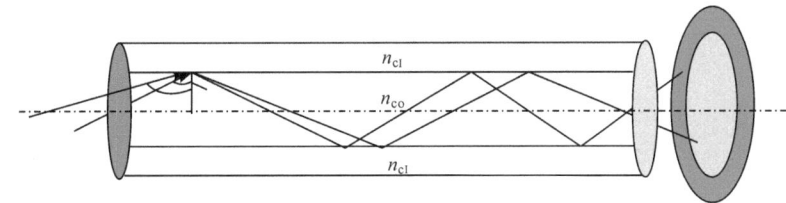

图 2-9　MPD 原理图

(2) MPD 传感头的制备

图 2-10 为常用 MPD 传感头的基本结构。图中的阴影区域为传感区。制备时,通常选定一段光纤区域,利用化学腐蚀或机械磨抛的方法去除部分或全部包层;然后根据被测参数的特性,重新涂覆上特定性质的材料。例如,对于温度测量,可以选用性能合适的热敏材料;如果测量氨水的浓度,则涂覆相应的高分子材料等。最后,对制成的传感头进行封装、保护。

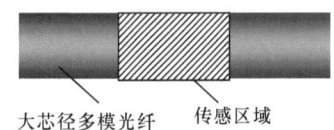

图 2-10　模式功率分布型光纤传感头的基本结构

由于 MPD 传感器结构简单、容易实现,而且成本低,因此非常适宜于作为报警和低精度监测的场合使用。

2.1.4　折射率强度调制

1. 光受抑全内反射型

利用光波在高折射率介质内的受抑全反射现象也可制成光纤传感器。受抑全内反射光纤传感器通常分为透射式和反射式两类。

（1）透射式

透射式受抑全内反射传感器的原理性结构如图 2-11 所示。当两光纤端面十分靠近时，大部分光能可从一根光纤耦合进另一根光纤。当一根光纤保持固定，另一光纤随外界因素而移动时，由于两光纤端面之间间距的改变，其耦合效率会随之变化。测出光强的这一变化就可求出光纤端面位移量的大小。

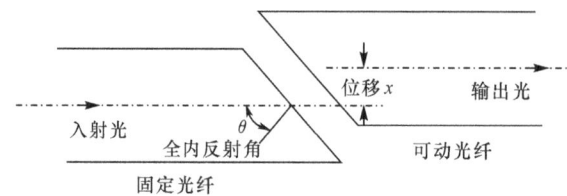

图 2-11　透射式受抑全内反射型强度调制传感原理图

这类传感器的最大缺点是需要精密机械调整和装置固定，这对现场使用不利。

（2）反射式

反射式受抑全内反射型强度调制传感器的原理性结构如图 2-12 所示。

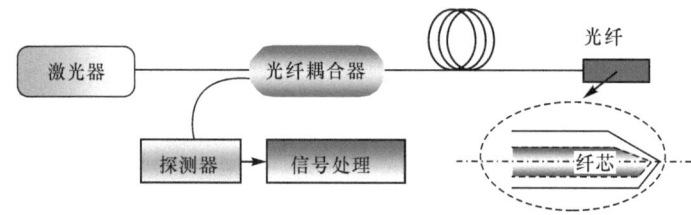

图 2-12　反射式受抑全内反射型强度调制传感原理图

这种结构的光纤传感器的优点是不需要任何机械调整装置，因而增加了传感头的稳定性。利用与此类似的结构，现已研制成光纤浓度传感器、光纤气/液二相流传感器、光纤温度传感器等多种用途的光纤传感器。

2. 反射系数型

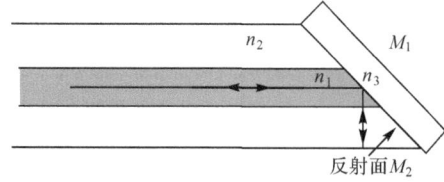

图 2-13　反射系数型强度调制基本原理图

图 2-13 为通过调制光纤端面反射系数来进行强度调制的光纤传感模型。它利用光纤光强反射系数的变化来实现对反射光强的调制。图中，将光纤端面抛光得到反射面 M_2，然后在其上镀膜，得到反射镜 M_1。仔细控制反射面 M_1 的角度，使得纤芯中的光束在 M_2 处的角度大于临界角。光波在入射面上的光强分配由菲涅尔（Fresnel）公式描述，界面强度反射系数为

$$R_{/\!/} = \left[\frac{n^2 \cos\theta - (n^2 - \sin^2\theta)^{1/2}}{n^2 \cos\theta + (n^2 - \sin^2\theta)^{1/2}}\right]^2$$

$$R_{\perp} = \left[\frac{\cos\theta - (n^2 - \sin^2\theta)^{1/2}}{\cos\theta + (n^2 - \sin^2\theta)^{1/2}}\right]^2$$

(2-5)

式中：$R_{/\!/}$ 为电矢量平行于入射面的反射光的强度反射系数；$R_{\perp}$ 为电矢量垂直于入射面的反射光的强度反射系数；$n = n_3/n_1$；θ 为光波在界面 M_1 上的入射角。

由上述反射系数公式可以看到,当光波以大于临界角($\theta_c = \arcsin n$)的角度入射到 n_1、n_3 介质界面上时,若 n_3 介质由于压力或温度的变化引起 n_3 的微小改变,相应会引起反射系数的变化,从而导致反射光强的改变。由此可以设计出压力或温度传感器。

2.1.5 光吸收系数调制

1. 利用光纤的吸收特性

辐射线如 X 射线、γ 射线等都会使光纤材料染色——相应的吸收损耗将增加,光纤的输出光强将降低,因此可用于构成强度调制型辐射剂量传感器。图 2-14 所示为此类传感器的基本原理。改变光纤材料的成分可以对不同的射线进行测量。如铅玻璃光纤,对 X 射线、γ 射线和中子射线最敏感。图 2-15 是这种材料的吸收特性与辐射线剂量的关系曲线。该类传感器可用于卫星外层空间射线剂量监测,也可以用于核电站、放射性物质堆放处的辐射量的大面积监测。

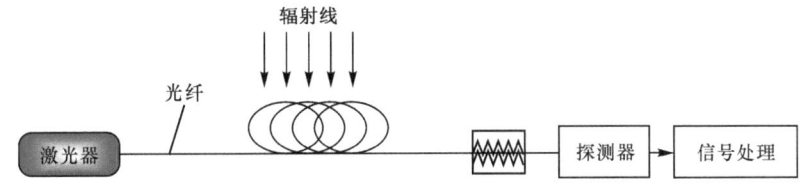

图 2-14 利用光纤的吸收系数的变化测量辐射等的基本原理图

2. 利用半导体材料的吸收特性

大多数半导体的禁带宽度 E_g 都随着温度 T 的升高而几乎线性地减小,因此它们的光吸收边的波长 $\lambda_g(T)$ 将随着温度 T 的升高而变化。选择辐射谱与 $\lambda_g(T)$ 匹配的 LED,那么通过半导体的光强将随着 T 的升高而减小。通过测量透过光强,即可确定相应的温度值 T。图 2-15 为直接禁带半导体材料的透射谱随温度变化示意图。

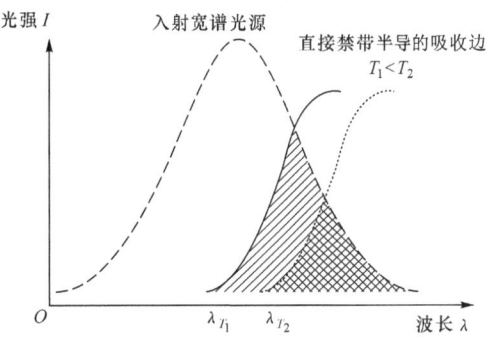

图 2-15 半导体透射谱随温度变化示意图

2.2 强度调制型光纤传感器的补偿技术

强度调制型光纤传感器是根据测出的光强变化来获取被传感参量变化的信息,因此光源、光纤、光纤器件(耦合器、连接器等)、光探测器等引起的光强变化,是这类传感器误差的主要来源。为了减少测量误差,提高长期稳定性,提出了许多种补偿技术。其基本原理是:通过参考光路引进参考信号,以补偿非传感因素引起的光强变化。下面对几种典型的补偿技术做一简单的介绍。

2.2.1 光源负反馈稳定法

光源的不稳定将直接导致传感器输出的不稳定。过去,人们往往采用稳定光源电压或电流的方法,这就要有结构复杂、价格昂贵的温度稳定装置和功率稳定装置,而且这种方法对由环境温度变化和光源老化所导致的光强变化稳定效果欠佳。为解决这个问题,采用光源负反馈环路来稳定光源的方法,如图 2-16 所示,光源 S 输出的光经过耦合器 C,其中一部分经发送光纤 TF 到反射面,再由接收光纤 RF 接收并被探测器 D_2 转换作为测量信号;另一部分光输入至反馈光纤 FF 后直接照射到探测器 D_1 上,经放大后与基准电压 U_r 相比较,相减后的电压放大后加到光源 S 上。此方法的关键是要获得一个很稳定的参考电压 U_r 以及选择对称的放大器和探测器的参数。

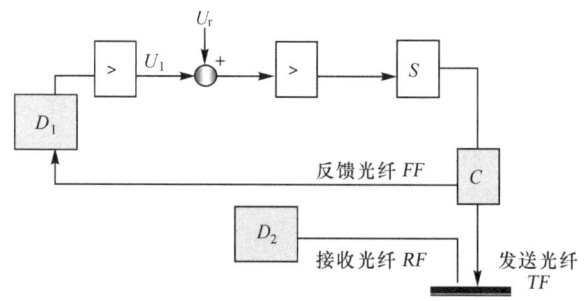

图 2-16 负反馈光强稳定装置

2.2.2 双波长补偿法

双波长补偿法的基本思想是:在传感器中采用不同波长的两个光源,这两个波长不同的光信号在传感头中受到不同的调制,对它进行一定的信号处理,就可获得误差减小的测量值。图 2-17 是一种典型的双波长补偿系统。由光源 S_1 和 S_2 分别发出波长为 λ_1 和 λ_2 的单色光。这两种单色光在传感头 SH 处受到不同的调制,或者其中一种波长的光不被调制而作为参考信号。然后这两个不同波长的光信号通过光纤 L_2 和光纤耦合器后分别由光探测器 D_1 和 D_2 接收,得到两个输出信号[11]

$$I_1 = D_1 L_2 M_1 L_1 S_1$$
$$I_2 = D_2 L_2 M_2 L_1 S_2$$

式中:D 为光探测器的灵敏度;L 为光纤的透过率;S 为光源输出的光功率。显见,此两输出信号的比值

$$R = \frac{I_2}{I_1} = \frac{D_2 S_2}{D_1 S_1} \frac{M_2}{M_1} \tag{2-6}$$

已经消除了光纤 L_1 和 L_2 传输损耗的变化对测量结果的影响,但两个光源和光探测器的漂移对测量结果的影响则无法消除。式中 M_1 和 M_2 分别为传感头对两种波长光信号的调制。

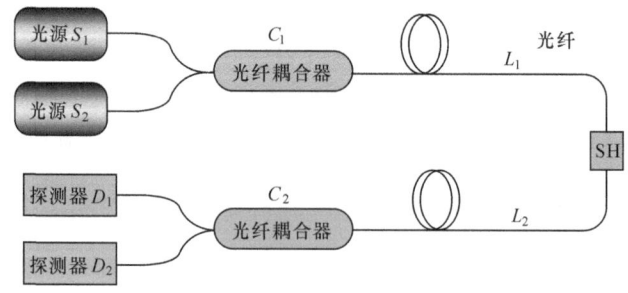

图 2-17 双波长补偿法光路图

图 2-18 是为了进一步消除光源的功率起伏和光探测器灵敏度的变化所带来的误差而提出的一种改进方案。其改进点是:在光源 S 与传感头 SH 之间增加一个 X 形光纤耦合器 C,以便直接监测光源功率的起伏,再用分时办法以区别光源 S_1 和 S_2 的信号。由图可见,这时可得到 4 个光信号

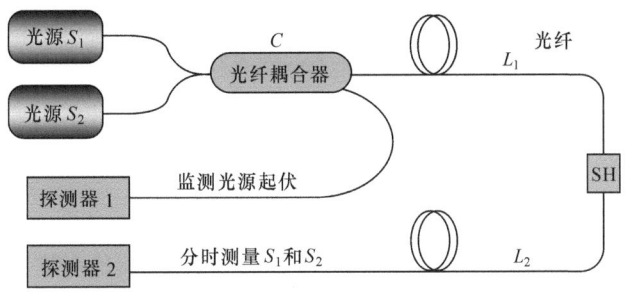

图 2-18 改进型双波长补偿法光路图

$$I_R^1 = D_R C_1 S_1; \quad I_M^1 = D_M L_2 M_1 L_1 C_1 S_1$$
$$I_R^2 = D_R C_2 S_2; \quad I_M^2 = D_M L_2 M_2 L_1 C_2 S_2$$

式中:C_1,C_2 为 X 形光纤耦合器对波长 λ_1,λ_2 的透过率,其余变量含义同前。经信号处理后可得

$$R = \frac{I_R^1 I_M^2}{I_R^2 I_M^1} = \frac{M_2}{M_1} \tag{2-7}$$

显然,这时输出信号由传感信号 M 唯一决定。光源功率的波动、光纤传输损耗的变化和光探测器灵敏度的漂移等因素引起的误差均可消除,但两光源输出光谱特性的变化、X 形光纤耦合器分光比的变化等因素引起的误差仍无法消除。

2.2.3 旁路光纤监测法

旁路光纤监测法光路图如图 2-19 所示,参考光纤和信号传输光纤的长度相同,经过的空间位置也一致,以确保受到相同的环境影响,只是在传感头 SH 处,参考光纤从旁路通过,不受被测量调制。这是此法的特点。这时探测器所得光信号为

$$I_M = SYL_1 MD_1$$
$$I_R = SYL_2 D_2$$

其比值为

$$R = \frac{I_M}{I_R} = \frac{L_1 MD_1}{L_2 D_2} \tag{2-8}$$

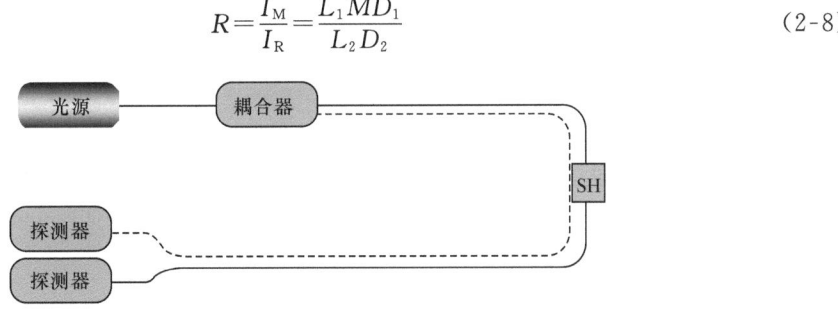

图 2-19 旁路光纤监测法光路图

此法可消除光源功率波动所引起的误差,但光纤损耗、光探测器灵敏度的变化等因素引起的误差则无法消除。

2.2.4 光桥平衡补偿法

1. 基本原理

光桥平衡补偿法光路如图 2-20 所示。它由光源 S_1 与 S_2、光探测器 D_1 与 D_2 和一个光纤 4 端网构成。两光源轮流发光,两探测器均可探测每个光源发出的光脉冲。设由探测器 D_1、D_2 测出的两光源的光强分别为 I_{11}, I_{12} 和 I_{21}, I_{22},则表达式分别为

$$I_{11} = S_1 L_1 M L_3 D_1$$
$$I_{12} = S_1 L_1 C_{12} L_4 D_2$$
$$I_{21} = S_2 L_2 C_{21} L_3 D_1$$
$$I_{22} = S_2 L_2 C_{22} L_4 D_2$$

式中:S 为光源输出的光功率;L 为光纤的透过率;D 为光探测器的灵敏度;C 为耦合比。

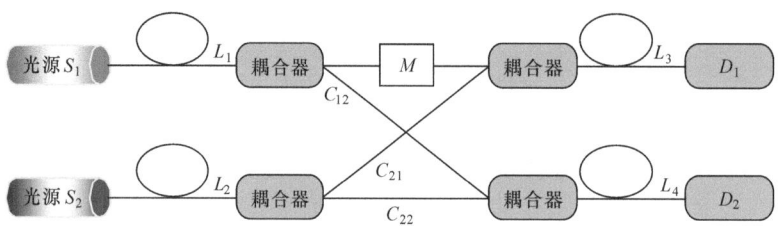

图 2-20 光桥平衡补偿法光路图

得到相应的输出为

$$R = \frac{I_{11} I_{22}}{I_{12} I_{21}} = \frac{C_{22}}{C_{12} C_{21}} M \tag{2-9}$$

此法补偿的优点为:光源功率的波动、光纤传输损耗的变化以及光探测器灵敏度的漂移都可消除。缺点是耦合比 C 一般情况下会随入射光波长、功率、模式分布以及环境温度等因素而变。

2. 透射式光桥补偿法的改进型光路

图 2-21 是改进型光路。S_1 为传感用光源,S_2 为参考光源。PS 为偏振分束器,SH 为传感部分(包括 P, C, A),其中 P 为起偏器,C 为传感晶体,A 为检偏器。偏振光经过传感头 SH 后,分为两束正交偏振光,其调制函数:

$$M_1 = \cos^2(\delta/2)$$
$$M_2 = \sin^2(\delta/2)$$

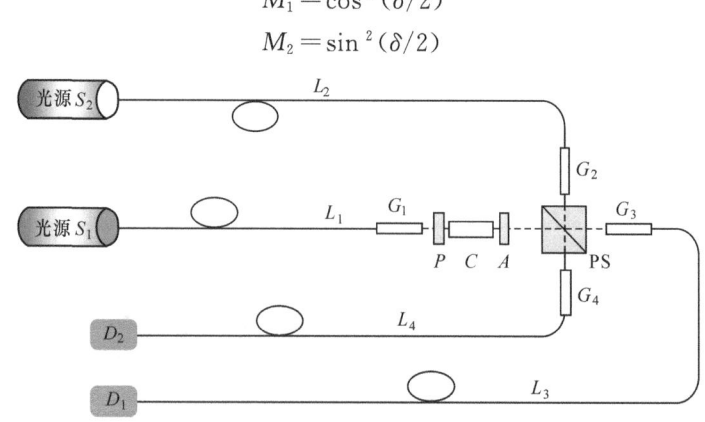

图 2-21 透射式光桥补偿法的改进型光路图

式中:δ 为传感器材料在被测量作用下引入的位相差,它仅与被测的量有关。光探测器 D 分别

检测两正交偏振分量之一。当两光源轮流发出光脉冲时,两探测器测出的信号分别为

$$I_{11} = \frac{1}{2} S_1 L_1 M_1 L_3 D_1$$

$$I_{12} = \frac{1}{2} S_1 L_1 M_2 L_4 D_2$$

$$I_{21} = \frac{1}{2} S_2 L_2 L_3 D_1$$

$$I_{22} = \frac{1}{2} S_2 L_2 L_4 D_2$$

得到相应的输出为

$$R = \frac{(I_{11}/I_{21}) - (I_{12}/I_{22})}{(I_{11}/I_{21}) + (I_{12}/I_{22})} = \frac{M_1 - M_2}{M_1 + M_2} \tag{2-10}$$

显然,R 值与两个光源的发光功率的波动、两输入输出光纤的损耗以及光探测器的灵敏度均无关,这是此法的优点。

3. 反射式光桥补偿法

图 2-22 是反射式光桥补偿法的光路。光源 S 通过光开关 OS 轮流把光脉冲输入光纤 L_1', L_1 和 L_2', L_2,通过传感探头 SH 后再输入光探测器 D_1 和 D_2。测得的光强值为

$$I_{11} = L_1 C_{1Y} L_1^2 K^2 C_{1y'} M_1 D_1$$
$$I_{12} = L_1 C_{1Y} L_1 K L_2 C_{2y'} M_2 D_2$$
$$I_{21} = L_2 C_{2Y} L_2 K L_1 C_{1y'} M_2 D_1$$
$$I_{22} = L_2 C_{2Y} L_2^2 K^2 C_{2y'} M_1 D_2$$

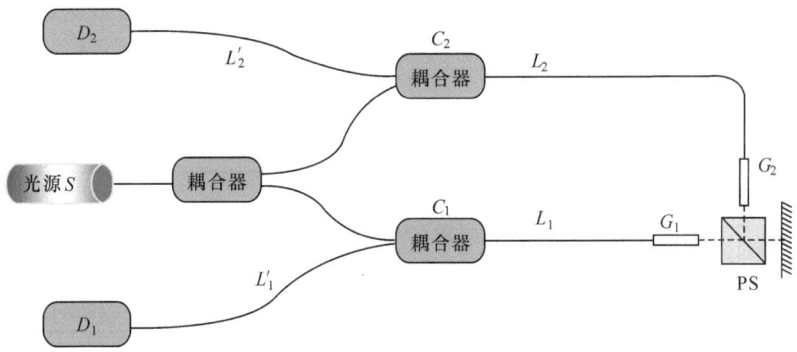

图 2-22 反射式光桥补偿法光路图

式中:M_1、M_2 为两偏振光经传感头 SH 后的调制函数

$$M_1 = \cos^2(\delta/2)$$
$$M_2 = \sin^2(\delta/2) \tag{2-11}$$

式中:δ 为传感头在被测量作用下引入的位相差,仅与被测量有关;KC_{iy} 和 $C_{iy'}$ ($i=1,2$)分别为耦合器 C_i 的正向和反向透过率。

得到相应的输出为

$$R = \frac{I_{11} I_{22}}{I_{12} I_{21}} = \frac{M_1^2}{M_2^2} \tag{2-12}$$

显然,R 值不仅与光源发光功率、光纤传输损耗和光探测器的响应无关,而且与分光比 K 亦无关,这是此法的优点。

2.2.5 神经网络补偿法

神经网络补偿法是随着近年来神经网络的研究进展而逐渐被一些学者运用于光纤传感信号处理的一种新方法。实际上神经网络补偿的原理框图就是将图 2-19 中的数据处理硬件单元替换为神经网络补偿算法软件单元。

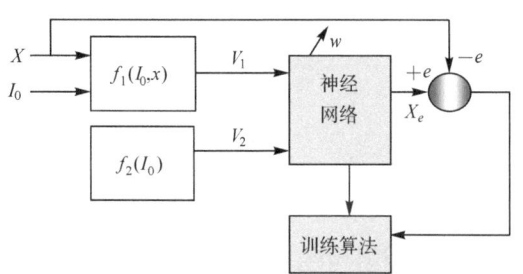

图 2-23 神经网络的训练示意图

如果要测量某个物理量 x,如反射面的位移 d(或反射面的表面粗糙度),对于一个确定的反射面(或确定的光纤到端面的距离),图 2-23 中的测量信号 V_1 仅与被测量 x 及光源强度 I_0 有关,而参考信号 V_2 仅与 I_0 有关,即

$$V_1 = f_1(I_0, x), V_2 = f_2(I_0) \quad (2-13)$$

由于函数 f_1 和 f_2 并不是显式,而且 V_1 和 V_2 均受光源波动的影响。因此,可以用一个神经网络补偿算法根据 V_1 和 V_2 来得到被测量的实测值 X_a,即

$$X_a = \text{NN}(V_1, V_2) \quad (2-14)$$

式中:NN(,)表示一个神经网络。为实现上式,必须先对神经网络进行训练。如图 2-23 所示,首先改变图 2-19 所示的激光器的输出光强 I_0 及被测量 X,得到一组 V_1 和 V_2 的样本集,并以这组样本集的 V_1 和 V_2 作为训练神经网络的输入,被测量 X 作为期望输出。训练时不断比较神经网络的输出与被测量之差 e,同时不断调整网络的权值 w,使得 e 小于一个预先设定的值。训练结束后,实际测量时只需要把测量信号 V_1 和参考信号 V_2 加到神经网络的输入端,则神经网络的输出便是最后的测量结果。采用 BP 网对所采集到的数据进行处理,可以大大减小光源功率波动以及被测反射面反射特性变化对测量精度的影响。表 2-1 总结并对比了上述几种补偿方法的特点。

表 2-1 强度型调制补偿方法对比

	补偿方法		优 点	缺 点
分光参考补偿法	光源负反馈稳定法		结构比较简单,对抑制光源功率波动比较有效	无法补偿光源以外的因素的影响
	分振幅型	分光镜分光补偿	结构简单,有一定的光强补偿精度	受光源的偏振特性变化的影响较大
	分波振面型	中孔光电池(或半圆光电池)分光补偿	结构简单,有一定的光强补偿精度	受装置的机械稳定性的影响及光束方向漂移的影响较大
		Ⅱ型光纤束分光补偿	结构简单,有较高的光强补偿精度	制作工艺稍复杂
	取样电流法	半导体激光取样电流补偿	结构简单	补偿精度不太高
双路接收光纤探头补偿法	三光纤补偿组合型光纤探头补偿		能够同时补偿光强、反射率变化及机械扰动的影响、改善线性	光纤制作工艺稍复杂
光桥(网络)补偿法	Calshaw 网络 贝海姆网络 四端网络补偿		可同时消除光强波动、耦合系数变化、传输特性变化及光电器件漂移的影响	结构复杂,约束多,稳定性难以保证
双波长补偿法			精度较高,能同时补偿光强变化及机械扰动的影响	结构复杂,不适于远程测量
神经网络法			可进行光强补偿,改善线性,并且无须额外的硬件,应用灵活	实时性不强,精度不很高

2.3 强度调制型光纤传感器的类型及应用实例

2.3.1 光纤微弯传感器

光纤微弯传感器是利用光纤中的微弯损耗来探测外界物理量的变化。它利用多模光纤在受到微弯时,一部分芯模能量会转化为包层模能量这一原理,通过测量包层模能量或芯模能量的变化来测量位移或振动等。

通常,微弯传感器的实验装置包括:氦-氖激光束经扩束、聚焦输入多模光纤。其中的非导引模由杂模滤除器去掉,然后在变形器作用下产生位移。光纤发生微弯的程度不同时,转化为包层模式的能量也随之改变。位移的直流分量由数字毫伏表读出,其交流分量则经锁相放大器由 X-Y 记录仪记录;变形器由测微头调整至某一恒定变形量;待测的交变位移由压电陶瓷变换给出。实验表明,该装置灵敏度达 0.6 μV/A(它强烈依赖于多模光纤中的导引模式分布,高阶模越多,越易转化为包层模,灵敏度也就愈高),相当于最小可测位移为 0.01 nm,动态范围可望超过 110 dB。这种传感器很容易推广到对压力、水声等量的测量。

根据前述的理论分析:当变形器的波数等于光纤中传播与辐射模的传播常数差时,光纤中光损耗最大。即

$$\beta - \beta' = \pm \frac{2\pi}{\Lambda} \tag{2-15}$$

式中:Λ 为变形器的机械波长;β 和 β' 分别为导模和辐射模的传播常数,理论计算给出

$$\delta\beta = \beta_{m+1} - \beta_m = \left[\frac{\alpha}{\alpha+2}\right]^{\frac{1}{2}} \frac{2\sqrt{\Delta}}{a} \left[\frac{m}{M}\right]^{\frac{\alpha-2}{\alpha+2}} \tag{2-16}$$

式中:m 为模序号;M 为总模数;α 为常数,与纤芯的折射率分布相关;Δ 为纤芯和包层的折射率差;a 为纤芯的半径。

对于 $\alpha=2$ 的梯度折射率光纤,由上式可得

$$\delta\beta = \frac{\sqrt{2\Delta}}{a} \tag{2-17}$$

说明梯度折射率光纤之 β 与 m 无关,是一常数。因此变形器的最佳波长为

$$\Lambda_0 = \frac{2\pi a}{\sqrt{2\Delta}} \tag{2-18}$$

对于阶跃折射率光纤有

$$\delta\beta = \frac{2\sqrt{\Delta}}{a} \frac{m}{M} \tag{2-19}$$

式(2-19)表明:高阶模比低阶模之间传播常数相差大,因此其相应的波长 Λ_0 要小。

变形器的齿可以做成正弦形,也可以做成三角形。理论分析表明:当变形器齿的波长 Λ 为任意值时,光纤的形变衰减系数 $F(\Lambda)$ 的表达式为

$$F(\Lambda) = a_1^2(\Lambda_0) \frac{L}{4} \left[\sum_{l=1}^{\infty} \left(\frac{\Lambda}{l\Lambda_0}\right)^4 \frac{\sin\left[\left(\frac{1}{\Lambda_0} - \frac{l}{\Lambda}\right)\pi L\right]}{\left(\frac{1}{\Lambda_0} - \frac{l}{\Lambda}\right)\pi L} \right]^2 \quad \left(l=1,3,\cdots,l \leqslant \frac{\Lambda}{\Lambda_0}\right) \tag{2-20}$$

式中:$a_1(\Lambda_0) = \frac{4p\Lambda_0^4}{EIL(2\pi)^4}$;$E$ 为光纤材料的杨氏模量;p 为加在变形器上的外力;N 为变形器

的齿数;I 为转动惯量;L 为变形器的总长度,$L=N\Lambda_0$。

式(2-20)表明:除 $\Lambda=\Lambda_0$ 外,当 $\Lambda=3\Lambda_0,5\Lambda_0,\cdots$ 时,微弯传感器也有较大的灵敏度。实验结果证明了这一点。

例 2-2 用一纤芯 $a=25~\mu m$,$\Delta=0.0096$ 的光通信用石英光纤,由式(2-20)可求出 $\Lambda_0=1.13~mm$。实验结果是 $\Lambda=1.2~mm$ 和 $\Lambda=3.8~mm$ 时均有最大衰减,与式(2-20)的计算结果符合。

1. 光纤水声传感器（微弯型）

基于光纤微弯效应的水听器都是用多模光纤制成的。它的技术简单,易于推广应用。一种改进型的微弯型水听器结构如图 2-24 所示。多模光纤被绕制于开有纵向槽并且带螺纹的铝管螺纹谷内。纵向槽绕装光纤部分接收橡皮外套（增敏）传递来的外部声压而产生变形,光纤的其他部分则被铝管的螺纹槽固定没有变形,光纤的橡皮套将不承受压力。这样在水声压力的作用下,铝管开槽处光纤产生微弯形变,增加包层散射模的功率,纤芯中的传导模功率则减小。

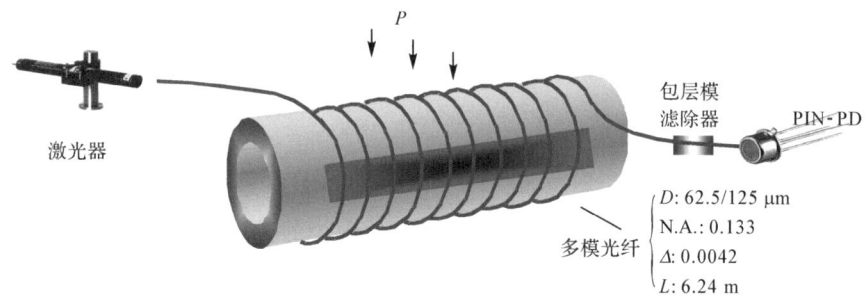

图 2-24 微弯型水听器原理图

这种水听器由于使用了较长的光纤,其灵敏度和最小可测量的压力比一般的光纤微弯型传感器都有明显的提高,且结构简单、带宽大。实验装置的灵敏度达 $-215~dB$（相对于 $1~V/\mu Pa$）,而且还有进一步提高的空间。

2. 光纤表面粗糙度传感器

光纤表面粗糙度传感器主要利用光纤对光的传输特性。当一束光以角度 θ_i 入射到被测表面时,如果表面是理想光滑的,入射光将沿镜反射方向全部反射；如果表面是粗糙的,入射光的一部分或全部会产生散射并偏离镜反射角 θ_s,因此空间某角度内的光能变化,可以反映表面粗糙度的特性。对于镜反射方向而言,表面越粗糙,反射能量越小。据此,若将被测表面反射（包括散射）的光信号加以接收,则可由测出的反射光强的大小来评定表面粗糙度。

(1) "光纤对"传感头

图 2-25 描绘了传感头为光纤对的表面粗糙度传感器的基本原理。光纤对中的一根光纤为传光光纤 1,另一根为受光光纤 2。当传光光纤和受光光纤都和被测表面 5 接触时,受光光纤无信号输出；当两根光纤和被测表面之间有一定距离时,在传光光纤 1 和被测表面 5 之间形成一导光锥,并照射被测表面,此被照表面又成为第二级光源去照射受光光纤 2。根据光纤孔径角的特性,在受光光纤 2 和表面 5 之间可以形成一反射光锥 4,凡是在此范围内的光都可以被 2 所接收。因此,只要在光纤 2 的另一端连接光探测器就可以评定表面 5 的粗

糙度。

尽管采用光纤对来探测表面粗糙度在原理上是可行的,但是由于传输能量、效率和分辨率等原因,该方案并不实用。而绝大多数的实际测量系统中都采用由大量光纤制成的光纤束来提高其性能。

(2)"光纤束"传感头

一种 Y 形多模石英光纤制作的表面粗糙度传感器结构如图 2-26 所示。

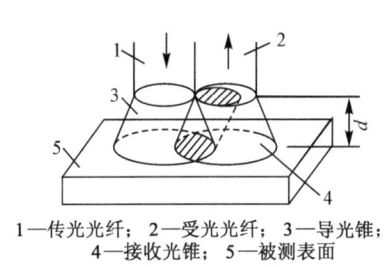

1—传光光纤；2—受光光纤；3—导光锥；
4—接收光锥；5—被测表面

图 2-25 光纤表面粗糙度传感器

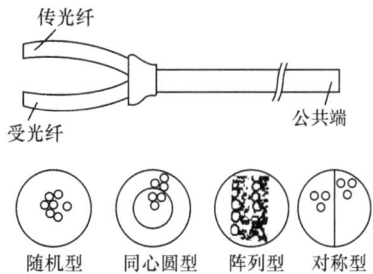

图 2-26 Y 形表面粗糙度传感器

通常,光纤束在测量端面的分布形式有:随机型、同心圆型、阵列型、对称型等(见图 2-26)数种。分布形式不同,传感器的传光特性也不同。进一步的研究表明,表面粗糙度传感器的特性与测试距离相关。下面我们举例讨论。

例 2-3 在上述 Y 形结构传感器中,设所用光纤直径为 25 μm,传感头直径(内径)为 3 mm,光纤总长为 405 mm。测量时,将传感头固定在被测表面的法线方向上。这样,入射、反射及散射光形成的区域比较集中,可用同一个探头传光和受光。图 2-27 为实验装置原理框图。发光元件用 6 V/5 W 白炽灯。光电转换元件用 10 mm×10 mm 硅光电池。电流放大部分和输出显示部分用直流数字电压表实现。微动工作台为精密三维调节工作台。具体的传感器性能与各项参数的关系:包括电信号输出与测试距离的关系、电信号输出与测量距离及粗糙度参数的关系、光纤传感头的输出与粗糙度传感器参数的关系等。

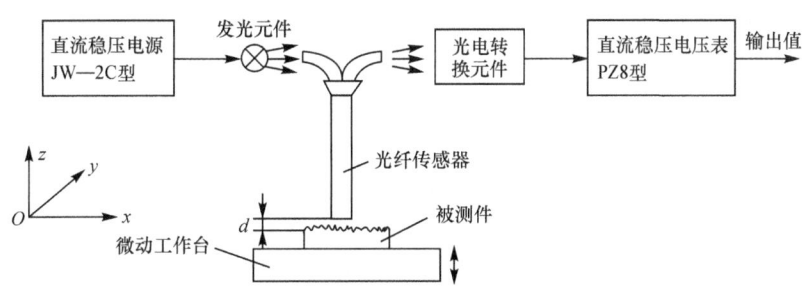

图 2-27 Y 形结构传感器表面粗糙度传感实验装置图

内孔表面粗糙度的测量长期以来一直是个难题,特别是小孔的内表面。在图 2-27 方案的基础上,将其中一个光纤探头改为弯曲型,并使其端面与被测内孔竖线保持平行。

上述方法制作的传感头有两个重要的缺陷。其一,这种测量方法是一种非标准的方法。它的标定假设入射光强、材料折射率均保持不变。而实际测量中,输入光强和被测表面的反射率的变化往往很大,因此实用范围很窄。其二,对表面精度要求高的工件,其测量灵敏度很低。

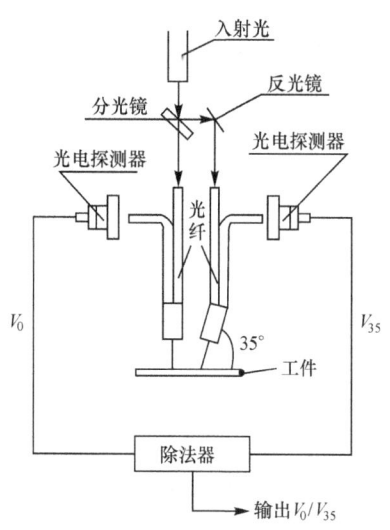

图 2-28 双探头测量法原理图

目前国外都采用双探头法(如图 2-28 所示)克服上述弊端。由于最终的输出信号是两个系统输出的比值,是规格化的无量纲参数,不受激光器功率波动和表面反射率变化的影响,同时,由于两个探头的安置角度不同,对同样的表面粗糙度变化量,比值的变化增大,因此灵敏度比单头系统也大大提高。

3. 光纤报警器

基于微弯原理已研制成功的光纤报警器的基本结构是:光纤呈弯曲状,织于地毯中,当人站立在地毯上时,光纤弯曲状态加剧。这时通过光纤的光强随之变化,因而产生报警信号。研制这类传感器的关键在于确定变形器的最佳结构(齿形和齿波长)。由于目前实际的光纤的一致性较差,因此这种最佳结构一般通过实验确定。

光纤微弯传感器由于技术上比较简单,光纤和元器件易于获得,因此常常能比较快地投入使用。

2.3.2 光纤温度传感器

1. 折射率调制型

折射率调制是强度调制型光纤温度传感器中最典型的一种。很多物理参量都可以引起材料的折射率变化,如温度、压力等。其中有的是直接作用于光纤,引起折射率变化,如压力通过弹光效应改变材料的折射率;而有的则是通过另外一种中间物理量的间接作用引起折射率的变化,如多孔材料折射率的特性非常强烈地依赖于周围介质的化学成分。

光纤的纤芯、包层材料的折射率温度系数不同,在某一特定温度时,纤芯和包层的折射率非常接近甚至相等,光纤的传输能力就大大下降。利用这种原理可以制成报警系统。由于光纤的传输特性是渐变的,所以光导完全截止所处的温度可以是非常准确的。准确地选择纤芯和包层材料,可以设计成高温或低温报警系统。利用这种原理制成的测温系统有液化天然气存贮罐及环境防火报警系统等。

利用液体光纤方法也可以进行温度检测。这种检测装置是一种利用透明液体的折射率与温度相关的性质而设计的光纤传感器,它的温度敏感光纤段的纤芯或包层由透明液体制成(如图 2-29 所示)。这种液体的折射率对温度很敏感。在某一温度 T 时,液体与纤芯或包层的折射率一致,数值孔径为零。另一温度 T' 时,液体的折射率高于/低于包层/纤芯,光纤恢复连接光纤的数值孔径 N.A.。在温度 $T \sim T'$ 之间段,这段光纤的数值孔径就连续地从零变化到 N.A.。而以温敏液体为包层的光纤,通常是将一段无包层的光纤浸在透明液体中,通常温度下该液体起到包层的作用。

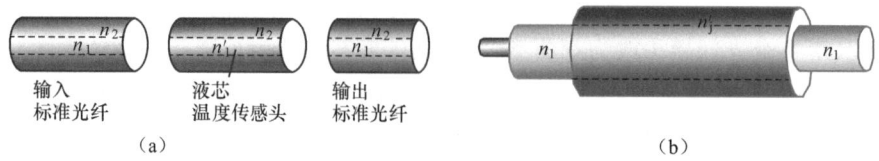

图 2-29 液芯(a)和液体包层(b)光纤传感器结构示意图

2. 辐射型光纤温度传感器

辐射型温度计是非接触式测量仪表，包括全辐射、单波段、双波段、多波段、扫描温度计等。这些温度计都有一个体积较大的测温镜头，对于空间狭小或工件被加热圈包围等场合的测温，它们便显得无能为力。如果通过直径小、可弯曲，并能够隔离强电磁场干扰的光纤，靠近被测工件，将其辐射导出，从而取代体积庞大的镜头，便能解决上述特殊场合的温度测量问题。

辐射型光纤温度传感器是基于黑体辐射的原理。由于所有的物质受热时，均发射出一定量的热辐射，这种热辐射的量取决于该物质的温度及其材料的辐射系数。而对于理想的透明材料，其辐射系数为零，这时不产生任何热辐射。但实际上，所有的透明材料都不可能是理想的，因而它的辐射系数也不可能为零。例如，低损耗的石英玻璃，在 $1\sim1\,000\,^\circ\!\mathrm{C}$ 的温度范围内有很强的热辐射，也具有一定的辐射系数。

非接触式光纤温度传感器一般都是采用光纤束，结构形式有 Y 形、E 形、阵列形等。与测温有关的光纤特性参数有数值孔径、透射率、光谱透射率等。

1) 测温探头类型

(1) 光导棒探头（石英光纤预制棒）

图 2-30 是探头示意图。采用石英光纤预制棒是因为它能耐高温又能传输辐射能，实际上起着温度隔离作用，如果直接使光纤束与对象靠近，则由于光纤束的黏结剂不耐高温而受到损坏。这里采用吹风，目的是保持光导棒接收面不被灰尘和其他污物等玷污。吹风空气本身必须清洁。光导棒测温探头必须靠近对象，如果远离对象，势必要求被测对象的面积很大，因为光导棒的视场角很大（即 $\theta_{\max}$ 很大）。

根据距离系数 K 的定义

$$K=\frac{L_0}{d}=\frac{L_0}{2r}=\frac{1}{2}\cos\theta_{\max}=\frac{1}{2}\cos(\arcsin(\mathrm{N.A.}))$$

如果 N.A.=0.25，则 K=1.94；如果 L_0=500 mm，则 D=258 mm。测小目标时，必须靠近对象或采用透镜测温探头。

(2) 透镜测温探头

图 2-31 为带有小透镜的测温探头。图中，L 为透镜物距；L' 为透镜像距；D 为对象直径；d 为光纤束接收端面直径。由距离系数 K 的定义，如果设计透镜成像于光纤接收端面，像距 L'=50 mm，光纤端面直径为 2.5 mm，则距离系数 K=2；如果 L=500 mm，则 D=25 mm。

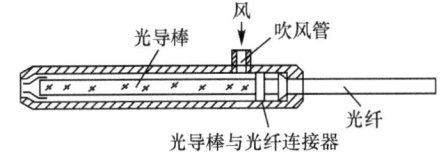

图 2-30 光导棒探头示意图

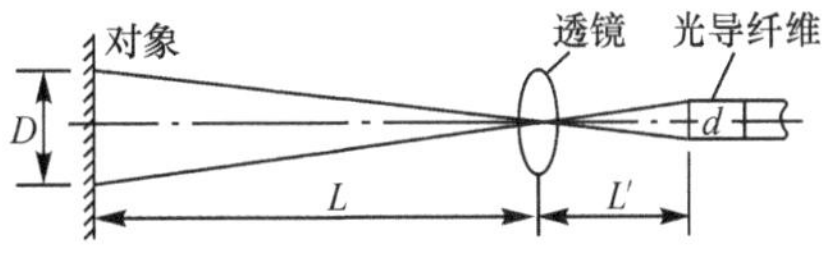

图 2-31 透镜测温探头示意图

2) 光纤辐射温度计的组成

光纤辐射温度计只是采用光纤取代辐射型温度计的聚光系统，而测温原理与辐射型温度计一样，其组成框图如图 2-32 所示。

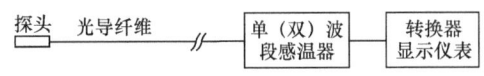

图 2-32 光纤辐射温度计组成框图

单波段光纤温度计结构简单，灵敏度高，仪

表组成有直接接收放大型,也有光负反馈型,能够测量较低温度(如低至 100 ℃)。但是,当探头端面被玷污,光纤束断线时,便不能准确地测量温度,必须重新校验或重新分度。

双波段光纤温度计结构较为复杂,有单通道比色型,也有双通道比色型。这里采用两光谱段能量比值方法,目的并非追求测量真实温度,而是在于当探头端面具有一定程度玷污,小渣粒遮挡一部分接收面积,或者光纤束断了几根线时,仪器显示值不受影响。

3) 光纤高温传感器

任何被加热的物体都将发射一定的热辐射能量,波辐射量取决于温度、材料的辐射系数和探测的光谱范围。光纤高温传感器,就是在一定的波长间隔内,探测黑体腔发射的热辐射量来测量黑体腔所处温度场的温度。

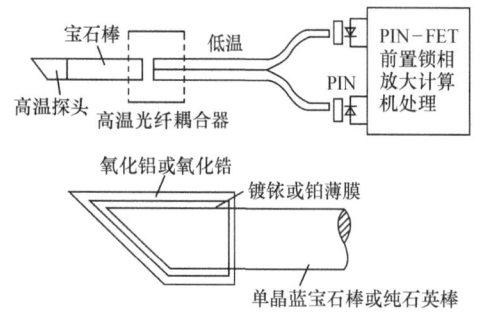

图 2-33 光纤高温传感器基本工作原理图

图 2-33 是光纤高温传感器基本工作原理框图。它由传感器的高温探头、高温光纤耦合器、信号检测和处理系统等几部分组成。高温探头是由单晶蓝宝石棒或纯石英棒用镀膜技术制作成为黑体辐射腔。当它放在被测温度场中时,黑体腔通过开口处向外辐射能量,在单位波长间隔内,单位面积辐射到单位立体角内的辐射能量为

$$E(\lambda,T)=\varepsilon_\lambda \cdot C_1 \cdot \lambda^{-5}(e^{C_2/\lambda T}-1)^{-1} \tag{2-21}$$

式中:ε_λ 为物体的光谱发射率;C_1、C_2 分别为第一、第二辐射常数。

$$C_1=2\pi hC^2=3.74\times10^{-12} \text{ W} \cdot \text{cm}^2, C_2=\frac{hc}{k}=1.438\times10^{-4} \text{ μm} \cdot \text{K}$$

T 为黑体腔绝对温度,即被测物体的温度。黑体腔开口处辐射的总辐射能量为

$$E(T)=\int_S\int_{\lambda_1}^{\lambda_2}\varepsilon_\lambda \cdot C_1 \cdot \lambda^{-5}(e^{C_2/\lambda T}-1)^{-1}d\lambda dS \tag{2-22}$$

S 为宝石棒截面积。辐射能量经高低温光纤耦合器后,由低温低损耗光纤传输到光电二极管,在光电二极管前经过透射率大于 50% 的窄带滤光片,再由 PIN—FET 组成的前置放大器和锁相放大电路进行信号检测。为了提高探测灵敏度和检测信噪比,除了采用 PIN—FET 低噪声前置放大电路外,还应该提高黑体辐射腔发射能量耦合进入低温光纤中的耦合效率。需要选择合适的宝石棒直径和低温光纤纤芯直径,并设计最佳的高温光纤耦合器。

如果用一根光纤来收集由高温光纤即蓝宝石棒的辐射能量,蓝宝石棒直径 D 与纤芯直径 d,N.A. 及耦合距离 t 之间应满足如下几何关系 $D\geqslant d+2t\dfrac{\text{N.A.}}{\sqrt{1-(\text{N.A.})^2}}$。如图 2-33 中,如果用两根紧靠在一起的同样光纤来收集蓝宝石棒射出的辐射能量,此时蓝宝石棒直径与低温光纤参数应满足:$D\geqslant d+b+2t\dfrac{\text{N.A.}}{\sqrt{1-(\text{N.A.})^2}}$。式中,$b$ 是低温光纤直径。

光纤高温传感器的关键之一,是研制性能稳定的传感器探头。探头的质量取决于镀膜技术、光学冷加工及探头材料的性能。为此有关研究人员对高温探头、国产的单晶蓝宝石棒和纯石英棒,专门进行了耐高温实验和传光性能研究及内应力变化实验。发现在 1 000 ℃ 以下温区,采用纯石英棒作高温探头材料是可行的,它的热稳定性和传光性能良好。1 000 ℃ 以上温区,则需采用单晶蓝宝石棒作高温探头,而且宝石棒的光轴与棒轴之间夹角小于 5° 为佳。用

宝石棒和石英棒制作的高温探头均能较好地测量温度。

根据计算机模拟计算和实验研究初步证明,采用 PIN—FET 前置放大和锁相放大电路作信号探测的方案效果较好。实际研制的光纤高温传感器性能样机可在 500～1 000 ℃ 范围内进行测温,分辨率很高,具有较好的重复性和稳定性。

实践表明,采用单晶蓝宝石棒和纯石英棒,用镀膜技术制作成黑体辐射腔的高温探头是可行的。且有测量精度高,结构简单、使用方便等特点,是一种较理想而实用的高温传感器,它有着广泛的、潜在的应用前景。它可以用于航空工业中的尾焰温度或内燃机车汽缸温度测量;还可以进行多点温度测量,建立多点温度测量系统。

非接触式光纤辐射温度传感器在国外已经商品化,国内也已起步,在高、中、低频感应加热、淬火工件测温及连续铸锭、焊缝测温中,它将发挥积极的作用。光纤扫描温度计还没有实用化,测量高温(如 1 500 ℃)容易实现,而测量 200～400 ℃ 低温的温场分布,有待于红外光纤商品化后才能实现。

2.4 强度调制型光纤传感器的研究与发展方向

强度型光纤传感补偿技术是提高这类传感器精度和稳定性的关键,其研究仍然比较活跃,并呈现出许多新特点,如:①补偿结构与光纤强度传感结构的一体化使得其结构变得紧凑,受外界干扰更少。②高精度、高稳定性、能同时实现对多种外界干扰的补偿方法是目前乃至今后的研究重点。③采用神经网络的补偿法是一种不增加硬件成本、不引入新的干扰因素的软件补偿方法,并有望通过设计优化的网络来实现其他补偿方法无法实现的功能。

习题与思考

2.1 试分析光纤强度调制型传感器的主要类型。

2.2 试阐释光纤强度调制型传感器的主要问题及可能的解决途径。

2.3 试列举影响光纤中传输光强的一些主要因素,并分析它用于光纤传感的可能性。

2.4 欲利用光纤的受抑全反射原理构成液体光纤折射率测试仪,已知纤芯的折射率为1.470,试设计光纤传感头的几何形状,估算折射率的测量范围,分析可能的误差因素。

2.5 光纤气体传感器是很有实用价值的一种光纤传感器。例如,用光纤传感器测甲烷气体。试分析用气体吸收的原理构成的光纤气体传感器实用化的主要困难是什么?

2.6 微弯传感器是光纤强度调制型传感器中应用最早、范围最广的一种,它的主要优缺点有哪些?

2.7 试列举用光纤测微位移的几种方法,并比较其优缺点。

2.8 反射式与透射式强度调制型光纤传感器的主要区别及应用领域有哪些?

2.9 请举例分析光纤高温计的主要结构类型及关键参数。

第 3 章　相位调制型光纤传感器

3.1　相位调制型光纤传感器原理

利用外界因素引起的光纤中光波相位变化来探测各种物理量的传感器,称为相位调制传感型光纤传感器。这类光纤传感器的主要特点如下。

(1) 灵敏度高。

光学干涉法是已知最灵敏的探测技术之一。在光纤干涉仪中,由于使用了数米甚至数百米以上的光纤,使它比普通的光学干涉仪更加灵敏。

(2) 灵活多样。

由于这种传感器的敏感部分由光纤本身构成,因此其探头的几何形状可按使用要求而设计成不同形式。

(3) 对象广泛。

不论何种物理量,只要对干涉仪中的光程产生影响,就可用于传感。目前利用各种类型的光纤干涉仪已研究成测量压力(包括水声)、温度、加速度、电流、磁场、液体成分等多种物理量的光纤传感器。而且,同一种干涉仪,常常可以同时对多种物理量进行传感。

(4) 特种需要的光纤。

在光纤干涉仪中,为获得干涉效应,应满足两个条件:一是保证同一模式的光叠加——为此要用单模光纤。虽然,采用多模光纤也可得到干涉图样,但性能下降很多,信号检测也较困难。二是为获得最佳干涉效应,两相干光的振动方向必须一致——为此最好采用"高双折射"单模光纤。研究表明,光纤的材料,尤其是护套和外包层的材料对光纤干涉仪的灵敏度影响极大。为了使光纤干涉仪对被测物理量进行"增敏",对非被测物理量进行"去敏",需对单模光纤进行特殊处理,以满足测量不同物理量的要求。研究光纤干涉仪时,对所用光纤的性能应予以特别注意。

干涉型光纤传感器利用光纤作为相位调制元件,构成干涉仪。主要通过被测场(参量)与光纤的相互作用,引起光纤中传输光的相位变化(主要是光纤的应变所引起的光程变化)。下面重点讨论引起敏感光纤中光相位调制的两种基础物理效应——应变和温度,而很多其他物理参量通常可以通过转换为应变或者温度而进行间接测量。

3.1.1　应力应变效应

外界因素(温度、压力等)可直接引起干涉仪中的传感臂光纤的长度 L(对应于光纤的弹性变形)和折射率 n(对应于光纤的弹光效应)发生变化,从而造成在光纤中所传输光的相位发生变化。根据公式

$$\varphi = \beta L \tag{3-1}$$

可得

$$\Delta\varphi = \beta\Delta L + L\Delta\beta = \beta L \frac{\Delta L}{L} + L \frac{\delta\beta}{\delta n}\Delta n + L \frac{\delta\beta}{\delta D}\Delta D \tag{3-2}$$

式中:β 为光纤的传播常数;L 为光纤的长度;n 为光纤材料的折射率。

光纤直径的变化 ΔD 对应于波导效应。一般 ΔD 引起的相移变化比前两项要小两三个数量级,可以略去。式(3-2)是光纤干涉仪因外界因素引起的相位变化的一般表达式。给出了 $\Delta L/L$ 和 Δn 随压力变化的关系。

当光纤干涉仪为横向受压时,由式(3-2)可求出相移的相对变化。由弹性力学的原理可知,对于各向同性材料,材料折射率的变化与其应变 ε_i 的关系为

$$\begin{bmatrix} \Delta B_1 \\ \Delta B_2 \\ \Delta B_3 \\ \Delta B_4 \\ \Delta B_5 \\ \Delta B_6 \end{bmatrix} = \begin{bmatrix} B_1 - B_0 \\ B_2 - B_0 \\ B_3 - B_0 \\ B_4 \\ B_5 \\ B_6 \end{bmatrix} = \begin{bmatrix} P_{11} & P_{12} & P_{12} & 0 & 0 & 0 \\ P_{12} & P_{11} & P_{12} & 0 & 0 & 0 \\ P_{12} & P_{12} & P_{11} & 0 & 0 & 0 \\ 0 & 0 & 0 & P_{44} & 0 & 0 \\ 0 & 0 & 0 & 0 & P_{44} & 0 \\ 0 & 0 & 0 & 0 & 0 & P_{44} \end{bmatrix} \cdot \begin{bmatrix} \varepsilon_1 \\ \varepsilon_2 \\ \varepsilon_3 \\ 0 \\ 0 \\ 0 \end{bmatrix}$$

式中:$P_{44} = \frac{1}{2}(P_{11} - P_{12})$;$B_1 = \frac{1}{n_1^2}$;$\Delta B_1 = -\frac{2}{n_1^3}\Delta n_1$;$\varepsilon_1, \varepsilon_2$ 为光纤的横向应变;$\varepsilon_3 = \Delta L/L$ 为光纤的纵向应变;P_{11}, P_{12} 为光纤材料的弹光系数;n 为光纤材料的折射率。

一般情况下,可取近似值 $n_1 \approx n$,所以由上式得

$$\Delta n_1 = \frac{-1}{2}(n)^3 \Delta B_1 = \frac{-1}{2}(n)^3 (P_{11}\varepsilon_1 + P_{12}\varepsilon_2 + P_{12}\varepsilon_3)$$

同理有

$$\Delta n_2 = -\frac{1}{2}(n)^3 (P_{12}\varepsilon_1 + P_{11}\varepsilon_2 + P_{12}\varepsilon_3)$$

$$\Delta n_3 = -\frac{1}{2}(n)^3 (P_{12}\varepsilon_1 + P_{12}\varepsilon_2 + P_{11}\varepsilon_3)$$

且有 $B_4 = B_5 = B_6 = 0$

再考虑到:$\beta \approx nk_0$,$d\beta/dn \approx k_0$,并略去 ΔD 引起的相移变化,则式(3-2)可改写为

$$\Delta\varphi = \beta L \varepsilon_3 + L k_0 \Delta n_i \quad (i=1,2,3)$$

或以相对变化表示

$$\frac{\Delta\varphi}{PL} = \frac{\beta}{P}\varepsilon_3 + \frac{k_0}{P}\Delta n_i \quad (i=1,2,3) \tag{3-3}$$

式中:P 为作用于光纤上的压力。

确定光纤受压后的应变情况,即可由上式求出光纤干涉仪探测臂相对的相移变化。下面给出最简单情况(只由纤芯和包层构成的光纤)下的计算结果。

由弹性力学可知,应力 σ 和应变 ε 之间的关系为

$$\begin{bmatrix} \varepsilon_1 \\ \varepsilon_2 \\ \varepsilon_3 \\ \varepsilon_4 \\ \varepsilon_5 \\ \varepsilon_6 \end{bmatrix} = \begin{bmatrix} 1/E & -\mu/E & -\mu/E & 0 & 0 & 0 \\ -\mu/E & 1/E & -\mu/E & 0 & 0 & 0 \\ -\mu/E & -\mu/E & 1/E & 0 & 0 & 0 \\ 0 & 0 & 0 & 1/G & 0 & 0 \\ 0 & 0 & 0 & 0 & 1/G & 0 \\ 0 & 0 & 0 & 0 & 0 & 1/G \end{bmatrix} \cdot \begin{bmatrix} \sigma_1 \\ \sigma_2 \\ \sigma_3 \\ \sigma_4 \\ \sigma_5 \\ \sigma_6 \end{bmatrix}$$

当光纤仅为横向受压时,其应力为

$$\begin{bmatrix} \sigma_1 \\ \sigma_2 \\ \sigma_3 \\ \sigma_4 \\ \sigma_5 \\ \sigma_6 \end{bmatrix} = \begin{bmatrix} -P \\ -P \\ 0 \\ 0 \\ 0 \\ 0 \end{bmatrix}$$

相应的应变为

$$\begin{bmatrix} \varepsilon_1 \\ \varepsilon_2 \\ \varepsilon_3 \\ \varepsilon_4 \\ \varepsilon_5 \\ \varepsilon_6 \end{bmatrix} = \begin{bmatrix} -P(1-\mu)/E \\ -P(1-\mu)/E \\ 2\mu P/E \\ 0 \\ 0 \\ 0 \end{bmatrix}$$

由此可求出相移的相对变化

$$\frac{\Delta\varphi}{PL} = nk_0 \frac{2\mu}{E} + \frac{k_0}{2E} n^3 [(1-\mu)P_{11} + (1-3\mu)P_{12}] \tag{3-4}$$

同理可求出纵向受压和均匀受压时相移的相对变化,计算结果列于表 3-1 中。表中同时给出了数字计算的例子。由计算结果可见,光纤长度的变化比折射率的变化对 $\Delta\varphi$ 的贡献大,而且两项计算结果符号相反(横向受压时除外)。为计算光纤干涉仪的压力灵敏度,应按照光纤实际的多层结构:纤芯、包层、衬底(石英,减小外层涂覆带来的损耗)、一次涂覆(一般为软性涂层,减小光纤的微弯损耗)、二次涂覆(较硬,保持光纤强度)来进行分析。

表 3-1 外界压力对相移变化的影响

	横向受压 P	纵向受压 P	均匀受压 P
应力 σ	$\begin{bmatrix} -P \\ -P \\ 0 \\ 0 \\ 0 \\ 0 \end{bmatrix}$	$\begin{bmatrix} 0 \\ 0 \\ -P \\ 0 \\ 0 \\ 0 \end{bmatrix}$	$\begin{bmatrix} -P \\ -P \\ -P \\ 0 \\ 0 \\ 0 \end{bmatrix}$
应变 ε	$\begin{bmatrix} -P(1-\mu)/E \\ -P(1-\mu)/E \\ 2\mu P/E \\ 0 \\ 0 \\ 0 \end{bmatrix}$	$\begin{bmatrix} \mu P/E \\ \mu P/E \\ -P/E \\ 0 \\ 0 \\ 0 \end{bmatrix}$	$\begin{bmatrix} -P(1-2\mu)/E \\ -P(1-2\mu)/E \\ -P(1-2\mu)/E \\ 0 \\ 0 \\ 0 \end{bmatrix}$
$\dfrac{\Delta\varphi}{PL}$	$\dfrac{2k_0 n\mu}{E} + \dfrac{k_0 n^3}{2E}$ $\times [(1-\mu)P_{11} + (1-3\mu)P_{12}]$	$\dfrac{-k_0 n}{E} + \dfrac{k_0 n^3}{2E}$ $\times [-\mu P_{11} + (1-\mu)P_{12}]$	$\dfrac{-k_0 n(1-2\mu)}{E} + \dfrac{k_0 n^2}{2E}$ $\times (1-2\mu)(P_{11} + P_{12})$
*	$0.70 + 0.51 = 1.21$	$-2.07 + 0.45 = -1.62$	$-1.37 + 0.96 = -0.41$

* 第一项为 $\Delta L/L$ 的值,第二项为 Δn 的值。计算时各单位取值为:$\lambda = 0.6328 \times 10^{-6}$ m,对于石英有:$n = 1.456$,$P_{11} = 0.121$,$P_{12} = 0.270$,$E = 7 \times 10^{10}$ Pa,$\mu = 0.1$。

研究表明,二次涂覆材料对单模光纤压力灵敏度的影响最大。计算结果表明,一次涂覆的软包层,对干涉仪压力灵敏度作用不大;二次涂覆的外包层材料对压力灵敏度的影响很大。

(1) 外包层厚度的影响。当外包层厚度增加时,光纤压力灵敏度趋于极限值。此值与包层材料的杨氏模量无关。当包层较厚时,静压力在光纤中引起各向同性的应力,其大小只与外包层的压缩率(与体块模量成反比)有关。所以在厚外包层(约 5 mm)的情况下,光纤的压力灵敏度主要由包层的体块模量决定,而与其他的弹性模量无关。

(2) 灵敏度随频率的变化。有硬护套的光纤的灵敏度随频率的变化较小,有尼龙护套的最小。而用紫外线处理过的软合成橡胶的护套,其光纤灵敏度随频率的变化最严重。灵敏度最大的是用聚四氟乙烯 PTFE 的涂层,灵敏度最小的是用软紫外线固化的涂层。

另一点值得注意的是,用马赫-曾德尔光纤干涉仪(Mach-Zehner interferometer,MZI)探测空气中的声波,比探测水中的声波灵敏度要大得多。其原因是当光纤表面受到声波压力 ΔP 时,除因压力变化直接引起的光程差外,还有因光纤温度升高(绝热过程)而产生的光程差,即

$$\frac{\Delta \varphi}{\varphi} = \frac{1}{\varphi}\frac{\delta \varphi}{\delta T}\bigg|_P \Delta T + \frac{1}{\varphi}\frac{\delta \varphi}{\delta P}\bigg|_T \Delta P \tag{3-5}$$

式中:$\Delta T = \frac{\delta T}{\delta P}\bigg|_{表面} \Delta P$;$\frac{\delta T}{\delta P}\bigg|_{表面}$ 与光纤材料及形状有关,还与光纤周围媒质的特性有关。

例 3-1 水和空气对应的 $\frac{\delta T}{\delta P}\bigg|_{表面}$ 分别为 6×10^{-6} K/Pa 和 9×10^{-2} K/Pa

解 说明进行水声传感时温度变化项完全可以忽略,而把裸光纤放在空气中时,温度变化项反而是压力变化项的 2 000 倍,实测的灵敏度比水声高一个数量级。

3.1.2 温度应变效应

用 Mach-Zehnder 干涉仪等光纤干涉仪进行温度传感的原理与压力传感完全相似。只不过这时引起干涉仪相位变化的原因是温度。对于一根长度为 L、折射率为 n 的裸光纤,其相位随温度的变化关系为

$$\frac{\Delta \varphi}{\varphi \Delta T} = \frac{1}{n}\left(\frac{\delta n}{\delta T}\right) + \frac{1}{\Delta T}\left\{\varepsilon_z - \frac{n^2}{2}[(P_{11}+P_{12})\varepsilon_r + P_{11}\varepsilon_z]\right\} \tag{3-6}$$

式中:P_{11} 为纤芯的弹光系数;ε_z 为轴向应变;ε_r 为径向应变。

如上所述,光纤一般是多层结构,故 ε_z 和 ε_r 之值与外层材料的特性有关。

设因温度的变化 ΔT 而引起的应变的变化为

$$\left.\begin{array}{l}\varepsilon_r^{(i)} \to \varepsilon_r^{(i)} - a^{(i)}\Delta T \\ \varepsilon_\theta^{(i)} \to \varepsilon_\theta^{(i)} - a^{(i)}\Delta T \\ \varepsilon_z^{(i)} \to \varepsilon_z^{(i)} - a^{(i)}\Delta T\end{array}\right\} \tag{3-7}$$

式中:$a^{(i)}$ 为第 i 层材料的线热膨胀系数。

把式(3-7)代入应力应变的关系可得

$$\begin{bmatrix}\sigma_r^{(i)} \\ \sigma_\theta^{(i)} \\ \sigma_z^{(i)}\end{bmatrix} = \begin{bmatrix}\lambda^{(i)}+2\mu^{(i)} & \lambda^{(i)} & \lambda^{(i)} \\ \lambda^{(i)} & \lambda^{(i)}+2\mu^{(i)} & \lambda^{(i)} \\ \lambda^{(i)} & \lambda^{(i)} & \lambda^{(i)}+2\mu^{(i)}\end{bmatrix}\begin{bmatrix}\varepsilon_r^{(i)} \\ \varepsilon_\theta^{(i)} \\ \varepsilon_z^{(i)}\end{bmatrix} - (3\lambda^{(i)}+2\mu^{(i)})\begin{bmatrix}a^{(i)}\Delta T \\ a^{(i)}\Delta T \\ a^{(i)}\Delta T\end{bmatrix} \tag{3-8}$$

式(3-8)与应变关系式:$\varepsilon_r^{(i)} = U_0^{(i)} + \frac{U_1^{(i)}}{r^2}$,$\varepsilon_z^{(i)} = W_0^{(i)}$,$(U_0^{(i)}, U_1^{(i)}, W_0^{(i)}$ 是由边界条件确定的常数)联立可求解出 ε_z 和 ε_r 的值,再由式(3-6)即可求出 $\Delta \varphi/(\varphi \Delta T)$ 的值。

例 3-2 对于一种典型的四层结构的单模光纤,其边界条件为

$\sigma_r^{(3)}\big|_{r=d}=0$

$\sigma_z^{(3)}A_3+\sigma_z^{(2)}A_2+\sigma_z^{(1)}A_1+\sigma_z^{0}A_0=0$ （表明无外力作用在光纤上）

$\sigma_r^{(3)}\big|_{r=c}=\sigma_r^{(2)}\big|_{r=c},\sigma_r^{(2)}\big|_{r=b}=\sigma_r^{(1)}\big|_{r=b},\sigma_r^{(1)}\big|_{r=a}=\sigma_r^{(0)}\big|_{r=a}$ （表明通过边界时径向应力）

$U_r^{(3)}\big|_{r=c}=U_r^{(2)}\big|_{r=c},U_r^{(2)}\big|_{r=b}=U_r^{(1)}\big|_{r=b},U_r^{(1)}\big|_{r=a}=U_r^{(0)}\big|_{r=a}$ （应力和位移是连续的）

$\varepsilon_z^{(3)}=\varepsilon_z^{(2)}=\varepsilon_z^{(1)}=\varepsilon_z^{(0)}$ （表明不同层的轴向应力相等）

例 3-3 利用单模光纤的典型参数值即可求出相应的单模光纤的 $\Delta\varphi/(\varphi\Delta T)$ 值,计算温度应变的结果有: $\dfrac{\Delta\varphi}{\varphi\Delta T}=0.71\times10^{-5}/\text{℃}$ 或 $\dfrac{\Delta\varphi}{L\Delta T}=103\text{ rad}/(\text{℃}\cdot\text{m})$。此值与实际测量结果相符。

据传统的光学干涉仪的原理,目前已研制成 Mach-Zehnder 光纤干涉仪、Sagnac(萨奈克)光纤干涉仪、Fabry-Perot(法布里-珀罗)光纤干涉仪以及光纤环形腔干涉仪等,并且都已用于光纤传感,下面分别介绍其原理。

3.2 光纤干涉仪的类型

3.2.1 Mach-Zehnder 和 Michelson 光纤干涉仪

Mach-Zehnder(马赫-曾德尔)光纤干涉仪(简称 M-Z 光纤干涉仪)和 Michelson(迈克耳孙)光纤干涉仪都是双光束干涉仪。图 3-1 是 M-Z 光纤干涉仪的原理图。由激光器发出的相干光,分别送入两根长度基本相同的单模光纤(即 M-Z 光纤干涉仪的两臂),其一为探测臂,另一为参考臂。从两光纤输出的两激光束叠加后将产生干涉效应,如图 3-1(a)所示。实用 M-Z 光纤干涉仪的分光和合光由两个光纤定向耦合器构成,是全光纤化的干涉仪,提高了它的抗干扰能力,如图 3-1(b)所示。

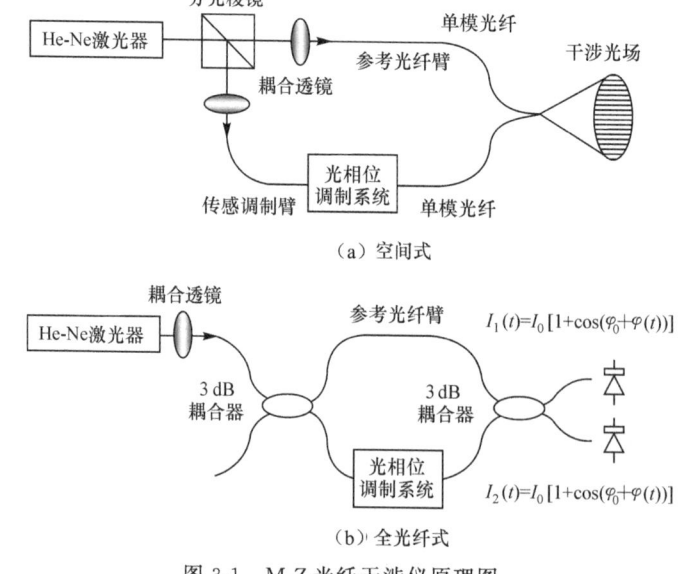

图 3-1 M-Z 光纤干涉仪原理图

图 3-2 是 Michelson 光纤干涉仪的原理图。实际上,用一个单模光纤定向耦合器,将其中

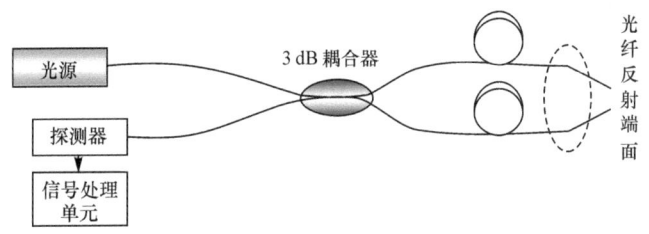

图 3-2 Michelson 光纤干涉仪原理图

两根光纤相应的端面镀以高反射率膜,就可构成一个 Michelson 光纤干涉仪。其中一根光纤作为参考臂,另一根作为传感臂。

由双光束干涉的原理可知,这两种干涉仪所产生的干涉场的干涉光强为

$$I \propto (1 + \cos \delta) \tag{3-9}$$

当 $\delta = 2m\pi$ 时,为干涉场的极大值。式中 m 为干涉级次,且有

$$m = \Delta L/\lambda \quad \text{或} \quad m = \nu \Delta t \tag{3-10}$$

因此,当外界因素引起相对光程差 ΔL 或相对光程时延 Δt,传播的光频率 ν 或光波长 λ 发生变化时,就会使 m 发生变化,即引起干涉条纹的移动,由此而感测相应的物理量。

而外界因素(温度、压力等)可直接引起干涉仪中的传感臂光纤的长度 L(对应于光纤的弹性变形)和折射率 n(对应于光纤的弹光效应)发生变化,如图 3-2 所示。

3.2.2 Sagnac 光纤干涉仪

1. 基本原理

在由同一光纤绕成的光纤圈中沿相反方向前进的两光波,在外界因素作用下产生不同的相移。通过干涉效应进行检测,就是 Sagnac(萨奈克)光纤干涉仪的基本原理。其最典型的应用就是转动传感,即光纤陀螺。由于这类光纤干涉仪没有活动部件,没有非线性效应和低转速时激光陀螺的闭锁区,因而非常有希望制成高性能低成本的器件。图 3-3 是 Sagnac 光纤干涉仪的原理图。用一长为 L 的光纤,绕成半径为 R 的光纤圈。一激光束由耦合器分成两束,分别从光纤两端输入,再从另一端输出。两输出光叠加后将产生干涉效应,此干涉光强由光电探测器检测。

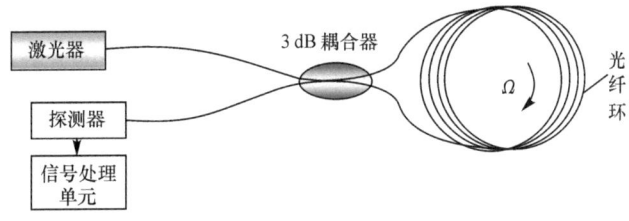

图 3-3 Sagnac 光纤干涉仪原理图

当环形光路相对于惯性空间有一转动 Ω 时(设 Ω 垂直于环路平面),对于顺、逆时针传播的光,将产生一非互易的光程差

$$\Delta L = \frac{4A}{c} \Omega \tag{3-11}$$

式中:A 为环形光路的面积;c 为真空中的光速。

当环形光路由 n 圈单模光纤组成时,对应顺、逆时针光速之间的相位差为

$$\Delta\varphi = \frac{8\pi nA}{\lambda c}\Omega \tag{3-12}$$

式中:λ 为真空中的波长。

2. 优点和难点

和一般的陀螺仪相比较,光纤陀螺仪的优点如下。

(1) 灵敏度高

由于光纤陀螺仪可采用多圈光纤的办法,以增加环路所围面积(面积由 A 变成 nA,n 是光纤圈数),这样就大大增加了相移的检测灵敏度,但不增加仪器的尺寸。

(2) 无转动部分

由于光纤陀螺仪被固定在被测的转动部件上,因而大大增加了其实用范围。

(3) 体积小

应用光纤陀螺仪测量的基本难点是:对其元件、部件和系统的要求极为苛刻。例如,为了检测出 $0.01°/h$ 的转速,使用长 L 为 $1\ km$ 的光纤,光波波长为 $1\ \mu m$,光纤绕成直径为 $10\ cm$ 的线圈时,由 Sagnac 效应产生的相移 $\Delta\varphi$ 为 $10^{-7}\ rad$,而经 $1\ km$ 长光纤后的相移为 $6\times 10^9\ rad$,因此相对相移的大小为 $\Delta\varphi/\varphi \approx 10^{-17}$。由此可见所需检测精度之高,由于 Sagnac 光纤干涉仪集中体现了一般光纤干涉仪中应考虑的所有主要问题,因此下面考虑的问题对其他光纤干涉仪也有重要的参考价值。

3. 四个关键问题

1) 互易性和偏振态

为了精确测量,需要使光路中沿相反方向行进的两束相干光,只存在因转动引起的非互易相移,而所有其他因素引起的相移都应互易,这样所对应的相移才可相消。一般是采取同光路、同模式、同偏振的"三同"措施。

(1) 同光路

在原理性光路(见图 3-3)中只用一个耦合器。于是一束光两次透射通过分束器,另一束光则由分束器反射两次。这两者之间有附加的光程差。若把一个分/合束器改为两个分/合束器,使得顺、逆行的两束光从源到探测器之间都同样经过两次透射,两次反射,这时无附加光程差。

(2) 同模式

如果干涉仪中用的是多模光纤,那么当输入某一模式的光后,在光纤另一端输出的一般将是另一种模式的光,这两种不同模式的光耦合干涉后产生的相移将是非互易的和很不稳定的。因此应采用单模光纤以及单模滤波器,以保证探测到的是同模式的光叠加。

(3) 同偏振态

在使用单模光纤时,由于它一般具有双折射特性,也会造成一种非互易的相移。两偏振态之间的能量耦合,还将降低干涉条纹的对比度。双折射效应是由于光纤所受机械应力及其形状的椭圆度而引起的,所以也是不稳定的。为保证两束光的偏振态相同,通常在光路中采用偏振态补偿技术和/或控制系统,以及使用能够保持偏振特性的高双折射光纤(保偏光纤)。采用只有一个偏振态的单偏振光纤,可以更好地解决这一问题。

2) 偏置和相位调制

干涉仪所探测到的光功率为

$$P_D = \frac{1}{2}P_0(1+\cos\Delta\varphi) \tag{3-13}$$

式中：P_0 为输入的光功率；$\Delta\varphi$ 为待测的非互易引起的相位差。

可见，对于慢转动（即小 $\Delta\varphi$），检测灵敏度很低。为此，必须对检测信号加一个相位差偏置 $\Delta\varphi_b$，其偏置量介于 P_D 的最大值和最小值之间，如图 3-4 所示。

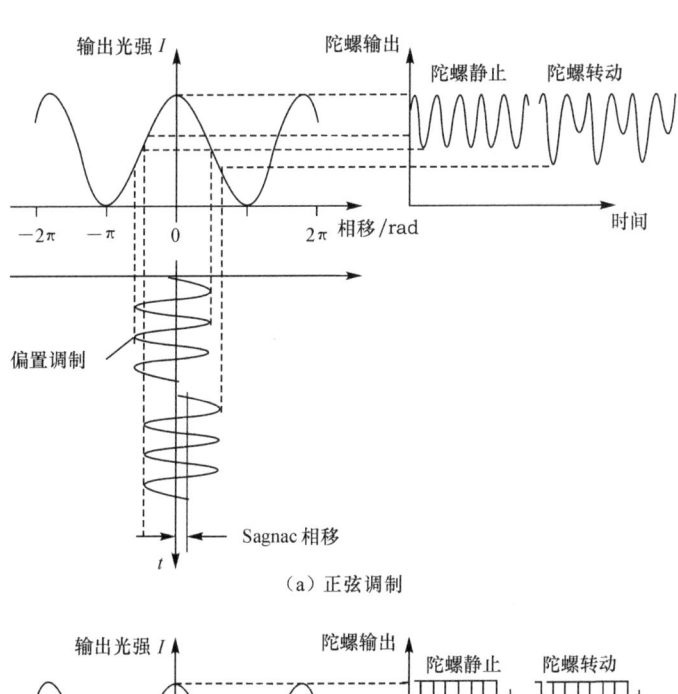

(a) 正弦调制

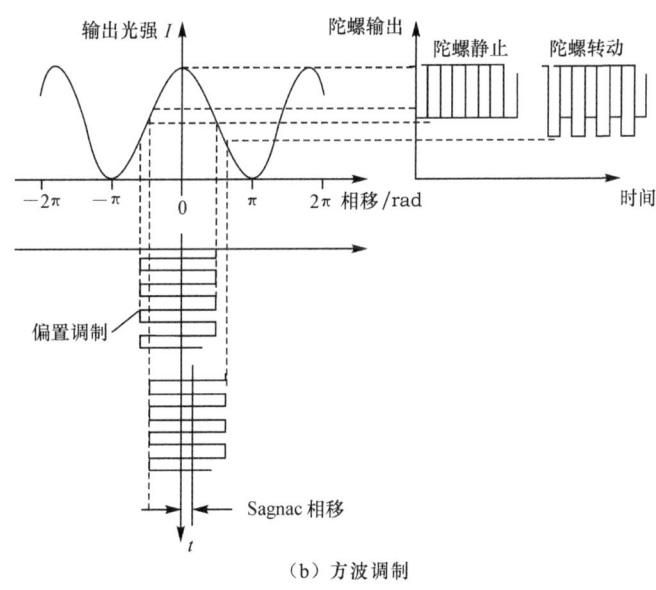

(b) 方波调制

图 3-4 光功率随相位差的变化

偏置状态可分为 45°偏置和动态偏置两种。45°偏置时有 $P_D \propto \sin\Delta\varphi$，其优点是无转动时输出为零。主要问题是偏置点本身不稳定，这将给测量结果带来很大误差。动态偏置时有如下关系 $P_D(t) \propto P_0 \sin(\Delta\varphi)\sin(\omega_m t)$，这时无转动时输出也为零，但偏置点稳定问题却得到很大改善。相移的偏置一般采用相位调制来实现。相位调制可以在光路中放入相位调制器,利用附加转动、磁光调制和调制两反向进行波之间的频率差等方法,也可以利用外差调制技术。采用磁光调制器的方案是:外加磁场通过它产生 $45°$ 相位偏置,使其工作在灵敏度最高处,再加上 ΔB 的正弦动态调制。声光调制的方案则是通过声光调制器来实现调制两束反向行进光的频率,产生一频差 Δf 去补偿转动所产生的相移。这样进行频率的检测就可测出转动量。

3) 光子噪声

在 Sagnac 光纤陀螺中,各种噪声甚多,大大影响了信噪比 S/N,因此这是一个必须重视的问题。其中,光子噪声属基本限制。噪声的大小与入射到探测器上的光功率有关,现按直流偏置计算其值的大小。在积分时间 T 内探测器上收到的平均光子数为

$$\overline{N} = \frac{P_0 T}{2h\nu} \quad (3\text{-}14)$$

其标准偏差(按泊松分布)$\sigma = \sqrt{\overline{N}}$。故相位噪声的均方根值为

$$\Delta\varphi_{\text{rms}} = \frac{\sigma}{\overline{N}} = \sqrt{\frac{h\nu}{\frac{1}{2}P_0}}\sqrt{B} \quad (3\text{-}15)$$

式中:$B = 1/T$ 为接收器带宽。若 $P_0 = 200\ \mu\text{W}$,$\nu = 3\times 10^{14}\ \text{Hz}(\lambda = 1.0\ \mu\text{m})$,则

$$\frac{\Delta\varphi_{\text{rms}}}{\sqrt{B}} \approx \frac{10^{-7}}{\sqrt{\text{Hz}}}$$

对应地($\lambda = 1\ \mu\text{m}, L = 1\ \text{km}, D = 10\ \text{cm}$),有

$$\frac{\Omega_{\text{rms}}}{\sqrt{B}} = \frac{\lambda c}{2\pi L D}\frac{\Delta\varphi_{\text{rms}}}{\sqrt{B}} = 10^{-2}\ \text{deg}\cdot\text{h}^{-1}\cdot\sqrt{\text{Hz}}$$

4) 寄生效应的影响及减除方法

(1) 直接动态效应

作用于光纤上的温度及机械应力,会引起光纤中传播常数和光纤的尺寸发生变化,这将在接收器上引起相位噪声。互易定理只适用于时不变系统,若扰动源对系统中点对称,则总效果相消。因此应尽量避免单一扰动源靠近一端,并应注意光纤圈的绕制技术。

(2) 反射及瑞利(Rayleigh)背向散射

由于光纤中产生的瑞利背向散射,以及各端面的反射会在光纤中产生次级波 a_1, a_2,它们与初级波 A_1, A_2 会产生相干叠加,这将在接收器上产生噪声。光纤中瑞利散射起因于光纤内部介质的不均匀性。散射波具有全方向性且频率不变,光强正比于 $1/\lambda^4$。对于 1 km 长的光纤,瑞利反向散射造成的最大相位误差为 10^{-2} rad,对于直径 $D = 10$ cm,$\lambda = 1\ \mu$m 的光纤陀螺,相应的角速度误差为 10^3 rad/h 量级。

(3) 法拉第(Faraday)效应

在磁场中的光纤圈由于法拉第效应会在光纤陀螺中引起噪声:引入非互易圆双折射(光振动的旋转方向与光传播方向有关),叠加在原有的互易双折射上。影响的大小取决于磁场的大小及方向。例如,在地磁场中,其效应大小为 $10°$/h。较有效地消除办法是把光纤系统放在磁屏蔽盒中。

(4) 克尔(Kerr)效应

克尔效应是由光场引起的材料折射率的变化。在单模光纤中这意味着导波的传播常数是光波功率的函数。在光纤陀螺的情况下,对于熔石英这种线性材料,当正、反两列光波的功率

相差 10 nW 时,就足以引起(对惯性导航)不可忽略的误差。因此,对于总功率为 100 μW 的一般情况,就要求功率稳定性优于 10^{-4}。

(5) 偏振误差

在光纤陀螺中偏振器不良、光纤内正交偏振模之间的能量耦合等都会带来偏振误差。设角速度的偏移量为 $\Delta\Omega_b \leqslant 0.005°/h$,即所引起的相位变化量 $\Delta\varphi_{b\,max} = 2.5 \times 10^{-8}$ rad,则首先必须采用高双折射光纤,且拍长 h 参数目前达到 10^{-6} m^{-1},这就相当于偏振器的消光比为 80 dB。目前较好的偏振器消光比为 60 dB 左右,要实现 80 dB 的消光比要求,技术上尚有困难。不过 $\Delta\varphi_{b\,max}$ 是最坏的结果,因此,实际上对偏振器的要求可放宽。

以上讨论了光纤陀螺中最基本的几种误差源和在一定范围内限制误差大小所应采取的措施。光纤陀螺的实际工作环境较恶劣,还会带来其他的角速度误差,因此必须采取其他相应的措施。比如,光纤陀螺的工作温度一般为 $-40 \sim 50$ ℃,而温度的改变对光纤圈、相位调制器、光纤耦合器都有较严重的影响。实际结果表明,温度改变 1 ℃,比例因子变化 5%,所以必须对光纤进行温度控制或温度补偿。此外,应力还会带来附加相位误差,这对光纤陀螺的装配工艺(特别是光圈绕制技术)提出了较高的要求。最终,光纤陀螺的精度极限受量子噪声的限制[8]。

3.2.3 光纤 Fabry-Perot 干涉仪

一般 Fabry-Perot(法布里-珀罗)干涉仪(Fabry-Perot interferometer,FPI)由两片具有高反射率的反射镜构成,光束在其间多次反射构成多光束干涉。由于镜面的衍射损耗等因素,Fabry-Perot 干涉仪的腔长一般为厘米量级,其应用范围受到一定限制。光纤 Fabry-Perot 干涉仪是由两端面具有高反射膜的一段光纤构成(如图 3-5 所示)。此高反射膜可以直接镀在光纤端面上,也可以把镀在基片上的高反射膜粘贴在光纤端面上。由于光纤的波导

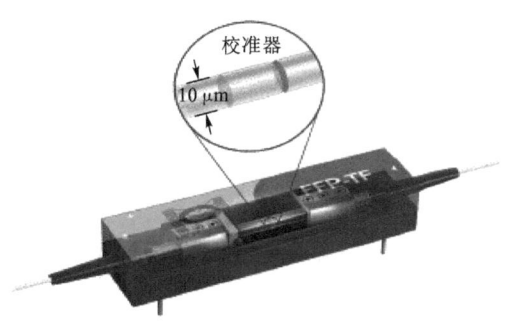

图 3-5 光纤 Fabry-Perot 干涉仪的典型结构

作用,光纤 Fabry-Perot 干涉仪(fiber Fabry-Perot interferometer,FFPI)的腔长可以是几厘米、几米甚至几十米,而且其精细度并不低[9]。因此 FFPI 在光纤传感和光纤通信领域愈来愈受到重视。

3.2.4 光纤环形腔干涉仪

利用光纤定向耦合器将单模光纤连接成闭合回路,即构成图 3-6 所示光环形腔干涉仪。激光束从环形腔 1 端输入时,部分光能耦合到 4 端,部分直通入 3 端进入光环内。当光纤环不满足谐振条件时,由于定向耦合器的耦合率近于 1,大部分光从 4 端输出,环形腔的传输光强接近输入光强。当光纤环满足谐振条件时,腔内光场因谐振而加强,并经由 2 端直通到 4 端,该光场与由 1 端耦合到 4 端的光场叠加,形成相消干涉,使光纤环形腔的输出光强减小,如此多次循环,使光纤环内的光场形成多光束干涉,4 端的输出光强在谐振条件附近为一细锐的谐振负峰,与 Fabry-Perot 干涉仪类似。

光纤环形腔的输出特性与定向耦合器的耦合率、插入损耗以及光纤的传输损耗有关。下

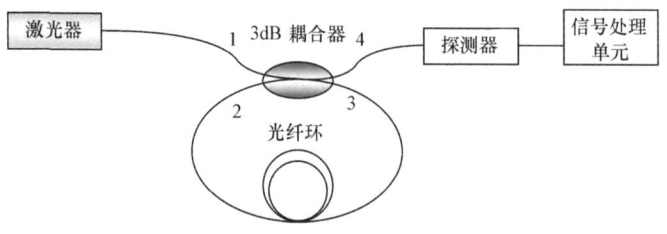

图 3-6 光纤环形腔干涉仪

面给出其腔内光强和输出光强的表达式(图 3-6)。腔内相对光强为

$$I_3 = \frac{|E_3|^2}{|E_1|^2}(1-\gamma)\frac{1-K}{(1-\sqrt{KT})^2+4\sqrt{KT}\sin^2\left(\beta L+\frac{\pi}{2}\right)} \tag{3-16}$$

环形腔输出相对光强为

$$I_4 = \frac{|E_4|^2}{|E_1|^2}(1-\gamma)\frac{(\sqrt{K}-\sqrt{T})^2+4\sqrt{KT}\sin^2\left[\frac{1}{2}\left(\beta L+\frac{\pi}{2}\right)\right]}{(1-\sqrt{KT})^2+4\sqrt{KT}\sin^2\left[\frac{1}{2}\left(\beta L+\frac{\pi}{2}\right)\right]} \tag{3-17}$$

式中

$$E_4 = \sqrt{1-\gamma}(\sqrt{K}E_1+\sqrt{1-K}E_2)$$
$$E_3 = \sqrt{1-\gamma}(\sqrt{1-K}E_1+\sqrt{K}E_2)$$
$$E_2 = \exp(-aL)\exp(i\beta L)E_3$$

E_i 是定向耦合器第 i 端光振幅;K 和 γ 分别为耦合器的光强耦合率和插入损耗;a 为光纤的振幅衰减因子;β 为光波在光纤中的传播常数;L 为光纤环的长度;T 为环形腔回路的光强传输因子,其值由下式确定:$T=(1-\gamma)e^{-2aL}$,T 表示在光纤环中传输一周后的光强与初始光强之比。

从式(3-16)和式(3-17)可以看出,光纤环形腔的腔内光强为 aL 的周期函数,当满足相位条件

$$\beta L = 2q\pi - \frac{1}{2} \quad (q=1,2,3,\cdots)$$

时,环形腔的输出相对光强最小,腔内相对光强最大

$$\left.\begin{aligned}I_{4\min} &= (1-\gamma)\frac{(\sqrt{K}-\sqrt{T})^2}{(1-\sqrt{KT})^2}\\ I_{3\max} &= (1-\gamma)\frac{1-K}{(1-\sqrt{KT})^2}\end{aligned}\right\} \tag{3-18}$$

反之,当 $\sin^2\left(\frac{1}{2}\beta L+\frac{1}{4}\pi\right)=1$ 时,有

$$\left.\begin{aligned}I_{4\max} &= (1-\gamma)\frac{(\sqrt{K}-\sqrt{T})^2+4\sqrt{KT}}{(1-\sqrt{KT})^2+4\sqrt{KT}}\\ I_{3\min} &= (1-\gamma)\frac{1-K}{(1-\sqrt{KT})^2+4\sqrt{KT}}\end{aligned}\right\} \tag{3-19}$$

图 3-7 给出了 $K=T=0.95$ 时光纤环形腔的腔内相对光强 I_3 和输出相对光强 I_4 随 βL 相位变化的特性曲线。由于多光速干涉的结果,其干涉峰很锐,但其输出峰是亮背影下的暗峰。

光纤环形腔的干涉细度定义为谐振腔自由谱区宽度与谐振峰半峰值处宽度之比。由环形

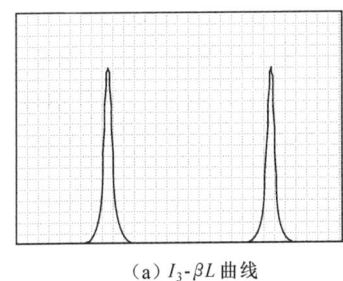 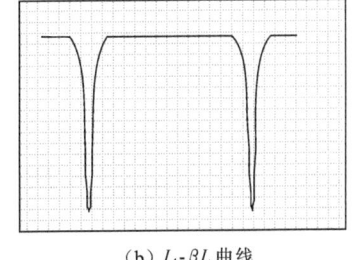

(a) I_3-βL 曲线　　　　　　　　　(b) I_4-βL 曲线

图 3-7　光纤环形腔内相对光强和输出相对光强随相位变化的关系

腔输出特性可得半峰值处的宽度 Δv 为

$$\Delta v = |v_{+1/2} - v_{-1/2}| = \frac{2c}{n\pi L}\arcsin\left[\frac{1-\sqrt{KT}}{\sqrt{2(1+KT)}}\right] \tag{3-20}$$

又因光纤环形腔的自由谱区宽度为

$$\mathrm{FSR} = |v_{n+1} - v_n| = \frac{c}{nL}$$

由此可得干涉细度的表达式为

$$F = \frac{\mathrm{FSR}}{\Delta v} = \frac{\pi}{2\arcsin\left[\dfrac{1-\sqrt{KT}}{\sqrt{2(1+KT)}}\right]} \tag{3-21}$$

当 $K \approx 1, T \approx 1$ 时，上式简化为

$$F = \frac{\pi}{\sqrt{2}} \frac{\sqrt{1+KT}}{(1-\sqrt{KT})} \tag{3-22}$$

3.2.5　相位压缩原理与微分干涉仪

上面提到的 Mach-Zehnder、Michelson、Sagnac、Fabry-Perot 干涉仪是四种普通的干涉仪，它们都有几个共同的缺点：温度敏感，需要长相干长度的光源，信号处理电路复杂。另外，由于它们的干涉项是两束或多束干涉光相位差的余弦函数，这就限制了它们的线性输出范围。一般的双光束干涉仪为了得到最大的灵敏度，常工作在正交状态。这就意味着把干涉项的余弦函数转变成了正弦函数。如果在干涉仪的输出端用线性函数近似地替代正弦函数，且在正交工作状态下输入的相位差约为 0.25 rad，则会产生 1% 的线性度误差。

如果将输出相位信号限定在干涉仪的线性范围内，那么传感器的系统将大大地简化，它可以不采用复杂的电路进行信号处理及相位补偿技术。下面要提到的相位压缩原理恰好能实现这种功能。基于相位压缩原理建立的微分干涉仪具有线性范围广，信号处理电路简单，对缓变的温度等环境因素不敏感，并能使用短相干长度的光源等优点。

1. 相位压缩原理

相位压缩原理是指干涉仪测量的相位为干涉光束相位差的变化量，不是普通干涉仪的相位差。这可以通过在固定的时间间隔 T 内测量相位差获得，而时间间隔 t 可以从延时光纤得到。所以，尽管输入调制信号超出了几个到几百个干涉条纹，但它的相位差变化量都很小，仍能保证干涉仪工作在线性范围内。

以 Mach-Zehnder 干涉仪为例来说明相位压缩原理。设干涉仪工作在正交状态，它的原理如图 3-8 所示。由光源 S 发出的光经光纤耦合器 C_1 进入 Mach-Zehnder 干涉仪中,一束光经光纤延迟线延时,$\tau = nL/c$(n 为光纤芯折射率,L 为延迟光纤长度,c 为真空中的光速)和调制器 $\phi_s(t)$ 调相后得 $x_1(t)$。若调制信号 $S(t)$ 为一正弦函数,则调制器数学表达式为

$$\phi_s(t) = \phi_{sm} \sin(2\pi f_s t) \quad (3\text{-}23)$$

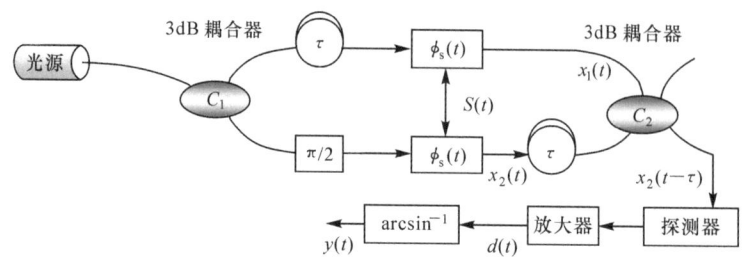

图 3-8 相位压缩原理

式中:f_s 为调制信号频率;ϕ_{sm} 为调制相位幅值,它可以由一般形式的相位变化式得到

$$\phi_{sm} = \frac{2\pi n}{\lambda_0} \xi \Delta L \quad (3\text{-}24)$$

式中:ΔL 为被测信号产生的光纤长度变化量;ξ 为纵向应力应变系数

$$\xi = \left(\frac{n^2}{2} - 1\right)[(1-\mu)P_{12} - \mu P_{11}]$$

相位差变化量幅值为

$$\phi_{snm} = \phi_s(t) - \phi_s(t-\tau) = \frac{4\pi^2 n^2 \xi L f_s \Delta L}{c \lambda_0} \quad (3\text{-}25)$$

定义相位压缩系数为相位差幅值与相位差变化量幅值之比,即

$$\text{PCF} = \frac{\phi_{sm}}{\phi_{snm}} = \frac{c}{2\pi n L f_s} = \frac{c}{2\pi f_s \tau} \quad (3\text{-}26)$$

设 $L = 3$ km,$f_s = 50$ Hz,$\lambda_0 = 1.3$ μm,$n = 1.46$,$L = 2$ μm,则 $\varphi_{sm} = 11.01$ rad,$\phi_{snm} = 0.05$ rad,于是 PCF $= 220.2$。由上述分析可知,在两个频率被测信号调制下,尽管信号光束和参考光束之间的相位差幅值(11.01 rad)很大,但在极短的时间($\tau = 0.014$ ms)内,其相位差变化量幅值(0.05 rad)都很小,相当于相位压缩了 220 倍,故干涉仪仍工作在线性区内。

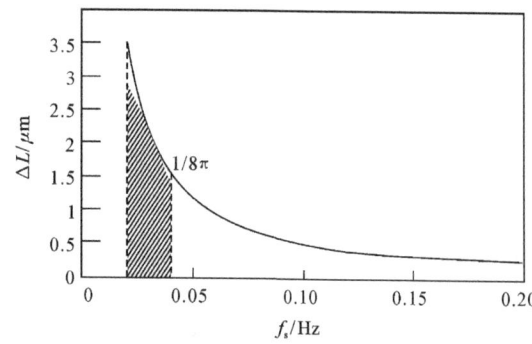

图 3-9 相位压缩的线性工作区域($\lambda = 1.3$ μm)

由式(3-26)可以看出,相位压缩原理的相位变化量与信号频率、延迟线长度及光纤的长度变化量成正比。当频率小或延迟线短时,它的相位检测信号就小。所以,利用此原理建立的干涉仪对缓慢变化的温度不敏感。另外,小的延迟也无法产生明显的干涉效果。图 3-9 所示为工作波长在 1.3 μm 的相位压缩线性工作区域。$1/8\pi$ 阈值以左,曲线下面的阴影区域,即为满足相位压缩原理的区域。

2. 微分干涉仪

基于相位压缩原理的干涉仪称为微分干涉仪。但是以图 3-8 形式构建的干涉仪并不一定是实用的微分干涉仪。例如图 3-8 中有两个延迟线圈和两个调制器,这不仅使干涉仪结构复

杂,而且增加了成本。实践中,人们设计了一种实用的微分干涉仪,它仅用一个延迟线圈和一个调制器就能达到相位压缩的目的。图 3-10 中光路系统由平衡 Mach-Zehnder 干涉仪组成。激光二极管 S 作为光源,为防止光的反射,光隔离器 ISO 被放在光源与光纤之间。光纤耦合器 C_1 和 C_2 之间为非平衡 Mach-Zehnder 干涉仪,两臂不平衡光路长约为 16 cm,远大于光源的相干长度,故在耦合器 C_2 中没有干涉现象,只有顺时针经光路 $11'$-$22'$-$2'2$-$3'3$ 和逆时针经光路 $33'$-$22'$-$2'2$-$1'1$ 的两路光束返回到耦合器 C_1 中才产生干涉,图中 τ 为延迟光纤环,延迟光纤长为 1.5 km。$t=0.014\ 6$ ms,R 为光纤反射端面,压电陶瓷(piezoelectric ceramics, PZT)为信号调制器。在参考臂的 PC 为偏振控制,用它调整干涉仪使其工作在正交状态。由分析可知,该装置与图 3-8 的原理图完全等效,但图 3-10 仅用了一个调制器,一个延迟线,就实现了相位压缩功能,具有简单、实用的优点。

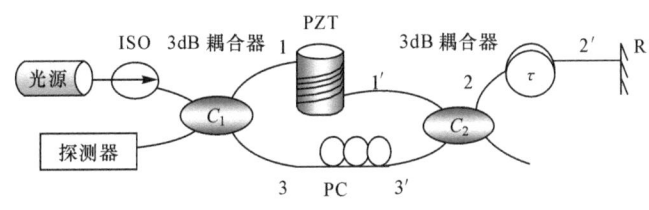

图 3-10 实用微分干涉仪光路

3.2.6 白光干涉型光纤传感器

相位调制型光纤传感器的突出优点是灵敏度高。缺点之一是只能进行相对测量,即只能用做变化量的测量,而不能用于状态量的测量。近几年发展起来的用白光做光源的干涉仪,则可用做绝对测量,因而愈来愈受到各国专家的重视。目前已有用它对位移、压力、振动、应力、应变、温度等多种参量进行绝对测量的例子,并有研究结果发表[12,13]。

1. 原理及特性

图 3-11 是一种光纤白光干涉型(也称宽谱光源干涉)光纤传感器的原理图。这类光纤传感器由两个光纤干涉仪组成,其中一个干涉仪用作传感头(图中的 Fabry-Perot 光纤干涉仪),放在被测量点,同时作为第二个干涉仪的传感臂;第二个干涉仪(图中的 Michelson 干涉仪)的另一支臂作为参考臂,放在远离现场的控制室,提供相位补偿。每个干涉仪的光程差都大于光源的相干长度。假设图中 A' 位置是 O 到 A 点的等光程点,B' 是 O 到 B 点的等光程点。这时当反射镜 C 从左向右通过 A' 位置时,在 Michelson 干涉仪的接收端将出现白光零级干涉条纹;同理,当反射镜 C 通过 B' 位置时,会再次出现白光零级干涉条纹。两次零级干涉条纹所对应的位置 A'、B' 之间的位移就是 Fabry-Perot 腔(法珀腔,以下简称 F-P 腔)的光程。因此用适当

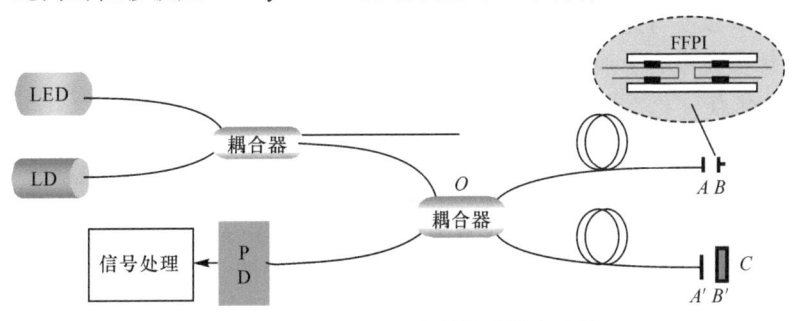

图 3-11 白光干涉型光纤传感器光路图

方法测出 A', B' 的间距,就可确定 F-P 腔光程的绝对值。

在图 3-11 中,令 $OA=L_1, OB=L_2, OC=L$。在光路调整时,设 $L_2-L_1>2L_C$,L_C 为光源的相干长度。下面考虑 A 面干涉的情况。此时,A 面和反射镜 C 构成 Michelson 干涉仪。由双光束干涉理论可知,对于波长为 λ 的单色光,探测器接收到的光强为

$$I_0 = I_1 + I_2 + 2\sqrt{I_1 I_2} \cos\left[\frac{2\pi}{\lambda}(L-L_1)\right] \tag{3-27}$$

$$= I_\lambda a \left\{1 + \gamma \cos\left[\frac{2\pi}{\lambda}(L-L_1)\right]\right\}$$

式中

$$a = a_1^2 R_A + a_2^2 R_C$$

$$\gamma = \frac{2 a_1 a_2 \sqrt{R_A R_C}}{a_1^2 R_A + a_2^2 R_C}$$

I_λ 为单色光源的输出光强;R_A, R_C 分别为 A 面和 C 面的反射率;a_1, a_2 分别为 Michelson 干涉仪两个臂的透过率;γ 为双光束干涉条纹的对比度。

对于宽光谱的 LED,其频谱分布为高斯分布,即

$$I_\lambda d\lambda = I_m A \exp[-B^2(v-v_0)^2] dv \tag{3-28}$$

式中

$$A = \frac{2}{\Delta v_D} \left(\frac{\ln 2}{\pi}\right)^{\frac{1}{2}}$$

$$B^2 = \frac{4\ln 2}{\Delta v_D^2}$$

这时,干涉仪探测到的光强为

$$I_0 = \int I_{\text{out}} dv = \int I_m A \exp[-B^2(v-v_0)^2] dv$$

把上述条件代入,经过积分运算后可得

$$I_0 = I_m a \left[1 + \gamma \exp\left(-\frac{\pi^2}{4\ln 2}\frac{\Delta L^2}{L_C^2}\right)\cos\left(\frac{2\pi}{\lambda_0}\Delta L\right)\right] \tag{3-29}$$

实际探测时,一般只取输出信号的交流成分,即

$$I_{\text{OAC}} = I_m a \gamma \exp\left(-\frac{\pi^2}{4\ln 2}\frac{\Delta L^2}{L_C^2}\right)\cos\left(\frac{2\pi}{\lambda_0}\Delta L\right) \tag{3-30}$$

$$= I_m 2 a_1 a_2 \sqrt{R_A R_C} \exp\left(-\frac{\pi^2}{4\ln 2}\frac{\Delta L^2}{L_C^2}\right)\cos\left(\frac{2\pi}{\lambda_0}\Delta L\right)$$

由式(3-30)可得以下结论:

(1) 当 $\Delta L = L - L_1 = 0$,即两反射面为等光程时,出现零级干涉条纹,与外界干扰因素无关。
(2) 干涉信号幅度与光源的输出功率、光纤等的传输损耗、各镜面的反射率等因素有关。
(3) 外界扰动会影响干涉条纹的幅度,但不会改变干涉零级的位置。

2. 优点和难点

1) 白光干涉与绝对测量

白光干涉所采用的光源谱线宽度较宽,相干长度较短,一般为 100 μm。常用的光源有发光二极管(light emitting diode, LED),多模半导体激光器(multimode semiconductor laser, MLD)等。图 3-12 是一个宽光谱 Michelson 干涉仪的结构图。在图 3-12 Fabry-Perot 干涉仪的基础上加入一个 Michelson 干涉仪作为参考臂,提供传感臂 F-P 腔的光程补偿,并用 LED 代替单模激光光源。由于 LED 相干长度很短,F-P 腔两个端面反射的信号光之间不能发生干

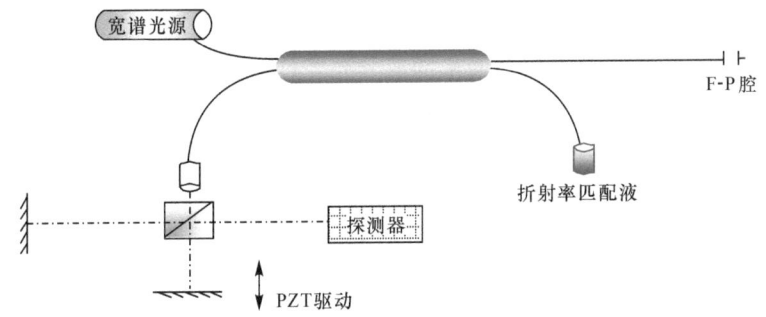

图 3-12　以 Michelson 干涉仪作光程补偿的宽光谱光纤干涉仪

涉。这两束光入射到参考臂后,如果 Michelson 干涉仪两臂长度之差恰好在 F-P 腔长附近一个相干长度之内,那么两路光信号之间的光程差因得到补偿而能够发生干涉。因为只有当光程差在光源相干长度之内才有干涉条纹产生,所以具有较高的测量精度。同时,由于参考臂 Michelson 干涉仪两臂长度差已知,因此可以对 F-P 腔长进行绝对测量。

由上分析可知,白光干涉光纤传感器具有以下优点:①可测量绝对光程;②系统抗干扰能力强,系统分辨率与光源波长稳定性、光源功率波动、光纤的扰动等因素无关;③结构简单,成本低廉;④测量精度仅由干涉条纹中心位置的确定精度和参考反射镜的确定精度决定。

欲使这类光纤传感器投入实用,主要需解决低相干度光源的获得和零级干涉条纹的检测两大问题。理论分析表明,要精确测定零级干涉条纹位置,一方面要尽量降低光源的相干长度,另一方面则要选用合适的测试仪器和测试方法,以提高确定零级干涉条纹中心位置的精度。

2) 白光光纤干涉仪的研究现状

目前的宽光谱光纤干涉仪主要用于距离的绝对测量,以及可以转化为距离量的其他物理量,如位移、温度、应力等。宽光谱干涉实现距离的绝对测量,关键的技术在于等光程点的检测。从近年的研究情况看,有三种不同检测方法。

(1) 光程扫描的时域检测

图 3-12 所示的干涉仪即是采用光程扫描的时域检测方式。图 3-13(a)为其对应的为减少分立元件、降低耦合、调节困难的全光纤干涉仪。扫描反射镜,分别与 a、b 达到等光程时发生干涉。由两次干涉之间的扫描距离即可确定 F-P 腔长。图 3-13(b)为干涉波形,横坐标是示波器的时间坐标轴。

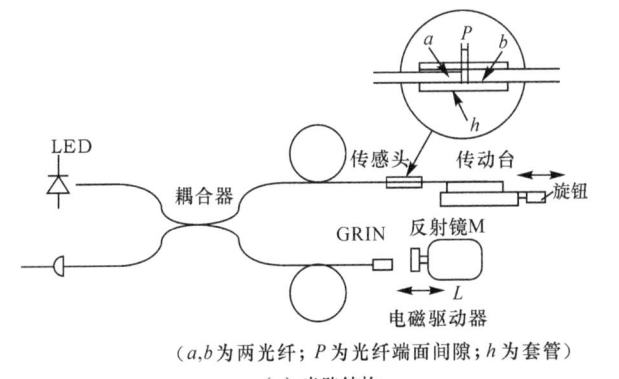

(a,b 为两光纤;P 为光纤端面间隙;h 为套管)

(a) 光路结构　　　　　　　　　　(b) 输出波形

图 3-13　光程扫描的时域检测

（2）Fizeau（菲佐）干涉仪的空间域检测

如图 3-14(a)所示，经 F-P 腔反射回来的信号光经过透镜扩束、准直后入射 Fizeau 干涉仪中。Fizeau 干涉仪由两个呈一定角度的平晶及其中间的楔形空气隙构成，其腔长与 x 方向坐标呈线性关系。由 Fizeau 干涉仪的空气隙对 F-P 腔的两路反射光信号进行光程补偿，并利用 CCD 阵列在输出端探测。在 Fizeau 干涉仪腔长与 F-P 腔长相等的 CCD 像素附近将有干涉信号输出。图 3-14(b)为干涉波形，横坐标是 CCD 阵列像素序列，即相当于空间坐标轴。

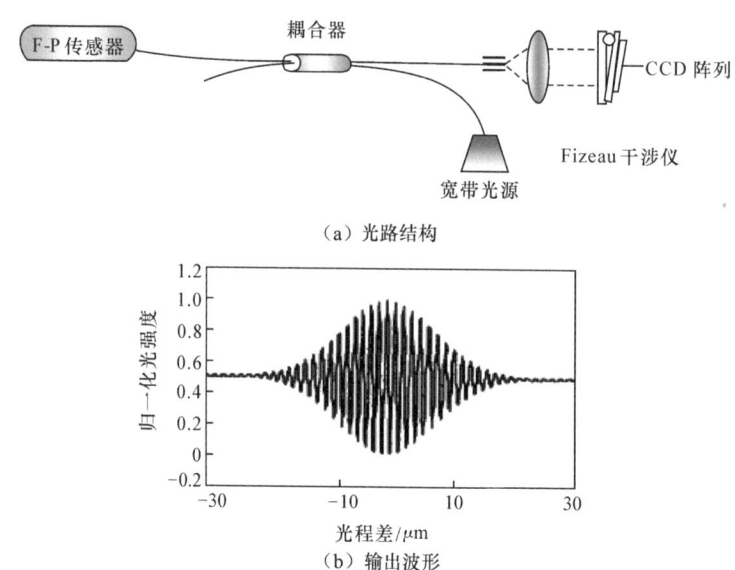

图 3-14　Fizeau 干涉仪空间检测

（2）基于谱分析的频域检测

如图 3-15(a)所示，经 F-P 腔透射的信号光由一个谱分析仪进行探测。谱分析仪中的透射光栅将信号光按波长分离，经反射镜将这一分离进一步放大后，由 CCD 阵列探测。图 3-15(b)是输出信号，横坐标为波长，即相当于频率坐标轴。

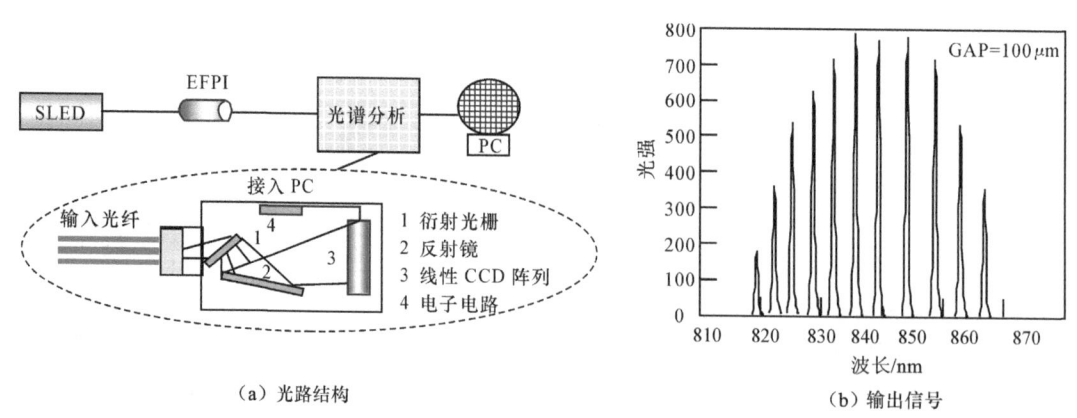

图 3-15　谱分析的频域检测

与前两种方法略有不同，这种方法中没有提供任何形式的光程补偿，F-P 腔长 d 由图 3-15(b)中任意相邻的两个峰值点所对应的波长给出。入射到光栅的信号光由 I_1、I_2 两部分组成，它们之间有 $2d$ 的光程差。宽光谱光源的谱线宽度内存在某一特征波长 λ_1，满足

$$2d = n\lambda_1 \tag{3-31}$$

对于该波长的光 I_1、I_2 发生相长干涉,它对应一个输出信号的极大值。在 λ_1 附近还有另一波长 λ_2,它满足

$$2d = (n-1)\lambda_2 \tag{3-32}$$

由式(3-31)和式(3-32)可求出

$$d = \frac{\lambda_1 \lambda_2}{2(\lambda_2 - \lambda_1)} \tag{3-33}$$

比较以上三种检测方法,它们各自有不同的特点。光程扫描方式结构上能够全光纤化,最有可能进入实用化阶段。采用图 3-13 全光纤结构对位移进行测量,目前的水平是 1 500 μm 的测量范围内精度 3 μm。图 3-12 所示的分立元件光纤干涉仪达到了 6 mm 的测量范围和 0.3 μm 的分辨率。这种方法的缺点是对光程扫描器件的扫描范围和精度要求很高,被测物理量的变化频率不能高于扫描器件的机械扫描频率。Fizeau 干涉仪检测方式与谱分析方法克服了机械扫描的缺点,但是这两种方法对 CCD 阵列的分辨率同样有很高的要求。

3.3 相位调制型光传感器的信号解调技术

与强度调制型、波长调制型等其他类型光纤传感技术相比,相位调制型光纤传感器以光纤中光的相位变化来表示被测物理量,而传感场中物理量的微小扰动就会引起光纤中光相位的明显变化,在采用理想相干光源和不考虑偏振问题的前提下,理论上这种相位检测可达的 10^{-6} rad 的高灵敏度[14]。因此这种基于相位调制的光纤传感器在各类光纤传感器中具有最高的灵敏度,同时也极易受到外界环境噪声的影响。

相位调制型光传感器基本采用干涉仪的结构。常见的干涉仪结构从原理上可分为双光束干涉和多光束干涉,包括 Mach-Zehnder(马赫-曾德尔)型、Michelson(迈克耳孙)型、Sagnac(萨奈克)型以及 Fabry-Perot(法布里-珀罗)型等。本节以 Mach-Zehnder 型干涉仪为例说明干涉信号的解调技术。

3.3.1 干涉仪的信号解调

我们需要采用信号处理的方法,从干涉仪输出的变化光强中解调出相位变化信号,从而进一步得出传感信号。根据参考臂中光频率是否改变,可将这些解调技术分成两大类:一类是零差方式(homodyne),另一类是外差方式(heterodyne)[14,15]。

在零差方式下,解调电路直接将干涉仪中的相位变化转变为电信号。零差方式又包括主动零差法(active homodyne method)和被动零差法(passive homodyne method)[16,17]。

在外差方式下,首先通过在干涉仪的一臂中对光进行频移,产生一个拍频信号,干涉仪中的相位变化再对这个拍频信号进行调制,最后采用电子技术解调出这个调制的拍频信号。外差方式包括普通外差法(true heterodyne)、合成外差法(synthetic heterodyne)和伪外差法(pseudo-heterodyne method)[18,19]。

一般情况下,和零差法相比,外差法的相位解调范围要大很多,但是解调电路也要复杂得多。下面对各种解调方法作一个简单的介绍。

1. 主动零差法

普通的光纤干涉仪如果不附加额外的相位控制部分,其初始相位工作点会由于外界环境

的微扰处于不断的随机变化中,这种相位工作点的漂移给检测相位信号造成了极大困难。

在主动零差法中,需要"主动"地控制干涉仪参考臂的长度,使得干涉仪工作在正交工作点处,即 $\varphi_0=\pi/2$。常见的主动零差法包括两种,即主动相位跟踪零差法(active phase tracking homodyne,APTH)和主动波长调谐零差法(active wavelength tuning homodyne,AWTH)。

对于主动相位跟踪零差法,通常在干涉仪的参考臂中引入一个相位调制器,干涉仪的输出信号经过一个电路伺服系统的处理后,反馈控制相位调制器,动态改变参考臂的相位,从而保持干涉仪两臂的相位差 $\varphi_0=\pi/2$。常用的相位调制器如压电陶瓷(PZT),可利用压电效应,用电信号改变缠绕在PZT上的光纤长度。

主动波长调谐零差法略有不同,干涉仪的输出信号经过处理后,反馈控制光源的驱动电路,使得光源的波长发生改变。这种零差解调方案要求干涉仪两臂存在一定的非平衡性。假设光源的波长为 λ,干涉仪两臂长度差为 l,光纤折射率为 n,则当光源波长改变 $\Delta\lambda$ 时,干涉仪两臂的相位差将改变

$$\Delta\varphi = \frac{2\pi n l}{\lambda^2} \cdot \Delta\lambda \tag{3-34}$$

对于常用的半导体激光器,可以通过改变工作电流的方法来改变光源波长。和主动相位跟踪零差法相比,主动波长调谐零差法更容易受到光源相位噪声的影响。

主动零差法的优点是结构简单,易于实现,受外界噪声影响小,但传感器的动态范围受到了反馈电路的限制,而传感器的相位解调范围仍然受到限制,采用的相位调制器对传感系统的频率响应等有一定影响,PZT等电子有源补偿器件也是一般光纤探头设计所不希望的。

2. 被动零差法

在被动零差法中,不控制干涉仪的工作点。此时干涉仪两臂的相位差 φ_0 将不断改变,从而引起干涉仪两个输出的不断改变。当干涉仪一个臂的输出完全减弱时,干涉仪另一臂的输出将最强。若使用这两个信号进行信号的解调,可使系统始终保持最佳灵敏度。

被动零差法也有很多种实现形式,现介绍其中最常用的"微分交叉相乘法"。仍然令 $\Delta\varphi$ 和 φ_0 分别代表干涉仪的相位变化和初始相位。通过某种方法,可以得到如下的两个正交分量

$$\begin{aligned} W_1 &= A\cos[\Delta\varphi(t)+\varphi_0] \\ W_2 &= A\sin[\Delta\varphi(t)+\varphi_0] \end{aligned} \tag{3-35}$$

式中:A 为一个代表幅度的常数。

再分别对 W_1 和 W_2 进行微分,有

$$\begin{aligned} \frac{dW_1}{dt} &= -\frac{d\Delta\varphi(t)}{dt}A\sin[\Delta\varphi(t)+\varphi_0] \\ \frac{dW_2}{dt} &= \frac{d\Delta\varphi(t)}{dt}A\cos[\Delta\varphi(t)+\varphi_0] \end{aligned} \tag{3-36}$$

将式(3-35)和式(3-36)交叉相乘,有

$$W_0 = W_1\frac{dW_2}{dt} + W_2\frac{dW_1}{dt} = A^2\frac{d\Delta\varphi(t)}{dt} \tag{3-37}$$

将式(3-37)的两边分别积分,最终得到

$$\Delta\varphi(t) = \frac{1}{A^2}\int W_0 dt + K \tag{3-38}$$

式中:K 为积分常数。

可以看出,此时得到的 $\Delta\varphi$ 是一个相对相位,这在通常的应用中都是可以接受的。

有多种方法可以得到如式(3-35)的项。常见的方法包括相位载波生成法(phase generated carrier,PGC)[16]和3×3耦合器法[17]。相位载波生成法利用对光源进行调频,或者对干涉仪的一臂进行相位调制,在干涉信号中引入相位载波信号,最终完成信号的解调。详细的过程可以参考文献[15]和以下各节。

3×3耦合器法的思路比较简单,如图 3-16 所示。在图 3-16 中,干涉仪中的第二个耦合器使用了一个3×3耦合器,此时在3个探测器处的信号为

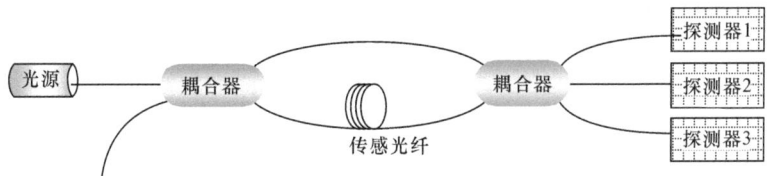

图 3-16　使用 3×3 耦合器的被动零差法

$$V_1 = a + b \cdot \cos(\Delta\varphi + \varphi_0) + c \cdot \sin(\Delta\varphi + \varphi_0)$$
$$V_2 = -2b[1 + \cos(\Delta\varphi + \varphi_0)] \tag{3-39}$$
$$V_3 = a + b \cdot \cos(\Delta\varphi + \varphi_0) - c \cdot \sin(\Delta\varphi + \varphi_0)$$

式中:a,b,c 为和耦合器性能相关的常数。

容易看出,通过将式(3-39)中的 V_1 和 V_3 分别进行加、减运算,就可以得到式(3-35)。

被动零差法的动态范围仍然受到解调电路的限制,但传感器的相位解调范围大大增加,理论上没有限制,而且被动零差法对光源的相位噪声不敏感。不过被动零差法的解调电路要比主动零差法复杂得多。

3. 普通外差法

普通外差法系统如图 3-17 所示。

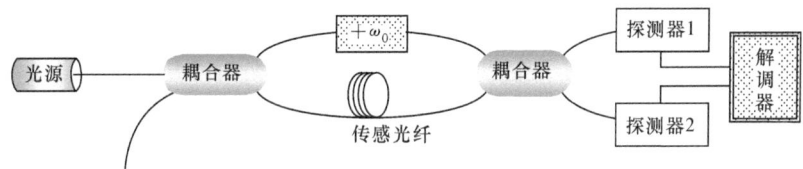

图 3-17　外差解调法

在外差解调中,干涉仪的参考臂中引入了一个移频器(例如布拉格盒),此时干涉仪的输出信号可以写成如下形式

$$W_{\text{out}} = \frac{1}{2} W_0 10^{-al} [1 + V\cos(\omega_0 t + \Delta\varphi + \varphi_0)] \tag{3-40}$$

与干涉信号的通式相比,式(3-40)中多了代表频率移动的 $\omega_0 t$ 项。通过鉴频器或者锁相环,可以解调出其中的相位变化 $\Delta\varphi$。

4. 合成外差法

普通外差法中的关键器件是移频器,常用的布拉格盒移频器难以集成到光纤系统中。合成外差法[18,20]和下一节中的伪外差法都可以避免移频器件的使用,以简化系统。

在合成外差法中,干涉仪的参考臂中引入了一个相位调制器,并且用高频大幅度的正弦信号控制相位调制器。设调制信号的振幅为 φ_m,频率为 ω_m,则干涉仪的输出为

$$W_{\text{out}} = \frac{1}{2} W_0 10^{-al} \{1 + V\cos[\varphi_s \sin(\omega_m t) + \Delta\varphi + \varphi_0]\} \tag{3-41}$$

由于相位的调制幅度 φ_m 很大,因此在式(3-41)中 ω_m 的谐波分量将十分显著。利用和式(3-39)相同的分析方法,可以得到干涉仪输出的一次谐波分量和二次谐波分量分别为

$$\infty -\sin(\Delta\varphi+\varphi_0)J_1(\varphi_m)\cdot\sin(\omega_m t)$$
$$\infty \cos(\Delta\varphi+\varphi_0)J_2(\varphi_m)\cdot\cos(\omega_m t)$$
(3-42)

式中:正比符号 ∞ 表示省略了前面的常系数。

这两个谐波分量可以利用带通滤波器,从干涉仪的输出信号中产生。两个谐波分量分别再和频率为 $2\omega_m$ 和 ω_m 的本振信号相乘,并取出其中频率为 $3\omega_m$ 的分量如下:

$$\infty -\sin(\Delta\varphi+\varphi_0)J_1(\varphi_m)\cdot\sin(3\omega_m t)$$
$$\infty \cos(\Delta\varphi+\varphi_0)J_2(\varphi_m)\cdot\cos(3\omega_m t)$$
(3-43)

适当地选取调制幅度,使得式(3-43)中两信号的差为

$$\cos[3\omega_m t-(\Delta\varphi+\varphi_0)]$$
(3-44)

此合成外差信号可通过鉴相器或者锁相环电路加以解调。

5. 伪外差法

伪外差法[19]可以不用移频器件。在伪外差法中,常用一个锯齿波调制激光器的工作电流,而相应的干涉仪则必须是非平衡的,即保证一定的光程差。电流调制的作用是为了调制激光器的频率。光源频率的改变造成干涉仪中的相位变化为

$$\Delta\varphi_s=2\pi l\Delta f/c$$
(3-45)

当锯齿波处于上升沿阶段时,频率的线性改变导致干涉仪中相位的线性改变。通过调整锯齿波的波形可以使得一个锯齿波调制周期内干涉仪相位改变 m 个整周期,从而在干涉仪中引入了所需要的外差载波。在干涉仪的输出部分需要使用带通滤波器提取调制频率的第 m 次谐波信号,并消除锯齿波信号回扫部分(即锯齿波从最大值回到最小值的部分)对解调信号的影响。第 m 次谐波信号为

$$\infty \cos[2\pi mft+\Delta\varphi+\varphi_0]$$
(3-46)

根据式(3-46),可以用前面提到的鉴相器或者锁相环电路提取出最终所需的相位调制信号。伪外差法也可以使用正弦波对工作电流进行调制,此时的分析略有不同,可以参考文献[21]。

在三类外差法中,普通外差法的相位解调范围最大,在理论上没有限制。但需要特殊的移频器件。合成外差法的相位解调范围也很大,但是解调电路的复杂性也最高。伪外差法在各方面的性能比较平衡,是现在常用的外差解调方法。三种外差解调方法都对激光器的相位噪声很敏感。

3.3.2 光纤锁相环方法

光纤锁相环的方法用于光纤干涉仪的解调,其优点在于结构简单,电路复杂性低,信号畸变小,系统处于线性状态等。但是实现该方法需要解决稳定性的问题。本节在光纤干涉仪锁相环系统的基本理论基础之上,对系统的稳定性相关问题进行了简要的介绍。

1. 光纤锁相环的原理

光纤锁相环又称直流相位跟踪法。为了充分理解其物理意义,首先,对相位漂移引起的干涉信号衰落现象进行描述。

本节中用到的 Michelson 光纤干涉仪输出光强可表示为

$$I=I_0\{1+\cos[S(t)+\varphi_s-\varphi_r]\}$$
(3-47)

式中: $S(t)$ 为待测信号; φ_s 和 φ_r 分别为信号臂和参考臂的随机漂移相位。式(3-47)假设干涉信号可见度为1。将式(3-47)展开,并考虑到 $S(t)$ 很小,近似得

$$I = I_0[1 + \cos(\varphi_s - \varphi_r) - S(t)\sin(\varphi_s - \varphi_r)] \tag{3-48}$$

当干涉仪处于正交工作点,即满足

$$\varphi_s - \varphi_r = 2m\pi \pm \frac{\pi}{2} \tag{3-49}$$

$$I = I_0[1 \mp S(t)] \tag{3-50}$$

时,灵敏度最大。随着两臂相位的随机漂移,干涉仪偏离正交工作点,造成输出信号的衰落。当 $\varphi_s - \varphi_r$ 等于 π 的整数倍时,已无法探测到信号。

从上述可知,为了得到高灵敏度的测量结果,需要将干涉仪输出信号相位进行锁定,使之满足式(3-49),这就是光纤锁相环得名的由来。为了锁定干涉仪输出信号相位使式(3-49)得到满足,需要在干涉仪参考臂上加入一个相位反馈装置,光纤锁相环的系统框图如图 3-18 所示。

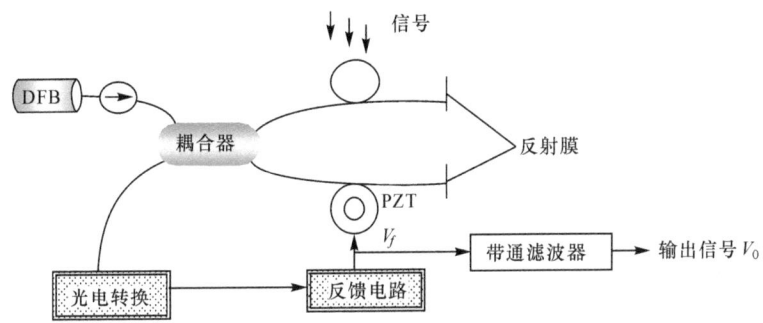

图 3-18 光纤锁相环系统框图

图 3-18 中的压电陶瓷(PZT)是一个相位反馈的装置,利用 PZT 的压电效应,可以通过在其上加电压使其产生形变,相应的形变传递到参考臂上,引起参考臂光程改变,从而改变干涉仪的输出相位。如何控制加到 PZT 上的电压使式(3-49)得到满足,以及满足式(3-49)之后系统如何稳定工作,是一个关键问题。

2. 系统稳定性分析

干涉仪实际应用时,系统失稳的原因主要有两点。

1) 温度漂移和有限电源电压

实验结果表明,温度每升高一度,同轴型光纤干涉仪相位漂移 104 rad 左右,而一般工作时待测信号幅度不超过 10 rad。在温度漂移很大时,对于光纤锁相环系统而言,为了能够使反馈信号忠实地反映实际信号的变化,通过反馈网络加到 PZT 上的电压相应增加。而反馈网络是由运算放大器等电路元件组成的,具有一定的工作电压范围,当温度漂移的幅度要求反馈系统电压必须大于电源电压才能完全补偿时,系统将饱和,导致无法有效补偿。同时,由于温漂的频率往往比信号频率小得多,在通过反馈系统的积分环节时,积分结果会持续地增加,进一步使系统饱和。后者往往更为严重,因为同步过载可以通过减小反馈增益,而积分器过载则需要专门的复位装置。图 3-19 给出一个复位系统示意图。

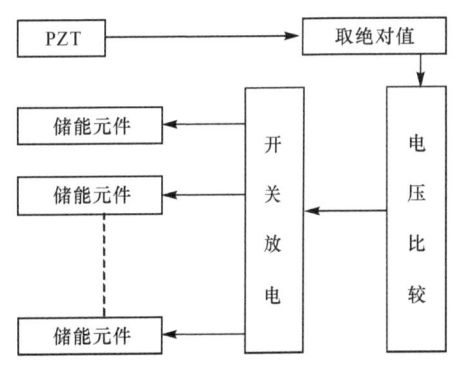

图 3-19 光纤锁相环复位系统示意图

该系统的基本想法是：当温度漂移积累到超过一定值时就将电路复位，在图 3-19 中，将加到 PZT 上的信号引出，然后将其取绝对值，以保证信号为正，同时将绝对值电路输出信号和一个固定电压(略低于电源电压)进行比较，比较的结果是一个二进制的高低电平，用以控制一系列开关，使电路中容易积累电荷的电容放电，这样就可以使系统复位重新进入正常工作状态。

2) 光源功率波动

光源功率波动主要是因为在实际工作环境中，光源的输出尾纤有可能出现弯曲造成图 3-15 中的消直流不理想，以致不能满足式(3-49)的情况，系统无法锁定，或者能够满足，但是锁定范围大大减小。这种情况必须通过对光纤仔细布线解决。同时，还可以通过在 PZT 上间续地以三角波驱动，同时采集干涉仪输出的直流项然后反馈以抵消直流项的影响，不过这种方式实现起来较为复杂。

3.3.3 相位生成载波(PGC)解调方案

光纤锁相环的方法具有电路简单、检测精度高的特点，但由于它需要用到 PZT 进行反馈控制，不利于构成传感网，因此只能用于小规模传感器阵列的情况。为了实现大的传感器阵列，必须另外寻找办法。PGC 技术是干涉仪解调的一种有效方法，可以通过直接调制光源，无须外加的反馈器件。由于 PGC 方法是一个开环系统，不存在稳定性的问题，动态范围大，且能利用频分复用技术实现传感器阵列的复用，因而自 20 世纪 80 年代提出之后[15,16]，受到了广泛的关注。本节介绍 PGC 方法的基本原理。

1. PGC 方法的基本原理

PGC 方法的基本思想是通过在干涉仪输出相位中生成一个相位载波，使输出信号可以分解为两个正交分量，通过对二者分别处理，得到信号的线性表达式。图 3-20 给出了 PGC 方法的原理框图。

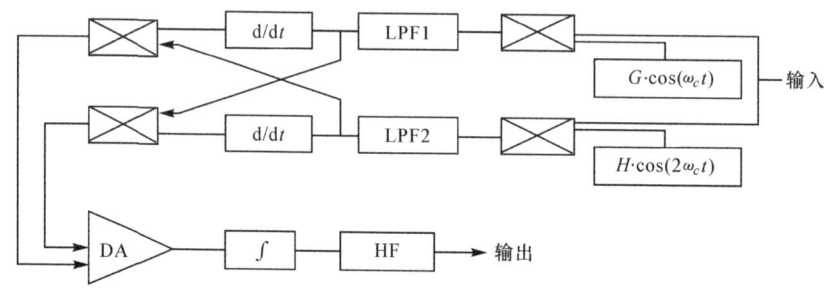

图 3-20 PGC 原理框图

PGC 方法的实现，既可以是一套硬件电路，也可以是一种计算机算法，它的原理可以用下面的推导来说明。

首先，光纤干涉仪输出信号可以表示为

$$I=I_1+I_2+2\sqrt{I_1 I_2}\cos[C\cos(\omega_c t+\Phi)]=A+B\cos[C\cos(\omega_c t)+\Phi] \quad (3-51)$$

式中：$B=kA$，$k<1$ 称为干涉仪的可见度，取决于干涉仪的偏振特性；C 为相位载波的幅度；ω_c 为载波的频率；Φ 为待测信号。

式(3-51)可以经过贝塞尔函数展开为

$$I = A + B\left\{\left[J_0(C) + 2\sum_{k=1}^{\infty}(-1)^k J_{2k}(C)\cos(2k\omega_c t)\right]\cos\Phi\right.$$
$$\left. - 2\left[\sum_{k=0}^{\infty}(-1)^k J_{2k+1}(C)\cos(2k+1)\omega_c t\right]\sin(\Phi)\right\} \tag{3-52}$$

将式(3-52)×cos($\omega_c t$)后经过低通滤波得

$$BJ_1(C)\sin(\Phi) \tag{3-53}$$

将式(3-53)×cos($2\omega_c t$)后经过低通滤波得到

$$BJ_2(C)\cos(\Phi) \tag{3-54}$$

对式(3-53)求导得到

$$BJ_1(C)\cos(\Phi)\Phi' \tag{3-55}$$

对式(3-54)求导得到

$$-BJ_2(C)\sin(\Phi)\Phi' \tag{3-56}$$

然后式(3-53)×式(3-56)−式(3-54)×式(3-55)得到

$$-B^2 J_1(C)J_2(C)\Phi' \tag{3-57}$$

对式(3-57)积分得到

$$-B^2 J_1(C)J_2(C)\Phi \tag{3-58}$$

这就是待测信号的线性表达式。

2. 相位载波的生成

PGC方法需要对干涉仪输出信号相位进行调制,通常调制的方法有两种:一种是在两臂等长的干涉仪的一臂用数匝光纤缠绕PZT元件,把载波信号加到PZT上,利用其在载波信号的驱动下产生的电致伸缩效应,引起干涉仪一臂光纤长度、折射率发生变化,导致最后输出的光波相位随载波信号有规律地变化,从而实现相位调制。通常把这种调制方式叫外调制。另一种方式就是直接调制半导体光源,其基本机理是:某些光源,如DFB同轴激光器,输出激光波长与其注入激励电流有关,具有独特的高调制特性,在一定发光功率范围内光源输出的光频随调制电流的变化而近似线性变化,每个光源都有自己特有的调制指数,光纤干涉仪输出光波相位差为 $\varphi = \frac{2\pi n l v}{c}$,相位差变化为

$$\Delta\varphi = \frac{2\pi n l v}{c}\left[\frac{\Delta n}{n} + \frac{\Delta l}{l} + \frac{\Delta v}{v}\right] \tag{3-59}$$

式中:c 为光在真空中的速度;nl 为光程差;v 为光频。

显然,光频的变化同光程差的变化一样会等效地引起相位差变化而实现相位调制,称这种调制方式为内调制。

两种调制方式主要差别在于:直接调制光源是调频的同时伴生了幅度调制。用PZT实现相位载波调制,可以实现零光程差,这无疑对降低由光源频率随机漂移造成干涉仪输出的相位噪声有利。但这种方式不可避免地造成多个光纤传感器成缆的困难。而且传感器结构复杂,尺寸增大,不利于实现全光纤化和大规模组阵。

3.4 光纤干涉仪的传感应用实例

如上所述,作用于光纤上的压力、温度等因素,可以直接引起光纤中光波相位的变化,从而

构成相位调制型的光纤声传感器、光纤压力传感器、光纤温度传感器以及光纤转动传感器。例如:利用粘接或涂覆在光纤上的磁致伸缩材料,可以构成光纤磁场传感器;利用涂覆在光纤上的金属薄膜,可以构成光纤电流传感器;利用固定在光纤上的电致伸缩材料,则可构成光纤电压传感器;利用固定在光纤上的质量块则可构成光纤加速度计。另外,在光纤上镀以特殊的涂层,则可构成作为特定的化学反应或生物作用的光纤化学传感器或光纤生物传感器。例如,在单模光纤上镀以 10 μm 厚的钯,就可构成光纤氢气传感器等。

3.4.1 振动传感器

光纤振动传感器常用于现场监测,测量的频率范围为 20～200 Hz,测量的振幅为数微米到几十纳米。

图 3-21 和图 3-22 分别表示检测垂直振动分量和表面内振动分量的传感器原理。可以看出,要检测的振动分量引起反射点 P 运动,从而使两激光束之间产生相关的相位调制。激光束通过分束器、光纤入射到振动体上的一点,反射光作为信号光束,经过同一光学系统被引入到探测器。参考光束是从部分透射面 R 上反射产生的。在实际系统中,是用光纤输出端面作为 R 面。由图 3-21 可以看到信号光束只受到垂直振动分量 $U_\perp \cos \omega t$ 的调制。由于振动体使反射点靠近或远离光纤,从而改变了信号光束的光路长度,相应改变了信号光和参考光的相对相位,产生了相位调制。信号光与参考光之间的相位差为

$$\Delta \varphi_\perp = \frac{4\pi}{\lambda} U_\perp \cos \omega t \tag{3-60}$$

式中:λ 为激光波长;ω 为光波角频率。

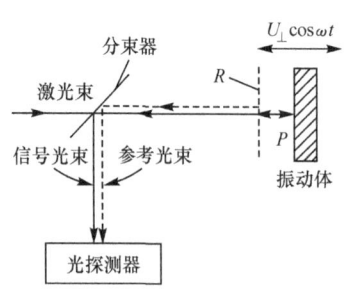

图 3-21 垂直振动分量传感器原理

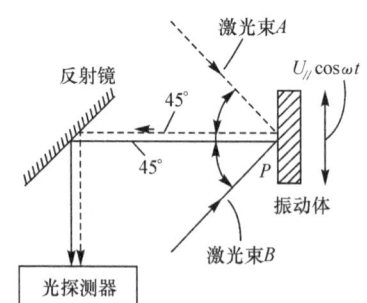

图 3-22 表面内振动分量传感器原理

同一光源发出的激光束 A 和 B,分别以与振动体表面法线成 ±45° 的方向入射到振动体表面上的一点 P,然后沿表面法线方向散射,散射光通过中间光纤被引导到探测器。在这种情况下,仅由信号光束的平行分量 $U_{//} \cos \omega t$ 引起反射点的上下运动,信号光束的光路长度发生变化。在反射点向上移动的瞬间,激光束 A 靠近反射点,这样就缩短了到探测器的光路长度。相反激光束 B 则增加了到探测器的光路长度。这两个光路长度的变化大小相等,但符号相反,即为 $\pm (U_{//}/\sqrt{2}) \cos \omega t$。这时,反射点垂直振动分量在图的左右方向振动,因为垂直振动分量引起的两束光的光路长度变化为同值同符号,不会引入附加的相位变化,因此,A、B 两束光之间产生了与垂直分量 $U_\perp \cos \omega t$ 无关的相关相位调制。表面内振动分量的影响,所产生的两束光之间的相位差为

$$\Delta \varphi_{//} = \frac{4\pi}{\sqrt{2}\lambda} U_{//} \cos \omega t \tag{3-61}$$

如果解调检测式(3-60)和式(3-61)给出的相位调制,就能得到上述相应振动分量的振幅。但是,如果直接使用上述光路结构,由于振动体测量位置的移动、反射光强的变化以及光学系统调整状况的变化等原因,都将引起探测器的入射光强的变化,这种变化的影响也混入被解调的信号中。为了消除这一影响,可采用在两束光之间预先引入光强变化的低频相位调制,同时检测引入的相位调制和振动相位调制的成分,然后取两者之比,因而抵消和去除上述影响。

根据选用的低频相位调制的最大相位偏移量大小,有高相位偏移调制法和低相位偏移调制法两种。

1. 双波长光纤振动传感器

光纤具有传输损耗小及抗电磁干扰等特点,利用这些特点,可以发展远距离测量传感器。但是,因为光纤本身受温度、压力和振动的影响,如果传输路程遥远,影响是不可忽视的。另外,目前发光器件及光接收器件本身也都受温度、压力、振动等外界条件影响,因此,实现远距离稳定测量还需作进一步研究。

图 3-23 所示传感器系统是为远距离测量振动而设计的光纤振动传感器。为了提高测量的稳定性,采用由两种不同波长的光,使其交替变换形成光源及差动处理的方法。

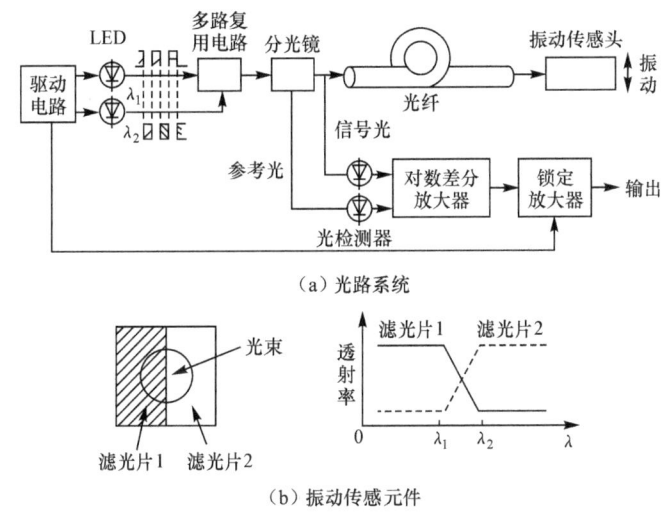

图 3-23 双波长光纤振动传感器

具体地说,选用两个发光波长 λ_1、λ_2 分别为 750 nm 和 850 nm 的发光二极管,并使其交替变换输出,产生 14 kHz 的调频发光光源,如图 3-23(a)所示。振动传感元件如图 3-23(b)所示,由两种根据选定的发光波长而相应确定的滤光片构成。图 3-23(b)曲线表示波 λ_1 与 λ_2 的光在振动传感器件上的透过率曲线。当两种波长光的交替变换频率比被测对象的振动频率大很多时,可以认为光源发出的由 λ_1、λ_2 交替变换形成的光序列中,某一 λ_1 或 λ_2 的瞬时光段照射到振动的传感器件期间,光点在传感器件上的位置保持不动。而光序列中不同的 λ_1 或 λ_2 光波的光点在振动传感器件上的位置,随着振动而发生变化。位置不同,反射光的强度也不同。因而,随着传感器件的振动,λ_1 与 λ_2 两个波长的反射光强度产生差动变化。

这种光纤振动传感器系统可以排除光源及光纤特性随外界条件变化的影响,提高测量的稳定性。这是因为:如果光纤传输特性由于外界条件变化而对所传输的光序列产生影响,而影响因素是以同等的作用量分别叠加到 λ_1 与 λ_2 上。图 3-23(a)回路特意设计出有用信号光与参考光的对数差分放大处理及同步检波等,使得最终所获得的测量结果只包括 λ_1 与 λ_2 两种成分差的信号,因而克服了环境因素的影响。

2. 多普勒效应光纤振动传感器

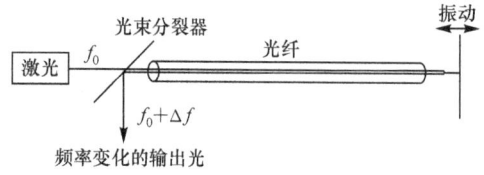

图 3-24 多普勒效应光纤振动传感器原理图

采用非接触式多普勒振动传感器对高频小振幅的振动进行有效测量的工作原理,如图 3-24 所示。根据多普勒效应可知,由运动物体上反射的光的频率与物体运动速度有关。因此可应用这一原理测量振动。应用多普勒效应传感器测量振动,只有当振动的方向与光进行方向一致时,测量效果才较好。而对于振动方向与光进行方向相垂直情况的测量问题尚在研究中。

3.4.2 磁场传感器

光纤干涉仪利用磁致伸缩材料所产生的变形引起的相位变化,可以实现对磁场的测量,构成高灵敏度的光纤磁场传感器[22,23]。以 Mach-Zehnder 干涉仪为例。在 Mach-Zehnder 干涉仪中用被覆或黏合有磁致伸缩材料的光纤作为测量臂。在被测磁场作用下,被覆材料会产生磁致伸缩现象,相应地测量臂上的光纤会产生纵向应变、横向应变和体应变。其中纵向应变会引起光程的改变从而产生相移。通过鉴相技术,检测出相位的变化,即可获得被测磁场强度。

假定加在光纤被覆材料上的磁场强度为 H,则由 H 所引起光纤的纵向应变 S_3 为

$$S_3 = \frac{\Delta l}{l} = K\sqrt{H}$$

式中:l 为被覆材料的长度;K 为与被覆材料有关的常数,对于镍,$K \approx -8.9 \times 10^{-5} (A/m)^{\frac{1}{2}}$。

外加总磁场强度 H 包括两个部分:一部分是提供偏置的直流恒定磁场强度 H_0,H_0 的选定应使应变随磁场的变化率为最大值,以便传感器能工作在最灵敏的区域内;另一部分是待测的随时间在 H_0 附近变化的磁场强度 H_1,故 $H = H_0 + H_1$,而通常 $H_0 \gg H_1$。于是有

$$S_3 = K H_0^{\frac{1}{2}} + \frac{K H_1}{2 H_0^{\frac{1}{2}}}$$

取 $H_0 = 3 \times 10^{-4} T$ 时,上式中的第二项可写成:$S_3' = K H_1 / 2 H_0^{\frac{1}{2}} = -2.57 \times 10^{-3} H_1$,光纤在磁致伸缩效应的作用下,除了发生纵向应变 S_3 之外,还发生了横向应变 S_1 和 S_2。在各向同性的介质中,$S_1 = S_2$,且介质的体积保持不变,则有 $2S_1 + S_3 = 0$。

根据弹光效应,可得光纤折射率变化与应变之间的关系。由于光纤中光的传播是沿着横向偏振的,故只考虑横向折射率的变化

$$\Delta n_1 = \Delta n_2 = -\frac{n^3}{2}[(p_{11} + p_{12})S_1 + p_{12}S_3]$$

磁场的磁致伸缩效应引起光纤中光的相位变化为 $\Delta \varphi$。如果忽略模间色散的影响,则长度为 L 的光纤中光的相位变化为

$$\Delta \varphi \approx K_0 \Delta(nl) = \frac{2\pi}{\lambda} nL \left(\frac{\Delta L}{L} + \frac{\Delta n}{n} \right) = \frac{2\pi nL}{\lambda} \left\{ S_3 - \frac{n^3}{2}[(p_{11} + p_{12})S_1 + p_{12}S_3] \right\}$$

式中:$\Delta L/L = S_3$。

对于熔融石英光纤,其弹光张量元素:$p_{11} = 0.12, p_{12} = 0.27, n = 1.46$。利用上述关系,取

$\lambda=1\mu m$ 时,得

$$\Delta\varphi=-24.4\times10^{-3}H_1L(\mathrm{rad})$$

式中:H_1 的单位为 T(特斯拉)时,L 的单位为 m。

通常定义磁场灵敏度为:$\Delta\varphi/H_1L=-24.4\times10^{-3}(\mathrm{rad}/(\mathrm{T}\cdot\mathrm{m}))$。可见,用金属镍作光纤的磁致伸缩被覆材料测量磁场的灵敏度是相当高的。

磁致伸缩材料分为结晶金属和金属玻璃两大类。金属类的磁致伸缩材料有铁、钴、镍以及这三种元素的金属化合物。其中以纯镍的磁致伸缩系数(负值)最大。同时,由于制造简单和耐腐蚀等原因,常用纯镍作光纤的被覆层。此外,铁、钴金属也有明显的磁致伸缩效应。

光纤磁场传感器利用磁致伸缩材料被覆或黏合的光纤作为敏感元件,有如图 3-25 所示的三种结构。其中,图(b)为被覆结构,在光纤表面被覆上一层均匀的金属或护套;图(c)为带状结构,在金属带上黏上光纤。

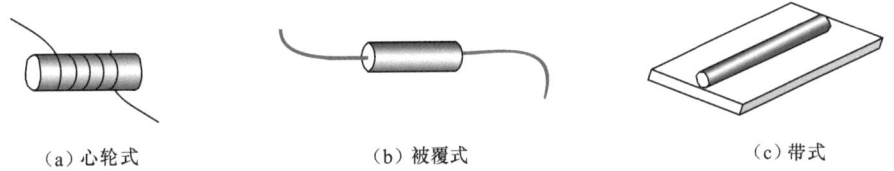

(a) 心轮式　　　　　(b) 被覆式　　　　　(c) 带式

图 3-25　光纤磁场传感器敏感元件的基本结构

实验发现磁致伸缩光纤磁场传感器的测量灵敏度与信号磁场 H_1 的频率 f 以及镍被覆层的厚度有关。磁场 H_1 的频率 f 越高,镍被覆层越厚,灵敏度越高。上述传感器可获得 6.4×10^{-8} A/m² 的灵敏度。图 3-26 为光纤磁场传感器系统结构示意图。

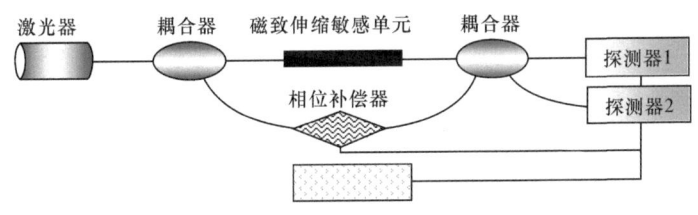

图 3-26　光纤磁场传感器

3.4.3　电流传感器

相位干涉型的光纤电流测量可以采用金属被覆光纤或者磁致伸缩材料被覆光纤的方法,以产生相应于电流值的光相位变化;通过建立干涉仪相位变化量-电流关系,实现对电流的检测。

1. 金属被覆光纤电流传感器

金属被覆光纤可以分为金属被覆多模光纤和金属被覆单模光纤。采用不同类型的光纤所构成的电流传感器的原理不同。

1) 多模光纤电流传感器

最普通的方式是将多模光纤被覆上一层厚的铝金属护套,护套起载流和光传输的双重作用。将光纤放置在磁场之中,并使光纤被覆层通以电流。此时,电流与磁场力的相互作用引起光纤微弯曲,通过光源所激励的光纤中的各个波导模式,因光纤的微弯曲而产生新

的相位差,并使传导模向辐射模转换,引起传导模能量的损耗。通过检测光纤末端射出的光束所形成的干涉图样的变化或能量的变化,来测量被测电流的大小。这就是所谓光纤"自差"测量方法。

一种典型的金属被覆多模光纤电流传感元件的结构如图 3-27 所示。其单位长度的电阻为 7.2 Ω/m,光纤直径为 70 μm,被覆层外径为 175 μm,数值孔径 N.A.＝0.2,光纤绕在一个圆柱体上,沿着圆柱体长度方向有几条突起的棱脊,便于光纤在磁场作用下产生微弯变形。一个永久磁场作用在圆柱体的轴线方向,其场强在 0.1 T 左右。整个器件高 0.8 cm,直径 1.3 cm。

当采用 7 kHz 频率进行交流激励时,可通过探测器检测出由于微弯所引起的横向相位调制的光纤自差信号,从而得出与电流相对应的测量结果。探测器的信号采用调谐放大器进行放大。图 3-28 给出了输出电压与电流幅值的关系曲线。由图可看出它们具有线性关系。这种传感器的特点是工作原理简单,结构紧凑,成本低。

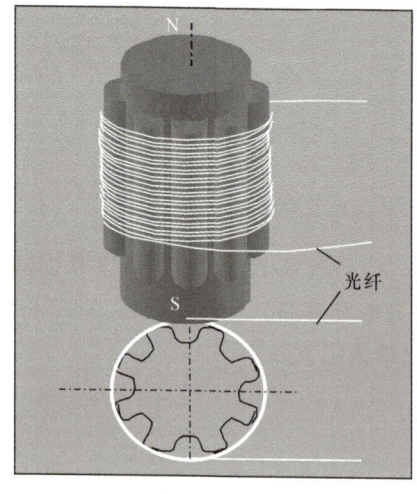

图 3-27　金属被覆多模光纤电流传感器

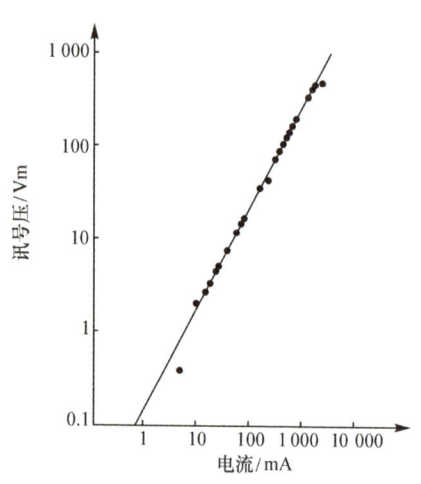

图 3-28　金属被覆多模光纤传感器的特性曲线

2) 单模光纤电流传感器

单模光纤电流传感器是根据被测电流流过金属护套光纤时产生电阻热效应而实现电流检测的。金属铝被覆的单模光纤电流传感器,铝被覆层厚为 2 μm,长 10 cm,阻抗约为 3 Ω。待测电流 I 将直接通过铝被覆层,产生 I^2R 的热量,对光纤进行加热。将被覆光纤作为 Mach-Zehnder 光纤干涉仪的测量臂,则被覆光纤由于温度升高其长度发生变化,从而改变了干涉仪两臂的光程差。这种传感器的突出优点是灵敏度较高,缺点是被测电流与输出信号有二次函数关系。

基于压电弹光效应而建立的光纤电流传感器实质上分两部分:一部分是电压电流转换,方法包括:电流互感器所跨接的电阻转换;空心线圈(如 Rogowski 线圈)直接电流-电压转换;或者其他方式。另一部分是通过压电效应和弹光效应用电压对干涉仪进行相位调制,从而得到被测的电流信号,这里所用的干涉仪可以是普通干涉仪,也可以是根据相位压缩原理建立的微分干涉仪。

图 3-29 是压电弹光效应光纤电流传感器。图中传感头是用 Rogowski 线圈建立的高压电流探头,干涉仪采用基于相位压缩原理建立的微分干涉仪。微分干涉仪由一个普通的赛格纳克干涉光纤陀螺和一个光纤谐振环组成。宽带光源激光二极管(laser diode,LD)的干涉时间

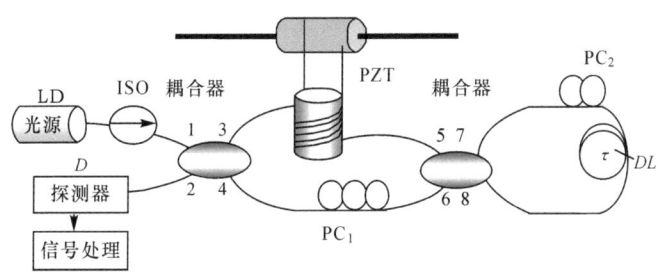

图 3-29 压电弹光效应光纤电流传感器

分别小于赛格纳克光纤干涉陀螺圈和光纤谐振环传输一周所需的时间。从光源输出的光波进入耦合器 C_1 被分成两束光,这两束光一部分射入由耦合器 C_2 组成的光纤环,并分别以顺时针和逆时针方向传播。然后再回到耦合器 C_1,在探测器 D 上产生干涉;经过信号处理,即可得到输出信号。图中:LD 为激光器;PC_1 和 PC_2 为偏振控制器;C_1 和 C_2 为耦合器;$FC_1 \sim FC_8$ 为光纤活动连接器;DL 为光纤延尺线;D 为光电探测器;TH 为电流电压变换器;SP 为信号处理电路;PZT 为压电陶瓷筒。

下面以典型的两束光为例分析它是如何进行相位压缩的。

第一束光为:LD→1→3→PZT→5→8→DL→PC_2→7→6→PC_1→4→2→D;

第二束光为:LD→1→4→PC_1→6→7→PC_2→DL→8→5→PZT→3→2→D。

第一束光先 PZT 调制,再 DL 延时;第二束光则先 DL 延时,再 PZT 调制,正交状态可以通过偏振控制器进行调制,从而与图 3-8 的原理相同,故实现了相位压缩的目的。该传感器可达到 5～3 200 A 的大动态测量范围,0.5% 的测量精度。由于干涉光束具有相同的光路,故对缓变的环境干扰信号(如温度)不敏感。同时,它还能使用短相干长度和半导体激光器、发光二极管等光源。

2. 磁致伸缩效应光纤电流传感器

利用磁致伸缩材料被覆的单模光纤可以作为 Mach-Zehnder 干涉仪的测量臂。在待测电流的作用下,测量臂光纤中的光波产生了相移。根据干涉仪的原理,相移将引起干涉条纹的移动;检测条纹的移动量,即可反映被测电流的大小。

磁致伸缩材料被覆光纤的结构如图 3-30 所示,它是黏套着镍管的光纤。镍是一种典型的磁致伸缩材料,其壁厚为 0.1 mm,长度为 10 cm。镍管外套着一个待测电流通过的线圈,线圈的阻抗为 5 Ω,测量的电流为微安数级。当被测电流通过线圈后,将产生磁场并作用在镍管上,引起磁致伸缩效应,从而使光纤发生形变。这时干涉仪两臂的光相位差将出现变化。这就是磁致伸缩型 Mach-Zehnder 光纤干涉仪用做电流检测的基本原理。

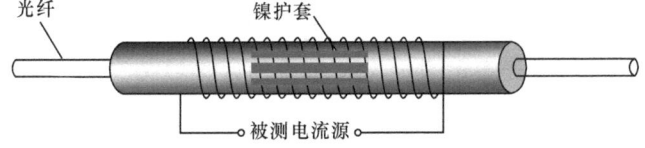

图 3-30 测量电流的光纤检测装置示意图

这种结构也适用于前述的金属被覆单模光纤作为干涉仪测量臂的情况。这种干涉仪可对电流的热效应或磁致伸缩效应所引起的小相移进行测量。其测量灵敏度可达 10^{-6} rad。这种系统与早期的分立式光纤干涉仪的结构不同,其光源采用了半导体单模激光器,并用光纤耦合器作为分束器。这样可使干涉仪结构紧凑、体积小。同时,信号处理采用了高增益、宽频带的电子补偿系统以及带有锁相放大器的信号接收系统,从而保证仪器有较高的灵敏度。

3. Sagnac 干涉型电流传感器

1) 基本结构

通常我们将通过测量光波在通过磁光材料时,其偏振面由于电流产生的磁场的作用而发生旋转的角度大小来确定被测电流的大小的传感器分类为偏振调制型传感器。旋转角度值表征了通过调制区前后偏振态的改变。由于探测器不能直接探测光的偏振态,常规方法需要将光偏振态的变化转换为光强信号直接测量,这种方法将在 5.2.1 节介绍。而将偏振态的变化换为光波的相位移利用干涉法测量,则为干涉调制型传感器。目前应用最多、效果最佳的是类似光纤陀螺的光路方案——Sagnac(萨奈克)结构。

图 3-31 是 Sagnac 干涉型光纤电流传感器的结构原理图。光路结构借鉴了成熟的光纤陀螺技术——互易性光路设计,可以极大程度地减小温度等外界环境的干扰。光源发出的光经光纤起偏器起偏成为线偏光,通过 3 dB 耦合器 2 分为两路,分别经由 1/4 波片转换成圆偏振光后,沿相反的方向进入传感光纤环;法拉第效应使两束圆偏振光的偏振面发生旋转,然后光束再次经过另一 1/4 波片重新转换为线偏振光,返回起偏器发生干涉。由于进行干涉的两束光的偏振面旋转角度大小相等、方向相反,因此产生两倍于法拉第相移的相位差,即 $\Delta\Phi = 2vN_L I$,其中,v 是光纤的维尔德常数,N_L 是光纤环的匝数,I 为被测电流。因此,系统灵敏度原理是采用相同匝数的偏振调制型光纤传感器方案的两倍。同样,只需检测输出光的相位差就能得出待测电流,因此功率波动对系统的影响比偏振旋转方案要小,系统稳定性优于偏振旋转方案。Sagnac 结构的主要缺点是:与法拉第效应一样都是非互易对称,检测时分辨不出 Sagnac 效应会引入测量误差,降低系统稳定性。

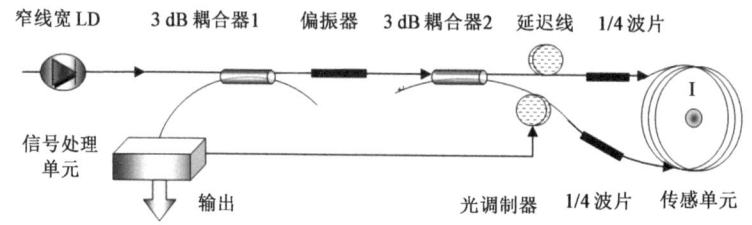

图 3-31 Sagnac 干涉型光纤电流传感器原理图

2) 应用的主要问题与解决方案

(1) 单模光纤的双折射效应

全光纤电流传感器难于实用化的根本原因之一:缺乏理想地消除光纤线性双折射的方法。当单色光在光纤中传输时,由于振动方向互相垂直的两个线偏光具有不同传播速度(或折射率)引起双折射现象。双折射的内因是光纤本身固有的几何不对称性和掺杂的不均匀性;而外界因素,如安装、使用过程中的绕环弯曲和温度变化也将引入双折射效应,从而使 2 个正交偏振模式在传输过程中具有不同的相速,产生的相移导致基模的偏振态沿光纤长度方向不断改变,产生线偏光—椭圆偏振光—圆偏振光—椭圆偏振光—线偏振光的周期性变化,在传输系统中产生偏振色散和噪声,这种影响称为线性双折射。线性双折射的影响是全光纤电流传感器实用化的最大障碍,由于线性双折射的存在,存在两个方面的影响:

① 对法拉第旋光效应有熄灭作用。线性双折射使线偏光的 2 个正交振动分量之间产生相位差,则输出光变成椭圆偏振光,降低系统测量灵敏度。在最糟糕的情况下,当 2 个正交分量间的相位差为 π/2 时,输出光变成圆偏振光,测量灵敏度将下降为零。

② 线性双折射效应的存在使系统"过敏"。由于线性双折射效应与光纤的形变、内部应力、弯曲、扭转、振动,以及光源波长、环境温度等许多因素相关,所以系统的输出将会受到这些因素的调制,使系统的测量灵敏度随环境因素变化而变化。

因此,提高全光纤电流传感器灵敏度的关键在于改善传感光纤的线性双折射问题,针对线性双折射的问题做了大量长期的研究。

(2) 线性双折射的解决方案

在解决传感光纤的线性双折射问题的同时,还存在一些互相制约的因素,需要权衡利弊来考虑设计方案。例如,通常采用增加传感单元光纤环的匝数以提高系统灵敏度,但增加匝数势必会增大线性双折射,反而降低了系统灵敏度;另外,随着传感光纤长度的增加,信号通过探头时间增加,降低了系统带宽,使系统频率特性变差。近年来,研究报道了很多解决线性双折射问题的方案,主要有以下 5 种。

① 在光纤中引入圆双折射:理论研究表明,在单模光纤中引入大量固有圆双折射可抵消光纤内在的线性双折射。法拉第效应实质为磁致圆双折射现象,可叠加在已引入的固有圆双折射上以保持测量灵敏度。多采用单模光纤或旋椭圆双折射光纤,通过这种方式可明显减小光纤内在双折射,但由于圆双折射受温度影响大,因而提高灵敏度需要采用温度补偿技术。特殊绕制光纤圈的方法也有同样的效果。

② 采用退火光纤:已有实验表明,采用光纤匝退火的方法可有效消除弯曲产生的线性双折射。但是在高温退火处理中光纤的保护套层被全部破坏,致使光纤极易受损。因此需要必要的包装,但又要尽可能小地引入附加线性双折射,有报道将已退火的光纤匝埋入高黏性的聚四氟乙烯塑料润滑护套中,在 10~120 ℃范围内获得了 0.001 7%/℃的温度敏感系数。

③ 用输入不同偏振态法分离双折射:在这种检测方案中,采用交替向传感器中输入两个具有不同偏振态的偏振光的全光纤电流传感器的主要问题及解决方法。

④ 全面分析输出偏振态法:当环境温度仅在一个很小范围内变化,如从 5~10 ℃时,可以用全面分析偏振态的方法,把输出线偏光中由电流引起的偏振态改变与由温度变化产生的偏振态改变分离开。即同时测量输出光的偏振角与椭圆度,然后通过查表的方法来估价瞬态电流和温度值。

⑤ 干涉仪检测法:因法拉第效应也可以用圆双折射来描述,即:由电流引起的偏振角改变可以描述为由电流引起的圆双折射的改变,即由于磁场的作用使介质的左右旋圆偏振光的折射率发生相应改变,采用干涉检测法可测量出相位变化,进而间接测出电流值。在众多被采用的干涉仪方案中,基于 Sagnac 原理的干涉仪因法拉第效应的非易性,使系统具有不受任何互易效应波动影响的特性。

以上方法均能在一定程度光纤固有双折射的影响,要进一步提高准确度,可以通过传感头处的温度测量从外部进行补偿。除了温度的影响,振动也会对测量准确度产生影响,对整个光路的调整、校准及防振等带来很大的困难。现在,学者们致力于寻找法拉第效应、线性和圆形双折射效应之间的区别,来消除系统中的双折射效应。

3.5 相位调制型光纤传感器的发展

图 3-32 所示是一种用光纤进行远距离传感的干涉仪。所用的光纤是高双折射光纤,以使两正交偏振态的光在其中传播。激光器发出的线偏振光以与光纤正交偏振轴成 45°角射入光纤,用自聚焦透镜耦合进光纤。这样,两正交偏振态的光将沿着光纤输入用于量测的干涉仪。干涉仪可以是任何类型的。由干涉仪返回的光信号再经光纤,通过 Wollaston(沃拉斯顿)棱镜分成两束后分别检测。图 3-32 所示的装置就是用 Rayleigh(瑞利)干涉仪测量气体或液体折射率 n 的变化,它可感测到 10^{-7} 量级的折射率变化。

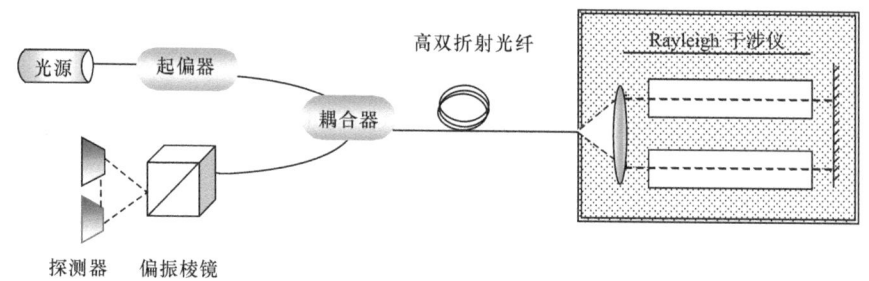

图 3-32 Rayleigh 干涉仪原理图

相位干涉型光纤传感器的一个重要的发展方向是分布式传感,籍光纤长距离传输的优势和干扰仪自身灵敏度高的特点,干涉型分布式光纤传感技术将在第 6.3.2 节介绍。

习题与思考

3.1 已知熔石英光纤纤芯的参数为:$n=1.456, P_{11}=0.121, P_{12}=0.270, E=7.101\,0\,\text{Pa}, \nu=0.1$。试分别计算工作波长为 $0.85\,\mu\text{m}$ 和 $1.30\,\mu\text{m}$ 时,光纤横向受压的压力灵敏度 $\Delta\varphi/PL$ 之值(按简化光纤模型计算)。

3.2 当波长为 $0.633\,\mu\text{m}$、$0.85\,\mu\text{m}$ 和 $1.30\,\mu\text{m}$ 时,光纤横向受压的压力灵敏度 $\Delta\varphi/PL$ 之值,分析波长变化对压力灵敏度的影响。

3.3 试计算 Sagnac 光纤干涉仪的相对灵敏度 $\Delta\varphi/\varphi$。已知光纤长 500 m,工作波长 $1.30\,\mu\text{m}$,光纤绕成直径为 10 cm 的光纤圈,欲检测出 $10\cdot 2°/\text{h}$ 的转速。

3.4 试计算地磁场对习题 3.3 的 Sagnac 光纤干涉仪带来的角度漂移。已知所用高双折射光纤的双折射值 $\Delta\beta=500\,\text{red/m}$,地磁引起的法拉第旋光为 $0.000\,1\,\text{red/m}$,光纤长 500 m,光纤圈直径 10 cm。

3.5 若一单模光纤的固有双折射为 $100°/\text{m}$,现用 10 m 长的光纤构成光纤电流传感器的传感头,其检测灵敏度与理想值相比,下降多少?若固有双折射为 $2.6°/\text{m}$,其检测灵敏度之值为多少?

3.6 用损耗为 12 dB/km 的超低双折射石英光纤 10 m 构成一个全光纤传感头,若被测电流为 1 000 A,按理想情况计算偏振光的转角是多少?若改用磁敏光纤,欲产生同样的转角,需用光纤多长?比较两种情况下的光能损失。如果此光纤电流传感器还需 20 m 的输入、输出光纤,则两种情况下光能损失相差多少?

第4章 波长调制型光纤传感器

4.1 波长调制传感原理

被测场/参量与敏感光纤相互作用,引起光纤中传输光的波长改变;进而通过测量光波长的变化量来确定被测参量的传感方法即为波长调制型传感。目前,波长调制型传感器中以对光纤光栅传感器的研究和应用最为普及。然而,在波长调制型传感器家族中还有众多应用广泛的、重要的传光型的传感器,例如:光纤黑体温度计、磷光传感器、光声光谱传感器、光纤SPR传感器等。本章以光纤光栅传感器为主要研究对象,同时选择性地介绍了在生物、医学和环境科学领域有着重要应用和广阔前景的传光型波长调制光纤传感器。

光纤光栅传感器是一种典型的波长调制型光纤传感器。基于光纤光栅的传感过程是通过外界参量对布拉格(Bragg)中心波长 λ_B 的调制来获取传感信息,其数学表达式为

$$\lambda_B = 2n_{eff}\Lambda \tag{4-1}$$

式中:n_{eff} 为纤芯的有效折射率;Λ 是光栅周期。

这是一种波长调制型光纤传感器。它具有以下明显的优点:

(1) 抗干扰能力强。一方面是因为普通的传输光纤不会影响传输光波的频率特性(忽略光纤中的非线性效应);另一方面光纤光栅传感系统从本质上排除了各种光强起伏引起的干扰。例如:光源强度的起伏、光纤微弯效应引起的随机起伏和耦合损耗等都不可能影响传感信号的波长特性,因而基于光纤光栅的传感系统具有很高的可靠性和稳定性。

(2) 传感探头结构简单,尺寸小(其外径和光纤本身等同),适于许多应用场合,尤其是智能材料和结构。

(3) 测量结果具有良好的重复性。

(4) 便于构成各种形式的光纤传感网络。

(5) 可用于外界参量的绝对测量(在对光纤光栅进行定标后)。

(6) 光栅的写入工艺已较成熟,便于形成规模生产。

光纤光栅由于具有上述诸多优点,因而具有广泛的应用。

它也存在一些不足之处,例如,对波长移位的检测需要用较复杂的技术和较昂贵的仪器或光纤器件,需大功率的宽带光源或可调谐光源,其检测的分辨率和功态范围也受到一定限制等。

4.2 光纤布拉格光栅传感器

4.2.1 光纤布拉格光栅传感模型

由光纤光栅的布拉格方程可知,光纤光栅的布拉格(Bragg)波长取决于光栅周期 Λ 和反

向耦合模的有效折射率 n_{eff}，任何使这两个参量发生改变的物理过程都将引起光栅布拉格(Bragg)波长的漂移。正是基于这一点，一种新型、基于波长漂移检测的光纤传感机理被提出并得到广泛应用。在所有引起光栅布拉格(Bragg)波长漂移的外界因素中，最直接的为应力、应变参量。因为无论是对光栅进行拉伸还是挤压，都势必导致光栅周期 Λ 的变化，并且光纤本身所具有的弹光效应使得有效折射率 n_{eff} 也随外界应力状态的变化而改变，因此采用光纤布拉格光栅制成光纤应力应变传感器，就成了光纤光栅在光纤传感领域中最直接的应用。

1. 应变传感模型

应力引起光栅布拉格波长漂移可由下式给予描述

$$\Delta\lambda_B = 2n_{eff}\Delta\Lambda + 2\Delta n_{eff}\Lambda \tag{4-2}$$

式中：$\Delta\Lambda$ 为光纤本身在应力作用下的弹性变形；Δn_{eff} 为光纤的弹光效应。

外界不同的应力状态将导致 $\Delta\Lambda$ 和 Δn_{eff} 的不同变化。一般情况下，由于光纤光栅属于各向同性柱体结构，所以施加于其上的应力可在柱坐标系下分解为 σ_r、σ_θ 和 σ_z 三个方向。我们称单纯有 σ_z 作用的情况为轴向应力作用，σ_r 和 σ_θ 称为横向应力作用，三者同时存在为体应力作用。下面根据不同情况分别讨论光纤光栅对不同应力作用的传感模型。

在进行具体讨论之前，为使问题既简单又能最接近实际情况，提出以下几点假设，作为讨论下面所有问题的共同出发点：

（1）光纤光栅作为传感元，其自身结构仅包含纤芯和包层两层，忽略所有外包层的影响。此假设有实际意义。首先，从光纤光栅的制作工艺可知，要进行紫外曝光，必须去除光纤外包层，以消除它对紫外光的吸收作用，所以直接获得的光纤光栅本身就处于裸纤状态；其次，对裸纤结构的分析能更直接地反映公式本身的传感特性，而不至于被其他因素所干扰。

（2）由石英材料制成的光纤光栅在所研究的应力范围内为一理想弹性体，遵循胡克定律，且内部不存在剪切应变。该假设与实际情况也非常接近，只要不接近光纤本身的断裂极限，都可认为该假设是成立的。

（3）紫外光引起的光敏折射率变化在光纤横截面上均匀分布，且这种光致折射率变化不影响光纤自身各向同性的特性，即光纤光栅区仍满足弹性常数多重简并的特点。

（4）所有应力问题均为静应力，不考虑应力随时间变化的情况。

基于以上几点假设，可建立以下应力应变传感模型。

1）各向同性介质中胡克定律的一般形式

胡克定律的一般形式可由下式表示

$$\sigma_i = C_{ij}\varepsilon_j \quad (i,j=1,2,3,4,5,6) \tag{4-3}$$

式中：σ_i 为应力张量；C_{ij} 为弹性模量；ε_j 为应变张量。

对于各向同性介质，由于材料的对称性，可对 C_{ij} 进行简化，并引入拉梅(Lame)常量 λ、μ 来表示弹性模量，得

$$\begin{bmatrix}\sigma_1\\\sigma_2\\\sigma_3\\\sigma_4\\\sigma_5\\\sigma_6\end{bmatrix} = \begin{bmatrix}\lambda+2\mu & \lambda & \lambda & 0 & 0 & 0\\\lambda & \lambda+2\mu & \lambda & 0 & 0 & 0\\\lambda & \lambda & \lambda+2\mu & 0 & 0 & 0\\0 & 0 & 0 & \mu & 0 & 0\\0 & 0 & 0 & 0 & \mu & 0\\0 & 0 & 0 & 0 & 0 & \mu\end{bmatrix} \cdot \begin{bmatrix}\varepsilon_1\\\varepsilon_2\\\varepsilon_3\\\varepsilon_4\\\varepsilon_5\\\varepsilon_6\end{bmatrix} \tag{4-4}$$

其中:拉梅常量 λ、μ 可由材料弹性模量 E 及泊松比 ν 表示为

$$\left.\begin{array}{l}\lambda=\dfrac{\nu E}{(1+\nu)(1-2\nu)}\\ \mu=\dfrac{E}{2(1+\nu)}\end{array}\right\} \quad (4-5)$$

此式即为均匀介质中胡克定律的一般形式。由于光纤为柱型结构,通常采用柱坐标下应力应变的表示方式,即将上式中的下标改为 (r,θ,z) 的组合来表示纵向、横向及剪切应变。

2) 均匀轴向应力作用下 FBG 传感模型

均匀轴向应力是指对光纤光栅进行纵向拉抻或压缩,此时各向应力可表示为 $\sigma_{zz}=-P$(P 为外加压力),$\sigma_{rr}=\sigma_{\theta\theta}=0$,且不存在切向应力,根据式(4-4)可求得各方向应变为

$$\begin{bmatrix}\varepsilon_{rr}\\ \varepsilon_{\theta\theta}\\ \varepsilon_{zz}\end{bmatrix}=\begin{bmatrix}\nu\dfrac{P}{E}\\ \nu\dfrac{P}{E}\\ -\dfrac{P}{E}\end{bmatrix} \quad (4-6)$$

式中:E、ν 分别为石英光纤的弹性模量及泊松比。

现已求得在均匀轴向应力作用下各方向的应变值,下面以此为基础进一步求解光纤光栅的应力灵敏度系数。

将式(4-2)展开得

$$\Delta\lambda_{B_z}=2\Lambda\left(\frac{\partial n_{\text{eff}}}{\partial L}\Delta L+\frac{\partial n_{\text{eff}}}{\partial a}\Delta a\right)+2\frac{\partial \Lambda}{\partial L}\Delta L n_{\text{eff}} \quad (4-7)$$

式中:ΔL 为光纤的纵向伸缩量;Δa 为由于纵向拉伸引起的光纤直径变化;$\partial n_{\text{eff}}/\partial L$ 为弹光效应;$\partial n_{\text{eff}}/\partial a$ 为波导效应。

下面首先推算由弹光效应引起的布拉格中心波长偏移。已知相对介电抗渗张量 β_{ij} 与介电常数 ε_{ij} 有如下关系

$$\beta_{ij}=\frac{1}{\varepsilon_{ij}}=\frac{1}{n_{ij}^2} \quad (4-8)$$

式中:n_{ij} 为某一方向上的光纤的折射率。

对于熔融石英光纤,由于其各向同性,可认为各方向折射率相同,在此仅研究光纤光栅反射模的有效折射率 n_{eff},故可将上式变形为

$$\Delta(\beta_{ij})=\Delta\left(\frac{1}{n_{\text{eff}}^2}\right)=-\frac{2\Delta n_{\text{eff}}}{n_{\text{eff}}^3} \quad (4-9)$$

由于 $\Delta n_{\text{eff}}=\partial n_{\text{eff}}/\partial L$,式(4-7)中略去波导效应,其余项可变形为

$$\Delta\lambda_{B_z}=2\Lambda\left[-\frac{n_{\text{eff}}^3}{2}\Delta\left(\frac{1}{n_{\text{eff}}^2}\right)\right]+2n_{\text{eff}}\varepsilon_{zz}L\frac{\partial \Lambda}{\partial L} \quad (4-10)$$

式中:$\varepsilon_{zz}=\Delta L/L$ 为纵向伸缩应变。

由于式(4-8)的存在,可以得到更为简单的 $\Delta\lambda_{B_z}$ 的表达式。实际上,在有外界应力存在的情况下,相对介电抗渗张量 β_{ij} 应为应力 σ 的函数,对 β_{ij} 进行泰勒展开并略去高阶项,利用式(4-8),同时引入材料的弹光系数 P_{ij},得到

$$\Delta\left(\frac{1}{n_{\text{eff}}^2}\right) = (P_{11} + P_{12})\varepsilon_{rr} + P_{12}\varepsilon_{zz} \tag{4-11}$$

式中利用了光纤的轴对称性 $\varepsilon_{rr} = \varepsilon_{\theta\theta}$，将此式代入式(4-10)，得到弹光效应导致的相对波长漂移为

$$\frac{\Delta\lambda_{B_Z}}{\lambda_B} = \frac{n_{\text{eff}}^2}{2}[(P_{11}+P_{12})\varepsilon_{rr} + P_{12}\varepsilon_{zz}] + \varepsilon_{zz} \tag{4-12}$$

式(4-12)中利用了均匀光纤在均匀拉伸下满足的条件：$\frac{\partial\Lambda}{\Lambda}\frac{L}{\partial L} = 1$。将式(4-6)代入式(4-12)，得到

$$\frac{\Delta\lambda_{B_Z}}{\lambda_B} = \left\{-\frac{n_{\text{eff}}^2}{2}[(P_{11}+P_{12})\nu - P_{12}] - 1\right\}|\varepsilon_{zz}| = k|\varepsilon_{zz}| \tag{4-13}$$

式(4-13)即为光纤光栅由弹光效应引起的波长漂移纵向应变灵敏度系数。

利用纯熔融石英的参数：$P_{11} = 0.121, P_{12} = 0.270, \nu = 0.17, n_{\text{eff}} = 1.456$，可得光纤光栅相对波长漂移应变灵敏度系数 $k = 0.784$。如果取波长为 $1.55~\mu\text{m}$，光纤光栅弹光效应单位纵向应变引起的波长漂移为 $1.22~\text{pm}/\mu\varepsilon$。

下面讨论由于光纤芯径变化引起的波导效应而产生的布拉格波长漂移现象。对于单模光纤，其传播常数 β_s 与光纤芯径密切相关，从而使得有效折射率 n_{eff} 也随纤芯的改变而改变。引入光纤归一化频率 $V = k_0 a \sqrt{2(n_1^2 - n_2^2)}$ 以及横向传播常数 $U = a\sqrt{k_0^2 n_1^2 - \beta_s^2}$，可将有效折射率 n_{eff} 表示为

$$n_{\text{eff}}^2 = n_1^2 - \left(\frac{U}{V}\right)^2 (n_1^2 - n_2^2) \tag{4-14}$$

式中：U, V 满足如下光纤本征方程

$$\frac{UJ_{m-1}(U)}{J_m(U)} = -\frac{WK_{m-1}(W)}{K_m(W)}$$

$$U^2 + W^2 = k_0^2 n_1^2 a^2 2\Delta = V^2$$

认为弱导单模光纤基模模场为高斯(Gaussian)分布，采用高斯场近似对本征方程进行化简，对于单模光纤的基模 HE_{11} 模可得 U、V 满足如下关系

$$U = -\frac{(1+\sqrt{2})V}{1+(4+V^4)^{\frac{1}{4}}}$$

将此式代入式(4-14)，即可得 n_{eff} 与归一化频率 V 之间的直接关系。由于 V 仅由光纤参数决定，可以通过对光纤芯半径 a 直接求导得到

$$k_{\text{wg}} = \frac{(\Delta n_{\text{eff}})_{\text{wg}}}{\Delta a} = \frac{\partial n_{\text{eff}}}{\partial a}$$

$$= -\frac{(1+\sqrt{2})^2 V^3 (4+V^4)^{-3/4}(n_1^2 - n_2^2)}{[1+(4+V^4)^{1/4}]^3 \left\{n_1^2 - \left[\frac{1+\sqrt{2}}{1+(4+V^4)^{1/4}}\right]^2 (n_1^2 - n_2^2)\right\}^{\frac{1}{2}}} \tag{4-15}$$

所以，由波导效应引起的光纤光栅波长相对漂移可表示为

$$\left(\frac{\Delta\lambda_{B_Z}}{\lambda_B}\right)_{\text{wg}} = \frac{\Delta a}{n_{\text{eff}}}\frac{\partial n_{\text{eff}}}{\partial a} = \frac{k_{\text{wg}}}{n_{\text{eff}}} a\varepsilon_{rr} = -\frac{k_{\text{wg}}}{n_{\text{eff}}} a\nu|\varepsilon_{zz}| \tag{4-16}$$

利用单模光纤的条件，可得出波导效应光纤光栅纵向应变灵敏度系数与光纤芯径及数值孔径关系，如图 4-1 所示，光纤参数如图中说明。

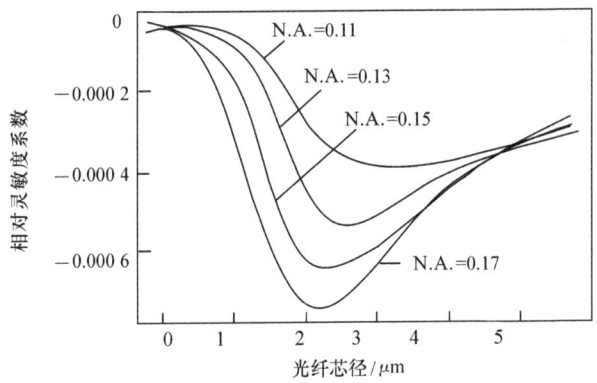

图 4-1 光纤光栅波导效应引起的纵向应变灵敏度系数与光纤芯径及数值孔径的关系

可以看出,波导效应对光纤光栅纵向应变灵敏度影响较小,但其作用与弹光效应相反,属于妨碍光纤光栅用于光纤传感领域的一个因素。从图中还可以看出,随着光纤芯径及数值孔径的增加(保持在单模状态),波导效应逐渐增大,欲得到高灵敏度的光纤光栅传感器,最好采用低数值孔径、小芯径光纤。换句话说,低的掺锗量将有利于提高传感器灵敏度,因此在应用光纤光栅进行高精度研究时,需控制制作光纤光栅的掺杂光纤掺锗含量。

基于以上分析,光纤光栅的纵向应变灵敏度系数仅取决于材料本身和反向耦合模的有效折射率。对于单模光纤,由于仅有基模存在,当光纤材料选定后(具有固定的掺杂量)其灵敏度系数将为一定值,这就从根本上保证了光纤光栅作为轴向应变传感器时具有良好的线性输出特性。同时,对于少模光纤,根据前述耦合波理论,可能同时存在多个模式满足相位匹配条件,它们具有不同的传播数 β_s 和有效折射率 n_{eff},所以同一光栅可能同时出现两个或多个具有不同应变灵敏度的布拉格波长。这在传感补偿技术及参量传感方面有着十分广阔的用途,是其他传感技术所无法匹敌的。

3) 均匀横向应力作用下光纤光栅传感模型

均匀横向应力是指对光纤沿各个径向施加压力为 P,对应的光纤内部应力状态为:$\sigma_{rr}=\sigma_{\theta\theta}=-P,\sigma_{zz}=0$,不存在剪切应变,仍根据上文中广义胡克定律可求得光纤应变张量为

$$\begin{bmatrix} \varepsilon_{rr} \\ \varepsilon_{\theta\theta} \\ \varepsilon_{zz} \end{bmatrix} = \begin{bmatrix} -(1-v)\dfrac{P}{E} \\ -(1-v)\dfrac{P}{E} \\ 2v\dfrac{P}{E} \end{bmatrix} \tag{4-17}$$

利用上节推导过程可知,此种受力状态下弹光效应引起的光纤光栅相对波长漂移可表示为

$$\begin{aligned}\dfrac{\Delta\lambda_{B_Z}}{\lambda_B} &= \dfrac{n_{\text{eff}}^2}{2}\left[-(P_{11}+P_{12})(1-v)\dfrac{P}{E}+P_{12}2v\dfrac{P}{E}\right]+2v\dfrac{P}{E} \\ &= \left\{-\dfrac{n_{\text{eff}}^2}{2}\left[-(P_{11}+P_{12})\dfrac{1-v}{2v}+P_{12}\right]+1\right\}\varepsilon_{zz}\end{aligned} \tag{4-18}$$

利用上节给出的光纤参数,可以得出此种应力状态下弹光效应引起的光纤光栅相对波长漂移纵向应变灵敏度系数为 1.726,仍取波长为 1.55 μm,可得单位纵向应变引起的波长漂移为 2.675 pm/με。虽然从表面上看,此种情况较纵向均匀拉伸更为敏感,但由于同样压力 P 下横

向应力引起的纵向应变较纵向应力小,所以两者之间只要用应力灵敏度系数来进行比较,就可得纵向拉伸下的应力灵敏度为 $0.786/E$,而横向应力下应力灵敏度仅为 $0.587/E$,其中 E 为光纤弹性模量。可以看出,从弹光效应的角度看,光纤光栅对纵向应力较横向应力更为敏感。

现利用上节结果讨论此种情况下波导效应引起的光栅波长漂移。由于同样应力下径向应变较前一种情况增加 $(1-v)/v \approx 5$ 倍,所以波导效应的作用显著增加。由图 4-1 可知波导效应将减少光纤光栅的应变灵敏度,所以由综合弹光及波导两种效应可知,光纤光栅对于均匀横向应力的灵敏度较纵向伸缩要小。在复杂应力情况下,由纵向应力引起的波长漂移将会占主要地位。

4) 任意正应力作用下光纤光栅传感模型

任意正应力状态下的光纤应力张量可表示为

$$\begin{bmatrix} \sigma_{rr} \\ \sigma_{\theta\theta} \\ \varepsilon_{zz} \end{bmatrix} = \begin{bmatrix} -P \\ -P \\ -S \end{bmatrix}$$

仍根据式(4-4)所示的广义胡克定律得应变张量为

$$\begin{bmatrix} \sigma_{rr} \\ \sigma_{\theta\theta} \\ \varepsilon_{zz} \end{bmatrix} = \begin{bmatrix} -\frac{1}{E}[P(1-v)-Sv] \\ -\frac{1}{E}[P(1-v)-Sv] \\ -\frac{1}{E}[S-2Pv] \end{bmatrix} = \begin{bmatrix} -\frac{P}{E}(1-v) \\ -\frac{P}{E}(1-v) \\ \frac{2}{E}Pv \end{bmatrix} + \begin{bmatrix} \frac{S}{E}v \\ \frac{S}{E}v \\ -\frac{S}{E} \end{bmatrix} \quad (4\text{-}19)$$

根据上两节结果可得,此时的光栅应变灵敏度可表示为

$$\left(\frac{\Delta \lambda_B}{\lambda_B}\right)_{all} = \left(\frac{\Delta \lambda_B}{\lambda_B}\right)_{P_r=-P} + \left(\frac{\Delta \lambda_B}{\lambda_B}\right)_{P_z=-S} \quad (4\text{-}20)$$

可见,对于任意应力情况,均可将其分解为轴向应力和径向应力,其灵敏度则由两种标准方向上灵敏度的和来表示。

2. 光纤布拉格光栅温度传感模型

1) 光纤光栅温度传感模型分析的前提假设

与外加应力相似,外界温度的改变同样也会引起光纤光栅布拉格波长的漂移。从物理本质看,引起波长漂移的原因主要有三个:光纤热膨胀效应、光纤热光效应以及光纤内部热应力引起的弹光效应。为了能得到光纤光栅温度传感器更详细的数学模型,在此有必要对所研究的光纤光栅作以下假设:

(1) 仅研究光纤自身各种热效应,忽略外包层以及被测物体由于热效应而引发的其他物理过程。很显然,热效应与材料本身密切相关,不同的外包层(如弹性塑料包层、金属包层等)、不同的被测物体经历同样的温度变化将对光栅产生极为不同的影响,所以在此分离出光纤光栅自身进行研究,而将涉及涂敷材料及被测物体的问题留到以后讨论。

(2) 仅考虑光纤的线性热膨胀区,并忽略温度对热膨胀系数的影响。由于石英材料的软化点在 2 700 ℃ 左右,所以在常温范围完全可以忽略温度对热膨胀系数的影响,认为热膨胀系数在测量范围内始终保持常数。

(3) 认为热光效应在所采用的波长范围(1.3~1.5 μm)和所研究的温度范围内保持一致,亦即光纤折射率温度系数保持为常数。这一点已经有文献给予实验证实。

(4) 仅研究温度均匀分布情况,忽略光纤光栅不同位置之间的温差效应。因为一般光纤光栅的尺寸仅 10 mm 左右,所以认为它处于均匀温场并不会引起较显著的误差,这样就可以忽略由于光栅不同位置之间的温差而产生的热应力影响。

基于以上几点假设,我们将得出单纯光纤光栅的温度传感数学模型。

2) 光纤光栅温度传感模型分析

仍从光栅布拉格方程 $\lambda_B = 2n_{\text{eff}}\Lambda$ 出发,当外界温度改变时,可得到布拉格方程的变分形式为

$$\Delta\lambda_{B_r} = 2\Delta n_{\text{eff}}\Lambda + 2n_{\text{eff}}\Delta\Lambda$$

$$= 2\left[\frac{\partial n_{\text{eff}}}{\partial T}\Delta T + (\Delta n_{\text{eff}})_{\text{ep}} + \frac{\partial n_{\text{eff}}}{\partial a}\Delta a\right]\Lambda + 2n_{\text{eff}}\frac{\partial \Lambda}{\partial T}\Delta T \quad (4\text{-}21)$$

式中: $\partial n_{\text{eff}}/\partial T$ 为光纤光栅折射率温度系数,用 ξ 表示; $(\Delta n_{\text{eff}})_{\text{ep}}$ 为热膨胀引起的弹光效应; $\partial n_{\text{eff}}/\partial a$ 为由于膨胀导致光纤芯径变化而产生的波导效应; $\partial \Lambda/\partial T$ 为光纤的线性热膨胀系数,用 a 代表。

这样可将上式改写为如下形式

$$\frac{\Delta\lambda_{B_r}}{\lambda_B\Delta T} = \frac{1}{n_{\text{eff}}}\left[\xi + \frac{(\Delta n_{\text{eff}})_{\text{ep}}}{\Delta T} + \frac{\partial n_{\text{eff}}}{\partial a}\frac{\Delta a}{\Delta T}\right] + a \quad (4\text{-}22)$$

利用上一节应力传感模型分析中得到的弹光效应及波导效应引起的波长漂移灵敏度系数表达式,并考虑到温度引起的应变状态为

$$\begin{bmatrix}\varepsilon_{rr}\\ \varepsilon_{\theta\theta}\\ \varepsilon_{zz}\end{bmatrix} = \begin{bmatrix}a\Delta T\\ a\Delta T\\ a\Delta T\end{bmatrix}$$

可得光纤光栅温度灵敏度系数的完整表达式为

$$\frac{\Delta\lambda_{B_r}}{\lambda_B\Delta T} = \frac{1}{n_{\text{eff}}}\left[\xi - \frac{n_{\text{eff}}^3}{2}(P_{11}+2P_{12})a + k_{\text{wg}}a\right] + a$$

式中: k_{wg} 如式(4-15)定义,表示波导效应引起的布拉格波长漂移系数。

可以明显看出,当材料确定后,光纤光栅对温度的灵敏度系数基本上为一与材料系数相关的常数,这就从理论上保证了采用光纤光栅作用温度传感器可以得到很好的输出线性。

对于熔融石英光纤,其折射率温度系数 $\xi = 0.68n_{\text{eff}}\times 10^{-5}/℃$,线性热膨胀系数 $a = 5.5\times 10^{-7}/℃$,其他参数如前文所述,可得没有波导效应的光纤光栅相对温度灵敏度系数为 $0.6965\times 10^{-5}/℃$,仍对于 1.55 μm 波长可得单位温度变化下引起的波长漂移为 10.8 pm/℃。对于波导效应,可以明显地看出它对温度灵敏度系数的影响极其微弱,因为线性热膨胀系数 a 较折射率温度系数要小两个数量级,再加之波导效应本身对波长漂移的影响又比弹光效应小许多,故在分析光纤光栅温度灵敏度系数时可以完全忽略波导效应产生的影响。

综上所述,对于纯熔融石英光纤,当不考虑外界因素的影响时,其温度灵敏度系数基本上取决于材料的折射率温度系数,而弹光效应以及波导效应将不对光纤光栅的波长漂移造成显著影响。

4.2.2 光纤光栅增敏与去敏设计

从前面章节的分析中可知,通过控制涂敷材料的力学参数可以实现光纤光栅增敏及去敏要求。这对于光纤光栅的应用有着极为重要的现实意义。下面根据不同材料参数,计算涂敷材料对光纤光栅灵敏度系数的影响。首先考虑上述四种材料随厚度的增加,灵敏度系数的最

终变化趋势。随材料厚度的增加,不同弹性模量的材料达到不同水平的灵敏度饱和值,这说明不可能单纯依靠软性材料涂敷厚度的增加来进一步改善光纤光栅的灵敏度系数。对于同一弹性模量,随着材料泊松比的增加,灵敏度饱和值会逐渐上升。据此可知,欲提高光纤光栅的应变灵敏度系数,必须选用低弹性模量、高泊松比的涂敷材料进行保护。

对于去敏设计,一般应选择弹性模量大的材料。图 4-2(a)和(b)分别表示同一泊松比不同弹性模量材料及同一弹性模量不同泊松比涂敷材料对光纤光栅应灵敏度系数的影响。可以看出,当材料弹性模量大于一定值后,灵敏度系数随厚度的增加逐渐下降并趋于恒定值,并且材料弹性模量越大,其稳定值越低。从泊松比角度看,对于固定的弹性模量,随着泊松比的减小,灵敏度稳定值逐渐下降。由此可得,如对光纤光栅进行去敏设计,则需选用高弹性模量、低泊松比的金属材料进行涂敷,才能达到提高光栅稳定性的目的。

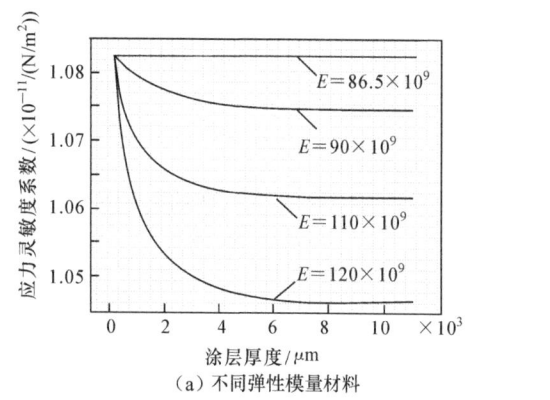 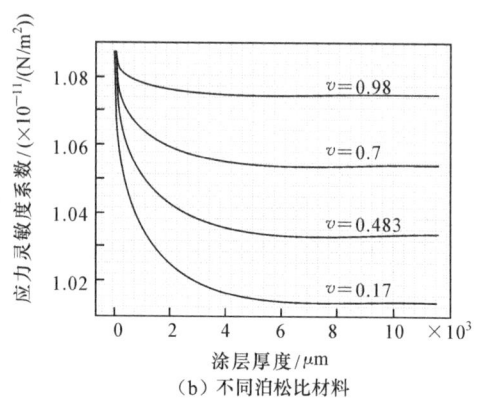

(a) 不同弹性模量材料　　　　　　　　(b) 不同泊松比材料

图 4-2　不同弹性模量材料和不同泊松比涂敷材料对光纤光栅应力灵敏度系数的影响

由上面的分析可看出,随涂敷材料弹性模量及泊松比的变化,涂敷材料对光栅灵敏度系数影响由增强逐渐变为减弱,其过程中存在一临界状态。图 4-3 对几种假设材料造成的临界状态进行了计算,可以看出,随材料泊松比的增大,所要求的临界弹性模量增加,反之亦然。这说明在选择光纤光栅去敏涂敷材料时,根据材料参数可综合考虑,以选择最为经济有效的去敏手段。

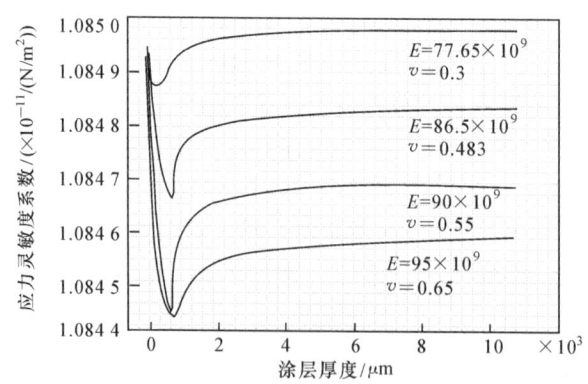

图 4-3　不同参数的涂敷材料对光栅灵敏度影响的临界状态

1. 非均匀涂敷对光纤光栅光学性能的影响

在进行光纤光栅标准拉伸实验时发现,一些光栅在涂敷前后的拉伸过程中表现出极为不同的光学特性,与涂敷前相比,经过二次涂敷后光栅反射率随拉伸载荷的增加逐渐下降,同时反射谱也逐渐加宽,这在裸光纤光栅拉伸实验中是从未观察到的。经过仔细观察发现,有此现象的光栅其涂敷层较为粗糙,而且随着涂敷层不均匀性的增加,这种现象变得更为明显。由此可以想到,涂敷层的不均匀性是造成光纤光栅光学特性发生改变的主要原因,下面就此现象进行深入分析。

仔细观察光纤光栅所涂敷的紫外胶保护层,发现由于涂敷工艺的限制,二次涂敷很难达到光纤拉制时涂敷胶所能达到的平滑度,有些涂敷较差的光栅,紫外胶在光栅表面形成了许多非连续分布的小球,这样,在进行轴向拉伸时将在光栅不同位置产生不同的应变值,应变值与该处横截面半径 R 的关系由下式表示

$$\varepsilon_z = \frac{mg}{\pi R^2 E} \tag{4-23}$$

式中:m 为轴向拉伸时所加砝码质量;E 为涂敷后光纤的弹性模量;R 为纵轴 z 的函数,可用 $R(z)$ 替代,这样光栅周期将变形为

$$\Lambda(z) = \Lambda_0 \left(1 + \frac{mg}{\pi R^2(z) E}\right) \tag{4-24}$$

式中:Λ_0 为未粘贴前光纤光栅的周期。

显然,均匀光栅经不均匀涂敷再由外界拉伸力作用后变成了周期 chirp 的非均匀光栅。由波导理论可知,这时光纤光栅的反射率及反射线宽均要发生改变,这就从理论上解释了所观察到的现象。

容易看出,由于涂敷不均匀造成的 chirp 是一种非线性随机 chirp,光栅反射谱将发生随机展宽,这对于基于波长检测的布拉格光栅传感器无疑是一种附加噪声。当涂敷不均匀非常明显时,这种噪声将变得严重,使传感结果产生很大的误差。现采用图 4-1 所示的光栅进行拉伸实验,起始光栅反射谱宽 $\Delta\lambda_B = 0.5$ mm,布拉格中心波长 $\lambda_B = 1544.1$ nm。随着拉伸载荷的增加,中心波长向长波方向漂移,同时反射谱宽也逐渐增加,当中心波长漂移达 2.3 nm 时,反射谱宽增至 0.8 nm,这说明中心波长的漂移值中有 17% 左右存在不确定性,有可能是由非均匀涂敷引起的 chirp 效应造成的,这对基于光纤光栅的光纤传感系统的稳定性及重复性是一种不可忽视的噪声源。

由以上分析可知,在对光纤光栅进行涂敷保护时,除了对涂敷材料需要精心选择外,对二次涂敷工艺也必须严格控制,这两点对光纤光栅的应力应变传感特性都会造成严重影响,是光纤光栅传感应用中必须予以高度重视的问题。

2. 光纤光栅的保护和封装

光纤光栅的保护和封装要注意以下几个问题:

(1) 当光纤光栅二次涂敷层材料的杨氏模量较低时,光栅波长漂移应力灵敏度系数随涂敷厚度的增加而增加,并随厚度的增加逐渐趋于一恒定值,该恒定值的大小取决于涂敷材料的弹性模量及泊松比,弹性模量越低、泊松比越高,则该恒定值越大。

(2) 当光纤光栅二次涂敷层材料的杨氏模量超过一定阈值后,光栅波长漂移应力灵敏度系数随涂敷厚度的增加而逐渐减少,且逐渐趋于一恒定值。该值亦由涂敷材料的弹性模量及泊松比决定,弹性模量越高、泊松比越低,则该恒定值越小。

(3) 对光纤光栅进行增敏处理,则需涂敷低弹性模量、高泊松比材料;进行去敏处理,则需涂敷高弹性模量、低泊松比材料。

(4) 涂敷材料对光纤光栅灵敏度系数影响的临界状态由材料弹性模量及泊松比共同决定,两者之间互为正比关系,即随材料泊松比增加,材料的临界弹性模量增加,反之亦然。

(5) 涂敷工艺对光纤光栅光学特性具有显著影响,随机非均匀涂敷将会造成传感结果的随机漂移,破坏传感系统的重复性及稳定性。

1) 保护层对光纤光栅传感性能的影响

光纤光栅在制作时需要将其涂敷层去除,以防止该层对紫外光的吸收,但它使光纤本身的机械性能大受影响。现对实验中使用的掺锗光纤去掉涂覆层进行应变极限测量,当外界拉伸重量超过 700 g 时,光纤即发生断裂。根据光纤芯径及其杨氏模量($E=7.2\times10^{10}$)可求得裸光纤光栅的应变极限仅 7 860 με(微应变),这说明裸光纤光栅进行应变测量时其测量范围非常有限,使用时必须进行二次涂敷保护才能达到实用要求。对用于应变传感实验的光纤光栅可进行紫外胶涂敷保护。

2) 二次涂敷前后光纤光栅标准应力拉伸实验

采用 FBG3# 号光栅进行涂敷前后应变灵敏度对比实验,光纤光栅裸纤部分约 27 mm,采用图 4-4 所示实验装置对涂敷前光栅进行标准拉伸实验,其布拉格中心波长漂移结果如图 4-5 所示,对其进行线性拟合得

$$\lambda_B = 1\,546.28 + 0.011\,39 \cdot g\,(\text{nm})$$

拟合误差为 0.000 25,根据光纤外径(125 μm)及熔融石英光纤弹性模量 $E=72.45\times10^9$ 可算出裸光纤状态下光纤光栅的纵向应变灵敏度系数为 1.03 pm/με,略小于理论结果。出现这种现象的主要原因是,当光纤组分改变时,其力学参数(弹性模量 E、泊松比 v)及弹光系数均会发生一定程度的改变,所以对实际所使用的掺锗光纤,如果简单地采用熔融石英光纤参数来进行理论灵敏度分析,势必造成一定的误差,这就是实际测量值较理论值略小的原因。

完成上述实验后,采用光纤制备时所使用的紫外硅橡胶对光纤光栅进行一次涂敷,并由紫外灯曝光 1 小时,得到近似圆柱形外保护层。仍采用图 4-4 所示的实验装置进行拉伸实验,得到在此情况下的波长漂移应力灵敏度,其结果也示于图 4-5,对其进行线性拟合得

$$\lambda_B = 1\,546.29 + 0.014 \cdot g\,(\text{nm})$$

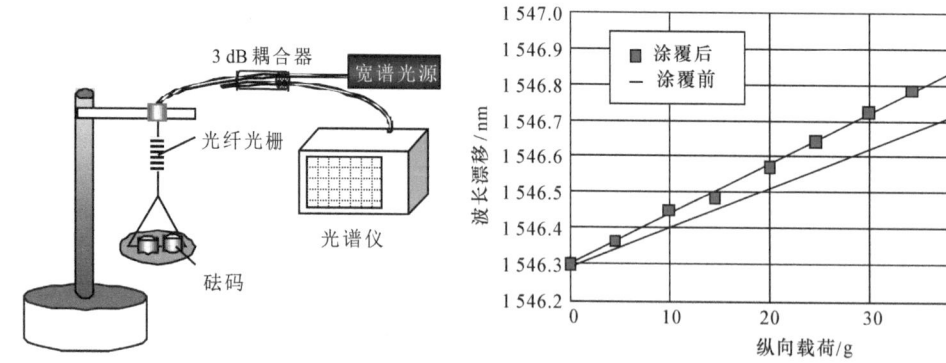

图 4-4 光纤光栅标准拉伸测试实验装置　　图 4-5 光纤光栅二次涂敷前后应变灵敏度测试结果

拟合误差为 0.000 25。仍采用上述光纤参数可求得涂敷后光纤光栅纵向应变灵敏度系数为 1.27 pm/με,较涂敷前提高约 23%。

从图中可以明显看出,光纤光栅经胶层涂敷后,其应力灵敏度系数较涂敷前显著提高。为

进一步验证这一现象的可靠性，再选用另一只自由状态布拉格波长为1 544.10 nm、由同种光纤制成的光纤光栅进行紫外胶加固，并对其进行同样的标准拉伸测试。

结果发现：其纵向应变灵敏度系数并没有重复第一支涂敷光纤的情况，而是又有所提高。比较这两支光栅，将其不同点归纳入表 4-1。

表 4-1 两只光栅的比较

状态条件	光栅 1	光栅 2
自由状态下布拉格波长	$\lambda_{B1}=1\,546.28$ nm	$\lambda_{B2}=1\,544.10$ nm
布拉格光栅长度	$L_{B1}=10$ mm	$L_{B2}=10$ mm
二次涂敷长度	$L_1=32$ mm	$L_2=30$ mm
紫外胶涂敷厚度	$d_1\cong 0.98$ mm	$d_2\cong 1.12$ mm

其中，涂敷厚度是指涂敷后光纤的外径，由游标卡尺测得。由于胶层具有一定的弹性，故认为测量结果为近似值。下面根据这些不同点进行分析，以找出造成灵敏度改变的主要原因。

由光纤光栅波长漂移应力灵敏度表达式可知，波长绝对漂移量与自由状态下布拉格波长成正比，这表明似乎第一支光栅在同样拉力下应比第二支有更大的波长漂移，但这与实验结果相悖，说明布拉格波长与造成灵敏度提高无关。另外，从灵敏度表达式推导过程可知，光栅长度 L_B 已经被纵向应变 ε_{xx} 所包含，而光纤本身在一定应力范围内可看成理想弹性体，所以只要拉力相同，不论 L_B 为多少必将造成同样的 ε_{xx}。由此可知，L_B 与灵敏度系数的提高无关。由此说明紫外胶涂敷长度和厚度是造成灵敏度提高的真正原因。

4.2.3 光纤布拉格光栅在光纤传感领域中的典型应用

1. 单参量测量

图 4-6 表示采用光纤光栅测量压力及应变的典型传感器结构。图中采用宽带发光二极管作为系统光源，利用光谱分析仪进行布拉格波长漂移检测，这是光纤光栅作为传感应用的最典型结构。

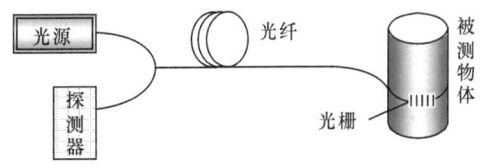

图 4-6 光纤光栅压力/应变传感器结构简图

2. 双参量测量

光纤光栅除对应力、应变敏感以外，对温度变化也有相当的敏感性，这意味着在使用中不可避免地会遇到双参量的相互干扰。为了解决这一问题，人们提出了许多采用多波长光纤光栅进行温度、应变双参量同时检测的实验方案。这些方案中比较有代表意义的是利用光纤光栅传感灵敏度系数依赖于布拉格波长这一特点，分别采用 850 nm 及 1 300 nm 两只光栅得到两个不同系数的双参量传感方程，由此求解得出双参量结果。最近，随着长周期光纤光栅的发展，利用长周期光栅与普通光栅传感灵敏度系数不同的特点，人们也建立了多个有着更高稳定性的双参量传感系统，从而使基于光纤光栅的双参量传感应用更加接近实用。

3. 准分布式多点测量

将光纤光栅用于光纤传感的另一优点是便于构成分布式传感网络，可以在大范围内对多点同时进行测量[24,25]。图 4-7 示出了两个典型的基于光纤光栅的准分布传感网络，可以看出其重点在于如何实现多光栅反射信号的检测。图中采用参考光栅匹配的解调方法。目前最常用的波长解调方法采用可调F-P腔,虽然方法各异,但均解决了分布测量的核心问题——多点解调,为实用化研究奠定了基础。

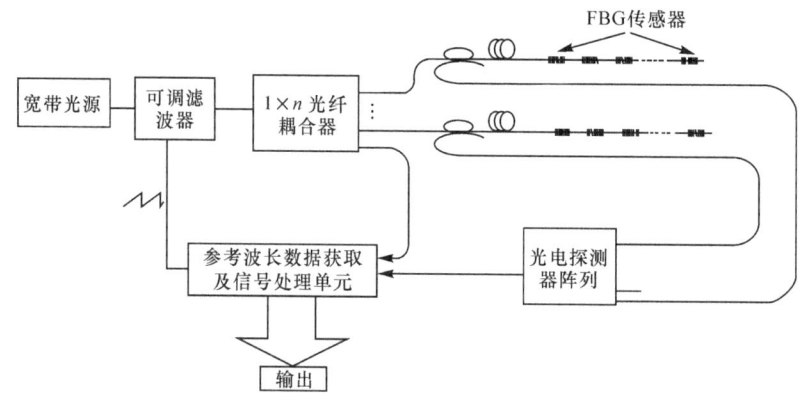

图 4-7 光纤传感网

4.3 光纤SPR传感器

20世纪60年代末出现的基于表面等离子体共振(surface plasmon resonance, SPR)的棱镜型光学传感器,具有灵敏度高、检测速度快、免标记、实时检测和样品消耗少等优点,20世纪80年代已经被广泛用于生命科学、药物开发、医学诊断、公共安全和环境污染监控等领域[2,20,26]。20世纪90年代初,出现了基于SPR技术的光纤传感器。与棱镜型SPR传感器相比,光纤传感器体积小、响应快、成本低,可以实现在线实时检测,有着更广阔的应用前景和经济价值。表4-2给出了市场上主要的SPR产品与供应商信息。

表 4-2 主要的SPR产品供应商信息

产品名称	制造商	国家	公司网页
BIAcore	GE lifescience	美国	www.gelifesciences.com
IASys	DCA design	英国	https://www.dca-design.com/work/affinity-sensors-iasys
MP-SPR	BioNavis	芬兰	www.bionavis.com
SPR-2/4	Sierra Sensors	德国	www.sierrasensors.com
IBIS-MX96	IBIS-MX96	荷兰	www.ibis-spr.nl

4.3.1 SPR原理与理论模型

1. SPR基本原理

如果入射光波和金属导体表面的自由电子相互作用,则有可能产生SPR现象。如图4-8所示,光线从光密介质入射到光疏介质,当入射角大于全反射临界角时,会发生全反射(total internal reflection, TIR)现象。如果在两种介质界面之间存在几十纳米的金属薄膜,则全反射时产生的倏逝波(evanescent wave, EW)将进入金属薄膜,并与金属薄膜中的自由电子相互作

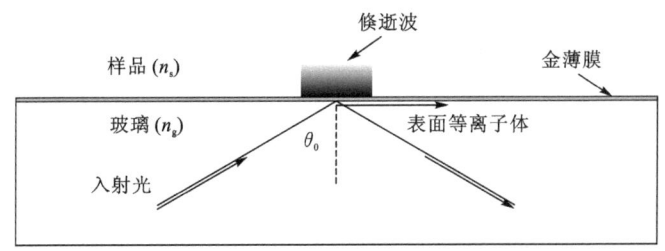

图 4-8 SPR 基本原理

用,激发出沿金属薄膜表面传播的表面等离子体波(surface plasmon wave,SPW)。当入射光的角度或波长满足某一特定值(谐振)时,入射光的大部分会转换成 SPW 的能量,从而使反射光能量突然下降,在反射谱上出现共振吸收峰,此时入射光的角度或波长称为 SPR 的共振角或共振波长。通过准确测量此共振角或者共振波长的变化,即可得到金属薄膜表面物质的折射率的变化,这就是 SPR 传感的基本原理。因为共振角(波长)对相邻物质折射率的变化非常敏感,所以 SPR 型传感器具有很高的折射率测量灵敏度。

当光以大于临界角的入射角透过基体照射到基体-金属薄膜表面并发生全反射时,由于金属薄膜的厚度(一般约 50 nm)小于倏逝波的穿透深度,在金属薄膜外侧与介质交界处,仍然存在倏逝波,其在 x 轴方向的分量和在金属-介质界面处,金属表面的自由电子气被激发而形成表面等离子体波的传播常数的 x 方向分量分别为

$$\begin{cases} K_{EV} = \dfrac{\omega}{c}\sqrt{\varepsilon_0}\sin\theta \\ K_{SP} \approx \dfrac{\omega}{c}\sqrt{\dfrac{\varepsilon_1\varepsilon_2}{\varepsilon_1+\varepsilon_2}} \end{cases} \quad (4-25)$$

式中:ω 为入射光的角频率,ε_0 为支持体的介电常数,θ 为入射角,c 为光速;ε_1 为金属膜的介电常数,ε_2 为金属膜表面样品的介电常数。

当 $K_{SP}=K_{EV}$ 时,金属表面的等离子体波将与倏逝波发生强耦合,产生表面等离子体共振吸收,反射光强度急剧下降,达最小值。此时的入射角 θ_{SP} 称为共振角,且有 $\sin\theta_{SP}=f(\omega,\varepsilon_0,\varepsilon_1,\varepsilon_2)$。入射光中,只有 p 偏振光能激发表面等离子体共振。

在实际测量时,往往利用金属薄膜表面样品的折射率来替代其介电常数,以入射光的波长 λ 替代角频率 ω,且 ε_0 和 ε_1 为常量,故 θ_{SP} 可描述为 $\sin\theta_{SP}=f(\lambda,n)$。其中,$\lambda$ 为入射光波长,n 为金属膜表面样品折射率。而样品的折射率又与样品中待测化学或生物量 m 的大小有关,故有 $\sin\theta_{SP}=f(\lambda,n)$。

由于倏逝波的有效深度一般为 100~200 nm,表面等离子体共振所测得的化学或生物量 m 仅是非常接近金属表面内介质的值,而非其本体值,因此 SPR 是研究表面作用的一种很有效的手段。

2. 典型的 SPR 模型

激励 SPR 的方式有多种,主要包括:光栅耦合、棱镜耦合、集成光波导和光纤耦合等方式。棱镜耦合又包括典型的 Otto 模型和 Kretschmann 模型。Otto 模型在金属薄膜和介质(棱镜)界面之间留有空隙,如图 4-9(a)所示。将被测物质放在此空隙中,增加了另一个界面,入射光从棱镜中入射,在第一个界面上发生全反射。由于两个界面之间距离很小,倏逝波穿透进入第二个界面(被测物质和金属薄膜的界面),这时倏逝波的 k 比在空气中要大,有可能满足波矢匹

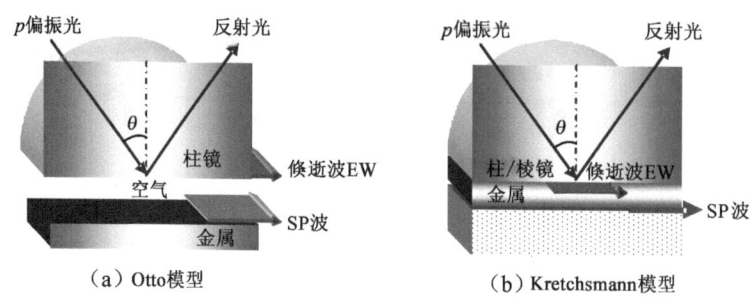

图 4-9　Otto 与 Kretchsmann SPW 激励模型

配条件,激发产生 SPR,此时反射光强急剧减小。但是,这种方法需要在棱镜与金属薄膜间留有空隙,制作比较困难,实际使用中较少。获得广泛应用的是 Kretchsmann 方式(如图 4-9(b)所示)。

Kretchsmann 与 Otto 方式的主要区别在于,其金属薄膜直接镀在棱镜底面,样品只与金属薄膜接触。这种结构制作简单,因此很快得到了广泛应用。

在 Kretchsmann 方式中,入射光在棱镜与金属薄膜交界面上发生全反射。由于金属薄膜的厚度只有几十纳米,因此倏逝波能够穿透金属薄膜,当条件满足时即激发 SPW。此时,反射光能量骤减,通过检测对应于反射光极小值的入/出射光的强度和角度信息,即可获得被测样品的相关参数,达到测量的目的。

采用 Kretchsmann 模型,可有多种调制检测方法,例如:入射光波长固定,通过扫描入射角以确定共振角 θ,从而确定被测样品折射率的方法称为变角度法。这种方法波长固定,理论计算较为方便,有利于定量分析;另一种常用的方法是首先搜索并将入射角固定为共振角,然后通过波长扫描,绘制对应的输出强度谱线,也可以获得很高的精度。表 4-3 列出了几种调制方法的实验条件、优缺点及最高分辨率。

表 4-3　四种调制方法对比

调制方法	实验条件	优点	缺点	分辨率/RIU
波长调制	固定入射角	直观	信噪比差,不易测量共振峰点	10^{-6}
角度调制	固定入射波长	易检测	限制小质量分子检测	10^{-6}
光强调制	固定入射角和波长	直接测量反射光归一化强度	测量动态范围小	10^{-6}
相位调制		不受光强和角度影响	易受外界环境影响	10^{-7}

4.3.2　光纤 SPR 传感器及其应用

SPR 技术是一种免疫标记生化检测技术,目前已经被广泛应用于抗原抗体反应、模拟细胞膜与药物作用、蛋白质相互作用分析和病毒测定等研究。棱镜耦合式 SPR 传感器体积大,不利于传感器的小型化和在线监测应用。光纤 SPR 传感基于光纤全内反射导光的本质,纤芯正好可以作为 SPR 测量的金属薄膜基体,在纤芯的表面镀上一层金属膜,纤芯-金膜-环境介质的三层结构光纤就可以作为 SPR 测量的敏感器件,实现了光纤耦合式的 SPR 传感器。光纤 SPR 耦合器件体积微小,易于与传输光纤无缝连接实现远程监控,目前成为 SPR 传感器的一个主要研究方向。

1. 光纤 SPR 传感机理

进入光纤包层(被金膜取代)中的倏逝波,其波矢量沿界面 z 方向的分量 K_z 和所激发的 SPW 波矢量 K_{SPW} 同样需满足共振匹配条件

$$\begin{cases} k_z = k_{SPW} \\ k_z = \dfrac{\omega}{c}\sqrt{\varepsilon_{core}}\sin\theta_0 \\ k_{SPW} = Re\left[\dfrac{\omega}{c}\sqrt{\dfrac{\varepsilon_m \varepsilon_s}{\varepsilon_m + \varepsilon_s}}\right] \end{cases} \quad (4\text{-}26)$$

式中:ω 为光波的角频率,c 为真空中的光速,ε_{core} 为纤芯的介电常数,θ_0 为入射角;ε_m 为金膜的介电常数,ε_s 为待测介质的介电常数。由于光纤芯-包层界面上的入射角不方便通过外界调整,因此光纤 SPR 多为波长扫描调制型。当入射角度固定时,改变入射波长,测量对应于共振吸收发生时全反射光强最小值的入射波长——该波长定义为共振波长,则建立共振波长——被测样品折射率的对应关系。但是由于不同波长所对应的棱镜和金属的折射率都不同,所以本方法计算较为复杂。图 4-10 为光纤 SPR 传感结构示意图。

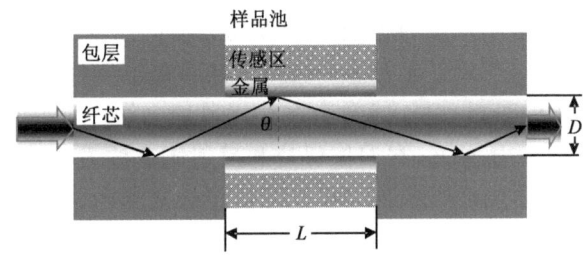

图 4-10 光纤 SPR 传感结构示意图

对于纤芯-金膜-环境介质三层结构,反射光的强度可由 Snell 公式来确定,即反射系数 r 可表示为

$$r = \frac{r_{core,m} + r_{ms}\exp(2ik_{zm}d)}{1 + r_{core,m}r_{ms}\exp(2ik_{zm}d)} \quad (4\text{-}27)$$

其中

$$\begin{cases} r_{corem} = \dfrac{\varepsilon_m k_{z,core} - \varepsilon_{core} k_{zm}}{\varepsilon_m k_{z,core} + \varepsilon_{core} k_{zm}} \\ r_{ms} = \dfrac{\varepsilon_s k_{zm} - \varepsilon_m k_{zs}}{\varepsilon_s k_{zm} + \varepsilon_m k_{zs}} \end{cases}, \quad \begin{cases} k_{z,core} = \sqrt{\varepsilon_{core}\left(\dfrac{2\pi}{\lambda}\right)^2 - k_z^2} \\ k_{zm} = \sqrt{\varepsilon_m\left(\dfrac{2\pi}{\lambda}\right)^2 - k_z^2} \\ k_{zs} = \sqrt{\varepsilon_s\left(\dfrac{2\pi}{\lambda}\right)^2 - k_z^2} \end{cases}$$

式中:ε_{core}、ε_m、ε_s 分别为纤芯、金属薄膜和环境介质的介电常数;d 为金属薄膜的厚度;$r_{i,j}$ 分别为相邻两层膜界面上的反射系数,其中 core、m、s 分别为纤芯、金属薄膜和环境介质。

通过式(4-27)可以看出:当纤芯-金膜-环境介质三层介质的介电常数和金膜厚度确定,反射系数 r 为波长和入射角的函数;如果已知入射角,则反射系数 r 仅为波长的函数。需要提请注意的是,虽然实际应用中光纤芯内传播的入射光的入射角不是固定值,而是介于临界角~90°(对应于不同的传播模式),因此导致光纤 SPR 传感区域的反射系数表达式与式(4-27)不完全相符。

2. 光纤 SPR 传感单元结构类型

自 1993 年 Jorgenson 等人提出了光纤 SPR 传感装置之后,光纤 SPR 传感器在化学、生物

学、环境科学以及医学领域的文献报道逐年增多。目前已有终端探针型光纤 SPR 传感器、侧抛光纤 SPR 传感器、纤锥 SPR 传感器等。常见的光纤 SPR 传感结构有两种：终端反射式和在线传输式，如图 4-11 所示。

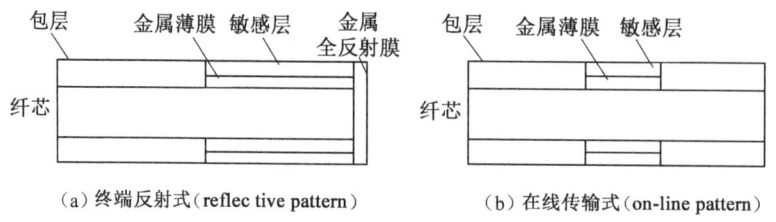

图 4-11 常见的光纤 SPR 结构

两种结构的主要区别是：在线传输式光纤 SPR 传感单元位于光纤的中间段，共振光谱的检测在光纤输出端进行；而终端反射式光纤 SPR 传感单元位于光纤的一端，光纤此端面上沉积一层厚度达 300 nm 的金属膜微反射镜。满足条件的光将在被金属膜微反射镜反射前后，经过两次共振，最后返回光纤光谱仪进行检测。

光纤 SPR 传感器同样可以采用与棱镜耦合方式类似的角度、波长和强度调制法进行测量，而且光纤传感器可以直接用纤芯上沉积的金属薄膜做敏感器件。但是为了扩大光纤 SPR 的应用范围，和普通 SPR 传感器一样，通常会在金属薄膜上再沉积一层化学或生物敏感膜。采用标准单模光纤的 SPR 传感单元，在偏振保持和反射光滤波方面较多模光纤性能好很多，所得到的共振峰反射背景较小而尖锐；而多模光纤由于模式耦合、偏振相关损耗等，只能得到宽而低的共振峰。

近来，采用拉锥工艺制作光纤 SPR 传感器的方法，由于比抛光法或腐蚀法更简单，不但可以增强倏逝场的穿透深度，提高探测灵敏度，而且在传感时不需要对光纤进行弯曲，保证了传感装置的相对稳定，因此获得了更多的研究。

3. 光纤 SPR 传感技术的应用与发展

光纤 SPR 传感器的应用研究目前仍处于起步阶段，生命科学和化学是两个主要的应用领域。通过建立 SPR 信号和样品折射率之间的定量关系，进而对引起折射率变化的溶液浓度、敏感层与溶液中特定物质间的生物和化学作用进行定量分析和研究。

1) 溶液折射率的直接测定

溶液折射率测定是光纤 SPR 传感器最基本的应用，也是对其他可转化为折射率变化的参数进行测定的依据。由于光纤 SPR 传感器的敏感膜不同，其折射率测定的动态范围在 1.3～1.7 变化，且与分辨率成反比。折射率的检测灵敏度随敏感膜和光调制方式不同而不同。

有实验报道：采用强度调制技术，在 1.328～1.338 折射率区间可以测定低至 4×10^{-5} 的折射率变化；采用波长调制技术，在 1.330 2～1.342 2 折射率区间可测定 5×10^{-5} 的折射率变化。当折射率测量的动态线性范围拓宽至 1.3～1.7 时，灵敏度下降。采用波长调制技术，使用可以分辨 0.01 nm 波长变化的高分辨光谱仪，折射率变化的测定灵敏度为 8.8×10^{-5} RIU。

2) 溶液中的生物化学作用研究及相关物质含量测定

由于生物大分子在光纤 SPR 传感器表面的相互作用，能够引起较大的折射率变化，因此光纤 SPR 传感器是生物免疫分析强有力的测试工具。虽然光纤 SPR 传感器的背景噪音比普通 SPR 传感器大，但由于其小巧、廉价，仍是生物组织中大分子物质含量测定的合适工具。

利用波长调制方式对人免疫球蛋白和葡萄球菌肠毒素-B的测定实验显示,免疫球蛋白的最低检测浓度为 40 ng/mL,葡萄球菌肠毒素-B的检测限达 4 ng/mL。

将光学检测技术和生物传感技术相结合来检测大气、水质和土壤中的微量有害有毒物质,因具有安全、不受电磁干扰、重量轻、结构灵活、灵敏度高等优点,日益受到生化及环保领域科技工作者的青睐,已逐渐得到应用。

3) 光纤 SPR 传感技术的发展

光纤 SPR 传感技术也和其他光纤传感器一样,向着大规模复用和新型光纤器件两个方向不断发展。由于普通单点检测结果极易受到环境的影响,且精度不高,因此准分布式光纤 SPR 传感技术成为研究热点之一;在制作工艺方面,近来倾斜光栅和光子晶体的引入,不仅大大提高了光纤 SPR 传感器的精度,而且相比普通 SPR 传感器,具有更多优点。

(1) 分布式光纤 SPR 化学传感器

在对复合材料固化或应变进行多点监测研究中,研究人员采用宽谱光源,通过在同一根多模光纤上制作多段长度和厚度不同的金属镀层(图 4-12),调整共振波长处的衰减和共振谱宽,从而实现同时检测不同频率的光波信号,类似于频分复用。环境媒质折射率的变化则通过光纤传感器转变为共振波长的移动,不同镀层段得到不同的光谱曲线。对于复合材料的监测,一根分布式光纤 SPR 传感器即可完成多点测量,减小了光纤对埋入材料结构性的扰动。

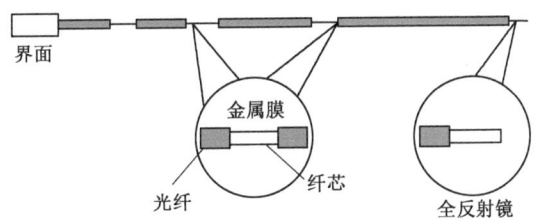

图 4-12 分布式光纤 SPR 传感器设计图

为了减小外界环境对传感器灵敏度和稳定性的影响,一种双通道的光纤 SPR 传感器(图 4-13)利用同一个探头的两侧面来探测两个独立的 SPR 信号,且两路探头的响应特性一致。这种设计可以进一步发展多路探测器,以其中一个通道作为参考臂,补偿光纤折射率或温度的改变引入的噪声。

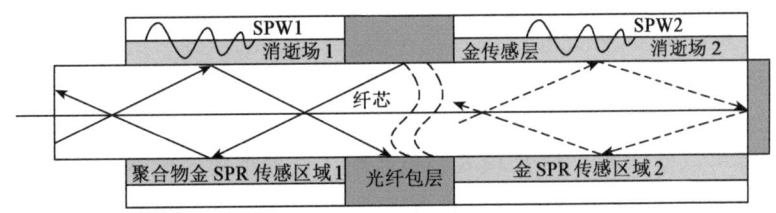

图 4-13 双通道光纤 SPR 传感器

以上两种方法的结合,设计出具备准分布式特点的多通道光纤 SPR 传感器模型。调制层不仅可以实现对共振光谱位置的有效调节,还起到保护作为激励层的金属膜不受外界环境的侵蚀、延长传感器寿命的作用。

(2) 倾斜光栅和光子晶体光纤 SPR 化学传感器

将倾斜光栅刻在标准单模通信光纤上可制造出短周期布拉格光纤光栅(FBGs)SPR 传感器。

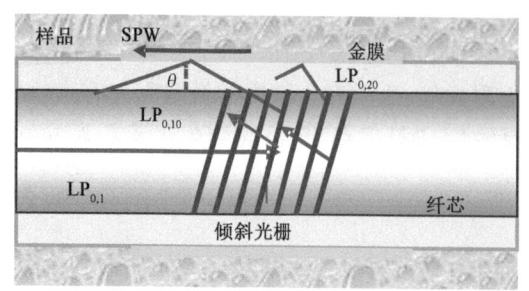

图 4-14 倾斜光纤光栅结构图

制造倾斜光栅的工艺要求所使用的光纤纤芯足够大（26 μm）、包层很薄（2 μm），在外包层面上才有不为零的场分量；利用这些微倾斜的光栅产生与芯模耦合的包层模（如图 4-14 所示）。

与普通的长周期光栅 LPGs 和 FBGs 相比较，这种倾斜角度一致的 FBGs 足够产生一系列与波长有关的包层模式，并以不同的入射角度射向金属膜。通过改变波长，几乎可以产生以不同角度射向芯-包层界面的任何模式，而不再需要像传统的衰减全反射方法（主要指 Kretschmann 结构）那样，通过改变射向金属膜的角度来激发 SPR 波。

采用宽带光源、镀银薄膜和单模倾斜光栅的实验显示：这种传感器提高了红外光波与银薄膜表面等离子体的耦合程度，并且通过改变入射光的偏振方向，光谱可以在 1 100～1 700 nm 进行调节，且消光系数大于 35 dB。

采用光纤激励 SPR 也必须满足纤芯模式与 SPR 波的相位匹配条件，而这一直是个难题。理论上，相位匹配要求在特定波长处两种模式的有效折射率相等。在单模波导情况下，芯模的有效折射率与纤芯材料的折射率接近（纤芯材料的折射率高于 1.45），而 SPR 的折射率接近周围样品的折射率，例如，空气约 1.0，水约 1.33。只有在光波频率很高，即波长很短（比如 $\lambda_{SPR} < 700$ nm）时，等离子体的折射率才可能高达满足与芯模耦合的条件。从传感器的设计角度来看，受材料折射率限制而没有补偿能力的传感器缺乏实用价值。

2007 年，研究人员基于波导 SPR 理论提出了在单模模式下，用光子晶体光纤（如图 4-15 所示）解决相位匹配的难题。图 4-15 中光纤 I 的纤芯中较小的孔充满空气，用来降低纤芯模的有效折射率；第一包层孔也充满空气，以控制芯模和 SPW 的耦合强度；第二包层中，较大的孔是经过金属处理的，里面充满待测物以激发 SPR。而图 4-15 光纤 II 证明了可以将光子晶体带隙内传播的高斯芯模的有效折射率设计为 0～$n_{纤芯}$ 的任意值，这样在任意

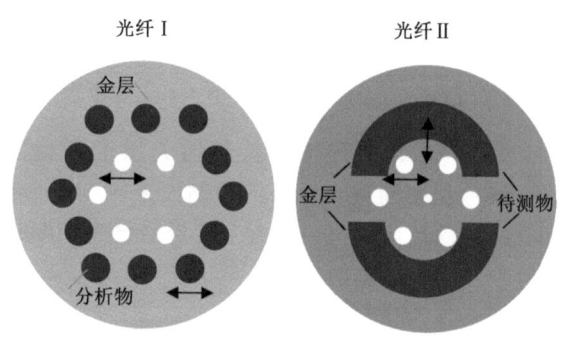

图 4-15 两种用于激励 SPR 的光子晶体光纤结构

需要的波长下，都可以使芯模和 SPR 模式相位匹配。这种结构的传感器具有极好的灵敏度和稳定性，尤其测量液态待测物的灵敏度可达到 5×10^{-5} RIU。

（3）光纤 SPR H_2 传感器

一种基于 SPR 共振的多模光纤 H_2 传感器，通过化学腐蚀多模光纤使纤芯裸露，再镀上 Pd-Ag 合金膜构成。对 0～4% 浓度的 H_2 进行测量时，合金膜厚度选择在 20 nm 附近时，测量范围、灵敏度和响应时间有最优值，且响应时间小于 50 s。

近年来，SPR 技术在快速筛检人血清蛋白质表达、药物研究中也得到了应用。此外，多类型特种光纤，如微孔光纤、空心光纤等，在 SPR 技术中的应用研究也逐年增多。通过微孔光纤的 SPR 传感特性进行分析获得了金属膜厚、微孔间距、微孔尺寸和外界环境折射率对 SPR 共

振峰所处波长及传感器灵敏度的关系。在空芯光纤内表面镀金属膜,以空心光纤作为探头制成了新型的折射率传感器。由于该传感器可根据被测样品的折射率不同灵活地更换探头材料,在易用性和性价比等方面应用价值高。

目前,光纤 SPR 传感器已经实现了小型化和商业化,进一步发展目标是微型化。几何光学理论已经不能满足光纤 SPR 传感器的发展需要,日益完善的波导耦合理论将成为光纤 SPR 传感器优化的主要工具。微型化的光纤 SPR 传感器可以结合集成光波导制作工艺和棱镜式 SPR 传感器结构,有望在一根光纤上或者在棱镜上利用光刻技术制作传感器阵列,使传感器实现多功能化和智能化。目前,分辨率高于 10^{-8} RIU 的光纤化学传感器还鲜有报道,光纤传感器的灵敏度仍然有待提高。

4.4 光声光谱微量气体检测技术

在微量气体浓度检测技术中,根据工作原理主要分为非光学分析法和光学分析法。传统的非光学检测技术包括超声波技术、气敏法、热催化法、气相色谱法、干涉法和被动检气管法等。光学分析方法主要是基于光谱学,利用光和气体分子相互作用的特性来进行检测,包括差分吸收光谱技术、傅里叶变换红外光谱技术、可调谐激光二极管吸收光谱技术、激光诱导荧光光谱技术、激光光声光谱技术等。其中,光声光谱技术是目前测量灵敏度最高的一种微量气体检测技术。

4.4.1 光声光谱原理

1880 年 Bell 首先在固体中发现了光声效应,1881 年,Bell 及 Tyndal 和 Ronetgen 各自独立进行了气体的光声实验,预测了光声效应在气体检测方面的应用潜力。随后世界各地的科学工作者对光声效应进行了大量的研究,其中大多数在大气和环境气体的监测中应用。

1938 年,苏联学者 Viengerov 研制出世界上第一台检测气体浓度的光声光谱装置,成功地检测了混合气体各成分的浓度。但由于当时光源、电子检测仪器等条件的限制,这一技术在随后的几十年中没有实质性的进展。20 世纪 60 年代末,相继诞生了大功率单色激光器、高灵敏度微音器(麦克风)、高相位灵敏度的锁相检测法等,极大地提高了光声光谱的检测灵敏度。1971 年,以氦氖激光器作为光源,成功检测了氮气中的甲烷含量,检测灵敏度达到了 0.01 ppm,并理论预测光声光谱方法的检测极限可达 10^{-13} 量级。1990 年,F J M Harren、J Reuss 设计了基于 CO_2 激光器的腔内吸收式光声光谱仪,并对兰花凋谢时释放的乙烯进行了检测,灵敏度达到 20 ppb;2002 年荷兰 Nijmegen 大学的光声光谱研究小组利用光参量振荡器搭建的光声光谱系统将乙烷的检测灵敏度提高到 10 ppb。20 世纪 90 年代以来,气体光声光谱技术取得了许多实质性的进展,目前光声光谱技术在生物学、医学、材料学、化学、物质表面研究、波谱研究以及大气环境监测、变压器油中溶解气体检测等领域都得到应用。

1. 气体的光声效应

当调制光束照射到密闭容器中的气体时,如果光波长对应于该气体吸收波长——气体分子只能吸收那些能量刚好等于其某两个能级的能量之差的光子($E=h\upsilon$),则气体分子将选择性地吸收其吸收波长上的光能量,使得容器内部形成局部热源,进而引起周期性的无辐射热效应过程。宏观上表现为气体对外产生应力(或压力)的周期性变化,即向外辐射声波,这种现象便称为气体的光声效应。在容器的适当位置放置高灵敏度的微音器即可检测微小声波信号,并推算出被测气体的浓度。由于光声效应的产生源于气体分子的无辐射跃迁,因此,气体的光声检测主要是在红外波段进行。

光声光谱气体检测技术是基于气体分子受到音频调制的光照射所产生的光声效应,通过间接测量气体分子所吸收光功率的大小来反映气体分子含量的一种分析方法。光声气室内的气体分子吸收入射光能被激发到高能态,再通过自发辐射跃迁与无辐射跃迁回到低能态。在后一个过程中,所吸收的光能量转化为气体分子的平动和转动动能,导致了气体温度的升高。在气体体积一定的条件下,温度升高将导致气体压力增大。如果对入射光进行调制(强度调制或频率调制),光声气室内气体温度便会呈现出与调制频率相同的变化,进而导致压强的周期性变化,当调制频率在声频范围内时,便产生光声信号。

2. 光声信号的产生

气体中的声扰动可用声压 $P(r,t)$ 来描述,声压是总压力 P 和其平均值 P_0 之差 $P(r,t)=P-P_0$。光吸收所产生的热 $H(r,t)$ 可以看为气体振动的声源,那么有源的声振动方程为

$$\nabla^2 - \frac{1}{c^2}\frac{\partial^2 p}{\partial t^2} = -\left[\frac{(\gamma-1)}{c^2}\right]\frac{\partial H}{\partial t} \tag{4-28}$$

式中:c 为声传播的速度,$\gamma = c_P/c_v$ 为气体的比热比。此方程不显含热传导损耗和黏滞损耗项。对声振动方程进行傅里叶变换,并求解最后得到光声振幅的表达式

$$A_j(\omega) = -\frac{\mathrm{i}\omega\alpha}{\omega_j^2}\frac{[(\gamma-1)/V_c]\int P_j^*(r)I(r,\omega)\mathrm{d}V}{\left[1-\frac{\omega^2}{\omega_j^2}\right]} \tag{4-29}$$

由于气体分子对光强的吸收遵循朗伯-比尔(Lambert-Beer)定律,不同波长的光照射下产生的光声信号强度并不相同。

基于光声效应的光声光谱属于吸收光谱,反映了气体对光的吸收特性。在没有对应气体分子吸收的情况下,不能产生光声信号,因此光声光谱信号几乎没有背景噪声,从而很小的吸收能也能被高灵敏度的微音器检测出来,因而具有更高的检测灵敏度及稳定性。

4.4.2 光声气室的设计与优化

1. 光声气室的设计原则

光声气室是光声光谱技术的核心,它的设计直接关系到光声系统的灵敏度与稳定性。光声气室的材料一般选用热传导系数较大的材料,如铝和黄铜等。设计的一般原则可以归纳如下:光声气室与外界隔热;减少入射光与气室壁、窗口及微音器之间的直接作用,降低背景噪声;增强光声气室内入射光的强度或增强光声气室中的声信号,以提高信噪比;光声气室内表面光洁度要高,且对气体的吸附和解吸附作用小;窗口必须位于具有高品质因数的声模式的节点上,以减少窗口热效应。

改变光源调制频率,光声气室可以有两种工作模式——谐振和非谐振模式。

1) 非谐振型光声气室

非谐振光声气室的调制频率一般在几十到几百赫兹之间,这时光声信号与调制频率几乎是同相的。光声气室内各处的声压完全一致,其振幅与光声气室体积及调制频率成反比。因此,通过减小光声气室体积及调制频率可以获得较高的光声信号。但是,光声气室横截面过小不利于光束的准直与校正,也增加了微音器的安装难度。另外,在非谐振低频调制模式下,光声信号受系统噪声:如电流噪声、气流的湍流噪声及环境噪声的影响较大,系统的信噪比较低;

当气体在光声气室内流动时,气室中的气体进出端口相当于声压"短路",使光声信号急剧减小,因而也不能对流动状态的气体进行检测。

非谐振光声气室用于气体检测的最大缺点是信噪比低,极大影响了气体检测的灵敏度。虽然,谐振光声气室比非谐振光声气室的体积大,检测所需气样多,但由于它具有高信噪比和噪声抑制能力强等优点,更适合微量气体的检测。

2) 谐振型光声气室

谐振型光声气室通过放大光声气室中的声波来提高系统的信噪比。在谐振型光声气室中,可以通过光声气室的合理设计使光声效应产生的声波在光声气室中形成驻波,利用驻波放大作用使光声信号得到谐振增强。这类光声气室具有以下优点:

(1) 光声气室的谐振频率一般在 1 kHz 以上,因此随着光声气室谐振频率的升高,系统的低频噪声将显著降低;

(2) 声场在光声气室中呈简正模式分布,因而可以将气体的进出口设置在声波波节处,以减弱气体流动对声场的干扰,从而解决了不能检测流动气体的问题;

(3) 利用光强和简正模式之间的耦合关系,可以增强光声信号并抑制噪声,提高系统的信噪比。

谐振型光声气室因具有灵敏度高、背景噪声小及可检测流动气体等优点,在气体光声检测中具有很多应用。

当光声气室的谐振腔设计为规则形状时,腔内的驻波分布十分简单,因此,谐振腔多设计为圆柱形、球形及方形。球形光声气室的品质因数 Q 通常很高(约 2 000~6 000),但是其驻波分布形式比较单调,且加工困难,因而应用较少;方形光声气室中声波衰减情况较其他形状光声气室严重,也较少采用;而圆柱形光声气室能与轴对称的光束、轴对称的激发声场很好地匹配,且易于加工,因而气体光声检测系统更多地采用圆柱形光声气室。

圆柱形光声气室中的驻波有纵向、角向和径向三种(如图 4-16 所示)。造成驻波分布方式不同的原因,不仅仅是因为光声气室结构上的差别,还与光束与声场的耦合方式有关。在结构上,纵向光声气室的谐振腔横截面半径远小于谐振腔的长度;而径向和角向谐振腔的横截面半径与谐振腔长度基本在同一量级。

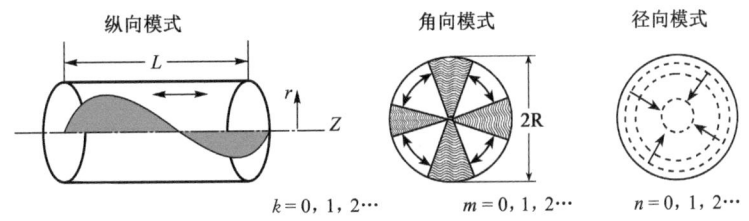

图 4-16 圆柱形光声气室中的驻波模式

(1) 径向谐振模式:声波传播垂直于谐振腔的侧面、平行于端面,其黏滞损耗是这三者中最小的,因而其 Q 值也是最高的,一般为几百,甚至达到 1 000,但其腔体体积和谐振频率也是最大的;

(2) 角向谐振模式:Q 值相对较低,一般在 100 左右,并且谐振频率比同半径腔体的径向谐振模式几乎小一半;

(3) 纵向谐振模式:Q 值是三者中最低的,一般在 10~80,但其腔体体积和谐振频率也是三者中最小的。虽然品质因数 Q 的提高有利于光声气室对驻波的放大,但 Q 值越大,光声信号受谐振频率漂移的影响越大(调制频率恰好等于光声气室的谐振频率时,光声气室的振幅最大);Q 值越小,谐振频率的漂移对振幅的影响越小。因此,从光声气室的体积、品质因数、信噪比及灵敏度等方面综合考虑,一维纵向谐振型光声气室成为目前研究和应用最多的一种结构简单、灵敏度高、用气量小、成本低的微量气体检测结构。

2. 一维纵向谐振光声气室结构与参数设计

谐振腔为圆柱形的一维纵向谐振光声气室,结构简单,只有半径和长度两个待定参数。实用中,为了优化光声气室的结构设计,通常使光声气室工作在一个简正模式上,即 $\omega=\omega_j$。这时,沿光声气室横截面半径上 r 处的声压为

$$P(r,\omega_j) = -(\gamma-1)\frac{Q_j L_c}{\omega_j C_c} I_j P_j(r) \alpha P_0 \tag{4-30}$$

因而,光声信号可表示为

$$U = P(r,\omega_j) = C\alpha P_0 \tag{4-31}$$

式中:L_c 为气室的模拟声电感;C_c 为模拟声电容。

式(4-31)表明,光声信号 U 与气体的吸收系数 α 和光功率 P_0 成正比,而气室常数 C 反映了光声系统将气体吸收的光能转化为声能的效率。实际中,由于微音器的精度也会对检测输出的光声信号产生影响,所以光声信号幅值 U 的修正可以由式(4-31)给出。

$$U = S_m C \alpha P_0 = F \alpha P_0 \tag{4-32}$$

式中:C 的单位 Pa·cm/W;P_0 为入射光功率,单位 W;α 为气体的吸收系数,单位 cm^{-1};S_m 为微音器的灵敏度,单位 V/Pa;F 为声学常数,由微音器的灵敏度决定。式(4-32)只在光源调制频率较高时才有意义,当调制频率过低时,光声信号强度与气体浓度呈非线形关系。

光声气室的谐振频率、品质因数和气室常数是表征光声气室性能的三个特征参数,它们的大小与光声气室的结构及其几何参数密切相关,也是确定光声气室谐振腔几何参数最优值的关键评价指标。

1) 品质因数

品质因数 Q 是描述光声气室性能的一个重要参数,从能量观点来看,它反映了光声气室中声能量的积累与散失的对比关系,即

$$Q = \frac{2\pi E_a}{E_d} \tag{4-33}$$

式(4-33)中,E_d 为一个周期中散失的能量,E_a 为积累的能量。Q 值越大,光声气室对声波的谐振性能越强,影响 Q 值的因素主要是气体的黏滞性、导热性引起的体损耗和面损耗。

2) 光声气室常数

式(4-30)中,$-(\gamma-1)\frac{Q_j L_c}{\omega_j C_c} I_j P_j(r)$ 与光声气室的体积、调制角频率、品质因数等因素有关,而与气体吸收系数、光功率无关,因而,可把这部分看成是光声气室的一个特性参数,称为气室常数,记为

$$C = -(\gamma-1)\frac{Q_j L_c}{\omega_j C_c} I_j P_j(r) \tag{4-34}$$

3) 谐振频率

由式(4-29)可以得出,若调制角频率 ω 与简正角频率 ω_j 相等,即 $\omega=\omega_j$ 时,光声气室工作

于谐振状态,光声信号的幅值达到极大;光声气室的简正角频率就是谐振频率。无论光声气室两端是开口还是闭口,简正模式的简正角频率均由 k_r 和 k_z 来确定

$$\omega_0 = 2\pi f_0 = 2(L_c \cdot C_c)^{-\frac{1}{2}} = \pi \cdot c/l \tag{4-35}$$

实际应用中,缓冲室的半径和长度对谐振频率和光声响应幅值有很大的影响。

3. 光声气室设计的传输线理论与四端网络模型

最常用的光声气室计算模型是基于声阻抗的传输线模型。其思路是将声波在气室里的传播与 LRC 振荡电路类比:声压、声(气)通量和声阻抗分别对应于电压、电流和电阻抗;气室里吸收的光能近似等效为一个电流(声)源,从而借助于电路方法分析声学腔的不同声学模式的共振频率、光的吸收量和品质因素 Q。

传输线理论存在的问题是:假设气室内吸收的光能近似等效为一个电流(声)源,与被激光辐射的气室轴向每一点都有吸收光能的实际情况有偏差;也没有理论证明可以将这无数个电流源等效为一个电流源,故基本的传输线理论不够严谨,仿真模型的精度不足。以传输线模型为基础的四端网络模型,合理地将光照的每一点等效为一个电流源;将气室沿轴向分成无数个小单元,每一个小单元由等效电流源和声阻抗组成,并能转化为矩阵形式进行数值计算,可以精确地模拟出实际气室内部的光声信号。

1) 传输线模型

模拟声阻抗法是基于模拟电子电路分析的方法,将光声气室等效为 LRC 电路,如图 4-17 所示。其中模拟声电压 U(单位 Pa)代表声压幅值 P,模拟声电流 I(单位:m³/s)代表流速为 u 的气体通过截面积为 S 的管的总流量 $Y = S \cdot u$,电流源 I_0 表示热源 H。由于仅是气体吸收光产生的热,则单位长度电流源表示为

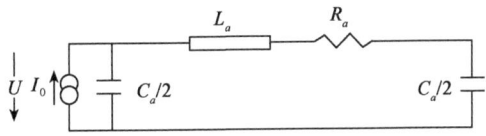

图 4-17 一维谐振腔的等效 LRC 电路

$$dI_0/dx = (\gamma - 1) \cdot P \cdot \alpha/(\rho \cdot c^2) \tag{4-36}$$

式中:P 表示在角调制频率 $\omega = 2\pi f$ 的激光功率,α 表示吸收系数,$\gamma = C_P/C_V$ 表示在恒压和恒容时的比热比,ρ 为流体的密度,c 表示声速。一个横截面积 S、周长 D、长度 l 和体积 V 的导管,它的模拟声电感 L_a,电容 C_a 和电阻 R_a 有如下定义

$$\begin{cases} L_a = \rho \cdot l/S \\ C_a = V/(\rho \cdot c^2) = l \cdot S/(\rho \cdot c^2) \\ R_a = [\rho \cdot l \cdot D/(2 \cdot S^2)] \cdot \omega \cdot (d_k + (\gamma - 1) \cdot d_h) \end{cases} \tag{4-37}$$

黏滞性边界层的厚度 d_k 和热边界层的厚度 d_h 分别为

$$\begin{cases} d_k = [2 \cdot \mu/(\rho \cdot \omega)]^{1/2} \\ d_h = [2 \cdot K/(\rho \cdot \omega \cdot C_P)]^{1/2} \end{cases} \tag{4-38}$$

式中:μ 和 K 分别是介质的黏滞系数和导热率,$f = \omega/(2 \cdot \pi)$ 是调制频率。

求解以上等效电路,即可得到光声信号的振幅 U,共振频率 ω_0 和品质因数 Q 由以下公式获得

$$\begin{cases} U(\omega) = \dfrac{1}{i \cdot \omega \cdot C_a} \cdot \dfrac{\omega_0^2 - 2 \cdot \omega^2 + 2 \cdot i \cdot \omega \cdot \omega_0/Q}{\omega_0^2 - \omega^2 + i \cdot \omega \cdot \omega_0/Q} \cdot I_0 \\ \omega_0 = 2 \cdot (L_a \cdot C_a)^{-1/2} = \pi \cdot c/l \\ Q = \omega_0 \cdot L_a/R_a = 2 \cdot S/\{D \cdot [d_k(\omega_0) + (\gamma - 1) \cdot d_h(\omega_0)]\} \end{cases} \tag{4-39}$$

考虑驻波的共振压力分布,应用式(4-37)计算在共振频率 $f_0 = \omega_0/(2 \cdot \pi)$ 处工作的相关气室

参数,需要将管长 l 换为有效值 $l_{eff}=(2/\pi) \cdot l$,再代入方程(4-39)计算才能获得正确的 L_a,C_a 和 R_a。将 LRC 参数带入方程(4-39)可以获得对应第一纵模的共振频率 $f_0=(1/2) \cdot c/l$。

2) 基于传输线理论的四端网络模型

基于传输线理论的四端网络模型是一种能够更好地模拟计算一维光声气室声学特性的模型。四端网络模型基本建模思路是:将光声气室视为由无数个首尾相连的小管元组成,根据传输线模型,每个小管元都吸收光能量产生声波,因此可以视为一个小 LRC 电路。很明显,四端网络模型与传输线模型相比将整个光声气室等效为一个 LRC 更加接近实际情况,其划分的单元数越多,与实际的偏差值就越小。当划分的单元数趋于无穷时,就等价于真实值了。

为了求解四端网络模型,需要采用数值解法。具体步骤是:首先将解析表达式转化为矩阵形式,然后采用 Matlab 完成数值计算。当遇到气室截面积变化或者麦克风、传感器等旁路连接到气室,相当于改变了原先节点的阻抗,在计算其影响时,根据不同的旁路结构在阻抗计算中插入相对应的修正矩阵即可。图 4-18 是哑铃型光声气室和运用四端网络模型对一个谐振腔直径和长度分别为 5/50 mm 的哑铃型光声气室的仿真结果。具体计算方法在本书中不再详述,细节步骤可参见有关文献。

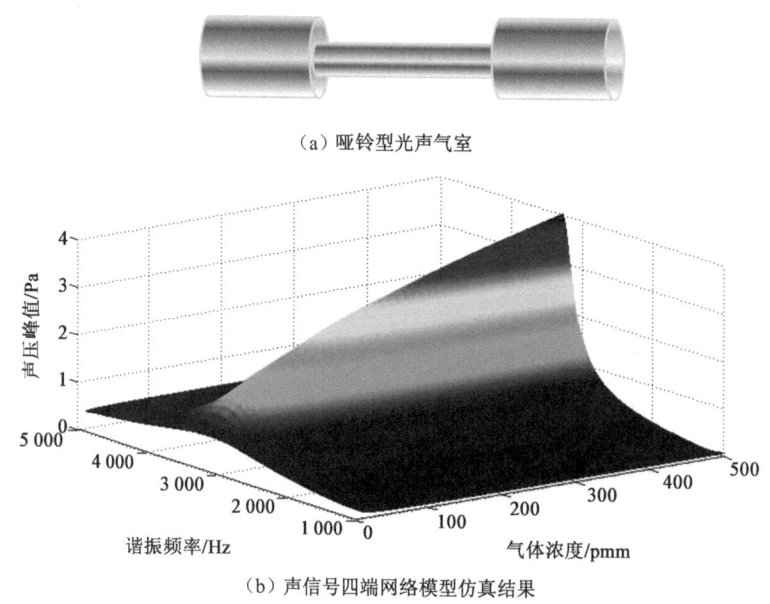

(a) 哑铃型光声气室

(b) 声信号四端网络模型仿真结果

图 4-18 哑铃型光声气室(a)及其声信号的四端网络模型仿真结果(b)

4.4.3 微量气体的光声光谱法高精度检测实例

例 4-1 SF_6 泄漏传感器

常温常压下,SF_6(Sulfur hexafluoride,六氟化硫)是一种无色、无毒、不易燃气体,分子量为 146.06 U,20 ℃时密度为 6.139 g/l,约为空气密度(1.29 g/l)的 5 倍,是最稳定的气态化学物质之一。在高压开关装置中,SF_6 的工作压力为 0.6 MPa,而击穿电压则是 0.1 MPa 空气的 10 倍。因此,SF_6 具有非常优异的绝缘性能和灭弧能力。在 35 kV 及以上电压回路断路器、PT、CT、GIS 和高压电缆等领域有着广泛的应用。但是,在实际应用中,由于电弧、电晕放电、火花放电和高温的作用,SF₆气体泄漏现象不可避免,因此需要高精度的SF₆泄露监测传感器。

文献报道采用 10.6 μm 工作波长和如图 4-19 所示的谐振型光声气室,常压下实现 SF₆ 监测灵敏度达 $0.12×10^{-9}$。

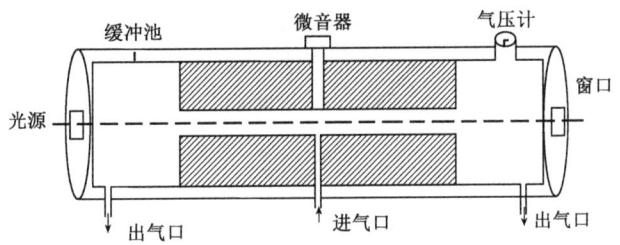

图 4-19 用于 SF₆ 泄漏监测的光声气室结构

例 4-2 乙炔(C_2H_2)气体的光声光谱检测

乙炔气体极易燃烧、分解和爆炸,在空气中的爆炸范围为 21.5 %～80 %。同时,乙炔作为大型电力变压器油中故障特征气体之一,是变压器内部故障类别和故障程度判断的重要标志。因此,准确检测微量乙炔气体的浓度对保障生产、生活的安全具有十分重要的意义。

图 4-20 是采用可调谐 DFB 激光器(1 535 nm)为光源,哑铃型谐振式光声气室,结合波长调谐和锁相技术建立的一套 C_2H_2 光声光谱微量气体检测系统。该系统采用 20 mW 的光源、5 mm 直径的谐振腔,无需光纤放大器即实现了 0.5 ppm 的 C_2H_2 气体的检测灵敏度。

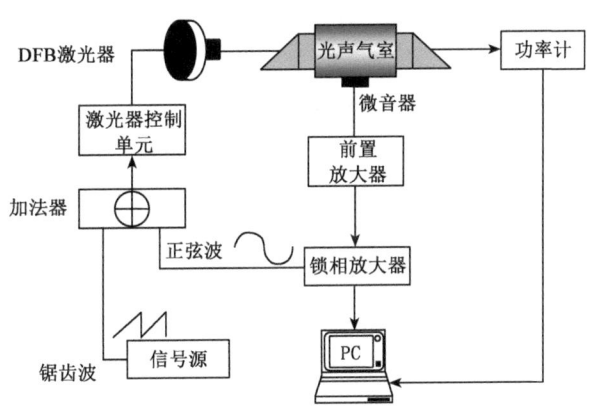

图 4-20 采用可调谐 DFB-LD 光源的 C_2H_2 检测系统

4.5 光纤荧光温度传感器

近年来,伴随着工业工程领域对温度控制与监测要求的不断提高,半导体吸收型、F-P 干涉型、光纤布拉格光栅(FBG)、分布式等新型光纤温度传感器不断涌现。其中,荧光光纤温度传感器是荧光测温技术与光纤技术相结合的产物。由于具有可以排除光源强度波动的影响、结构简单、成本低的优点,引起了广泛关注。

荧光温度传感器的核心是荧光材料,如掺稀土荧光材料,在激励光照射下,辐射出波长更长的可见光,即荧光。激励光消失后,荧光通常呈指数衰减,指数衰减的时间称为荧光寿命。

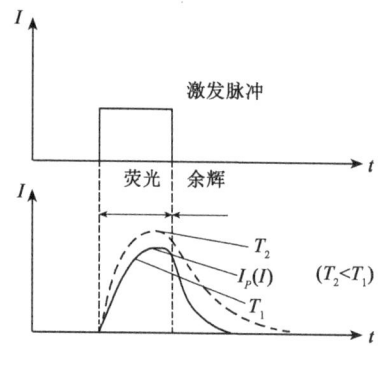

图 4-21 荧光特性曲线

典型的荧光特性曲线如图 4-21 所示。

荧光余辉强度与时间关系式为

$$I(t) = A I_p(T)_0 e^{-\frac{t}{\tau(T)}} \quad (4-40)$$

式中：A 为常系数；t 为余辉衰减时间；$I_p(T)$ 为停止激励时荧光峰值强度，它是温度 T 的函数；$\tau(T)$ 就是荧光余辉衰减时间常数，即荧光寿命，也是温度 T 的函数。由式(4-40)可见，通过检测荧光强度、寿命等信息，即可计算出对应的温度。

荧光型光纤温度传感器根据检测方法主要分为三个大类：荧光强度型、双波长强度比型和荧光寿命型。

荧光强度型：荧光强度型光纤温度传感器是通过直接测量荧光发射强度随温度的变化实现测量。早期的大多数荧光温度测量系统是基于荧光强度传感技术。例如，1982 年商业化 Luxtron-1000[3]，系统可以通过测量两条谱线对应的光强度之比获得被测温度。系统采用传统的光源，光学系统也十分复杂。强度型温度传感器最大的局限是为了补偿其他因素引起的温度变化和光源波动等，必须设计参考通道，因此导致成本过高、光学系统复杂。而荧光强度比和荧光寿命测量技术就是针对这些问题而开发的。

荧光强度比型：荧光强度比技术根据荧光材料两个相邻的激发态能级的相对密度——荧光强度比与温度相关(符合玻尔兹曼分布)，且是温度的单调函数，实现对温度的测量。据报道，铒掺杂的石英光纤在 299～333 K 的温度范围内，温度分辨率为 0.06 K。强度比方法的优点是其测量结果与激励光源的强度无关、数据分析简单、对弯曲损失不敏感；缺点是需要有光强参考通道，电路设计较为复杂。

荧光寿命型：利用荧光寿命与温度的单调关系实现测温，不受其他外部条件，如光纤损耗、光源强度波动和光耦合程度的影响，因此比强度型或强度比型更有优势。目前用于荧光寿命型测温的荧光材料有：晶体材料(如红宝石用于高温)、掺稀土粉末、磷光体纳米颗粒等。高温传感器的测量温度可达 773 K 以上；磷光体纳米颗粒的荧光衰减寿命大约在 20 ns。

从荧光温度传感器的发展来看，荧光寿命型传感器不受光源和探测器老化以及光纤弯曲的影响，已成为该类型温度测量的主要方法之一。

1. 激发光源

用做敏感温度的荧光材料的种类很多，不同的荧光材料的荧光激发和发射波长都不相同，需要不同的激发光源。通常作为温度传感系统的激发光源有紫外汞灯、脉冲氙灯、半导体激光器(LD)和发光二极管(LED)等。

氙灯可以工作在连续波方式和脉冲方式。由于氙灯具有很高的发光强度，早期的荧光温度传感器系统多采用氙灯，但是其寿命、成本和体积都无法与 LED 相提并论。LED 的特点是体积小、重量轻、功耗低、输出特性线性好，使用寿命长，成本低等诸多优点，同时可以在很宽的光谱范围内根据材料特性对光源进行调制。

2. 荧光材料

荧光材料的选择决定了传感器的测温范围、灵敏度及稳定性。目前应用最多的是无机荧光材料。无机荧光材料分为晶体和粉末状化合物两类，其中，粉末状化合物多数是广泛用作电光源和荧光屏的稀土激活的化合物。根据荧光材料又将温度传感器分为晶体材料型和稀土材料型。

稀土荧光材料有许多优点：吸收能量的能力强，转换效率高；发射光谱范围从紫外到红外，特别是在可见光区有很强的发射能力；荧光寿命从毫秒到纳秒，跨越6个数量级；理化特性稳定，可承受大功率电子束、高能射线和强紫外光作用，不易受环境的影响，非常适合作为敏感材料。已经报道的商业化系统中作为敏感材料的有：镧激发的铕、氧硫化钆类 $Y_2O_2S：Eu+Fe_2O_3$ 等。报道的测温范围从室温到450℃，分辨率为0.5℃左右。

采用稀土荧光材料作为敏感材料，其温度特性在中温区，存在稀土离子的共生现象，即材料浓度对传感器特性有一定影响，目前尚未有这方面的解决方案。

3. 微弱荧光信号的检测

通过光纤传输的荧光信号由于光纤孔径的限制，非常微弱。为了提高系统的信噪比，必须采用微弱信号检测和处理技术。用于弱信号检测的光电技术主要有两类：高灵敏度的光电探测器与弱电流放大电路的有效结合，抑制噪声以提高性噪比；利用光源调制和锁相技术在噪声中提取有效被测信息。

4. 荧光寿命的判定与计算方法

荧光物质的发光一般遵循斯托克斯定律：荧光强度与温度之间存在如下函数关系（如图4-22所示）：$I(T)=(B+BAe^{-\Delta E/kT})^{-1}$，其中 A、B、ΔE 是常量，T 是荧光材料的温度，k 是玻尔兹曼常量，I 为荧光发射强度。I 与 T 有唯一对应关系。

$t=1/\sum A_{ji}$，$I/I_0=e^{-1}$，I 为荧光强度，I_0 是 $t=0$ 时刻的荧光强度，A_{ji} 为自发跃迁几率。由自发跃迁所引起的处于激发态的粒子数变化是按照指数规律衰减的。此时的 t 表示粒子在 J 能级存在的

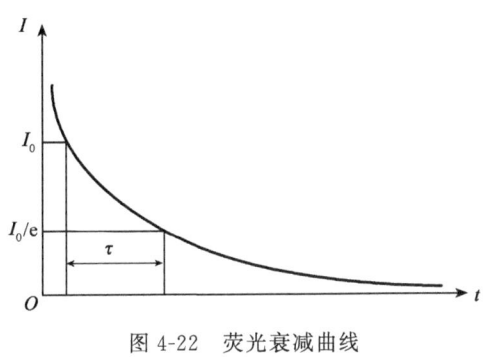

图4-22 荧光衰减曲线

平均时间，也就被称为是粒子处于激发态的荧光寿命 τ。由于荧光寿命的判定直接决定温度的测量精度，也是测温的关键环节。

1) 两点法

两点法又称时间常数测量法，是早期基于荧光强度的光纤荧光温度传感器采用的一种方法。该方法的基本原理是在激励脉冲终止后，取荧光指数衰落曲线上两个特定的强度值，激励脉冲终止时间 t_1，衰落信号的强度值为 t_0。当衰落信号达到第二个值 I_0/e 时，时间为 t_2。t_1 和 t_2 的间隔就是指数衰落信号的时间常数 τ，这里代替荧光寿命。

因为荧光信号的测量是在激励脉冲结束后进行的，所以对探测器的光学系统在防止激励光泄漏方面的设计要求不高。而缺点是由于只测量两个特定时刻的荧光衰落信号值，没有充分利用整个衰落过程所包含的全部信息，因而测量精度极为有限。

2) 积分法

为了获得更高的测量精度，提出了积分算法。当衰减荧光降到低于某一设定值时，开始进行测量。该信号在两个固定延迟时间 T_1 和 T_2 内被积分，然后这两个积分值 A 和 B 被采样。当信号衰减到零时，积分器被复位并重新开始。积分噪声和直流偏移也以相同的固定间隔采样，用 C 和 D 表示，分别等价于 A 和 B 中的噪声和偏移。因此荧光寿命可以根据下式得到

$$\frac{A-C}{B-D}=\frac{1-e^{-T_1/\tau}}{1-e^{-T_2/\tau}}$$

另一种平衡积分法，即积分面积比值法，在激励消失了 t_1 时间后开始积分，直至时间 t_2。

再从时间 t_2 积分至时间 t_3,使得其积分面积等于 t_1 至 t_2 的积分面积。时间 t_3 与时间 t_2 之差 t_3-t_2,是荧光寿命的函数。由于没有考虑直流偏置信号的影响,对变化缓慢的背景信号很敏感,因此在进行平衡积分之前,应尽可能地消去信号中的直流分量。其动态范围要比相应的两点测量系统窄得多。

3) 数据拟合法

荧光寿命测量的数据拟合法主要有 Levenberg-Marquardt 方法、Prony 方法、对数拟合(log-fit)方法、快速傅里叶变换 FFT 拟合法和加权对数拟合法等。理论上荧光衰减曲线为单调的指数衰减函数,即

$$f(t)=A\exp(-t/\tau)+B+rn(t)$$

式中:A 为荧光衰减的初始强度,与激励光强度有关;τ 表示信号衰减的快慢,称为荧光寿命;B 为信号的本底噪声,由黑体辐射及暗电流造成;$rn(t)$ 为信号中的随机白噪声。

L-Marquardt 方法、Prony 方法和对数拟合(log-fit)三种方法的基本原理是对各个衰减曲线的选定部分数字化,校正所有的偏置之后,采用线性最小二乘法曲线拟合法,得到最佳单调指数拟合曲线;然后,将数字信号值取对数,使指数衰减曲线变成直线,进行线性最小二乘拟合,所得拟合直线的斜率正比于时间常数 τ;最后,通过对照,可得所测的温度值。L-Marquardt 方法由于采用递归算法技术,虽精度高,但耗时长、稳定性差,不适合在实际系统中应用。

FFT 拟合法是根据荧光信号可近似看成是单调指数衰减信号的特点,首先对信号进行傅里叶变换,然后从变换后的非零次频谱项中计算出荧光寿命。

加权对数拟合法的出现是为了解决普通对数拟合法由于取对数使整个函数区间内的均匀噪声影响不等权的问题。采用加权对数拟合,其偏差与 L-Marquardt 方法接近,但简明有效、程序简单、精度高,而且弥补了 L-Marquardt 方法耗时长而且由于数据偶然误差造成的不收敛现象。

4) 频域法(相位锁定法)

频域法对激励光进行正弦调制,因此荧光信号也呈正弦变化,但是在相位上滞后于激励信号。所以,只要设法使荧光滞后相位 φ 保持为常数,即锁定相位,通过测量调制信号的周期或者频率,荧光寿命便可由相位移 φ 的测量求出。频域法将荧光寿命直接转换为信号周期,可以在很宽的、连续变化的荧光寿命测量范围内,保持高分辨率。图 4-23 为一个单参考正弦波信号的荧光寿命锁相检测结构示意图。

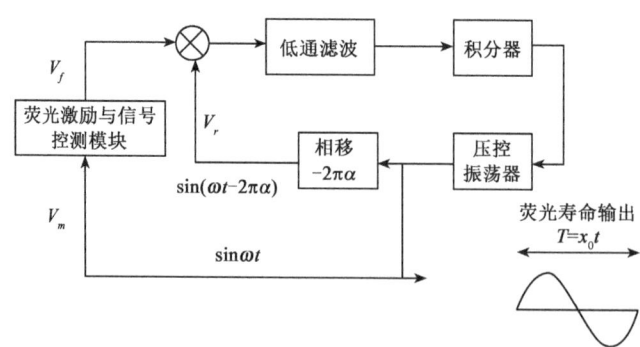

图 4-23 单参考正弦波信号的荧光寿命锁相检测

相对于正弦波信号,方波信号具有正弦信号无法比拟的优点。首先,方波信号比正弦信号携带更多的激励光功率,因而输入信噪比得到提高;其次,方波信号调制激励光源方案简单,比正弦调制更容易实现——普通的压控振荡器即可产生理想的方波信号。

相位锁定法的荧光测量和激发几乎同时开始,因此需要阻止激发光的泄漏干扰。近年来提出采用两个来自压控振荡器(VCO)输出的参考信号与连续的荧光信号混合,并从混合信号的最后积分中消除激励光泄漏成分的解决方案。理论和实验都证明该方案本征地对激励光的泄漏作用不敏感。另外,采用希尔伯特变换的相敏检测方法,不需要低通滤波器即可消除二次谐波,同时对激励光的泄漏起到一定的抑制作用。

5) 几种检测方法的对比

荧光光纤温度传感器的信号检测及算法也是从荧光强度型时期的两点法发展到荧光强度比型时期的积分法、平衡积分法,最后过渡到基于荧光寿命型的各类数据拟合法和频域测量法。表 4-4 对几种检测方法特点和适用场合进行了总结。

表 4-4 荧光温度检测方法对比

	两点法	积分面积比值法	数据拟合法	频域法
精度	低	高	L-Marquardt 仅作为对比方法 Prony 方法适合双指数模型	与积分方法结合可获得高精度
测温范围	大	小	较大	大
系统稳定性	好	较差	好	好
耗时	短	长	L-Marquardt 方法最长,FFT 最短	短

目前,光纤荧光温度传感器技术已经商业化,但仍然存在几大工程应用问题:延缓荧光材料的老化、提高荧光的激励和采集效率,以及提高系统信噪比。由于荧光温度传感器独特的优点,将在航空航天、生命科学、远程控制、电力、化学等特殊领域有着广阔的应用前景。

4.6 光纤黑体(高温)温度计

光纤黑体温度计是一类典型的传光型波长调制光纤传感器,它主要利用传感探头(非光纤)的光谱特性随外界物理量的变化而变化的性质进行测量,其中的光纤只是传光元件,不是敏感元件。光纤只是简单地作为导光用,即把入射光送往测量区,而将返回的调制光送往分析器。

黑体温度计是非接触式测温技术,通过测量物体的热辐射能量来确定物体表面温度。物体的热辐射能量随温度提高而增加。对于理想"黑体"辐射源发射的光谱能量可用热辐射的基本定律——普朗克(Planck)定律表述

$$E_0(\lambda,T) = C_1 \lambda^{-5} (e^{C_2/\lambda T} - 1)^{-1}$$

式中:$E_0(\lambda,T)$ 为"黑体"发射的光谱辐射通量密度,单位为 $W \cdot cm^{-2} \cdot \mu m^{-1}$;$C_1 = 3.74 \times 10^{-12} \ W \cdot cm^2$,为第一辐射常数;$C_2 = 1.44 \times 10 \ cm \cdot K$,为第二辐射常数;$\lambda$ 为光谱辐射的波长,单位为 pm;T 为黑体绝对温度,单位为 K。

普朗克定律阐明了黑体光谱辐射通量密度、温度和波长三者之间的关系,如图 4-24 所示。所谓黑体就是能够完全吸收入射辐射,并具有最大发射率的物体。光纤黑体探测技术就是以黑体做探头,利用光纤传输热辐射波,不怕电磁场干扰,质量轻,灵敏度高,体积

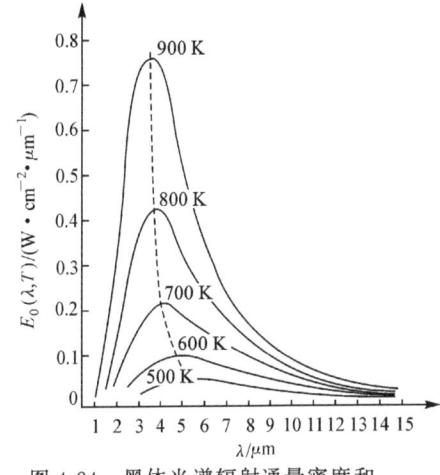

图 4-24 黑体光谱辐射通量密度和温度、波长之间的关系

小,探头可以做到 0.1 mm。

温度探头由光纤和具有薄金属膜的石英遮光体包住的光纤端部组成。薄金属膜做成的壳体和外界热源相接触并感温。根据黑体辐射定律,通过光纤把光能传输到光探测器并转换成电信号。光电流和黑体辐射呈非线性关系。但通过信号处理可以部分地校正成线性,然后进行数字处理和显示。

这种探头不用外加光源,只用探头收集黑体辐射,故可制成非常简单的光测高温计。在 250~650 ℃,分辨率的典型值是 1 ℃。用这种原理测温的上限受石英的熔点温度的限制,下限受探测器灵敏度的限制。探头的结构如图 4-25 所示。

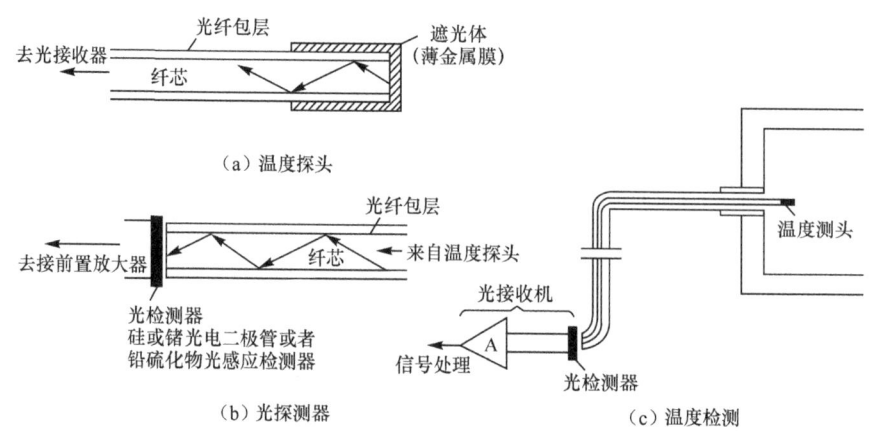

图 4-25 探头的结构

传光型波长调制光纤传感器在生物、医学、生化等领域也获得广泛的应用。例如,在监护病人或对其进行手术过程中,经常需要进行血气分析。通常是从病人体内抽取血样后,在体外诊断实验室中进行血样分析。这类方法的缺点包括样品的错误来源、样品处理技术的缺陷以及样品获取的延误等所造成的医疗障碍。为了提高病人护理的质量,特别是危重病人护理和手术的质量,近年来各国科研人员在这方面进行了大量的研究工作。综合运用生物学、医学、化学、电子学等方面的知识,研制出多种血气分析光纤传感器。

习题与思考

4.1 试列举用光纤测微位移的几种方法,并比较其优缺点。

4.2 光纤光栅用于传感时,主要应考虑哪些问题,为什么?

4.3 光纤光栅同时对应力和温度两个参量敏感,欲用光纤光栅只测一个参量时,如何对另一个参量去敏?

4.4 试设计一个用光纤光栅同时进行双参量测量的光纤传感系统。

4.5 试分析用光纤光栅做传感元件时的优缺点及其局限性。

4.6 传光型波长调制光纤传感的主要工作机理是什么?

4.7 请列举 2~3 个有代表性的产品,说明传光型波长调制光纤传感器应用的状况。

第5章 偏振态调制型光纤传感器

5.1 偏振态调制传感原理

偏振态调制型光纤传感器是有较高灵敏度的检测装置,它比相位调制光纤传感器的结构简单且调整方便。

偏振态调制型光纤传感器通常基于电光、磁光和弹光效应,通过敏感外界电磁场对光纤中传输的光波的偏振态的调制来检测被测电磁场参量。最为典型的偏振态调制效应有:泡克耳斯(Pockels)效应、克尔(Kerr)效应、法拉第(Faraday)效应以及弹光效应。

5.1.1 泡克耳斯效应

各向异性晶体中的泡克耳斯效应是一种重要的电光效应。当强电场施加于光正在穿行的各向异性晶体时所引起的感生双折射正比于所加电场的一次方称为线性电光效应,或泡克耳斯效应。

泡克耳斯效应使晶体的双折射性质发生改变,这种变化理论上可由描述晶体双折射性质的折射率椭球的变化来表示。以主折射率表示的折射率椭球方程为

$$\frac{x_1^2}{n_1^2}+\frac{x_2^2}{n_2^2}+\frac{x_3^2}{n_3^2}=1 \tag{5-1}$$

对于双轴晶体,主折射率 $n_1 \neq n_2 \neq n_3$;对于单轴晶体,主折射率 $n_1=n_2=n_o$,$n_3=n_e$。n_o 为寻常光折射率,n_e 为非常光折射率。

晶体的两端设有电极,并在两极间加一个电场。外加电场平行于通光方向,这种运用称为纵向运用,或称为纵向调制。对于 KDP 类晶体,晶体折射率的变化 Δn 与电场 E 的关系由下式给定

$$\Delta n = n_o^3 \gamma_{63} \cdot E \tag{5-2}$$

式中:γ_{63} 为 KDP 晶体的纵向电光系数。

两正交的平面偏振光穿过厚度为 l 的晶体后,光程差为

$$\Delta L = \Delta n \cdot L = n_o^3 \gamma_{63} \cdot E \cdot L = n_o^3 \gamma_{63} U \tag{5-3}$$

式中:$U=El$ 为加在晶体上的纵向电压。

当折射率变化所引起的相位变化为 π 时,称此电压为半波电压 $U_{\lambda/2}$,并有

$$U_{\lambda/2} = \frac{\lambda_0}{2 n_o^3 \gamma_{63}} \tag{5-4}$$

表 5-1 列出了几种晶体的纵向电光系数、寻常光折射率的近似值和根据式(5-4)算得的半波电压值。

表 5-1　几种晶体的 γ_{63}、n_o、$U_{\lambda/2}$ 数值（室温，$\lambda_0 = 546.1\,\text{nm}$）

材　料	$\gamma_{63}(10^{-12}\text{m}\cdot\text{s}^{-1})$	n_o（近似值）	$U_{\lambda/2}(\text{kV})$
ADP($NH_4H_2PO_4$)	8.5	1.52	9.2
KDP(KH_2PO_4)	10.6	1.51	7.6
KDA(KH_2AsO_4)	~13.0	1.57	~6.2
KD*P(KD_2PO_4)	~23.3	1.52	~3.4

应当注意，不是所有的晶体都具有电光效应。理论证明，只有那些不具备中心对称的晶体才有电光效应。图 5-1 是利用泡克耳斯效应的光纤电压传感器示意图。

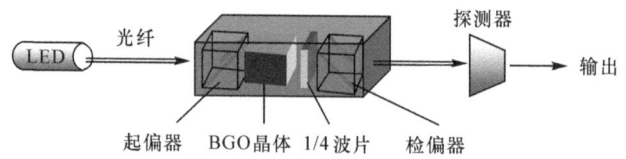

图 5-1　利用泡克耳斯效应的光纤电压传感器

晶体中两正交的平面偏振光由于电光效应产生的相位差为

$$\varphi = \frac{2\pi n_o^3 \gamma_c U}{\lambda_0} \tag{5-5}$$

晶体的通光方向垂直于外加电场时产生的电光效应称为横向电光效应。晶体中两正交的平面偏振光由于电光效应产生的相位差为

$$\varphi = \frac{2\pi n_o^3 \gamma_c U}{\lambda_0} \cdot \frac{d}{l} \tag{5-6}$$

式中：γ_c 为有效电光系数；l 为光传播方向的晶体长度；d 为电场方向晶体的厚度。

晶体的半波电压 $U_{\lambda/2}$ 为

$$U_{\lambda/2} = \frac{\lambda_0}{2 n_o^3 \gamma_c} \cdot \frac{l}{d} \tag{5-7}$$

晶体的半波电压 $U_{\lambda/2}$ 与晶体的几何尺寸有关。通过适当地调整电光晶体的 d/l 比值（纵横比）可以降低半波电压的数值，这是横向调制的一大优点。同样，也可以利用横向电光效应构成光纤电压传感器。

5.1.2　克尔效应

克尔效应也称为二次（或平方）电光效应。它发生在一切物质中。当外加电场作用在各向同性的透明物质上时，各向同性物质的光学性质发生变化，变成具有双折射现象的各向异性物质，并且与单轴晶体的情况相同。设 n_o、n_e 分别为介质在外加电场下的寻常光折射率和非常光折射率。当外加电场方向与光的传播方向垂直时，由感应双折射引起的寻常光折射率和非常光折射率与外加电场 E 的关系为

$$n_e - n_o = \lambda_0 k E^2 \tag{5-8}$$

式中：k 为克尔常数。

在大多数情况下 $n_e - n_o > 0$（k 为正值），即介质具有正单轴晶体的性质。表 5-2 列出了一些液体的克尔常数。

表 5-2 一些液体的克尔常数

名称	$k\,(300\times10^{-7}\,\mathrm{cm\cdot V^{-2}})$	名称	$k\,(300\times10^{-7}\,\mathrm{cm\cdot V^{-2}})$
苯(C_6H_6)	0.6	水(H_2O)	4.7
二硫化碳(CS_2)	3.2	硝基甲苯($C_5H_7NO_2$)	123.0
氯仿($CHCL_3$)	-3.5	硝基苯($C_6H_5NO_2$)	220.0

注：20 ℃时，$\lambda_0=589.3$ nm。

克尔效应最重要的特征是感应双折射几乎与外加电场同步，有极快的响应速度，响应频率可达 10 MHz。因此，它可以制成高速的克尔调制器或克尔光闸。图 5-2 是克尔调制器装置图。它由玻璃盒中安装的一对平板电板和电极间充满的极性液体构成，也称为克尔盒。将调制器放置在正交的

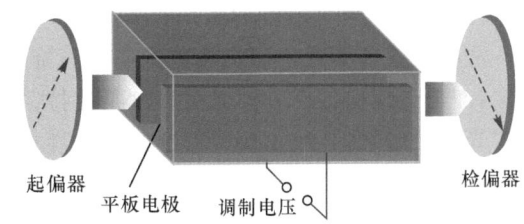

图 5-2 克尔盒

偏振镜之间，即让偏振镜的透光轴 N_1、N_2 互相垂直，并且 N_1、N_2 与电场方向分别成 $\pm 45°$，通光方向与电场方向垂直。当电极上不加外电场时，没有光通过检偏镜，克尔盒呈关闭状态。当电极上加外加电场时，有光通过检偏镜，克尔盒呈开启状态。若在两极上加电压 U，则由感应双折射引起的两偏振光波的光程差为

$$\Delta=(n_e-n_o)l=k\lambda_0\cdot l\left(\frac{U}{d}\right)^2 \tag{5-9}$$

两光波间的相位差则为

$$\Delta\varphi=2\pi kl\left(\frac{U}{d}\right)^2 \tag{5-10}$$

式中：U 为外加电压；l 为光在克尔元件中的光程长度；d 为两极间距离；k 为克尔常数。

此时，检偏镜的透射光强度 I 与起偏镜的入射光强度 I_0 之间的关系可由下式表示

$$I=I_0\sin^2\left[\frac{\pi}{2}\left(\frac{U}{U_{\lambda/2}}\right)^2\right] \tag{5-11}$$

式中：半波电压 $U_{\lambda/2}$ 可表示为

$$U_{\lambda/2}=\frac{d}{\sqrt{2kl}} \tag{5-12}$$

利用克尔效应可以构成电场、电压传感器，其结构类似于图 5-1。

5.1.3 法拉第效应

物质在磁场的作用下使通过的平面偏振光的偏振方向发生旋转，这种现象称为磁致旋光效应或法拉第(Faraday)效应。

法拉第效应的典型装置如图 5-3 所示。当从起偏器出来的平面偏振光沿磁场方向（平行或反平行）通过法拉第装置时，光矢量旋转的角度 φ 由下式确定

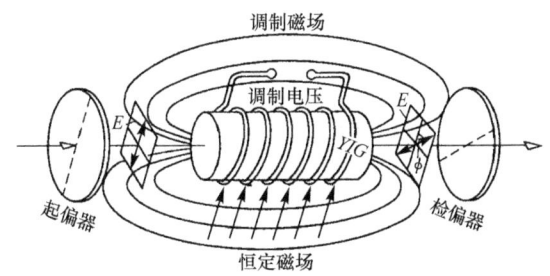

图 5-3 法拉第效应实验装置

$$\varphi = V \oint_l \boldsymbol{H} \, \mathrm{d}\boldsymbol{l} \tag{5-13}$$

式中：V 为物质的韦尔代(Verdet)常数；l 为物质中的光程；H 为磁场强度。

在法拉第效应中，偏振面的旋转方向与外加磁场的方向有关，即费尔德常数 V 有正负值之分。一般约定，正的费尔德常数系指光的传播方向平行于所加 H 场方向，法拉第效应是左旋的；平行于 H 场反方向时是右旋的。

立方晶体或各向同性材料的法拉第效应可以解释为：由于磁化强度取决于沿磁场方向传播的右旋圆偏振光和左旋圆偏振光的折射率差，平面偏振光可以表示成左旋、右旋圆偏振光之和。

法拉第效应导致平面偏振光的偏振面旋转。这种磁致偏振面的旋转方向仅由外磁场方向决定，而与光线的传播方向无关。这是法拉第旋转和旋光性旋转间的一个最重要的区别。对于旋光性的旋转，光线正反两次通过旋光性材料后总的旋转角度等于零，因此，旋光性是一种互易的光学过程。而法拉第旋转是非互易的光学过程，即平面偏振光第一次通过法拉第材料旋转 θ 角度，而沿相反方向返回时将再次旋转相同的角度 θ，使总的旋转量为 2θ。这样，为了获得大的法拉第效应，可以将放在磁场中的法拉第材料做成平行六面体，使通光面对光线方向稍偏离垂直位置，并将两面镀高反射膜，只留入射和出射窗口。若光束在其间反射 N 次后出射，那么有效旋光厚度为 Nl，偏振面的旋转角度就提高 N 倍。法拉第效应是偏振调制器的基础，利用法拉第效应可制作光纤电流传感器。

5.1.4 弹光效应

材料的应力双折射现象是由 Seebeck 和 Brewster 发现的。图 5-4 为应力双折射实验装置。若沿 MN 方向有压力或张力，则沿 MN 方向和其他方向的折射率不同。就是说，在力学形变时材料会变成各向异性。压缩时材料具有负单轴晶体的性质，伸长时材料具有正单轴晶体的性质。在应力的方向上物质的等效光轴，感生双折射的大小正比于应力。这种应力感生的双折射现象称为弹光效应。

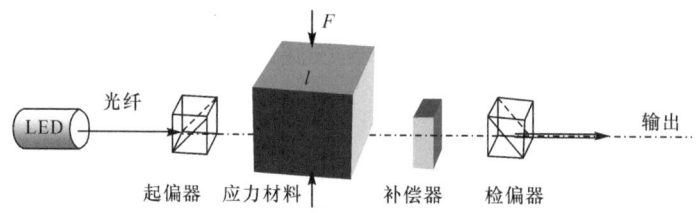

图 5-4 应力双折射实验装置

设单轴晶体的主折射率 n_e。对应于 MN 方向上振动的光的折射率，主折射率 n_o 对应于垂直 MN 方向上振动的光的折射率，这时弹光效应与压强 p 的关系可表达为

$$n_o - n_e = kp \tag{5-14}$$

式中：k 为物质常数；$(n_o - n_e)$ 为双折射率，表征双折射性的大小，此处也表征弹光效应的强弱。

若光波通过的材料厚度为 l，则获得的光程差为

$$\Delta = (n_o - n_e)l = kpl \tag{5-15}$$

相应引起的相位差为

$$\Delta\varphi = \frac{2\pi}{\lambda_0}(n_o - n_e)l = \frac{2\pi kpl}{\lambda_0} \tag{5-16}$$

理论上弹光效应可用折射率椭球参量的变化与应力 σ_j 或应变 ε_j 的关系（弹光效应方程）来描述，即

$$\Delta b_i = \pi_{ij}\sigma_j \quad \text{或} \quad \Delta b_i = p_{ij}\varepsilon_j \tag{5-17}$$

式中：π_{ij} 为压光系数（或压光应力系数）；p_{ij} 为泡克耳斯系数（或压光应变系数）。

材料的弹光效应是应力或应变与折射率之间的耦合效应。虽然弹光效应可以在一切透明介质中产生，但实际上它最适于在耦合效率高或弹光效应强的介质中产生。电致伸缩系数较大的透明介质应具有较大的弹光效应。

利用物质的弹光效应可以构成压力、声、振动、位移等光纤传感器。例如，利用均匀压力场引起的纯相位变化进行调制就构成干涉型光纤压力、位移等传感器；也可用各向异性压力场引起的感应线性双折射进行调制，这就构成了非干涉型光纤压力、应变传感器。应用弹光效应的光纤压力传感器的受光元件上的光强由下式表示

$$I = I_0 \left(1 + \sin \pi \frac{\sigma}{\sigma_\pi}\right) \tag{5-18}$$

式中：σ 为应力；σ_π 为半波应力。

对于非晶体材料，有

$$\sigma_\pi = \frac{\lambda_0}{pl}$$

式中：p 为有效弹光常数；l 为弹光材料的光路长度。

据报道，用光路长度 $l=0.6$ cm 的硼硅酸玻璃作弹光材料，用波长 $\lambda_0=820$ nm 的 LED 作光源时，σ_π 和最小可检测压力的理论值分别为 2.1×10^7 Pa 和 91.4 Pa（$I=380\times10^{-7}$ W）。

5.2 偏振调制光纤传感器类型及应用实例

5.2.1 光纤电流传感器

1. 基本原理

外界因素使光纤中光波模式的偏振态发生变化，并对其加以检测的光纤传感器属于偏振态调制型。最典型的例子就是高压传输线用的光纤电流传感器。光纤测电流的基本原理是利用光纤材料的法拉第效应（熔石英的磁光效应），即处于磁场中的光纤会使在光纤中传播的偏振光发生偏振面的旋转，其旋转角度 Ω 与磁场强度 H、磁场中光纤的长度 L 成正比

$$\Omega = VHL \tag{5-19}$$

式中：V 为韦尔代（Verdet）常数。

由于载流导线在周围空间产生的磁场满足安培环路定律，对于长直导线有：$H=I/(2\pi R)$，因此只要测量 Ω, L, R 等值，就可由式(5-20)求出长直导线中的电流 I

$$\Omega = \frac{VLI}{2\pi R} = VNI \tag{5-20}$$

式中：N 为绕在导线上的光纤的总圈数。

设 $I=0$ 时，出射光的振动方向沿 y 轴，检偏器的方位为 φ；$I\neq 0$ 时，法拉第旋转角为 Ω，如图 5-5 所示，则探测器输出信号强度正比于

$$J = E_0^2 \cos^2(\varphi - \Omega) \tag{5-21}$$

为获得对 Ω 变化的最大灵敏度，令

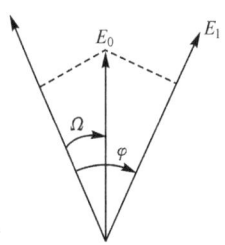

图 5-5 电矢量的取向

$$\frac{\partial}{\partial \varphi}\left(\frac{\partial J}{\partial \Omega}\bigg|_{\Omega=\theta}\right)=0$$

解得 $\varphi=\pm 45°$。它表明检偏器的方向应与 $I=0$ 时线偏振光的振动方向成 $45°$ 夹角,所以式(5-21)写成

$$J_{1,2}=\frac{1}{2}[E_0^2(1\pm\sin(2\Omega))] \tag{5-22}$$

再进行小角度近似,$\sin(2\Omega)\approx 2\Omega$,因此上式中 Ω 与待测电流 I 成正比。所以式(5-22)由两部分组成:第一项为直流项 $E_0^2/2$,第二项为交流项 $(1/2)E_0^2\sin(2\Omega)$,利用除法器把交流成分同直流成分相除

$$\frac{\frac{1}{2}E_0^2 2\Omega}{\frac{1}{2}E_0^2}=2\Omega \tag{5-23}$$

便能得到 Ω 的大小。此结果与激光功率 E_0^2 无关,可以消除激光功率起伏和耦合效率的起伏。此法只用一个光电接收器,故称为单路法。

另一种是双路检测方法。与单路的差别是其检偏器为沃拉斯顿棱镜(Wollaston prism),用它把从光纤输出的偏振光分成振动方向相互垂直、传播方向成一定夹角的两路光。再实现以下运算

$$\frac{J_1-J_2}{J_1+J_2}=\sin(2\Omega)\approx 2\Omega \tag{5-24}$$

式中:J_1,J_2 分别为两偏振光的强度。这种方法的优点是:光能利用率高,抗干扰能力强,交、直流两用(交、直流磁场或电流均可测量)。

具体的原理实验装置如图 5-6 所示。从激光器 1 发出的激光束经起偏器 2 耦合进单模光纤。6 是高压载流导线,通过其中的电流为 I,4 是绕在导线上的光纤,在这一段光纤上产生磁光效应,使通过光纤的偏振光产生角度为 Ω 的偏振面的旋转。出射光经棱镜把光束分成振动方向相互垂直的两束偏振光。再分别送进信号处理单元 9 进行运算。最后由计算机输出的将是函数 P

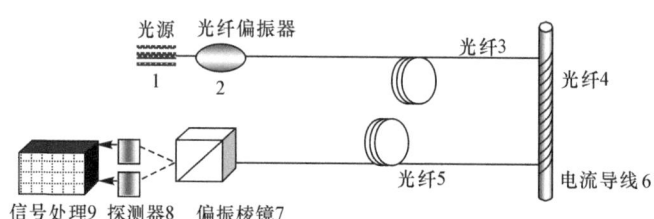

图 5-6 光纤电流传感器原理图

$$P=\frac{J_1-J_2}{J_1+J_2} \tag{5-25}$$

式中:J_1,J_2 分别为两偏振光的强度。

2. 对光纤电流传感器探头的进一步分析

若光纤电流传感器的传感头光纤按 8 字形缠绕,光纤本身的双折射又为零(用极低双折射光纤),这时根据磁光效应的理论,其等效韦尔代常数应等于熔融石英的理想值 $0.016'/A$。但是,实验结果表明,系统的等效韦尔代常数 $V_{eff}=0.0155'/A$,小于理想值;其次,当被测电流即

磁场强度大时,等效韦尔代常数下降,被测电流增到 I=1 200 A 时,其最大等效韦尔代常数下降了 3.5%。V_{eff} 小于理想值和 V_{eff} 的非线性现象说明,虽然交叉绕制的传感头可以使得总的双折射为 0,但光纤的光学传输矩阵不能直接采用双折射理想介质的 Jones 矩阵来描述。因此,有必要对这种传感头作进一步理论分析,给出完整的数学描述。

5.2.2 BSO 晶体光纤电场传感器

一种采用电光晶体作为传感器探头置于高压系统中进行电场测量的传感装置如图 5-7 所示。将一束偏振光经光纤传送到晶体前的 1/4 波片→变成圆偏振光进入晶体;光束多次反复地通过晶体后再由光纤传送回来,进入光接收系统。晶体探头由于高压电场的作用,其双折射特性将发生变化,从而使通过晶体的光束场受到调制,经过检偏器后转换为输出光强的变化量,由光接收系统检测出被测高压电场的信息。

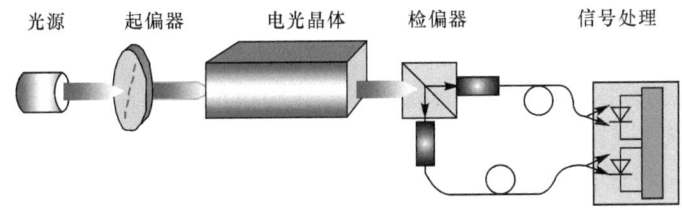

图 5-7 电光晶体高压传感装置

探头材料采用 $Bi_{12}SiO_{20}$(BSO)晶体。BSO 同时具有电光泡克耳斯效应和磁光法拉第效应,且其温度系数较小,故适宜做电压电流传感器。电光 BSO 晶体以及光纤组合的检测装置正在实用化,工作原理如图 5-8 所示。

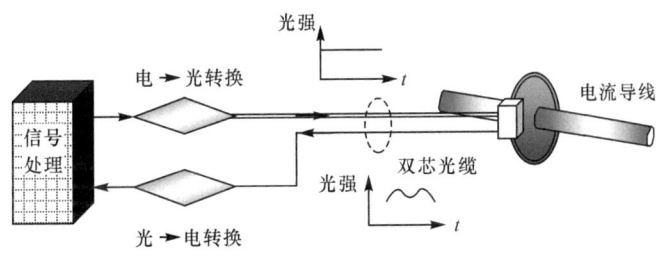

图 5-8 BSO 晶体光纤电压/流传感器

它由 BSO 晶体和检偏器、光学偏置器、电光变换器和光电变换器以及双芯光纤等组成。为了提高测量灵敏度,晶体探头可以做成多重通道结构。如果在传感器部分外加电场就会得到与电场电压成正比的光强度信号。系统的归一化输出光强可由下式表示

$$I = 1 + \sin\left(\frac{\pi E l}{U_\pi^*}\right) \quad (5-26)$$

式中:E 为被测高压电场;l 为晶体在外加电场 E 方向的厚度。

当检偏器的透光轴相对于 BSO 晶体成 $(\pi/4 - \theta_a l/2)$ 的方位放置时,则有:

$$U_\pi^* = \frac{U_\pi}{2N \sin(\theta_a l)} \quad (5-27)$$

式中:U_π 为 $l=0$ 极限条件下 BSO 晶体的半波电压;θ_a 为单位长度的旋光度。

式(5-27)表示,光通过 BSO 晶体 2N 次,就可使半波电压减少为通过一次时的 1/2N,这

相当于把晶体厚度增加了 2N 倍。

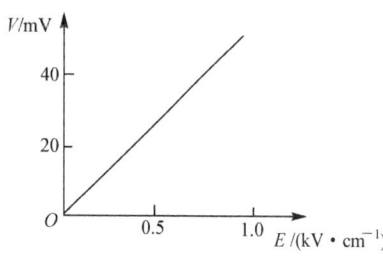

图 5-9 高压电场传感器输出特性

晶体探头可制成一个泡耳克斯盒,厚度为 3 mm,2N=6,光源采用发光二极管,波长 λ=830 nm,功率为 0.3 mW。把晶体传感探头置于两平行平板电极之间,就可以对外加电场进行测量。图 5-9 给出了一个实测的曲线。可以看出,外加电场 E 与输出电压信号 V 之间具有较好的线性度。

用上述传感器可测量架空输电线下的空间电场和测量高压机器及附属装置的电场分布。可应用于波动电压的测量及雷冲击波形测量等场合。

5.2.3 医用体压计

基于弹光效应的心脏压力光纤传感器,就是装置内装有由氨基甲酸乙酯构成的弹光传感器。其最终要实现的目标是达到在生理研究压力范围内(−50~+300 mmHg)的灵敏度为 1 mmHg,频率范围为 1~100 Hz,实验结果显示,该装置将成为一种非常具有吸引力的实用微端传感器技术,并可与现有的导管端压力传感器竞争。

1. 基本原理

典型的弹光效应光纤压力传感器的光学结构如图 5-10 所示。

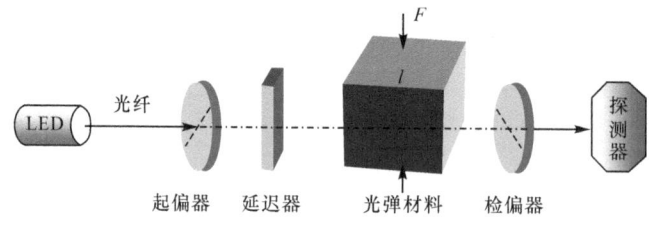

图 5-10 弹光效应光纤压力传感器原理图

在压力 p 的作用下,一个弹光材料的试样被椭圆偏振光照射。离开试样的光通过检偏器被送到光电探测器上,探测器接收到的光强度 I 为

$$I = I_0 \sin^2\left(\frac{\pi t}{f} p + \varphi\right) = I_0 \sin^2\left(\frac{\pi}{2} \cdot \frac{p}{p_0} + \varphi\right) \tag{5-28}$$

式中:I_0 为光电探测器接收到的最大光强;t 为光束方向上试样的厚度;f 为试样的特征值;φ 为延时器测定的相移。参量 f 表示透明物质的弹光性质,其值为

$$f = 2t p_0 \tag{5-29}$$

文献中给出了最小可测压力为

$$p_{\min} = \frac{2f}{\pi f}\left(\frac{h v B}{I_0 \eta}\right)^{\frac{1}{2}} = \frac{2f}{\pi f}\left(\frac{eB}{r I_0}\right)^{\frac{1}{2}} \tag{5-30}$$

式(5-30)为分析传感器尺寸的数据、材料的特性,以及为实现最小可测压力所需的接收光强、可测的压力范围和带宽要求提供了依据。

2. 弹光传感器及探头的设计

在弹光体压计的设计中遇到的第一个制约条件是由导管的大小尺寸决定了传感器的尺寸。最常用的心导管为 8F 型(外径为 2.67 mm)或更小一些。第二个制约条件源于测量需要——作用于弹光材料上的应力必须是单轴并垂直于光通道。

在以上的几何制约条件下,及前面讨论中涉及的有关光学元件的配置,传感器设计的原理结构与图 5-11 基本相同。经过对不同弹光材料的性质测试,发现只有复合尿烷(氨基甲酸乙酸材料)才具有小于 5.3 kPa·m 的 f 值($f=1.17$ kPa),所以选择该材料为体压计的弹光物质,这样有利于在线性范围内的压力测量。实际上,当光源波长为 850 nm(由激光二极管提供),$t=2.5$ mm,$P_0=234.6$ kPa 时,存在线性压力范围大约为 77.3 kPa。实验表明,所设计的传感器在生理压力范围内完全工作在线性范围。

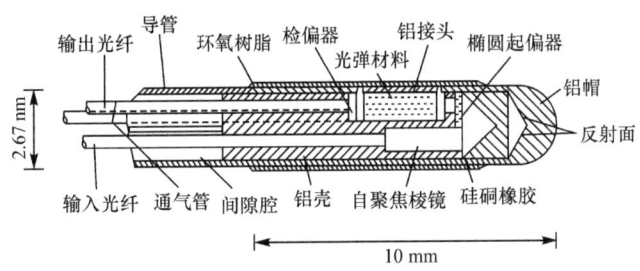

图 5-11 导管端弹光压力计传感头轴向剖面图

基于以上的理论分析,设计出顶端插入 8F 型导管的传感器探头。导管内部被分成三个腔,其中的一个腔内含有一根裸塑料光纤(外径为 0.5 mm),其作用是将激光光源(型号 8150A)发射的光传送到传感器端。第二个腔内同样含有一根裸塑料光纤(外径为 0.5 mm),其作用是将弹光传感器调制的光传送到光接收器(HP8151A-HP8151A)。这两个腔的腔壁对裸光纤起保护作用。第三个腔用于提供参考的压力源。弹光材料和光学元件都放置在铅箱内,装置结构如图 5-11 所示。

将输入光纤用纯环氧树脂(BB-F113)黏在自聚焦透镜(SLW-1.0-0.25P-0.83)上,用于聚焦。输入光射在铝腔端部的金属反射层上,以 90°角反射到同一端的另一个金属层上。然后,改变方向的光通过椭圆起偏器(由一块厚 0.7 mm 的偏振片获得),再通过弹光材料,其横截面积大约为 1 mm×1.5 mm,长为 2.5 mm,最后穿过 0.25 mm 厚的检偏器。

在传感器横截面中,由外部血压产生的作用在弹光材料上的应力必须保证其单轴性。因此在这个条件下,夹在传输通道中的氨基甲酸乙酯材料的放置要十分注意。在临床的实际使用中,防止插入式传感器端的血凝结十分重要。为了使传感器的传感端外表面连续光滑,将一个特殊形状的铝片黏在传感器探头的前端,然后把铝箱嵌入铝帽内。在传感器窗口上覆盖一薄层硅用橡胶,以隔离传感器腔与血液,并防止血压作用在其他无关的弹光传感器方向上。由于传感器探头的外表面很光滑,从而减小了在传感器端面上血凝结的可能性。整个传感头最后用环氧树脂封装。

3. 结论

理论和初步实验测试都已证实,这种导管端弹光体压计有潜力满足心导管压力测量的技术要求。特别是该装置适合于小型化(外径<2 mm)以及大批量生产。因为它的元器件价格便宜,且其中的大部分可以通过铸模技术完成。因此可以拓展光纤导管端传感器的使用领域。目前一些具有传染性危险的疾病,如艾滋病(AIDS),复用它们的医用导管是极具危险性的。同时,装置的机械强度也已得到实验证实。

但是,在应用中也发现目前这种形式的传感器存在一些缺陷,这主要是由输出到光电探测器的光强度太小引起。因此,提高发射与接收光纤之间的光耦合功率,增大信噪比 S/N,可以有效地提高传感器性能。利用具有高 f 值、优良的机械性能(即低滞后作用)的弹光材料,也可以得到同样的压力灵敏度。较大的参数 f 值决定了 P_0 值较大,因此,也就提高了在期望压力测量范围内的弹光响应的线性。

此外,在理论上,发射和接收部分的结构同样受到人工操作以及操作环境的影响,例如温度的变化,特别是导管的机械弯曲。尽管如此,对于导管的弯曲,或是光源的抖动造成到达光探测器的光强度影响,都可以通过不同的方法进行补偿,而温度变化对传感器性质的影响,也可以通过对弹光材料的认真选择,以及适当的补偿技术得到改善。

因此,在未来研究中致力于这些局限性的改进和提高,如温度对长期稳定性和传感器密封性能的影响等,都是研究的主要方向。

5.2.4 动脉光纤血流计

动脉光纤血流计的结构如图 5-12 所示[27]。线性偏振激光器发出的光一半通过偏振分束器,经一个显微透镜在光纤入射端聚焦,并通过一根长约 150 m 的光纤到达探测器探头。光纤探头以角度 θ 插入血管中。血液中红细胞直径约为 7 μm,红细胞的多普勒散射光按原路返回。光信号的多普勒频移为

$$\Delta f = \frac{2n|v|\cos\theta}{\lambda_0}$$

式中:v 为血流速度;n 为血液折射率,为 1.33;θ 为光纤与血管间的夹角;λ_0 为真空中光波长。

分束器的另一半光线作为参考光线。参考光线进入驱动频率为 40 MHz(f_1)的布拉格盒频移后,参考光线的频率为 f_0-f_1,f_0 是激光器发出的光频率。将参考光线与发生多普勒频移的信号频率 $f_0+\Delta f$ 混频,进行外差探测。由于雪崩式光电二极管(avalanche photo diode, APD)有较高的信噪比,所以用 APD 作为光探测器。APD 将光信号转换成电信号送入频谱分析仪分析多普勒频率变化。光电流频谱示意图如图 5-13 所示。f(正或负)的符号是由血流方向确定的,即根据多普勒频移公式确定的。f 为正,此时 $0°<\theta<90°$;f 为负,则 $90°<\theta<180°$。如果信号频谱出现在 f_1 右侧,变化的频率对应于血流朝前;如果出现在左侧,则血流反方向流动。

在实际的血流测量中得到的多普勒信号为宽谱信号,是连续曲线,如图 5-13 所示。因为血流在光纤顶端受到局部干扰,后向散射光信号包含了干扰区域的流动信息。在频谱中,在多普勒频移点(f_{out})最大值处可以得到正确的血流速度。

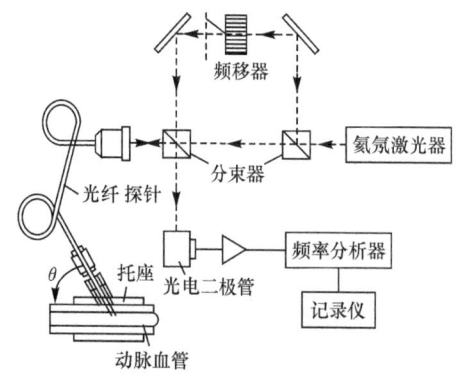

图 5-12 动脉光纤血流计的结构图

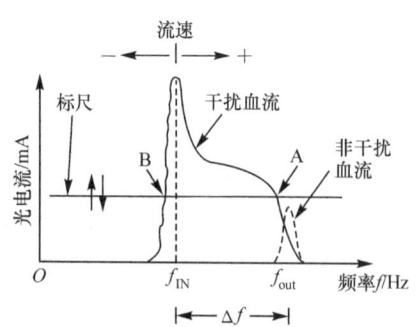

图 5-13 频谱仪上的血流多普勒频移谱

动脉光纤血流计中,各部件包括光源、光纤、探测器、光纤导管等的选择非常关键,可参考文献中给出的详细介绍。文献系统的测量速度范围为 4~10 m/s,速度测量准确度为 5%。需要注意,在体内测量中,塑料托座(直径 2.0~3.0 mm,厚 0.5 mm,长 5 mm)放置在股动脉周围,托住光纤顶端。通过一个小针头将光纤插入血流中。并且使光纤与血管间的夹角为 60°。为了测量冠状循环,用一个小托座把针头和光纤顶端一起插入到血管中,通过多普勒变化信号的消失,确定光纤顶端和血管壁间的距离,然后抽回针头,留下光纤顶端在血管腔内测量。

测量动脉血流是光纤血流多普勒速度计的主要发展方向。在上述系统中,虽然光纤对血流产生干扰,但是通过频谱分析可得到准确的速度测量值。系统的测量范围也适用于测量静脉血流。

5.2.5 光纤偏振干涉仪

Mach-Zehnder 光纤干涉仪的一个重要缺点是利用双臂干涉,外界因素对参考臂的扰动常常会引起很大的干扰,甚至破坏仪器的正常工作。为克服这一缺点,可利用单根高双折射单模光纤中两正交偏振模式在外界因素影响下相移的不同进行传感。图 5-14 是利用这种办法构成的光纤温度传感器的原理图,这是一种光纤偏振干涉仪。

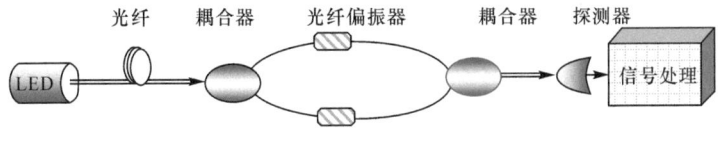

图 5-14 单光纤偏振干涉仪

激光束经起偏振器和 λ/4 波片后变为圆偏振光,对高折射单模光纤的两个正交偏振态均匀激励。由于其相移不同,输出光的合成偏振态可在左旋圆偏振光、45°线偏振光、右旋偏振光、135°线偏振光之间变化。若输出端只检测 45°线偏振分量,则强度为

$$I = \frac{1}{2}I_0(1+\cos\varphi)$$

式中:φ 为受外界因素影响而发生的相位变化。

为了减小光源本身的不稳定性,可用 Wollaston(沃拉斯顿)棱镜同时检测两正交分量的输出 I_1 和 I_2,经数据处理可得

$$P = \frac{I_1-I_2}{I_1+I_2} = \cos\varphi \tag{5-31}$$

实验结果表明:应用高双折射光纤(拍长 $\Lambda=3.2$ mm)进行温度传感时,其灵敏度约为 2.5 rad/(℃·m)。它虽然比 Mach-Zehnder 双臂干涉仪的灵敏度(~100 rad/(℃·m))低了很多(大约 1:50),但其仪器装置要简单得多,而且压力灵敏度为 Mach-Zehnder 干涉仪的 1/7300,因此有较强的压力去敏作用。

习题与思考

5.1 若某单模光纤的固有双折射为 100°/m,现用 10 m 长的光纤构成光纤电流传感器的传感头,其检测灵敏度与理想值相比,下降多少?若固有双折射为 2.6°/m,其检测灵敏度又为多少?

5.2 用损耗为 12 dB/km 的超低双折射石英光纤 10 m 构成一个全光纤传感头,若被测电流为 1 000 A,按理想情况计算偏振光的转角是多少?若改用 5.2.1 节介绍的磁敏光纤,欲产生同样的转角,需用光纤多长?比较两种情况下的光能损失。如果此光纤电流传感器还需 20 m 的输入、输出光纤,则两种情况下光能损失相差多少?

5.3 现欲设计一全光纤的电流传感器,被测电流为 1 000 A,用 10 m 长光纤绕成 8 字形光纤圈 10 圈,半径为 6 cm,光纤的固有线双折射为 2.6°/m,其检测灵敏度与理想值相比,下降多少?

5.4 欲测 200～600 ℃范围内的温度,光纤温度传感器有哪几种可能的结构方式?并估算其测量误差。

5.5 欲测 500～2 000 ℃范围内的温度,光纤温度传感器有哪几种可能的结构方式?并估算其测量误差。

5.6 试列举用光纤测电流的几种可能的方法,并分析比较其优缺点。

5.7 试列举用光纤测电压(电场)的几种可能的方法,并分析比较其优缺点。

5.8 光纤气体传感器是很有实用价值的一种光纤传感器,例如用光纤传感器测甲烷气体。试分析用吸收的原理构成的光纤气体传感器实用化的主要困难。

5.9 举出用光纤测微位移的几种方法,并比较其优缺点。

第6章 分布式光纤传感器

6.1 引 言

由于光纤传感器具有传统传感器不可比拟的多种优点,故它自20世纪70年代问世以来,得到了广泛的关注与发展。与传统的传感器相比,光纤传感器除了具有轻巧、抗电磁干扰等特征之外,还能够既作为传感元件又作为传输介质,容易显示长距离、分布式监测的突出优势。

分布式光纤传感技术是最能体现光纤分布伸展优势的传感测量方法,可细分为如下形式:

(1) 反射法。利用光纤在外部扰动作用下产生的瑞利(Rayleigh)、拉曼(Raman)、布里渊(Brillouin)等效应进行测量的方法。

(2) 偏振光时域反射法(polarization optical domain reflectometry,POTDR)。利用后向散射光的偏振态信息进行分布式测量的技术。

(3) 波长扫描法(wave length scanning,WLS)。用白光照射保偏光栅,运用快速Fourier算法来确定模式耦合系数的分布。

(4) 干涉法。利用各种形式的干涉装置把被测参量对干涉光路中光波的相位调制进行解调,从而得到被测参量信息的方法。

其中,基于光纤工程中广泛应用的光时域反射(optical time domain reflectometry,OTDR)技术的分布式传感是目前研究最多、应用不断扩展、作用大幅提升的真正意义上的分布式传感技术。

偏振光时域反射法是反射法的一种扩充。由于保偏光纤的两个本征偏振模式HE_{x11}模和HE_{y11}模具有不同的群速度,通过同样长度保偏光纤后,两个模式之间将产生光程差——正比于群速度差,因此可将保偏光纤看做信号干涉仪。在保偏光纤的末端可用一Michelson干涉仪检测分布传感信息。

偏振模耦合分布式光纤传感系统如图6-1所示[28]。光源为一宽谱的超辐射发光二极管(super luminescent diode,SLED)。光从SLED尾纤输出经光纤起偏器成为线偏振光后进入保偏光纤,再经透镜聚焦后送入Michelson干涉仪。干涉仪检测沿光纤主轴之一偏振的线偏振光,经放大后输出信号。步进电机在控制系统作用下带动Michelson干涉仪可动臂扫描,检测沿光纤各点的压力引起的偏振模耦合产生的相干光强。

$$E_y = E_{yy} + E_{xy} \tag{6-1}$$

式中:E_{yy}是保偏光纤输入为HE_{y11}模输出仍为HE_{y11}模的光波电场;E_{xy}是输入为HE_{x11}模,由于光纤在某点受到压力扰动,从HE_{x11}模耦合到HE_{y11}模的光波电场。设Michelson干涉仪两臂光程差产生的时延差为τ,光探测器得到的干涉光强为

$$I = \frac{I_0}{2} + \frac{1}{2}Re\langle E_{yy}(t) \cdot E_{yy}^*(t+\tau) \\ + E_{xy}(t) \times E_{yy}^*(t+\tau) + E_{xy}^*(t) \cdot E_{yy}(t+\tau) + E_{yy}^*(t) \cdot E_{xy}(t+\tau)\rangle \tag{6-2}$$

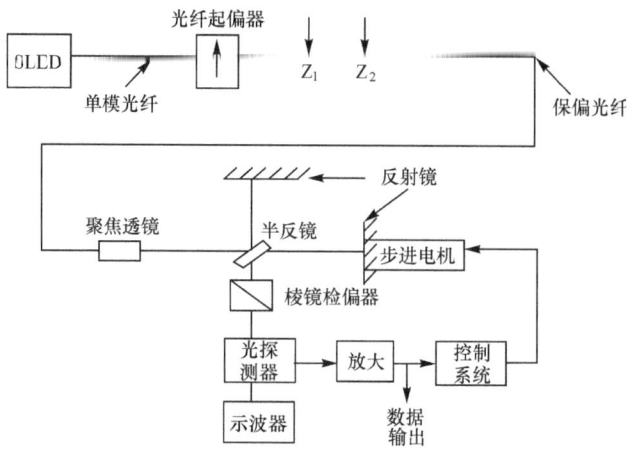

图 6-1 偏振模耦合分布式光纤传感系统

上式包含了本征模的自相干(式中第一项)、耦合模的自相干(式中第二项)和耦合模的互相干(式中第三、四项)。

传输模耦合传感器的一般形式是：光的入射与探测分别处于光纤的两端，如果传感光纤支持不同传播速度的两种传输模，那么在一定外界条件的作用下，光纤本征传输模的一部分能量就会耦合到另一传输模中去。因此在光纤另一端输出的耦合模的强度就能反映出被测量的大小，两传输模之间的延迟时间则反映出耦合点的位置。

反射法分布式光纤传感技术最初提出于 20 世纪 70 年代末期，迄今已经取得了相当大的发展，并在三个方面取得了突破：①基于瑞利散射的分布式传感技术；②基于布里渊散射的分布式传感技术；③基于拉曼散射的分布式传感技术。

其中，基于瑞利散射和拉曼散射的分布式传感技术的研究已经趋于成熟，并逐步走向实用化。基于布里渊散射的分布式传感技术的研究起步较晚，但由于它在温度、应变测量上所达到测量精度、测量范围以及空间分辨率均高于其他传感方式，因此这种技术在目前吸引了大量的研究力量。

此外，还有其他类型的准分布式传感器——波长扫描和干涉式，因为其传感器仍然以测点的形式存在而得名。如前面章节中专门讨论的光纤光栅、干涉调制型的光纤 F-P 腔传感器的复用技术也取得关键性的进展，业已在工程中获得应用。由于在第 4 章波长调制型光纤传感器中已经比较详细地介绍了光纤光栅各方面的应用技术，因此在本章稍后只讨论光纤 F-P 腔传感器的复用。

分布式传感技术除了具有光纤传感器的所有独特优点外，其最显著的优点是可以准确地测出光纤沿线任一点上的应力、温度、振动和损伤等信息，而无须构成回路。如果将光纤纵横交错地敷设成网状，即构成具备一定规模的监测网，就可实现对监测对象的全方位监测，从而克服传统点式监测漏检的弊端，提高报警的成功率。分布式光纤传感器应敷设在结构易出现损伤或者结构的应变变化对外部环境因素较敏感的部位，以获得良好的监测效果。

6.2 时域分布式光纤传感器的工作机理

6.2.1 光纤中的背向散射光分析

光在光纤中传输会发生散射,包括由光纤折射率变化引起的瑞利散射、光学声子引起的拉曼散射和声学声子引起的布里渊散射三种类型。

瑞利散射为光波在光纤中传输时,由于光纤纤芯折射率 n 在微观上随机起伏而引起的线性散射,是光纤的一种固有特性。

布里渊散射是入射光与声波或传播的压力波(声学声子)相互作用的结果。这个传播的压力波等效于一个以一定速度(且具有一定频率)移动的密度光栅。因此,布里渊散射可看做是入射光在移动的光栅上的散射,多普勒效应使得散射光的频率不同于入射光。当某一频率的散射光与入射光、压力波满足相位匹配条件(对光栅来说,就是对应于满足布拉格(Bragg)衍射条件)时,此频率的散射光强为极大值。

拉曼散射是入射光波的一个光子被一个声子(光学声子)散射成为另一个低频光子,同时声子完成其两个振动态之间的跃迁。拉曼散射光含有斯托克斯光和反斯托克斯光,如图 6-2 所示。瑞利散射的波长不发生变化,而拉曼散射和布里渊散射是光与物质发生非弹性散射时所携带出的信息,散射波长相对于入射波长发生偏移。

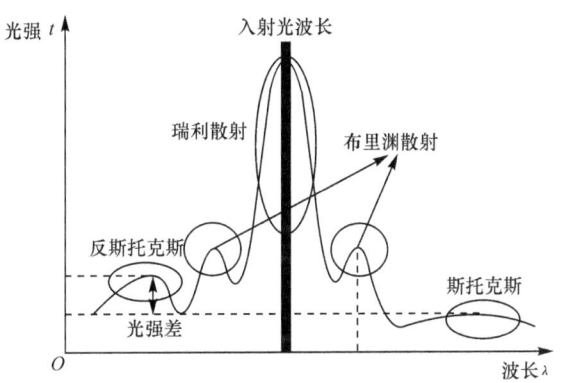

图 6-2 后向散射光分析

6.2.2 OTDR 技术

瑞利散射型分布式光纤传感技术和布里渊散射型分布式光纤传感技术都是基于光时域反射(optical time domain refectometry,OTDR)技术。OTDR 分布式测量技术于 1977 年首先由 Barnoski 提出。OTDR 检测是通过将光脉冲注入光纤中,当光脉冲在光纤内传输时,会由于光纤本身的性质、连接器、接头、弯曲或其他类似的事件而产生散射、反射,其中一部分的散射光和反射光将经过同样的路径延时返回到输入端。OTDR 根据入射信号与其返回信号的时间差(或时延)τ,利用下式就可计算出上述事件点与 OTDR 的距离 d 为

$$d = \frac{c\tau}{2n} \tag{6-3}$$

式中:c 为光在真空中的速度;n 为光纤纤芯的有效折射率。

基于 OTDR 技术原理及其典型曲线如图 6-3 所示。

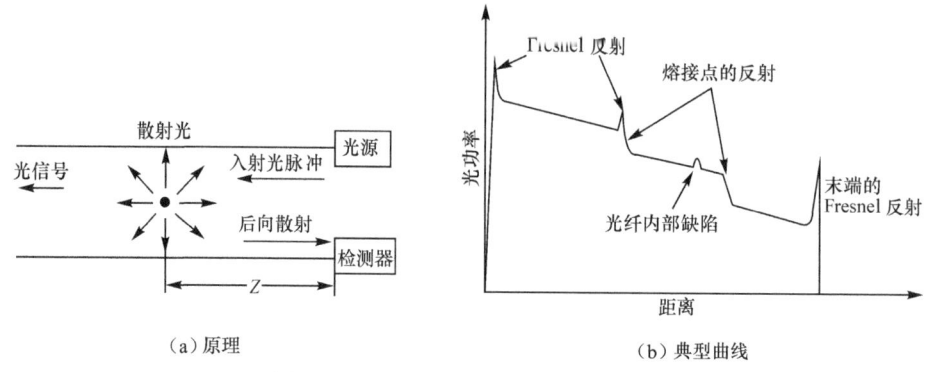

图 6-3 OTDR 技术原理及其典型曲线

利用 OTDR 可以方便地从一端对光纤进行非破坏性的测量,并且连续显示整个光纤线路的损耗随距离的变化。其典型曲线(如图 6-3(b)所示)前端和后端突起为端面的菲涅尔反射;中间线性区为光脉冲沿具有均匀损耗的光纤段传播时的背向瑞利曲线;其后面的非线性区表示光纤由于接头、耦合不完善或光纤存在缺陷等引起的高损耗区。在 $t=0$ 时刻,从光纤的一端发送能量为 E 的光脉冲,该脉冲在传播过程中与光纤介质相互作用将产生瑞利散射光。因此从 $t=0$ 开始,在光的发送端可以接收到一系列的反向散射脉冲回波,通过测定这些脉冲回波与输入光脉冲之间的时间间隔,便可以确定光纤中相应的散射点位置。由于光纤中存在吸收损耗和散射损耗两种主要的损耗,光脉冲和散射脉冲回波在传播时强度均会出现衰减,因此其背向散射光功率为一衰减曲线[29]。

6.2.3 瑞利散射型分布式光纤传感技术

在利用后向瑞利散射的光纤传感技术中,一般采用光时域反射(OTDR)结构来实现被测量的空间定位。典型传感器结构如图 6-4 所示。

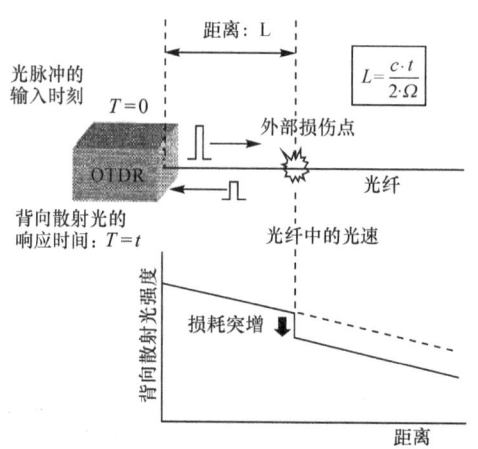

图 6-4 基于瑞利散射的传感系统

依据瑞利散射光在光纤中受到的调制作用,该传感技术可分为强度调制型和偏振态调制型。它们分别利用光纤的吸收、损耗、瑞利散射系数,光纤中传播光波的偏振态受外界物理量的调制来实现对外部物理量的传感测量。基于后向瑞利散射的传感技术是现代分布式光纤传感技术的基础。而 OTDR 是基于测量后向瑞利散射光信号的实用化测量仪器。利用 OTDR

可以方便地从单端对光纤进行非破坏性的测量,它能连续显示整个光纤线路的损耗相对于距离的变化。

6.2.4 基于拉曼散射的分布式光纤传感技术

当光波通过光纤时,光纤中的光学光子和光学声子发生非弹性碰撞,产生拉曼散射过程。在光谱图上,拉曼散射频谱具有两条谱线,分别分布在入射光谱线的两侧。其中,波长大于入射光为斯托克斯光,波长小于入射光为反斯托克斯光。在自发拉曼散射中,斯托克斯(Stokes)光与反斯托克斯(anti-Stokes)光的强度比和温度存在一定的关系,可由下式表示

$$R(T)=\frac{I_{as}(T)}{I_s(T)}=\left(\frac{\lambda_{as}}{\lambda_s}\right)^4 e^{-\frac{hc\nu_0}{kT}} \tag{6-4}$$

式中: h 为普朗克常数(J·s); c 为真空中的光速; ν_0 为入射光频率(m^{-1}); k 为玻尔兹曼常数(J/K); T 为绝对温度值(K)。

拉曼散射型光纤传感器正是利用这一关系来实现传感。基于拉曼散射光时域反射仪(Raman optical time domain reflectometry, ROTDR)的分布式光纤传感器的原理是:拉曼散射光中斯托克斯光的光强与温度无关,而反斯托克斯光的光强会随温度变化。反斯托克斯光光强 I_{as} 与斯托克斯光光强 I_s 之比和温度 T 之间的关系可用下式表示

$$\frac{I_{as}}{I_s}=ae^{-\frac{hc\nu_0}{kT}} \tag{6-5}$$

式中: a 为与温度相关的系数。

实测斯托克斯-反斯托克斯光强之比可计算出温度

$$T=\frac{hc\nu_0}{k}\cdot\frac{1}{\ln a-\ln\left(\frac{I_{as}}{I_s}\right)} \tag{6-6}$$

由于 ROTDR 直接测量的是拉曼反射光中斯托克斯光与反斯托克斯光的光强之比,与其光强的绝对值无关,因此即使光纤随时间老化,光损耗增加,仍可保证测温精度。

拉曼分布式温度传感系统的基本结构如图 6-5 所示。

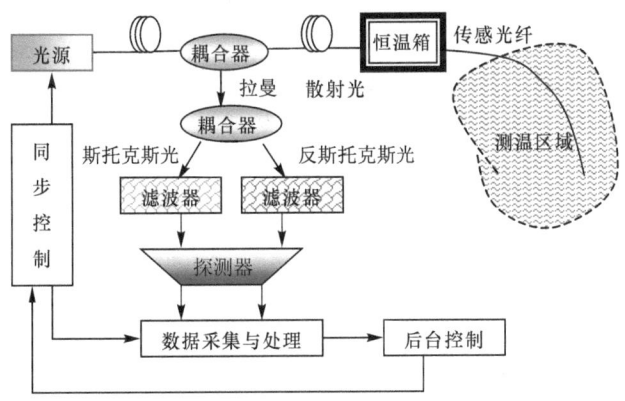

图 6-5 拉曼分布式温度传感系统的基本结构

6.2.5 布里渊散射型分布式光纤传感技术

布里渊散射型分布式光纤传感技术利用光纤中的布里渊散射频移与温度和应力的关系来实现传感。目前,对基于布里渊散射的温度、应变传感技术的研究主要集中在三个方面:①基

于布里渊光时域反射(Brillouin optical time domain reflectometry, BOTDR)技术的分布式光纤传感技术。②基于布里渊光时域分析(Brillouin optical time domain analysis, BOTDA)技术的分布式光纤传感技术。③基于布里渊光频域分析(Brillouin optical frequency domain analysis, BOFDA)技术的分布式光纤传感技术[30]。

在基于布里渊散射的分布式光纤温度/应变传感技术的研究中,为了确定沿光纤分布的温度/应变信息,必须首先找到布里渊散射光的参量与温度/应变等被测量的调制关系,进而通过测量布里渊散射光的参量来确定被测量。目前,在国内外对基于布里渊散射效应的分布式光纤传感技术的研究中,一般通过对实验数据的拟合来建立布里渊频移、强度与光纤温度 T 和应变 ε 之间的关系。有关这方面的实验研究报道相当多。为了更清楚地理解布里渊频移、强度与温度/应变之间的调制关系,很有必要从理论上分析温度/应变对光纤材料的调制作用。为此,对温度/应变对光纤中布里渊散射的频移和强度的影响进行了分析,建立了布里渊频移、强度与温度/应变的直接对应关系。

若 $\nu_0 = c/\lambda_0$ 为入射光频率;n 为介质折射率;c 为真空中光速;v 为介质中声速;θ 为入射光与散射光之间的夹角,则布里渊散射斯托克斯光相对于入射光的频移为

$$\nu_B = \frac{2\nu_0}{c} n v \sin \frac{\theta}{2} \tag{6-7}$$

当光束在光纤中传输时,后向散射光沿光纤原路返回,即 $\theta = \pi$,因而在光纤中的后向布里渊散射频移量为

$$\nu_B = \frac{2\nu_0 n v}{c} \tag{6-8}$$

其中:声速 v 由下式确定

$$v = \sqrt{\frac{(1-k)E}{(1+k)(1-2k)\rho}} \tag{6-9}$$

式中:E、k、ρ 分别为介质的杨氏模量、泊松比和密度。

由式(6-8)和式(6-9)可知,背向布里渊散射频移 ν_B 只由介质的声学特性和弹性力学特性决定。

在光纤中存在着热光效应和弹光效应,温度和应变分别通过热光效应和弹光效应使光纤折射率发生变化。而温度和应变对声速的影响则是通过对 E、k、ρ 的调制来实现的。密度随温度、应变的变化而发生变化是显而易见的。这样,光纤的折射率 n 及 E、k、ρ 均可表示为温度 T 和应变 ε 的函数,分别记为 $n(T,\varepsilon)$、$E(T,\varepsilon)$、$k(T,\varepsilon)$ 和 $\rho(T,\varepsilon)$,将它们代入式(6-9)可得($\theta = \pi$)

$$\nu_B(T,\varepsilon) = \frac{2\nu_0 n(T,\varepsilon)}{c} \times \sqrt{\frac{E(T,\varepsilon)[1-k(T,\varepsilon)]}{[1+k(T,\varepsilon)][1-2k(T,\varepsilon)]\rho(T,\varepsilon)}} \tag{6-10}$$

这样,布里渊频移就变成了温度和应变的函数。在布里渊散射过程中,受温度、应变影响的参量不仅仅是布里渊散射光的频移,在一定注入功率下,其散射光的强度同样受温度、应变的影响。

早期实验已经发现,布里渊功率随温度的上升而线性增加,随应变增加而线性下降。因此布里渊功率也可表示为

$$P_B = P_{B0} + cP_0 T \Delta T + cP_{0\varepsilon} \Delta \varepsilon \tag{6-11}$$

式中:P_0 为在 $T = 0\ ℃$,应变为 $0\ \mu\varepsilon$ 时的布里渊功率。

由于影响因素不止应变和温度(比如弯曲损耗、接头、绞接、耦合或者附加光纤都会导致功率的变化),连续波的波动、激光脉冲功率的波动以及脉冲宽度的波动也会影响布里渊峰值功率。

极化也是影响功率测试的一个很不利的因素。这使得通过散射光功率的变化来实现对温度和应力的精确测量很难实现。大量的理论和实验研究证明,光纤中布里渊散射信号的布里渊频移和功率与光纤所处环境温度和所承受的应力在一定条件下呈线性变化关系,并由下式给出

$$P_B = P_{B0} + cP_0 T\Delta T + cP_0 \varepsilon \Delta\varepsilon \qquad (6-12)$$
$$\nu_B = \nu_{B0} + c\nu T\Delta T + c\nu\varepsilon \Delta\varepsilon$$

式中:ν_{B0}、P_{B0} 分别为参考温度、应变下的布里渊散射光的频移和功率;ΔT 和 $\Delta\varepsilon$ 分别为温度和应变变化量。

基于布里渊散射光时域反射仪(BOTDR)的分布式光纤传感器是布里渊散射和 OTDR 探测技术相结合构成的分布式应变传感器,原理如图 6-6 所示。探测器接收的是布里渊后向散射光,它相对于入射光中心波长会发生频移。布里渊频移 ν_B 主要由入射光频率 ν_0、纤芯折射率 n、光纤内声速 v 等决定。当光纤的温度和应变发生变化时,光纤纤芯的折射率 n 和声速 v 会发生相应的变化,从而导致布里渊频移的改变。通过检测布里渊频移的变化量就可获知温度和应变的变化量。同时,通过测定该散射光的回波时间就可确定散射点的位置。

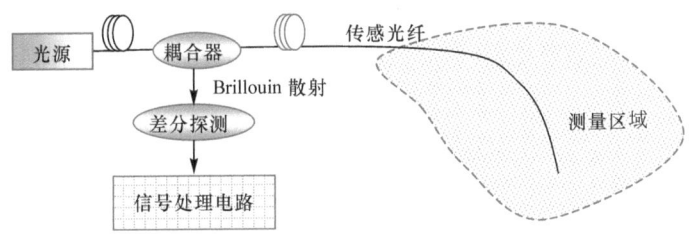

图 6-6 基于 BOTDR 的分布式光纤传感系统基本框图

目前,基于布里渊散射的温度、应变传感技术的时域反射研究,主要集中在基于 BOTDR 技术的分布式光纤传感技术和基于布里渊光时域分析(BOTDA)技术的分布式光纤传感技术。两种传感技术对空间的定位都是基于 OTDR 技术,通过反射信号和入射信号之间的时间差来确定空间位置。BOTDR 的自发布里渊散射信号相当微弱(比瑞利散射约小两个数量级),检测比较困难。因此基于 BOTDR 的分布式光纤传感技术的研究主要集中在布里渊信号的检测上。

BOTDA 技术最初由 Honguc 等人提出,基于该技术的传感器典型结构如图 6-7 所示。处于光纤两端的可调谐激光器分别将一脉冲光(泵浦光)与一连续光(探测光)注入传感光纤,当泵浦光与探测光的频差与光纤中某区域的布里渊频移相等时,在该区域就会产生布里渊放大(受激布里渊)效应,两光束相互之间发生能量转移。由于布里渊频移与温度、应变存在线性关系,因此,对两激光器的频率进行连续调节的同时,通过检测从光纤一端耦合出来的连续光的光功率,就可确定光纤各小段区域上能量转移达到最大时所对应的频率差,从而得到温度、应变信息,实现分布式测量,且测量精度较高。目前,通过布里渊频率信号同时测量温度和应力的研究正在广泛进行中。

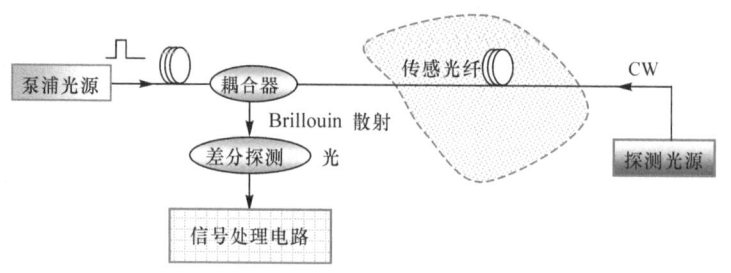

图 6-7 基于 BOTDA 的分布式光纤传感系统基本框图

对于一个实际的传感系统,通过对系统的定标以及对数据进行拟合就可以得到 C_{vT}、$C_{v\varepsilon}$、C_{PT}、$C_{P\varepsilon}$ 等系数的定量值,从而建立较精确的布里渊散射频移、强度与温度、应变的定量关系。

在 BOTDR、BOTDA 和 BOFDA 这三种传感技术中,由于 BOTDR 可以只在光纤的一端注入激光,并在同一端进行信号检测;还可以实现长距离传感(距离可达几千米),因而特别适用于油田开发领域。不过,由于目前只能通过测量布里渊频移来实现传感,不能避免温度和应力的交叉敏感问题,BOTDR 技术还需改进后才能用于油田开发领域。

6.2.6 拉曼型、布里渊型和偏振模式耦合型分布式温度传感方法比较

将三种不同类型的传感器采用不同的解调方式用于温度测量的性能比较见表 6-1。传统时域法的系统结构简单,但在信号处理时需要高速的采样电路,这给信号的检测电路提出了更高的要求。频域法的信号处理复杂,但对检测电路的要求降低了,故更有利于精确检测信号的实现。

表 6-1 三种分布式光纤温度传感器的性能参数比较

传感类型	工作带宽	测量时间	高速采样电路	信号处理	光源	空间分辨率/m	温度分辨率/℃	传感距离/km
拉曼时域法	宽	短	需要	简单	几百 mW	2	1	10
拉曼频域法	窄	长	不需要	复杂	几百 mW	2	1	10
布里渊时域法	宽	短	需要	简单	十几 nW	80	3	11
布里渊频域法	窄	长	不需要	复杂	十几 nW	80	3	11
模耦合型	宽	长	不需要	简单	几十 μW	0.1	1~3	0.1

6.2.7 FBG 和 BOTDR 性能比较

下面从分布式传感方式和系统性能方面,对比一下光纤光栅与 BOTDR 的性能。

(1) 空间分辨率

准分布式的 FBG 网络仍然是以测点为基本单元工作的。所测的应变位置明确——光纤光栅传感器布置位置就是所测量的应变发生位置,而在没有光纤光栅布设处却无法测量或需要多个光栅,运用算法推算出。而 BOTDR 理论上可以监测光纤布设沿线所有点的应变和温度场。但是由于受到目前光源、信号处理等因素的影响,其空间分辨率并不是无穷小,而是在相邻可分辨点之间存在一定的间隔,目前有报道的最小分辨距离为 5 cm。

（2）传感器的价格与成本

FBG 价格昂贵、成本高；而 BOTDR 的敏感单元就是普通单模光纤，价格非常便宜。

（3）布设方式

BOTDR 可以实现光纤布设范围内的分布式监测，能对井下温度应力等参数实现永久性动态监测，这对油田开发特别有利。而 FBG 测点相对独立，把握整体变化的规律比较困难。

通过比较可以发现，BOTDR 在油田开发领域有巨大的应用潜力。

6.3 其他（准）分布式光纤传感器

法布里-珀里光纤传感器（optical fiber Fabry-Perot sensor，光纤 F-P 或法珀传感器）是目前历史最长、技术最为成熟、应用最为普遍的一种光纤传感器。非常适宜于做成多点复用型的准分布式传感系统；而干涉型分布式传感器由于具有监测距离长、灵敏度高的特点，近年来在工程应用中崭露头角。本节就这两种分布式传感系统作一介绍。

光纤法珀传感器，在光纤内制造出两个高反射膜层，从而形成一个腔长为 L 的微腔（见图 6-8）。当相干光束沿光纤入射到此微腔时，光纤在微腔的两端面反射后沿原路返回并相遇而产生干涉，其干涉输出信号与此微腔的长度相关。当外界参量（力、变形、位移、温度、电压、电流、磁场……）以一定方式作用于此微腔，使其腔长 L 发生变化时，导致其干涉输出信号也发生相应变化。根据此原理，从干涉信号的变化得到微腔的长度 L 乃至外界参量的变化，实现各种参量的传感。例如，将光纤法珀腔直接固定在变形对象上，则对象的微小变形就直接传递给法珀腔，导致输出光的变化，从而形成光纤法珀应变/应力/压力/振动等传感器；将光纤法珀腔固定在热膨胀系数线性度好的热膨胀材料上，使腔长随热膨胀材料的伸缩而变化，则构成了光纤法珀温度传感器；若将光纤法珀腔固定在磁致伸缩材料上，则构成了光纤法珀磁场传感器；若将光纤法珀腔固定在电致伸缩材料上，则构成了光纤法珀电压传感器。

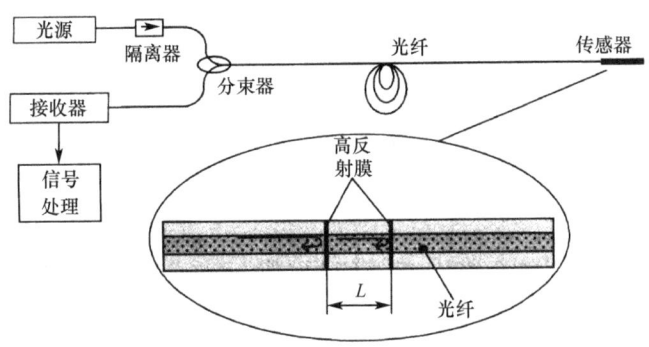

图 6-8 光纤法珀传感器基本结构示意图

在光纤法珀传感器系统中，光纤法珀腔是作为传感器来获取被测参量信息的。为了实现不同的参量传感，光纤法珀腔可以有不同的结构形式，而且不同的结构形式有不同的特性。目前，光纤法珀腔主要有本征型、非本征型、线型复合腔三种典型结构。而其中非本征型是性能最好、应用最为广泛的一种。

此外，光纤法珀腔获取的信号必须经过处理，才可以得到预期的结果，而这个信号处理就是光纤法珀传感器的信号解调。光纤法珀传感器的解调方法主要有强度解调和相位解调两大类,而其中相位解调是难度较大,但又比较能突出其优点,且研究空间较广、实施方案较多的一类解调方法,也是目前实际应用最多的解调方法,有很多文献报道。

多传感器复用技术,是光纤传感器优于其他传感器的一个突出特点,也是光纤传感器的一个重要研究方向。相对而言,光纤法珀传感器的复用较为困难。本节也将讨论光纤法珀传感器的复用问题。

从理论上讲,光纤传感器有许多突出优点,但由于其成本较高,因此实际应用情况一直不甚理想。由于光纤法珀传感器相对而言应用的成果较多,因此本章从其实际应用的成功范例出发,讨论了它的实际应用技术及相关工艺问题,列举了大量应用实例,这对其他类型的光纤传感器也具有一定借鉴意义。

6.3.1 光纤 F-P 传感器

1. 光纤 F-P 传感器的分类及特点

根据光纤法珀腔的结构形式,光纤法珀传感器主要可以分为本征型光纤法珀传感器(intrinsic Fabry-Perot interferometer,IFPI)、非本征型光纤法珀传感器(extrinsic Fabry-Perot interferometer,EFPI)、线型复合腔光纤法珀传感器(in-line Fabry-Perot,ILFE)三种。

1) 本征型光纤法珀传感器

本征型光纤法珀传感器是研究最早的一种光纤法珀传感器。它将光纤截为 A、B、C 三段,并在长度为 A、C 两段的端面镀上高反射膜,然后将它们与 B 段光纤焊接在一起而成(见图 6-9)。显然 B 段的长度 L 就是此光纤法珀腔的腔长 L,它除了像其他光纤一样传输光束外,还要作为传感器的敏感元件感受外界作用,因而它是本征型光纤法珀传感器。由于光纤法珀传感器的腔长 L 一般为数十微米量级,因此图 6-9 中的 B 段长度 L 的加工难度可想而知。

另外,作为谐振腔的 B 段光纤,其长度 L 以及折射率 n 都会受到外界作用参量的影响,从而对最终输出产生影响,因此在实际使用时如何区分这两个参数的影响,成为一个难题。

2) 非本征型光纤法珀传感器

非本征型光纤法珀传感器,是目前应用最为广泛的一种光纤法珀传感器[31]。它由两个端面镀膜的单模光纤,端面严格平行、同轴,密封在一个长度为 D、内径为 d($d \geqslant 2a$,$2a$ 为光纤外径)的特种管道内而成(见图 6-10)。由于其结构特点,它具有以下优点:

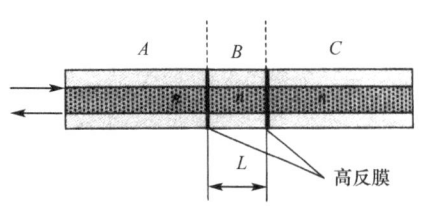

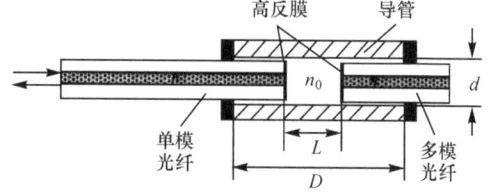

图 6-9 本征型光纤法珀传感器   图 6-10 非本征型光纤法珀传感器原理示意图

(1) 其 F-P 腔的装配过程中,可以利用特种微调机构调整光纤法珀腔的腔长 L,因此制造工艺较为方便、灵活,能够精确控制腔长 L。

(2) 由于它的导管长度 D 大于且不等于腔长 L,且 D 是传感器的实际敏感长度,这就使得制造者可以通过改变 D 的长度控制传感器的敏感性。

(3) 法珀腔是由空气间隙组成的,其折射率 $n_0 = 1$,即 n_0 基本不受外界影响,可以近似认

为是 L 的单参数函数。

（4）当导管材料的热膨胀系数与光纤相同时，导管受热伸长量与光纤受热伸长量相同，则可基本抵消材料热胀冷缩大致的腔长 L 的变化，故非本征型光纤法珀传感器温度特性远优于本征型光纤法珀传感器，其受温度的影响可以忽略不计。

如果传感器在运输、安装等过程中受到较大拉力，则两光纤间距（即 F-P 腔腔长 L）将可能变得过长导致两端面将可能不再平行，导致光束不能在两端面之间多次反射，更不可能返回原光纤，从而导致传感器失效。为此，可以采用图 6-11 的改进型结构，通过设置过渡的缓冲间隙，解决这个问题。

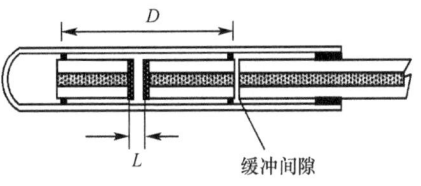

图 6-11 改进型 EFPI 传感器原理图

理论分析中通常假设由单模光纤出射的光束为平行光，因而其能够在法珀腔内多次反射，并完全返回单模光纤。但实际光线由光纤出射时为发散光束，且是在光纤外部传输，因此只有部分光能返回入射光纤，从而造成反射耦合的损失，而这个损失 $f(L)$ 与单模光纤的芯径 $2a$、接收角 θ_c，以及法珀腔的腔长 L 有关。

与腔长相关的法珀强度输出曲线如图 6-12 所示。从图 6-12 可以看出，实际的非本征型光纤法珀传感器的输出强度会随着腔长 L 的变化而衰减，因而会对后续信号处理带来一定的困难；而本征型光纤法珀传感器由于光束永远在光纤内传播，则不存在这个问题。

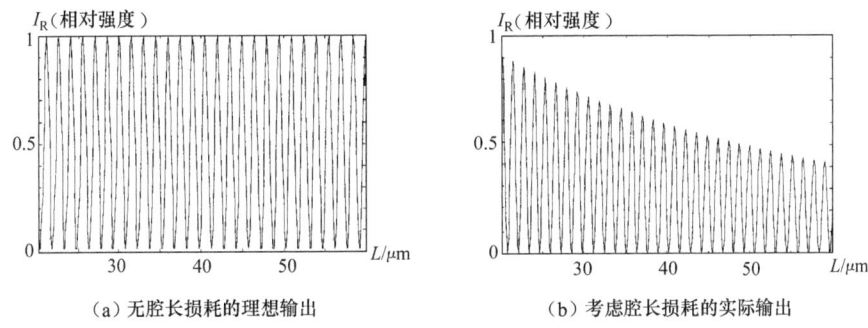

(a) 无腔长损耗的理想输出　　　　　　(b) 考虑腔长损耗的实际输出

图 6-12 非本征型 F-P 腔的输出曲线

3）线型复合腔光纤法珀传感器

线型复合腔光纤法珀传感器原理示意如图 6-13 所示，它是将图 6-9 中的 B 段光纤，用与光纤外径相同的导管代替而成，因此它是本征型与非本征型的复合结构，兼有两者的部分特点。但与本征型光纤法珀传感器的加工工艺难题一样，要将微管的长度 L 加工到微米数量级的精度，其难度同样很大。因此这种传感器实际研究得极少，也几乎没有工程化方面的报道。

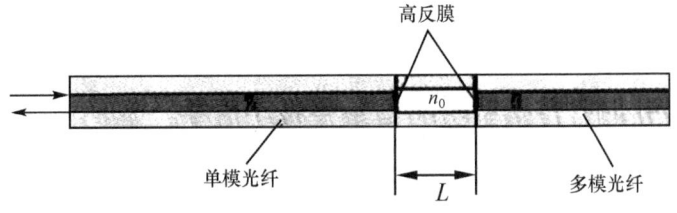

图 6-13 线型复合腔光纤法由传感器原理示意图

2. 光纤法珀传感器的复用

光纤法珀传感器的解调,是在只有一个传感器的条件下,利用硬件及软件技术,从系统输出光信号中解调出传感器的腔长 L,然后根据腔长 L 与被测对象的关系,求出被测对象的参量值。而光纤法珀传感器的复用技术,则是在同时存在两只以上光纤法珀传感器的条件下,解调计算出复用的多只传感器各自的腔长。

与其他类型光纤传感器的复用技术相比,光纤法珀传感器的复用[32]比较困难,虽然有过多种方案探讨,但比较可行的主要有波分复用和空分复用两种。

1) 强度解调型光纤法珀传感器的波分复用

强度解调型光纤法珀传感器,通过传感器输出光强与腔长之间的对应关系实现解调,其复用不能通过信号的强度信息,而只能通过信号的波长特征进行复用解调。因此强度型光纤法珀传感器的复用方式是波分复用。它是并联复用,其原理如图 6-14 所示。它与所示的标准强度解调系统的差异,主要在于将其中的单色光源变为宽带光源,将普通分束器改为了波分复用器,并在各接收器 D 前边加上了单色滤波器 F。

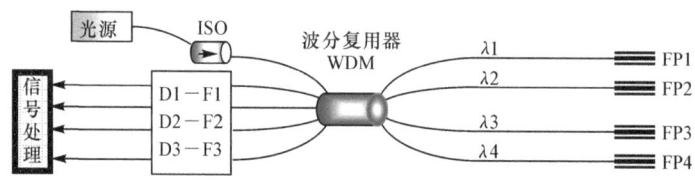

图 6-14 波分复用解调原理示意图

2) 相位解调型光纤法珀传感器的空分复用

相位解调型光纤法珀传感器是利用其相位与腔长之间的关系,解调出腔长,因此直接利用位相信息进行解调的条纹计数解调法,是无法进行复用的。但利用相关原理(含软件相关、硬件相关)的各种相位解调方法,都是通过相关运算,将相位变换成了空间的腔长坐标 L,因此只要参与复用的光纤法珀传感器的腔长在空间尺度上存在明显的差异,就可以用并联式空分复用的方式实现复用,其原理如图 6-15 所示。

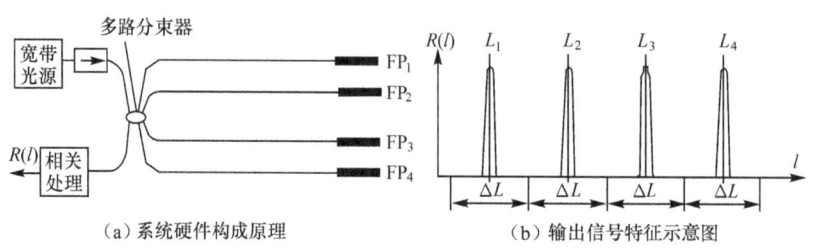

(a) 系统硬件构成原理　　　　(b) 输出信号特征示意图

图 6-15 相位解调的空分复用原理示意图

需要强调的是,各个传感器 F-P_i 的腔长 L_i 必须互不相同,且它们在测量范围内的腔长变化 L 也互不重叠,这样才可以在相关计算的输出结果中将不同法珀腔的腔长完全区分开(见图 6-15(b))。当然,由于相关峰的宽度较大,因此光纤法珀传感器的复用数量不是太多。

虽然从理论上讲串联复用也能适用于相位型光纤法珀传感器的相关解调系统,但实际上串联后各传感器存在一定的相互串扰,因此还需要深入研究。

作为一种具有代表性的光纤传感器,光纤法珀传感器发展的历史较长,产品也较多。但与其他类型的光纤传感器类似,这种光纤传感器纤细、脆弱,如果没有恰当的保护手段,没有掌握合适的使用方法,实际应用时极易损坏,使用存活率极低。因此,在实际工程应用中较少使用裸光纤法珀腔,一般是根据实际应用对象的特点,附加一定保护结构,从而构成针对特殊对象的光纤法珀传感器,如应力/应变传感器、压力传感器、温度传感器、振动传感器等。而目前光纤法珀传感器最具有标志性的应用对象,主要集中在土建结构。

由于光纤法珀应变传感器具有良好的长期稳定性,在大型土建结构等长寿命设施的健康监测中,是替代传统的电阻应变片/应变仪等临时设施的理想手段,因此在土建结构、大型设施的长期监测中得到了充分应用。

为了适应土建结构恶劣的施工条件,采用了各种特殊工艺,将裸光纤法珀腔金属化,以在增强传感器的强度,保护传感器免受损坏的条件下,又保持裸光纤法珀腔原有的敏感特性,这就形成了各种不同的实用化光纤法珀应变传感器产品,图6-16是比较有代表性的部分光纤法珀应变传感器产品实物照片。显然,除了留在坚硬的金属物外边的尾纤外,它们在外形上已经完全看不出光纤传感器的痕迹了。但这种金属物结构却完全保留了光纤应变传感器应有的敏感特性。

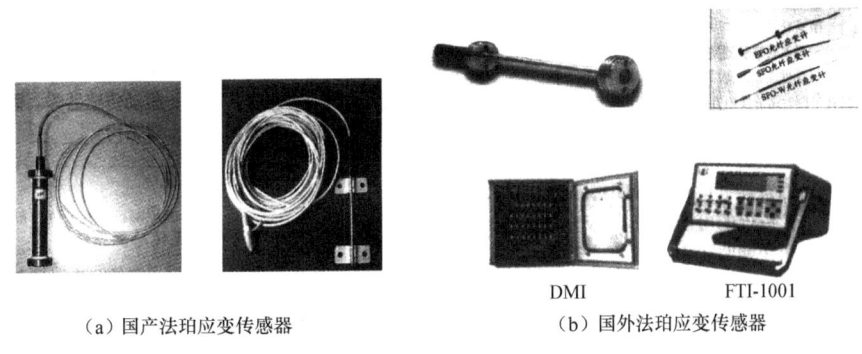

(a) 国产法珀应变传感器　　　　　(b) 国外法珀应变传感器

图 6-16　光纤法珀传感器产品实例

6.3.2　基于干涉技术的分布式光纤传感器

将光纤干涉技术与分布式传感技术结合而成的干涉型分布式光纤传感器是基于相位调制实现信号监测与定位。因其高灵敏度的探测特性而得到广泛的应用研究。以下针对干涉型分布式传感技术中几种典型的传感定位技术进行扼要的分析介绍。

1. 基于 Sagnac 干涉原理的定位技术

基于 Sagnac 干涉原理的分布式光纤检测系统如图 6-17。这种光纤干涉仪的主体结构是一个 2×2 光纤耦合器为核心构成的 Sagnac 环。由于顺时针(clock wise,CW)和逆时针(counter clock wise,CCW)传播的光经过传感臂扰动作用点的时间不同而形成相位差,在耦合器内两束光重新汇合发生干涉。通过分析干涉信号可以解调得到扰动信息。由于 Sagnac 干涉仪的两束光实现了真正的零光程差,因而不存在由于干涉臂长度不一致引入的噪声;而且对光源相干性要求低,可以使用高功率的宽光谱光源,适合长距离的扰动检测。

基于 Sagnac 干涉的分布式系统的定位是通过分析 Sagnac 环干涉光强的频谱(对接收的光信号进行快速傅里叶变换),干涉系统的频率响应包含一系列具有固定周期的极值点(陷波点频率),而极值点的频率由扰动点在光纤上的位置决定,从而可以准确计算出扰动发生的位置。

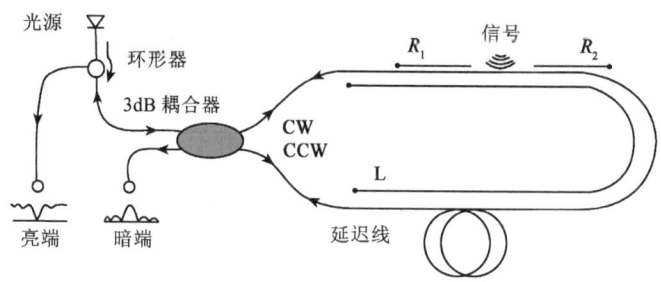

图 6-17 基于 Sagnac 干涉原理的分布式光纤结构图

2. 基于双 Mach-Zehnder 干涉原理的定位技术

基于双 Mach-Zehnder 干涉原理的分布式光纤振动传感器根据两路干涉信号的时间差实现振动定位,具有结构简单,长距离、连续定位的优点。其基本的光路结构如图 6-18 所示。

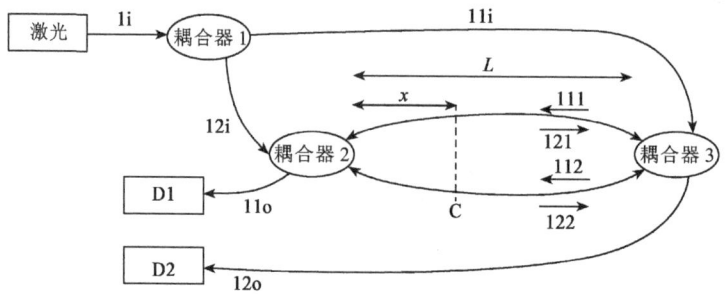

图 6-18 基于双 Mach-Zehnder 干涉原理的光路结构图

由激光器输出的窄带激光经耦合器 1 后分成两束光,其中的一束光经过耦合器 2 进入传感光纤 121 和 122,在耦合器 3 处发生干涉,经过光纤 12o,由探测器 D2 接收,构成第一个 Mach-Zehnder 干涉仪;耦合器 1 分出的另外一束光经过光纤 11i,从耦合器 3 进入传感光纤 111 和 112,在耦合器 2 处发生干涉,由探测器 D1 接收,构成第二个 Mach-Zehnder 干涉仪。

设传感光纤(干涉臂)总长度为 L,发生振动的位置 C 距耦合器 2 的距离为 X。设 $\varphi(t)$ 是振动信号引起的相位调制。当振动信号作用于 111 或 112 上时,两个 M-Z 干涉仪受到同一个相位调制 $\varphi(t)$,该振动信号造成的两干涉臂相位差沿两相反方向传播到 D1、D2 的光程不同,分别为 $L-2X$ 和 X。设真空中光速为 c,光纤纤芯折射率为 n,则 C 点相位差信号传播到 D1、D2 的时间差为

$$\Delta t = \frac{2n}{c}(L-X) \tag{6-13}$$

如果两个干涉输入的信号相关,则只要测量出两干涉输出间的时间差 Δt,就可以计算出振动发生的位置 X。

6.4 分布式光纤传感器的应用

基于 OTDR、BOTDR、BOTDA、ROTDR 的分布式光纤传感器的特点和应用场合如表 6-2 所示。OTDR 主要有五个方面的应用:①光纤断点、光纤接头松动等故障的查找;②测量光纤长度;③测量光纤总损耗、平均损耗;④测量连接器、连接点的损耗;⑤测量连接器的回波损耗。

OTDR产品发展非常迅速，技术不断成熟，成本和价格也降低了很多。目前商用的OTDR的最大动态范围可达45 dB，最短盲区可以小于1 m，最高采样分辨率达到5 cm。各项性能指标都能适应工程的需要。

表6-2 几种分布式光纤传感器的特点及其应用场合

技术	优点	缺点	主要应用场合
基于OTDR	能连续显示整个光纤线路的损耗相对于距离的变化。非破坏性测量，功能多，使用方便	在使用时始终有一段盲区。从光纤两端测出的衰减值有差别，通常取平均值	光纤损伤点检测
基于BOTDR	对于单一分布参数的测量有很高的精度和空间分辨率	由于布里渊频移很小，且其线宽很窄，要求激光器具有极高的频率稳定性、极窄的（约kHz）可调线宽、复杂又昂贵 目前主要集中在温度和应力传感	应力、温度
基于BOTDA	很高的精度和空间分辨率；大动态范围	系统较复杂，泵浦激光器和探测激光器必须放在被测光纤的两端；实际应用存在一定的困难；不能测断点，应用条件受到限制；应力和温度引起的变化比较难区分	应力、温度
基于ROTDR	提高系统的相对灵敏度和测温精度，扩展系统的功能，降低成本	返回的信号很弱，对光源的要求较高	温度

基于BOTDR与BOTDA的分布式光纤传感器应用领域相似，目前主要用于应变和温度传感。在这两种传感器中，温度和应力的变化都能产生布里渊频移，在温度的变化不很大的情况下常常忽略温度的作用。在温度变化较大时，可以采用"补偿应变片"的方法，即在测试应变的光纤附近再放置一根没有应变的光纤，对测试光纤进行温度补偿，这样在所测得的布里渊频移中，扣除温度变化所引起的布里渊频移，就可最终确定应力的变化。由于它们对于应力应变更为敏感，因此在应变传感上的应用更为广泛。例如可以用于河道应变检测、船体应变检测、桥梁形变检测、电缆隧道应变检测、建筑物健康监测、通信类光纤光缆的质量监测和维护等。

日本公司开发出的基于布里渊散射的光纤应变测量仪，应变测量精度达到±0.01%，距离分辨率达到1 m。目前在国外的实验研究中，已从单一检测布里渊散射的频移或强度，发展到散射频移和强度的同时检测，实现温度与应变的同时传感。我国科研人员在该领域也进行了深入的探索，但侧重于对布里渊散射的频移测量研究，而对于散射光强测量重视不够。英国南安普敦大学研究小组利用马赫-曾德干涉仪实现了自发布里渊散射的提取，从而实现了温度与应变的同时传感，传感精度分别达到4 ℃和290 $\mu\varepsilon$，距离分辨率为10 m。1995年所公布的这类实验系统的性能指标已达到传感距离32 km，温度分辨率1 ℃和空间分辨率5 m。

基于ROTDR的分布式光纤传感器主要应用于温度的监测。

在电力系统中主要应用于4个方面：①电力电缆的表面温度监测、监控，故障点定位以及电缆隧道的防火报警；②各种大中型发电机、变压器、电动机的温度分布测量、热保护以及故障诊断；③火力发电所(站)的加热系统、蒸汽管路、输油管道的温度监视和故障点检测；④地下变电站和户内封闭式变电站的设备温度监测。

在化工系统中主要应用于 3 方面：①易燃材料仓库、油库、油管的温度监测及故障点检测；②各种化工原料、自动加热流水作业、生产线的温度监测及故障检测；③各种加热系统、恒温设备的温度监测及故障点检测。

除此之外，这种传感器在海洋开发、建筑系统等也有很广泛的应用。有人使用长波段的 LD 作光源，用该系统（测试光纤长 2 km）进行测试，实际测温精度达到 ±1 K，空间分辨率达到 1 m。

6.5 小　　结

分布式光纤传感器具备提取大范围测量场分布信息的能力，能够解决目前测量领域的众多难题。其中分布式光纤温度传感器可用于大型电力变压器、高压电网、高层建筑等大的或长的设备的温度分布测量和监控；分布式光纤应变传感器在高层建筑、桥梁、水坝、飞行器、压力容器等重大结构与设备的形变监测方面也有广阔的应用前景。

如今，OTDR 和 ROTDR 的研究已经日趋完善。BOTDR 的研究正在不断深入，市场上也有了 BOTDR 的商用仪器。其测量精度高、稳定性好，但是价格昂贵，数据分析难度大。如何降低 BOTDR 的成本及如何解析 BOTDR 测量数据是迫切需要解决的问题。

随着基于各种 OTDR 的分布式光纤传感技术的不断发展和成熟，分布式光纤传感器将会有更为广阔的应用前景。

习题与思考

6.1 分布式传感器与光纤传感器伴生而来，试分析有没有其他类型（光学、机械、电力等）传感器可以实现分布式测量。

6.2 请根据所学内容，对分布式（包括准分布式）传感器根据用途进行分类。

6.3 分布式传感器中目前商业化最成熟的当数 OTDR 技术。请查阅 OTDR 的主要供应商，并对其产品进行 6-4 分类比较。并分析为什么 OTDR 技术会获得这么高程度的认可和推广。

6.4 借助文献资源，了解 BOTDR 的解调系统，说明 BOTDR 解调中的关键技术何在。目前限制 BOTDR 空间分辨率的主要因素是什么？

6.5 针对分布式传感器浪潮不可阻挡的发展趋势，尝试探讨未来分布式传感的地位和发展方向。

第7章 光传感器网络技术

7.1 概 述

随着光传感和光网络技术的不断进步,智能结构、大型构件的出现,以及对工业生产的管理自动化的要求不断提高,人们对多点、多参量、大空间范围的传感网络的需求日益迫切。将多个传感器(几个、几十个,甚至几百个光传感器)构成一个光网络通常需要考虑以下几个主要问题。

(1) 多传感器和传输光纤的连接问题。以连接的可靠性、传感器的维修与更换的可操作性为研究目的。

(2) 多传感器复用的解调问题。以检测信号和每个传感头的一一对应关系为研究对象。为此有时分复用、波分复用、频分复用和空分复用等技术。

(3) 多传感器复用的串扰(cross talk)问题。以不同传感器之间传感信号的相互干扰为研究对象。

(4) 多传感器复用构成光传感网的经济性。

多传感器构成光传感网,优点是可节省一些光器件(例如光源、光探测器和光纤的用量),但却带来结构复杂(要用复用技术)、维修困难等不足,有时甚至会使成本上升。为此,要对成本、技术的复杂性、系统的可靠性和维修难易等诸多因素进行综合评价。

多传感器构成光网络所面临的首要问题是如何将多个传感器连接构成一个网络系统,包括两种主要的连接方式:固定连接(例如,光纤熔接)和活动连接。连接需要考虑的主要问题是:减小损耗和便于维护。

通常,固定连接损耗小(例:光纤熔接损耗小于 0.5 dB),稳定性好,缺点是不便拆卸。详细的光纤—光纤、光纤器件等的连接损耗计算可以参见《光纤光学》一书的第 3 章。

多传感器光网络系统,主要由多个光电传感器和光纤网构成。光传感网和光通信网的差别主要是:光传感网络中既有数字信号,也有模拟信号,并且通常以模拟信号居多;而光通信网则主要是传输数字信号。此外,光传感网主要是近距离的传输(几米、几百米至数公里),因此传输损耗有时可不考虑。下面是用于构成传感光网络的主要成网技术,按照不同传感网的结构分别加以介绍。

7.1.1 可用于构成光传感网的光纤传感器

光传感网主要用于智能结构,智能材料以及大范围多点、多参量的监测系统。因此,用于组网的光传感器应满足微型化、高可靠、可联网等要求。此外还应考虑其测量的灵敏度和动态范围、光纤和材料及匹配等因素。为此应从光纤传感器的种类及光纤结构两方面加以考虑。目前,用于传感网的光纤传感器有多种,且分类方法各异,现取较通行的分类方法且适用者分别介绍。

1. 定义

(1) 点式传感器(point sensor)

点式传感器是指传感头几何尺寸较小，只局限于检测一个很小截面内的某一参量的值。传感头的具体尺寸，则视被测结构的尺寸和被测参量而异。理论上是一个点，实际上探头尺寸可扩大到几个厘米或几个平方厘米，视具体情况而定。

(2) 积分式传感器(integrating sensor)

积分式传感器是指传感器测量的是一定范围内的某一参量的平均值，例如：某一尺寸范围内应变的平均值，或是温度的平均值。测平均值的空间范围由智能结构的尺寸等因素而定。

(3) 分布式传感器(distributed sensor)

分布式传感器是可沿空间位置连续给出某一参量值的传感器。它可给出大空间范围内某一参量沿构件空间位置的连续分布值，其主要特征参量是空间分辨率和灵敏度。对于智能结构等许多领域，这是一种十分重要的传感器，也是目前的研究热点之一。图 7-1 给出了点式传感器、积分式传感器和分布式传感器的原理示意图。图中 S_1，S_2，…是单个传感器的编号。

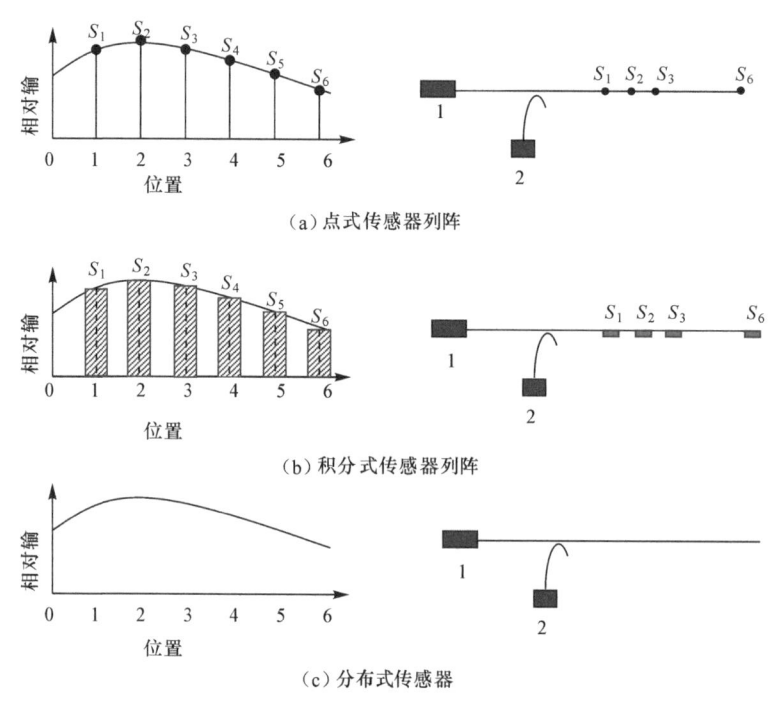

(a) 点式传感器列阵

(b) 积分式传感器列阵

(c) 分布式传感器

图 7-1 不同传感系统的输出

(4) 传感器的复用(multiplexed sensor system)

由多个点式传感器和/或多个积分式传感和/或多个分布式传感器构成的一个复杂的传感系统，称为复用传感系统或传感器的复用。对于光纤传感器，其最大的优点是：可以利用现有的光纤局域网技术，把多个传感器连成一个复杂的传感网络，对于构件进行大范围的多点、多参量测量，以满足测量的不同实际需要。另外，由于传感器的复用，诸多传感探头可以共用一个或几个光源，共用一个或几个光探测器和二次仪表，这样一方面简化了传感系统、提高了可靠性，另一方面又大大降低了成本，这正是实际应用所希望的。

2. 点式光纤传感器

只要传感元件尺寸比结构件尺寸小很多,就属点式光纤传感器。目前用于智能结构等领域的点式光纤传感器有多种,现择其主要者举例介绍如下。

1) 光纤在线 F-P 传感器

目前在智能结构中,光纤在线 F-P 传感器是应用较成功的一种。光纤 F-P 干涉仪是一种"点"式传感器,可用于结构中测量温度、应变、超声振动等。由于它无需参考臂、可时分和相干复用等诸多优点,因而是许多光传感网中较理想的传感器。

在 20 世纪 80 年代已出现用单模光纤两端镀反射膜或是直接利用光纤两端面平整切口构成的光纤 F-P 干涉仪。在 80 年代后期则出现另外两种结构的光纤 F-P 干涉仪(本征型和非本征型),用于测量温度、应变等参量。图 7-2 是其中一种——本征光纤 F-P 干涉仪,它由一段单模光纤和两反射镜构成。两反射镜可镀介质膜形成(例如,折射率为 2.4 的 TiO_2 膜)或是"较差"的熔接点形成(例如,用比正常熔接光纤更小的熔接电流和更短的熔接时间所形成的质量较差的熔接点)。后者可形成 1%～10% 的反射率。

图 7-3 是另一种光纤 F-P 干涉仪——非本征型光纤 F-P 干涉仪的结构示意图。它由两根光纤和空气隙构成。两光纤端面及其间的空气隙构成干涉仪的 F-P 腔。此两光纤端面要精心处理,以保证端面的平面性和端面对光纤轴线的垂直度,此两端面相对插入空心石英玻璃管,并仔细调节两端面间距即可构成 F-P 腔。两光纤一长一短,长者用于输入、输出光信号,短者仅用其端面作反射面。

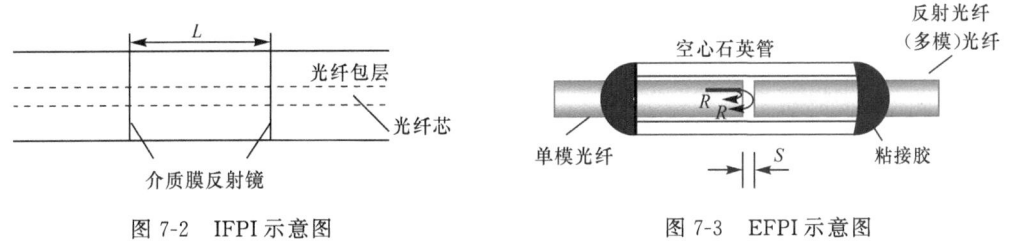

图 7-2 IFPI 示意图   图 7-3 EFPI 示意图

IFPI 和 EFPI 的主要差别是:前者 F-P 腔内有介质,当选用不同敏感材料为腔内介质时则可构成测量不同参量的传感器。例如,用宝石光纤为腔体材料可构成 1 000～2 000 ℃ 的高温传感器。后者 F-P 腔为空气,可形成间隔为微米量级的短腔。这两种腔的反射率都可高可低,以获得不同的输出谱宽,可满足不同的使用要求。低反射率(1%～10%)腔是通过计数干涉条纹的数目来测量腔长变化的;高反射率腔则是通过一个干涉峰上不同位置光强输出的变化来测量腔长的微小变化。

2) 绝对测量光纤干涉仪

光纤 F-P 干涉仪由于灵敏度高,探头微型化,可联网等诸多优点,因而受到广泛重视,并已用于现场。其缺点是只能进行相对测量,即只能测量变化量,不能测量状态量。因此,最近研制的用于绝对测量的光纤传感器成为人们关注的热点之一。这种传感器最突出的优点是可以测量状态量,也就是能在外界有干扰或是意外停电之后,恢复原来的测量状况,继续进行监测,给出当前的测量结果,而不必对仪器重新校准。因此它更适合于外界干扰(如冲击)严重,或需长时期进行周期性监测(如每天测一、二次)的应用场合。

多数绝对测量光纤传感都是基于所谓"白光"干涉原理,即宽光谱干涉的原理工作。本书在第 3 章对此已有较详细论述。

3) 光纤布拉格光栅传感器

这是一种新型的光纤传感器,是近年来光纤传感领域中激动人心的新发展,由于它具有线性输出、绝对测量、对环境变化不敏感,可构成传感网、全光纤化、微型化等诸多优点,因而在智能结构等许多领域中应用前景看好,发展迅速。

3. 积分式光纤传感器

很多用光纤本身为敏感元件的传感型光纤传感器都是积分式传感器,现举几例以说明。

1) 光纤干涉仪

图 7-4 所示的三种光纤干涉仪,即 Mach-Zehnder 干涉仪、Michelson 干涉仪以及 Fabry-Perot 干涉仪,其传感部分均为一长段光纤,测量的是一段光纤上的积分效应。例如,敏感段光纤的温度发生变化时,其引起的相位差为

$$\Delta\varphi_r = \frac{2\pi L}{\lambda_0}\left[na + \frac{\partial n}{\partial T}\right]\Delta T \tag{7-1}$$

式中:λ_0 为工作波长,L 为敏感部分光纤长度,n 为纤芯折射率,a 为光纤材料的温度线膨胀系数。

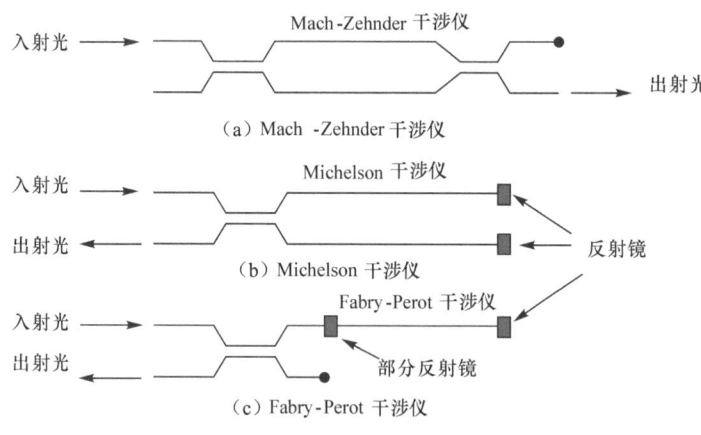

图 7-4 光纤干涉仪简图

用干涉法测出 φ_r 后,即可求出平均的温度变化 ΔT。对于一般单模光纤,总相位随温度的变化系数为 106 rad/(m·℃)。

压力变化对光相位的影响为

$$\Delta\varphi_p = \frac{2\pi L}{\lambda_0}n\left[\varepsilon_1 - \frac{n^2}{2}(P_{11}+P_{12})\varepsilon_r + P_{12}\varepsilon_1\right] \tag{7-2}$$

式中:ε_1 为纵向应变;ε_r 为径向应变;P_{11} 和 P_{12} 为光纤材料的弹光系数。

对于一般的单模光纤,总相位随应变的变化系数为 11.4 rad/με·m(纵向应变)。

2) 光纤偏振干涉仪

利用高双折射光纤两正交模式之间的相位差随外界温度或压力而变的关系,可构成积分式温度或应变传感器。其具体方法是:一线偏振光输入传感光纤,其偏振方向与传感光纤的特征轴成 45°,在输出端用一检偏器测两正交模式的光程差,由此可得被测温度或应变的变化,图 7-5 是传感系统的简图。

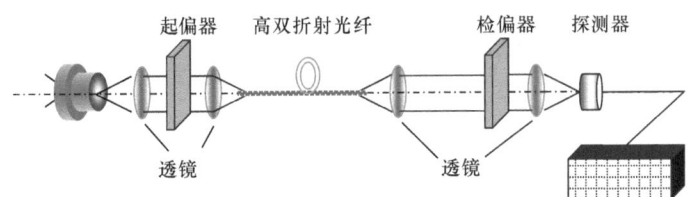

图 7-5 光纤偏振干涉仪简图

4. 分布式光纤传感器

构成分布式光纤传感器主要需解决两个问题：①传感元件，例如光纤，能给出被测量沿空间位置的连续变化值；②准确给出被测量所对应空间的位置。对于前者，可利用光纤中传输损耗、模耦合、传播的相位差以及非线性效应等给出连续分布的测量结果；对于后者，则可利用光时域反射技术(OTDR)、扫描干涉技术等给出被测量所对应的空间位置。详细内容可参见本书第 6 章。

7.1.2 成网技术

光纤通信是先于光纤传感而产业化的主要光纤应用领域。为此，许多基于电子学而产生的成熟技术被广泛地应用到光通信领域里来。复用技术的引用就是成功的例子。

智能结构大型构件的监测等往往要求多点、多参量的监测和控制，而光传感的一个突出优点就是易于实现复用(即组成光传感网)。光传感器的复用不仅可以大大降低整个系统的成本，而且由于大量减少了互连光纤的数量，因而更适用于智能结构。

为了更好地利用光复用技术，国内外对光波分复用技术(optical wavelength division multiplexing，OWDM)、光时分复用技术(optical time division multiplexing，OTDM)、光码分复用技术(optical code division multiplexing access，OCDMA)、光频分复用技术(optical frequency division multiplexing，OFDM)、光空分复用技术(optical space division multiplexing，OSDM)、光副载波复用技术(optical space division multiplexing，OSCM)等技术开展了较为深入的研究。其中光波分复用技术、频分复用技术、码分复用技术、时分复用技术以及它们的混合应用技术，被认为是最具潜力的光复用技术。迄今为止，实用化程度最高的当属光波分复用技术，其技术及产品已被广泛地应用在光通信系统中。

本节主要对常用的光时分复用技术、光波分复用技术、光频分复用技术进行比较详细的介绍。光空分复用技术由于在传感网络中的特殊应用也进行扼要的介绍。

1. 光纤时分复用网络

时域复用(time domain multiplexing，TDM)是指依时间顺序依次访问一系列传感器，其原理较简单。图 7-6 是三个传感器复用的原理图。

由脉冲信号发生器发出的脉冲信号经 RF 驱动器放大驱动光源(一般为半导体激光器)，发出光脉冲，在光纤中传输、分路，再经过光纤延迟线 τ_1、τ_2 发生一定的时间延迟后分别到达三个光纤传感器。由传感器发出的分别载有被测信息的三个在时间顺序上分开的光脉冲，由传输光纤送到光电探测器 D，转变成电信号。当设计上保证脉冲宽度 t_w 小于延迟周期 τ 时，在时域同步下接收到的分别从不同传感器返回的光信号就是完全互相隔离开而没有"串扰"(cross talk)的。这种"透射"式的布局方法称为"阶梯"型的。

为使这种"阶梯"型时域复用的每个传感器获得相等的光功率，要求每个光纤分路器的分

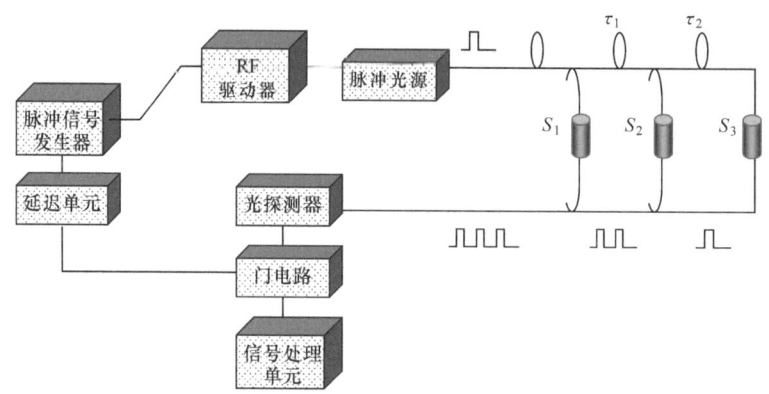

（τ_1、τ_2 为时间延迟线，S_1、S_2、S_3 为传感器）

图 7-6　时域复用原理图

光比按以下公式设计

$$k_m = \frac{1}{N-m+1} \tag{7-3}$$

式中：N 为传感器总数，m 是传感器的分路器个数，k_m 为第 m 个传感器分路器的分光比。

Measures 给出了按此"阶梯"型布局、10 个传感器时域复用的报道，其传感信号之间"串光"小于 55 dB[24]。

另一种常用的时域复用布局——反射式"树形"结构，如图 7-7 所示。这种布局适用于要求反射接收的传感网络。由于使用常规的 50% 分光比耦合器，这种布局不需要特殊设计的元器件。图中的声光调制器（A/O）同时起到光开关和光隔离器的双重作用。当声光器件处于"关"位置时，激光器发出的光脉冲可通过此声光器件输入光纤。然后声光器件处于"开"位置，使返回的 50% 光功率不会进入激光器（此返回的光功率会在激光器中产生严重的反馈光噪声）。在测量脉冲经过一系列延迟线、耦合器返回声光器件后，此器件仍保持在"开"的状态，因而 100% 地隔离了反馈光。当延迟时间最长的一个复用传感器返回的光脉冲被阻挡之后，声光器件才让第二个测量光脉冲进入复用系统，从而起到光开关和光隔离的双重作用。

用光学时域反射计（OTDR）原理工作的时域复用，是一种背向散射的串联传感器布局。

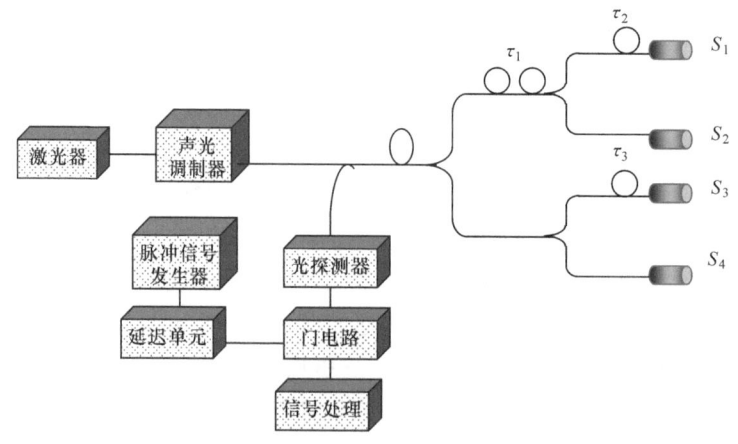

（D 为光电探测器；τ 为时间延迟线；S 为传感器）

图 7-7　反射"树形"布局时域复用 A/O 声光调制器

在本书的第 6 章分布式传感系统中进行了详细的讨论。其传感头是反射式强度调制传感器，例如微弯光纤传感器。由 OTDR 发出的短脉冲访问串联的微弯传感器网络。光脉冲在整根光纤中受到瑞利散射。其中部分散射光在光纤中沿相反方向传向 OTDR，转换成电信号。由于瑞利散射效率很低，而能沿反向传回 OTDR 的又是散射光中的极小一部分，所以 OTDR 接收到的信号其信噪比很差。为此必须经过复杂的平均效应，以抑制噪声、提取信号。

在图 7-8(a)中的每一个微弯传感器都会产生各自的损耗，它表现在图 7-8(b)的 OTDR 输出中是一个损耗台阶（用虚线表示）。这时，如果第三个微弯传感受被测量的影响，损耗增大，在图 7-8(b)中用实线表示，和虚线相比，第三个台阶加深，其加深的程度代表第三个微弯传感器测出的被测量的大小。

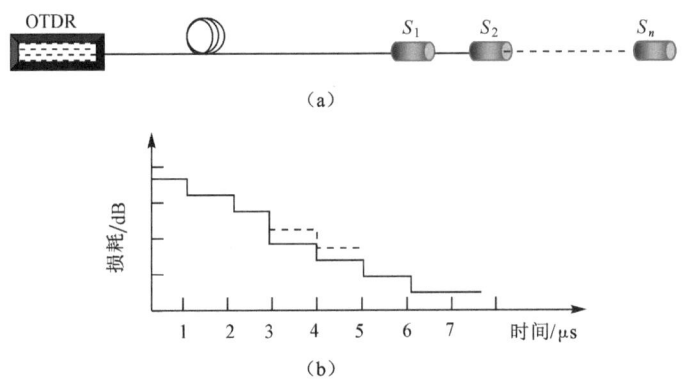

图 7-8 串联 OTDR 式光纤传感器复用原理图

串联 OTDR 复用可用单根光纤，复用传感器的数量则受传感器损耗的限制。如果每个传感器的损耗很低，则复用传感器的数量可以很多。

2. 光纤频分复用网络

频域复用有两大类：一类是对光源输出光的幅度进行调制，称为调制频域复用（modulated frequency domain multiplexing，MFDM）；另一类是对光波波长进行分割，称为波分复用。

1) 调制频域复用

图 7-9 是调制频域复用的举例。三个 LD 用三个不同的频率 $\omega_1,\omega_2,\omega_3$ 分别调幅。每个 LD 发出的光分别输入三个光传感器，再用三个光探测器接收。为简单起见，图中只绘出了其中的两只光探测器 D_1 和 D_2。传感器和光探测器的连接方式是：光探测器 D_1 接收传感器 S_1，S_4 和 S_7 的信号，如图中实线所示。光探测器 D_2 接收传感器 S_2，S_5 和 S_8 的信号，如图中虚线

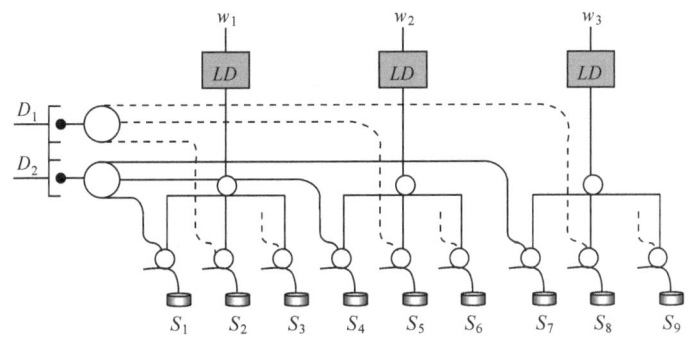

图 7-9 调制频域复用

所示。对每个光探测器收到的三个测量信号分别以三个调制频率 $\omega_1,\omega_2,\omega_3$ 作为参考频率进行相敏检波(phase sensitive detection,PSD),从不同的频率上把三个信号分离开来。调制频域复用的缺点是仍然需要用较多的光源和光探测器,而且光纤连接线的数量也较多,特别是复用传感器较多时,更是如此。

2) 波分复用

按分割波段的方式不同,波分复用有两种布局:①用宽谱光源照明,用窄带接收,即在接收部分区分对应不同传感器的不同波段;②用宽带接收,而用窄带可调谐光源照明,即从光源开始就按不同波长访问对应的传感器。

图 7-10 所示为第一种布局。常用的典型宽谱光源有 LED,SLED 和白炽灯等;S_1,S_2,S_3…为光传感器,从传感器到达光接收器的测量信号,由窄谱可调谐接收器按预先设定的时序,选择对应传感器的波长接收,获得所需测量信号。窄谱可调谐接收器可用基于衍射光栅等分光元件构成的单色仪和相应的光探测器组成。

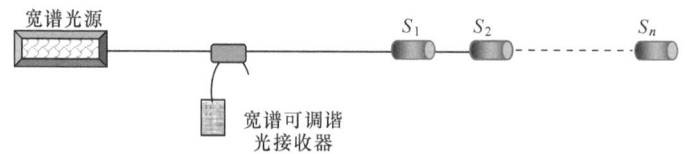

图 7-10　宽谱光源-窄带可调谐接收器的波分复用

第二种布局的关键是窄谱可调谐光源,光源按预设时序发出窄谱光,只有对这个波长敏感的传感器响应,并携带其测量信息被接收器接收。目前可使用的窄谱可调谐光源有:①宽谱光源加单色仪分光;②可调谐 LD;③光纤激光器加光纤光栅调谐。

其中可调谐 LD 已有商品化产品。

3. 光纤空分复用网络

空分复用(space division multiplexing,SDM)的概念是一个比较古老的概念,可以追溯到电话网的初期,它是指利用不同空间位置传输不同信号的复用方式,如利用多芯缆传输多路信号就是空分复用方式。以最简单的通信——点到点通信为例,打电话是通过一对线将话音信号传到对方,n 对线供给 n 对人使用,称为空分复用方式。在距离比较远的情况下,一对线路成本很高,希望同一对线路能够同时传输很多人的电话,这就是复用。

然而,光空分复用 OSDM 是指对光缆芯线的复用,如对 16 芯×32 组×10 带的光缆产品,计每缆 5 120 芯。若每芯传输速率为 1 Tb/s(1 012 b/s),考虑到冗余自愈保护,则每缆至少传送的速率为 1 000 Tb/s。这从根本上扭转了信息网络中带宽(速率)受限的局面,还意味着单位带宽的成本下降,为各种宽带(高速率)业务提供了经济的传输和交换技术。如将这种光缆用于造价 10 亿美元的海缆传输系统,每一美元可以得到 1Mb/s 的传输速率,按带宽计算的成本是相当便宜的。利用光空分交换或交叉连接,可以用非网状物理光缆网络组成全网状物理光纤网络结构,提供了组网灵活性。OSDM 系统原理如图 7-11 所示。

光纤传感网络空分复用主要是多种不同类型传感信号对传输网络和解调系统的有效利用。典型的空分复用传感网络以光纤光栅传感网络为代表,将在本章第 4 小节详细介绍。

空分光交换技术的基本原理是将光交换元件组成门阵列开关,并适当控制门阵列开关,即可在任一路输入光纤和任一输出光纤之间构成通路。因其交换元件的不同可分为机械型、光电转换型、复合波导型、全反射型和激光二极管门开关等,如耦合波导型交换元件

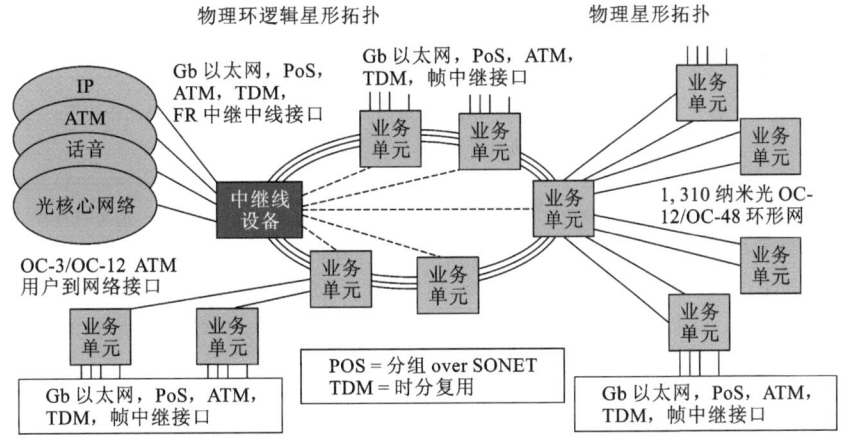

图 7-11 光空分复用系统

铌酸锂,是一种电光材料,具有折射率随外界电场的变化而发生变化的光学特性。以铌酸钾为基片,在基片上进行钛扩散,以形成折射率逐渐增加的光波导,即光通路,再焊上电极后即可将它作为光交换元件使用。将两条很接近的波导进行适当的复合,通过这两条波导的光束将发生能量交换。能量交换的强弱随复合系数而变化。平行波导的长度和两波导之间的相位差变化,只要所选取的参数适当,光束就在波导上完全交错,如果在电极上施加一定的电压,可改变折射率及相位差。由此可见,通过控制电极上的电压,可以得到平行和交叉两种交换状态。

7.2 光纤光栅传感网络

虽然光纤光栅在传感应用中有一系列的优点,但也有其不足之处,在应用中需要首先考虑的典型问题见表 7-1。

表 7-1 光纤光栅应用中的典型问题

典型问题	描述
1. 波长微小位移的检测	因为传感量是以波长的微小移位为载体,所以传感系统中应有精密的波长或波长变化检测装置。一般这种仪器结构复杂、价格昂贵。因此首要解决波长微小移位的检测问题是实用化的关键
2. 宽光谱、高功率光源	使用宽光谱光源以扩大测量范围,而要求光源输出功率高以提高检测的信噪比。一般情况下这两个要求是相互矛盾、不可兼得。激光源输出功率可以很高,但光谱极窄;普通光源(如LED等)虽有宽谱,但输出功率却较低,因此光源的选择直接影响光纤光栅传感系统的量程及抗噪声能力,应予以足够重视
3. 波长分辨率	光纤光栅传感系统检测灵敏度直接取决于检测波长变化的灵敏度。因此需要尽量提高检测器波长分辨率
4. 交叉敏感的消除	光纤光栅对于应力、应变、温度等多种参量都具有不同程度的敏感性,即交叉敏感。因此当它用于单参量传感时,就应解决增敏和去敏问题。例如,用光纤光栅测应变时,可采用温度补偿、非均匀光纤光栅等不同办法对温度去敏

续表

典型问题	描述
5. 光纤光栅的封装	在写入光栅时,一般要除去保护层,因而其机械强度大为降低。因此作为实用的光纤光栅应有良好的封装,否则影响使用寿命
6. 光纤光栅的可靠性	包括机械可靠性和光学可靠性。机械可靠性是指光纤光栅的抗拉、抗弯等性能,其最佳者已具备与通信光纤相同的强度。光学可靠性则指光栅的反射率、透射率、波长及带宽等光学参数在不同环境下的变化。目前,作为商品出售的光纤光栅均通过环境试验。例如:试验 1 000 小时(相对湿度为 85%,温度为 85 ℃)或温度循环 1 000 次(−40 ℃到 85 ℃),光栅的上述光学性能应无明显变化
7. 光纤光栅的寿命	当用于某些场合,例如智能结构中,需要考虑其使用寿命。利用光纤光栅随时间和温度的变化特性来定量评估光栅的使用寿命 高温下对光栅"退火"可使其在以后使用中保持稳定;在给定温度下衰变发生于初期,此后反射率变得相对稳定。例如:某种光纤光栅在 370 ℃ 高温下开始反射率下降,之后光栅的反射率可在约 2000 多个小时内保持稳定。因此加速老化的办法可预测光栅反射率随时间和温度的变化

光纤光栅的主要优点之一是便于构成传感网。关于传感网的一般情况已在第 4 章波长调制型光纤传感器中讨论。此处仅就光纤光栅的传感网络结构形式作一简单介绍。由于光纤光栅传感直接测量的是反射波长(或透射波长)λ_B 的漂移。因此其传感网络的主要结构是波分复用(WDM),其次是时分复用(TDM)和空分复用(SDM),然后是这几种复用相结合构成的复杂传感网络。

1. 光纤光栅的波分复用

图 7-12 是用宽谱光源输入、单色仪分光检测、多个光纤光栅传感头构成的 WDM 网。

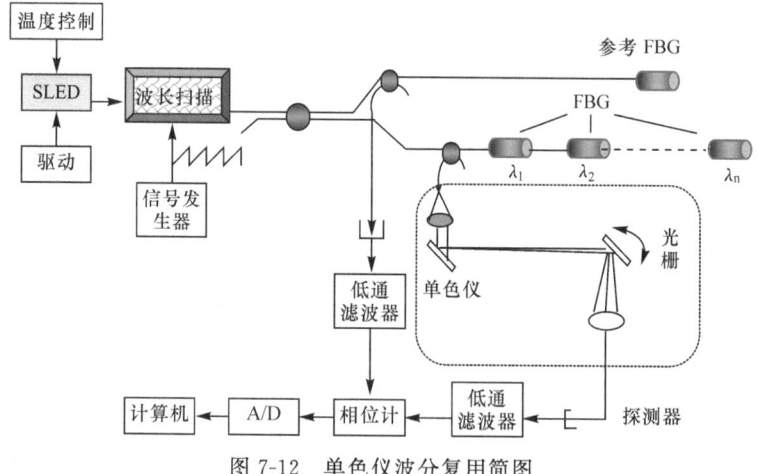

图 7-12 单色仪波分复用简图

其中,用单色仪扫描完成对不同传感头的波分复用,再用非平衡 Mach-Zehnder 干涉仪测量反射波长的移位。此法的优点是可以消除相邻传感头之间的串光。

图 7-13 是用多组 PZT 扫描跟踪系统构成的波分复用布局。一个 PZT 跟随一个传感用光

纤光栅,再用一闭环系统自动跟踪传感光栅的波长移位。这种布局的测量范围和精度主要由 PZT 的特性决定。

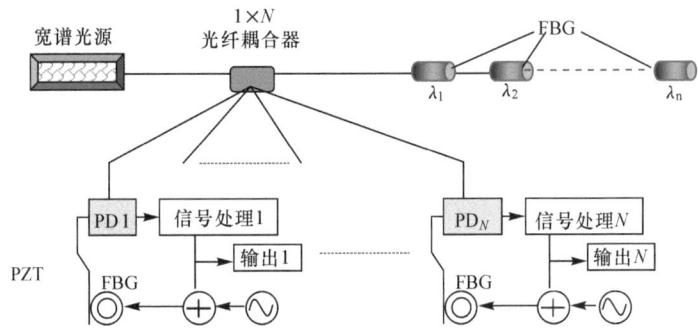

图 7-13 PZT 扫描跟踪并联形式波分复用简图

图 7-14 所示是用多组 PZT 扫描跟踪系统构成的串联形式的波分复用传感布局。与并联形式相比较,其主要优点是光源利用率大大提高。

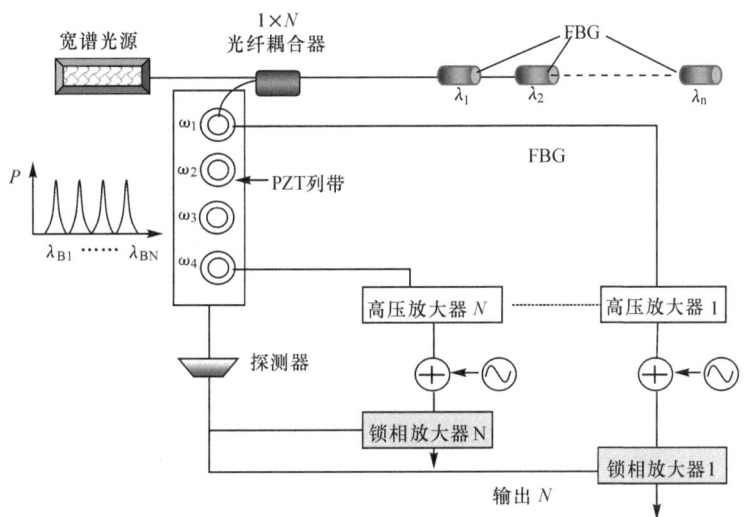

图 7-14 PZT 扫描跟踪串联形式波分复用简图

图 7-15 是用可调谐 FFP 扫描跟踪多个光纤光栅构成的波分复用传感网。这种布局的分辨率主要由 FFP 的细度(fineness)决定,可调谐 FFP 的细度一般低于 400。这种传感网分辨率的典型值为 10^{-12} m(在约 40 nm 范围内)。

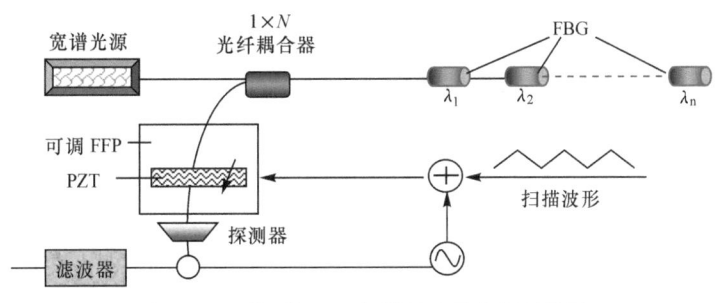

图 7-15 可调谐 FFP 扫描跟踪波分复用简图

图 7-16 是用可调谐声光滤波器对多个传感用光纤光栅进行波长扫描构成的波分复用光纤传感网。此系统测量精度和声光器件的温度稳定性密切相关,其分辨率在约 60 nm 范围内可达 10^{-12} m 量级,由于声光器件无任何机械移动装置,因而稳定性好、响应速度快。

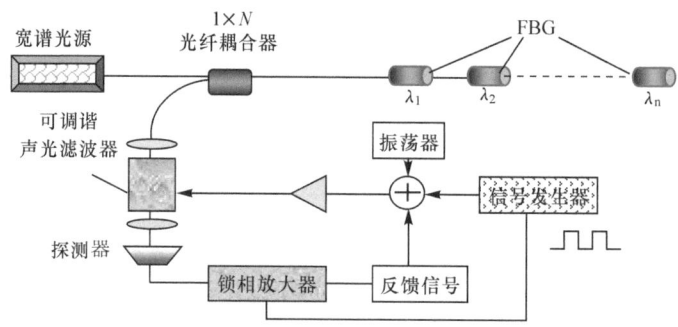

图 7-16 可调谐声光滤波器扫描跟踪波分复用简图

2. 光纤光栅的时分复用

图 7-17 所示是时分复用(TDM)的光纤光栅传感网的布局。它由 4 个光纤光栅组成,每个光栅之间用光纤延迟线隔开,每根延迟线长 5 km。在频率大于 10 Hz 时,其应变分辨率为 $2n\varepsilon/\sqrt{Hz}$。时分复用的主要问题是:复用的传感器太多时(一般多于 10 个小时)输出信号的对比度和信噪比会降低,此外它还受限于光源输出功率和光纤网的损耗。

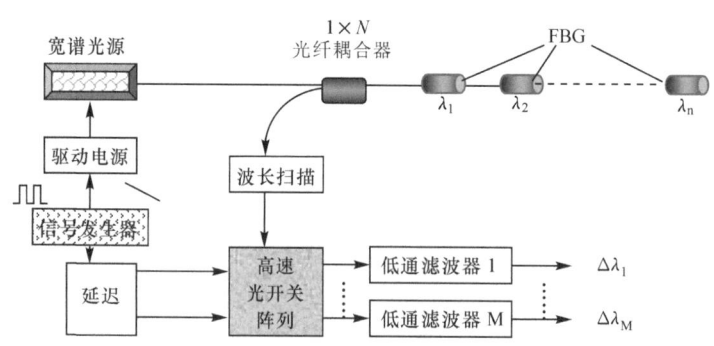

图 7-17 光纤光栅传感网的 TDM 布局

3. 光纤光栅的时分复用和空分复用

利用 $1\times N$ 光纤光栅的耦合器可构成空分复用传感网,利用光纤延迟线则可构成时分复用(TDM)网。图 7-18 是利用 SDM 和 TDM 构成的一个光纤光栅传感网的布局,光源用 SLED,工作波长 830 nm,用脉冲信号发生器调制成脉宽为 300 ns 的矩形波。用一台 Mach-Zehnder 干涉仪进行波长扫描。输出脉冲通过一个 1×8 光纤耦合器分别注入 8 个光纤光栅,其中 4 路带有光纤延迟线。从光纤光栅返回的反射脉冲分别输入四个光电探测器(APD),每个 APD 接收两个光纤光栅的反射脉冲,其时间间隔约 400 ns,最后由光开关进行解复用和信号处理。

4. 光纤光栅的空分复用和波分复用

空分复用和波分复用相结合可构成二维检测的光纤光栅传感网的布局。图 7-19 所示的

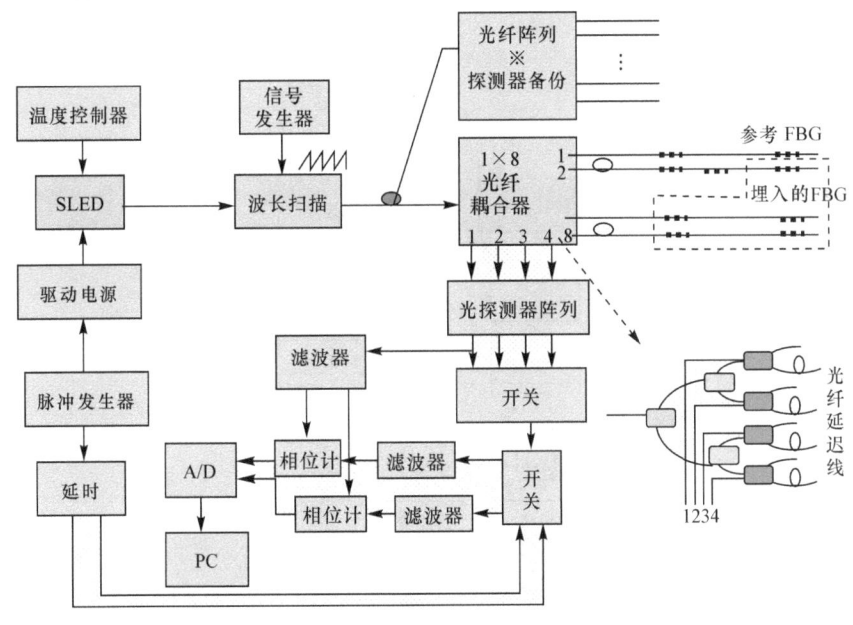

图 7-18 光纤光栅传感网的 SDM＋TDM 布局简图

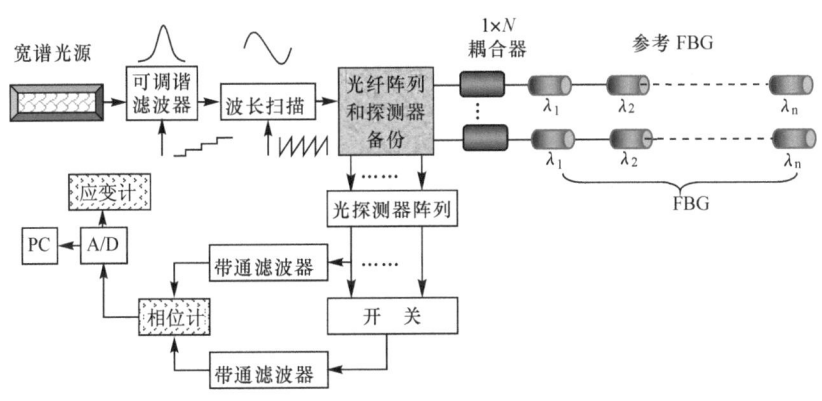

图 7-19 光纤光栅传感网的 SDM＋WDM 布局简图

是这种二维传感网布局的一例。用波分复用构成串联网,再用空分复用构成并联网。宽谱光源通过可调谐高细度的 Fabry-Perot 滤光器,再经过干涉型波长扫描器分别注入各光纤光栅传感头。此布局把 Fabry-Perot 滤光器和波长扫描依次放在宽谱光源之后,其目的是使所有各通道上的光纤光栅传感头在同一时间受到相似波长的访问(输入)。其中可调谐滤波器用于实现波分复用,使中心波长和传感用光纤光栅相匹配;波长扫描器则用于解调,即测量光纤光栅的波长移位。从各光栅传感头返回的反射光分别送入光电探测器阵列,经数据处理单元后输出传感的结果。

5. 光纤光栅的空分、波分和时分复用的组合布局

显然,利用空分复用、波分复用和时分复用的组合可以构成复杂的光纤光栅传感网的布局。图 7-20 所示是用于二维静态应力测试的一个复杂的传感网的布局。

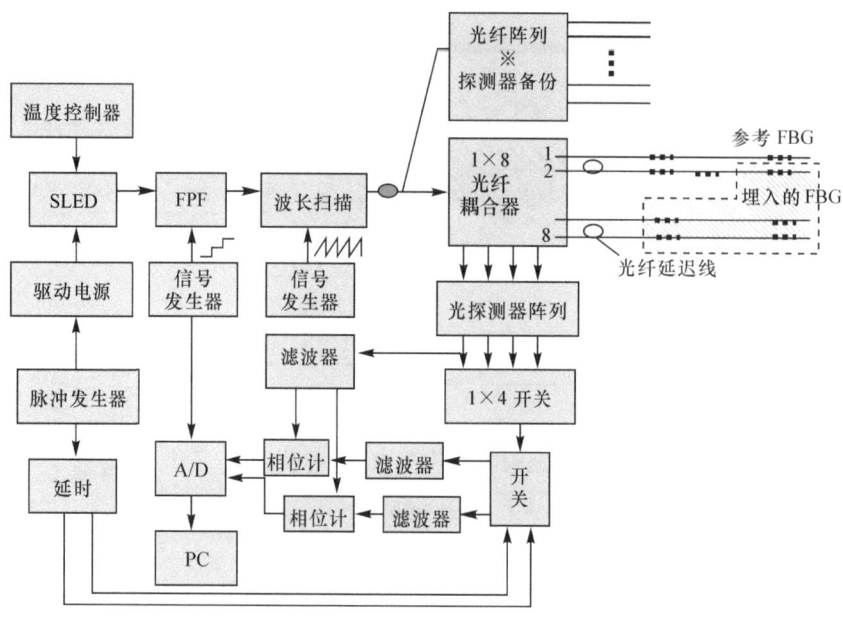

图 7-20 光纤光栅传感网的 SDM+WDM+TDM 布局简图

7.3 基于干涉型光纤传感器的光纤传感网

7.3.1 大规模干涉型光纤传感网络的基本结构

1. 频分复用

频分复用法是在 PGC 方法基础上,利用不同频率的载波信号对光源进行调制,使传感探头从频率上被分隔识别的方法,其原理可以用图 7-21 表示。

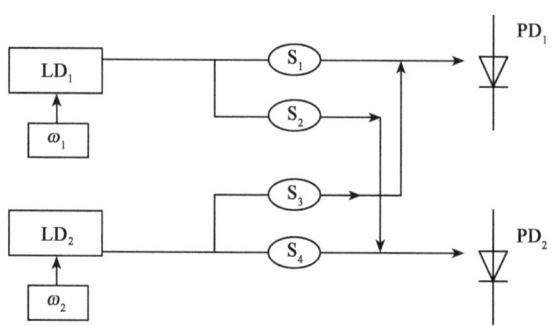

图 7-21 频分复用法原理图

图 7-21 为一个由 4 个传感器构成的阵列。它使用两个光源和两个探测器,其中 LD_1 和 LD_2 的调制频率分别为 ω_1 和 ω_2;探测器 PD_1 探测 S_1、S_3 两个传感器的输出信号,PD_2 探测 S_2、S_4 两个传感器的输出信号。现以 S_1 的解调为例进行说明。

PD_1 接收到的信号为

$$I = A_1 + B_1 \cos(C_1 \cos(\omega_1 t) + \Phi_1) + A_3 + B_3 \cos(C_3 \cos(\omega_3 t) + \Phi_3) \quad (7\text{-}4)$$

在 PGC 算法中，使用 ω_1 和 $2\omega_1$ 作为本振信号对式(7-4)进行混频后，通过滤波将基带信号取出，即可由后续的信号处理得到信号 Φ_1 的值。

由于调制频率的限制，频分方法复用能力非常有限。从 PGC 的原理可知，对 $2\omega_1$ 进行混频时，为了使 $2\omega_1$ 不与 ω_3 混叠，必须满足 $\omega_3 > 2\omega_1$；当复用规模增大时，调制频率将呈指数增加，因此频分复用方法只能用于小规模的阵列，很难进入实用化阶段。为了实现更大规模的复用，人们提出了时分复用的方法。

2. 时分复用

时分复用是通过在传感阵列中引入时延，将不同的信道在时间上进行分隔的复用方法，其原理可用图 7-22 表示。在图 7-22 中，光源用频率 ω 进行调制，此调频连续光通过光开关 SW 变换为脉冲光，脉冲光通过后续的传感器阵列时，由于延时线的作用，不同位置传感单元的干涉信号在不同时刻按时序脉冲形式陆续回到接收端。

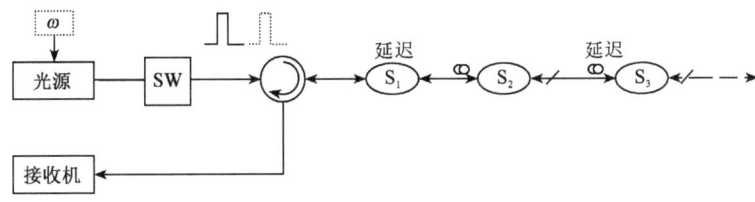

图 7-22 时分复用示意图

3. 时分-波分复用

时分复用可以提高阵列规模，但是信号处理系统有限的采集速率限制了时分系统的规模上限。为了进一步提高阵列规模，人们提出了波分复用的方法。随着光纤通信技术的发展，各种光纤器件性能不断提高，品种不断增加，使得利用波分复用技术组阵成为可能。

波分复用是通过使用不同波长的光源，使不同的传感器实现复用的方法。为了最大限度地扩展系统性能，通常与时分复用结合使用，已报道的 TDM-WDM 系统已经实现了 96 单元的传感器阵列。时分-波分复用的原理可以用图 7-23 所示。

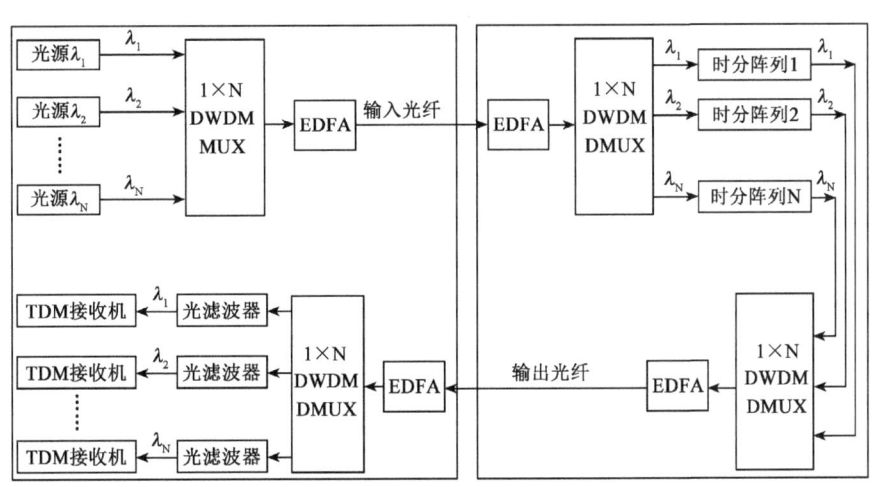

图 7-23 TDM-WDM 阵列原理框图

7.3.2 超大容量干涉型光纤传感网络的信号处理方法

1. 相位生成载波方法

相位载波生成(PGC)技术是干涉仪解调的一种有效方法,由于其动态范围大,同时能够利用多种复用技术实现大规模传感器阵列。PGC方法的基本思想是通过光源调制,在干涉仪输出相位中生成一个相位载波,使输出信号可以分解为两个正交分量,通过对两者分别处理,可以得到信号的线性表达式。

光纤干涉仪输出光波相位差为 $\varphi = \dfrac{2\pi n l \upsilon}{c}$,相位差变化为

$$\Delta\varphi = \frac{2\pi n l \upsilon}{c}\left(\frac{\Delta n}{n} + \frac{\Delta l}{l} + \frac{\Delta \upsilon}{\upsilon}\right) \tag{7-5}$$

式中:c 为光在真空中的速度;n 为光纤纤芯折射率;l 为干涉仪两臂长度差;υ 为光频。经过调制后,在待测信号作用下的干涉仪输出信号具有如下形式

$$I = I_1 + I_2 + 2\sqrt{I_1 I_2}\cos(C\cos(\omega_c t) + \Phi) = A + B\cos(C\cos(\omega_c t) + \Phi) \tag{7-6}$$

式中:$B = kA$,$k<1$ 称为干涉仪的可见度,取决于干涉仪的两臂光强和偏振特性;C 为调制引入的相位载波幅度;ω_c 为载波频率;Φ 为待测信号。为了从上式中解调出待测信号 Φ,通常有微分交叉相乘法和反正切法两种不同的PGC方案。

2. 外差法

相位生成载波法属于零差法(homodyne),其特点是光源近似为单频光。外差法(heterodyne)也是光纤干涉仪信号处理的一种重要方法。

工作于外差方式的干涉仪,其输出信号具有如下形式

$$I = A + B\cos[\omega_c t + \Phi(t) + \Phi_n] \tag{7-7}$$

式中各符号代表的变量同式(7-6),具有经典相位调制信号的形式。为了得到如式(7-7)所示的输出信号,首先需要产生 ω_c 这个频率,然后可以利用经典相位调制信号解调的方法进行处理。

ω_c 频率的存在是外差法名称的由来,声光移频调制或合成外差调制是该频率两种主要的产生方法。

7.3.3 超大容量干涉型光纤传感网络的偏振诱导信号衰落及其控制方法

干涉型光纤传感器以光的干涉原理为基础,干涉的必要条件之一是两束光的振动(偏振)方向要求一致。由于用于制作干涉型光纤传感器的光纤一般都是普通的低成本单模光纤,光在传输过程中偏振态会发生随机变化,有时导致输出干涉条纹可见度下降,甚至完全消失,此现象称为"偏振诱导信号衰落",它是干涉型传感器必须解决的问题之一。至今已有不少解决偏振诱导信号衰落问题的方法,下面我们对这些方法作简要介绍。

1. 偏振控制器法

偏振控制器(polarization controller,PC)是指可以将任意输入的偏振态转变为期望输出的偏振态的器件。干涉臂加偏振控制器可以用来解决偏振诱导信号衰落的问题,但这种方法通常是手动方式,随时调节很方便,一般用于实验室研究,而对于要求具备自动调节能力的实用化系统来说,就不适用了。

2. 分集检测技术

分集检测技术的核心是采用多个检测器分别检测出不同偏振态下的信号,这样必然能够

得到对比度不为零的干涉信号。图 7-24 所示为 Mach-Zehnder 结构的三分集检测结构。利用 3X3 耦合器,在其输出端口连接 3 个偏振方向互成 60°的检偏器,三路信号中选择一路对比度较大的避免偏振引起的完全衰落。该方法成本低,结构简单,结合相位生成载波 PGC 解调技术,具有较高灵敏度。

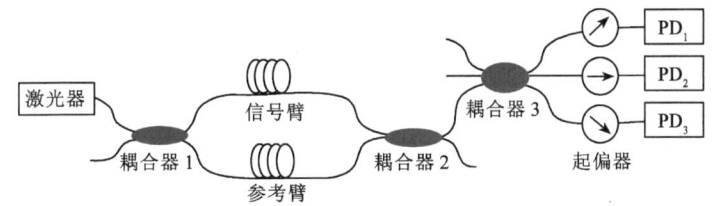

图 7-24　M-Z 结构的三分集检测技术

3. 偏振态调制法

偏振态调制法是通过在干涉仪的任一臂加一高频调制,然后在输出端进行低频滤波(图 7-25),可消除光纤干涉仪两臂的偏振态随机变化对干涉信号的影响,能够获得对比度达 0.707 的稳定输出。

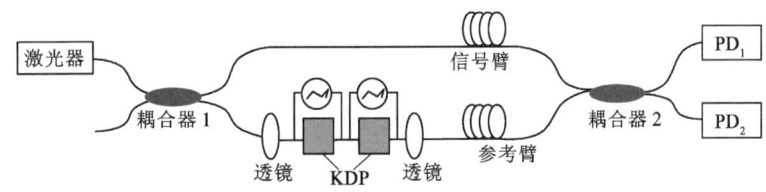

图 7-25　高频调制消偏振结构

4. 输入偏振态反馈控制的消偏振衰落技术

对输入光波偏振态进行反馈控制可以用来消偏振衰落,这是目前少有地实现了对比度接近 1 的偏振控制技术。该方案是在 Mach-Zenhder 干涉仪的参考臂上接入一个具有调控功能的动态偏振控制器,通过检测输出端信号获得反馈,进而控制偏振控制器的工作。图 7-26 所示是利用一个可旋转的半波片通过步进电机控制来消除偏振衰落。

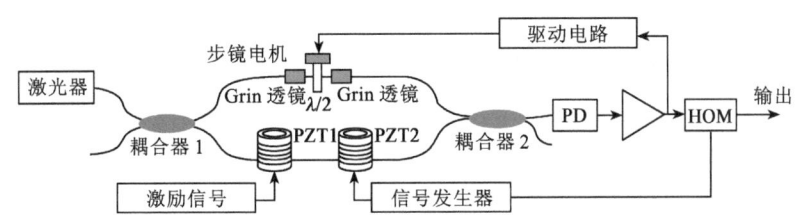

图 7-26　可旋转半波片消除偏振衰落

5. 利用法拉第旋镜法

法拉第旋镜是一种简单有效的消偏振衰落技术。其基本思想是将 Michelson 光纤干涉仪两臂的反射镜前各加一个旋转角度为 45°的法拉第旋转镜,入射光的偏振变化刚好抵消反射光的偏振变化,从而输出可见度稳定保持为 1 的干涉信号。法拉第旋镜法效果理想,但其性能在强电磁场等恶劣环境中影响较大,且瑞利散射噪声大。

6. 采用保偏光纤的偏振控制技术

采用高双折射的保偏光纤构成干涉型光纤传感系统显然可以解决偏振衰落问题,但是保偏光纤器件复杂的制造工艺和昂贵的价格使得目前这种方法的使用受到限制。

7.3.4 长距离复合复用网络结构中的光放大机理及极限性能

光放大技术是实现长距离复合复用网络的关键技术之一。常用的掺铒光纤放大器(EDFA)作为分立式的放大器只在传输线上的几个点提供增益,其远程抽运传输损耗大,放大带宽窄和噪声大等缺陷使其应用受限。分布式光纤拉曼放大器(distributed fiber Raman amplifier,DFRA)在整段传输线上提供增益,可以沿着传输线保持信号光的功率水平,这样的放大方式,可以提供更好的系统性能,特别是对于抑制噪声具有重要意义。图 7-27 描绘了分布式与分立式放大器的增益随距离的变化情况。

系统中的非线性效应主要包括布里渊散射(SBS)、信号间拉曼散射、四波混频(four-wave mixing,FWM)、自相位调制(self-phase modulation,SPM)和交叉相位调制(cross phase modulation,XPM)。非线性效应的强弱与信号光功率有关,功率越高,效应越强。拉曼放大器的增益系数比较小,可以在整个线路上保持较低的功率水平,从而将非线性效应控制在很低的水平。而 EDFA 将信号功率瞬间放大,然后再传输,容易引起较大的非线性效应。

1. 光纤拉曼放大器(fiber Raman amplifier,FRA)的基本原理和特点

在许多非线性光学介质中,大功率的泵浦光(频率较高)发生散射时,会将其一小部分能量转移到另一频率下移的光束上,频率下移量由介质的振动模式决定,这种现象称为拉曼散射。FRA 的原理就是基于石英光纤中的受激拉曼散射(stimulated Raman scattering,SRS),石英光纤具有很宽的受激拉曼散射增益谱(约 40 THz),并在 13.2 THz 附近有一较宽的主峰。如果一个弱信号与一强泵浦光同时在石英光纤中传输,并且弱信号波长位于泵浦光的拉曼增益带宽内时,弱信号光可获得放大,这种基于受激拉曼散射机制的光放大器称为 FRA。

2. 分布式拉曼放大器

FRA 分为集总式拉曼放大器(lumped fiber Raman amplifer,LFRA)和分布式拉曼放大器(DFRA)两类。当增益介质为传输光纤本身时,这种方式的 FRA 称为 DFRA。DFRA 可以放大 EDFA 所不能放大的波段,使用多个泵浦源还可得到比 EDFA 宽得多的增益带宽。在实际运用中经常使用 DFRA 和 EDFA 的混合放大,充分利用 DFRA 的低噪声、低非线性和 EDFA 的大输出功率的优点,典型的使用方法如图 7-28 所示。

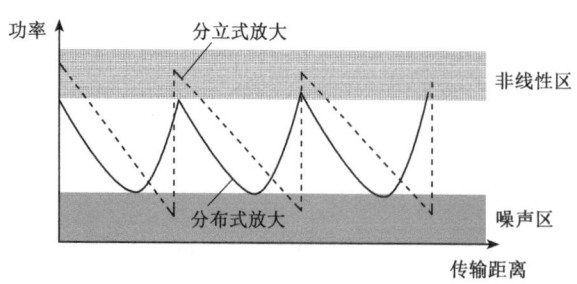

图 7-27 分布式放大器和分立式放大器的增益传输随距离的变化

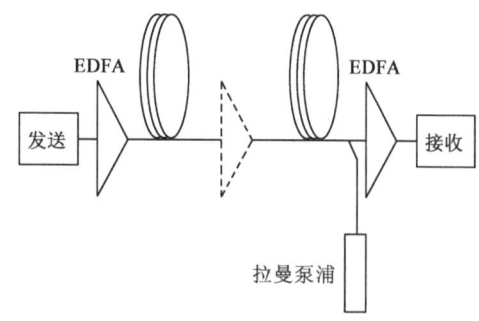

图 7-28 DFRA 和 EDFA 的混合放大

由于传输单元末端光信号功率微弱,采用这种反向拉曼泵浦方式可避免因为拉曼放大而引起附加的光纤非线性效应。

习题与思考

7.1 试分析弯曲引起的光纤损耗的机理及其计算的主要困难所在。

7.2 分析计算光纤微弯损耗的主要困难何在。

7.3 光纤和光源耦合时主要应考虑哪些因素?为什么?

7.4 光纤和 LD 或 LED 耦合时的主要困难是什么?试列举提高耦合效率的主要途径,你对此有何设想?

7.5 光纤和光纤耦合时,主要应考虑哪些误差因素?

7.6 试分析光通过透镜耦合时引起损耗的因素。

7.7 单模光纤和单模光纤连接时,比多模光纤和多模光纤直接连接的公差要求低,为什么?试分析其物理原因。

7.8 计算单模光纤的耦合和计算多模光纤的耦合有何差别?为什么?

7.9 试分析比较各类耦合方法的优缺点。

7.10 试举例说明光纤环形腔的主要应用。

7.11 试分析光纤光栅的基本原理,由此讨论用光纤光栅可以构成哪些器件,并分析其优缺点及应用前景。

7.12 试说明用光纤光栅能产生窄线宽的原理。

第 8 章 新材料光纤传感器及其应用技术

8.1 光子晶体光纤及其在传感中的应用

8.1.1 光子晶体光纤

光子晶体光纤(photonic crystal fiber,PCF)是一种新兴类型的光纤。光子晶体光纤最典型的特征是在它的包层区域有许多平行于光纤轴向的微孔[12]。通常根据导光机理的不同,将光子晶体光纤分为两类,即折射率导光(index-guiding)型和光子带隙(photonic band gap, PBG)导光型。

折射率导光型光纤的纤芯折射率比包层有效折射率高,其导光机理和常规阶跃折射率光纤类似,是基于(改进的)全反射(modified total internal reflection,MTIR)原理。典型的折射率导光型光子晶体光纤的芯区是实心石英,包层是多孔结构。包层中的空气孔降低了包层的有效折射率,从而满足"全反射"条件,光被束缚在芯区内传输。这类光纤包层的空气孔不必呈周期性排列[33],也称之为多孔光纤。

光子带隙光纤包层中的孔是周期性排列的,形成二维光子晶体。这种二维周期性折射率变化的结构不允许某些频段的光在垂直于光纤轴的方向(横向)传播,形成所谓的二维光子带隙[33,34]。二维光子带隙的存在与否、带隙在光频域的位置和宽窄,与光在轴向的波矢(传播常数)及偏振状态有关。光子带隙光纤的纤芯可以认为是二维光子晶体中的一个线状缺陷。若纤芯在包层多孔结构所形成的光子晶体的光子带隙内能支持某一个模式,该模式将只能在轴向传播,形成传导模,而不能横向传播(辐射或泄漏)。这一导光原理和普通光纤有本质的不同——它允许光在折射率比包层低的纤芯(如空气芯)中传播。

1. 光子晶体光纤基本概念及类型

1) 二维光子晶体的光子带隙

二维光子晶体是一种介质结构,其折射率分布沿纵向(z方向)不变,在横截面(x、y平面)内呈周期性变化,周期在光波长量级。图 8-1(a)是一种基于石英材料的光子晶体结构,其中圆柱形空气孔按照六角格子周期排列,孔间距为Λ。当一束单色光入射时,其频率(波长)、入射条件(入射角或传输波矢量)和偏振态将决定该束光是被光子晶体反射还是在其中传输。二维光子带隙指的是一个或几个频率(波长)间隙,如果入射光的频率处于该间隙内,某些方向(对应不同纵向波矢分量)入射的光在横向将不能传输。对任意偏振态的光都存在的带隙称为完全二维光子带隙。

图 8-1(b)给出的是图 8-1(a)所示空气/石英光子晶体结构的完全二维光子带隙。其中阴影区域是光子带隙,禁止 k-β 处于其中的光传输(k 为真空中的波数,β 为沿光子晶体纵向的波矢分量)。图 8-1(b)右下角的半无限大"带隙"对应 $\beta > kn_{SFM}$,其中 n_{SFM} 是二维光子晶体的最低阶或称为基本空间填充模(space filling mode,SFM)的有效折射率。这相当于在折射率

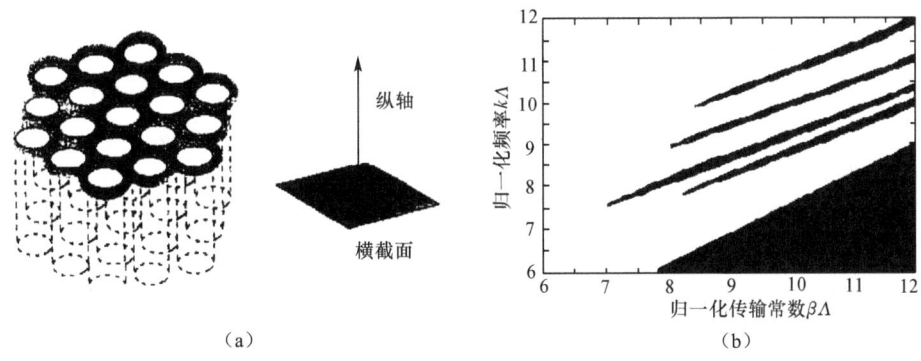

图 8-1 二维光子晶体结构

$n=n_{SFM}$ 的无限大均匀介质中禁止 $\beta>kn_{SFM}$ 的光传输。无论多孔结构还是均匀材料,都存在这样一个"带隙",孔的尺寸和位置分布只能改变 n_{SFM} 的值及其与波长的关系,从而改变该"带隙"的边界。

其他带隙的性质是由光波与周期性结构的相互作用和多重散射形成的。带隙的位置和宽度与孔和背景材料的折射率差异有关,也跟孔的尺寸和其周期排列的方式有关。一般地,较大的折射率差会形成较宽的带隙,带隙的宽度和中心波长还与纵向传输常数 β 有关。如图 8-1(b) 所示,在接近正入射时(也就是入射方向和横截面平行或 β 约为 0)没有带隙,意味着光子晶体对所有波长都是透明的。当 β 较大时二维光子带隙将会出现,从而禁止相应波长范围内的光在横向传输。

2) 折射率导光型光子晶体光纤

折射率导光型光子晶体光纤芯区折射率较高,包层是多孔结构或光子晶体结构,如图 8-2(a) 所示。将中心区的一个或多个毛细管换为实心棒,利用堆-拉(stack and draw)工艺[34]即可制备这种光子晶体光纤。芯区折射率比包层的平均折射率(基本空间填充模的有效折射率)高,因此可以认为是利用全反射导光。导模的传输常数位于图 8-1(b)所示的半无限大带隙内,即满足 $kn_{core}>\beta>kn_{SFM}$,因此不会泄漏到包层中去。正是因为光的束缚机理是全反射,包层的空气孔不必按照某种周期结构排列。空气孔的存在只是降低包层的平均折射率,从而使光在高折射率芯区内传输。空气孔的尺寸和分布可以根据需要设计,所以这类光纤可实现许多新

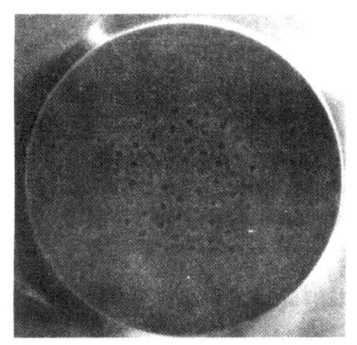
(a) 折射率导光型光子晶体光纤

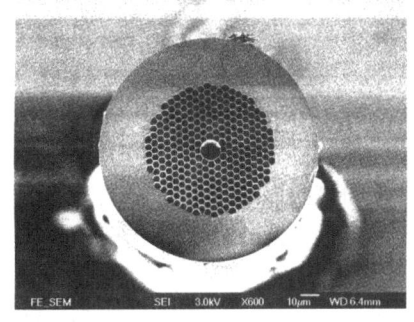
(b) 空心光子带隙光纤

图 8-2 折射率导光型和光子带隙型 PCF

的传输特性。例如,当相对孔径(定义为孔直径与孔间距的比值)d/Λ 小于 0.45 时可无限单模工作;单模情况下可获得高达 35 μm 的模场直径和低至 1 dB/km 的损耗;芯区小、空气填充率大(d/Λ 大)时可制备高非线性光子晶体光纤;在芯区某半径区域内掺杂相应浓度的 Ge,或者沿光纤半径方向改变空气孔尺寸,可以控制光子晶体光纤的色散和色散斜率;沿两个正交方向的空气孔尺寸不同,可制备高双折射光子晶体光纤,精确的设计和工艺更可获得在 100 nm 波长范围内支持单模单偏振的光子晶体光纤。

3) 光子带隙光纤

光子带隙光纤芯区(缺陷)折射率低,包层是二维光子晶体结构。包层结构除了所谓的半无限大"带隙"之外,至少还有一个光子带隙。由于芯区的折射率低于光子晶体包层的基本空间填充模的折射率,所以这种光纤不能基于全反射导光,但是它能支持包层的光子带隙内某个波长的模式在芯区中传输。图 8-2(b)是一种空心光子带隙光纤,中心区域去掉了 7 个薄壁石英毛细管。空心结构在包层的带隙内至少支持一个模式在中空的芯区内传输。因为光子带隙光纤中的大部分光功率都限制在空心区域,因此材料吸收、色散、散射、非线性等跟材料有关的效应会显著降低。这样可以得到极低非线性和传输损耗、较高破坏阈值、可控制的色散(主要是波导色散),这些特性有利于高功率传送、超短脉冲无畸变传输等。中空的芯区允许在光强度最高的波导区引入气体或液体等物质,从而增强光和物质的相互作用,同时保持较长的有效作用长度。空心光纤的这些特点可用于研究气体中的非线性光学现象以及在传感、测量等方面获得应用。将中心区域抽去 19 个石英管制作的光子带隙光纤在 1 565 nm 处的损耗已经可低至 1.72 dB/km。

4) 高双折射光子晶体光纤

在折射率导光的光子晶体光纤中,使沿两个正交方向的空气孔尺寸不同,或者使孔形状是椭圆而不是圆形,即可以获得高双折射效应。这些高双折射光子晶体光纤的双折射可比 PANDA 光纤高一个量级。Guan 等报道了一种高双折射光子晶体光纤,在 480~1 620 nm 范围内保偏,而且偏振串扰低于 −25 dB,在 1 300~1 620 nm 范围内串扰大约只有 −45 dB,并且在光纤弯曲半径只有 10 mm 时偏振串扰也不会恶化。

Blazephotonics 公司生产的 PCF 光纤,偏振串扰低于 −30 dB,而且双折射的温度系数显著低于普通高双折射光纤。这些性质均可用于开发新型的传感器。光纤陀螺就是最典型的应用之一。因为偏振串扰和双折射的温度敏感特性都是影响陀螺性能的关键因素。

5) 双模光子晶体光纤

通过适当调整空气孔的尺寸和分布,我们可以将光子晶体光纤设计成只支持基模和二阶混合模。这两个模式分别对应传统阶跃折射率光纤中的 LP_{01} 和 LP_{11}(even)模式。对于如图 8-3(a)所示的光纤结构,其双模工作范围如图 8-4 所示。图 8-4 中横轴是空气孔的相对直径(d/Λ),竖轴是归一化的截止频率(d/λ_c)。

在第二阶和第三阶模式截止线限定的阴影区域,光子晶体光纤只支持基模和二阶混合模式。该区域对应的 N.A. 值为 0.45~0.65。理论上,对于任何 Λ 值,只要 $\{d/\Lambda, \Lambda/\lambda_c\}$ 在上述阴影区域内,上面的结论就成立。以 $d/\Lambda=0.55$ 为例,这种光纤在 $\Lambda/\lambda > \Lambda/\lambda_c \approx 1.6$ 时只支持基模和二阶模式,对应双模工作的波长范围为 $\lambda < 1.9$ μm(对于 $\Lambda = 3$ μm)和 $\lambda < 3.3$ μm(对于 $\Lambda = 5$ μm)。由于当工作波长大于 1.8 μm 时,石英材料的损耗很大而不再适合用于光波传输,因此上述波长范围对实际应用来说可认为是无限大的。

图 8-5 所示的是一种双模高双折射光子晶体光纤,这种光纤和普通单模保偏光子晶体光

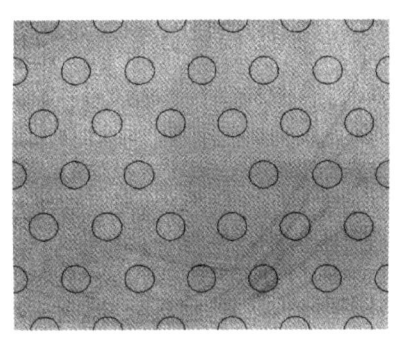 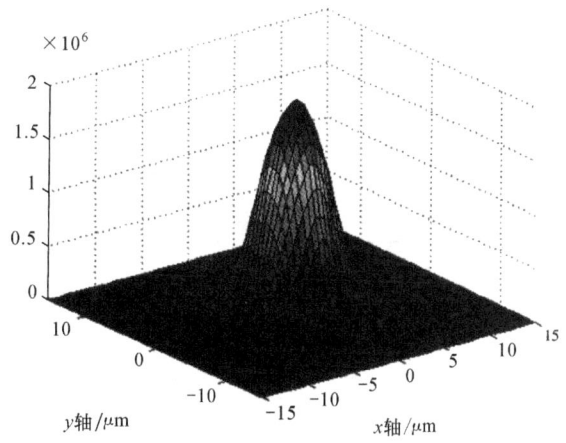

(a) 折射率导光的光子晶体光纤横截面　　(b) $d/\Lambda=0.458$，$\Lambda=6\mu m$ 的光子晶体光纤在1550 nm处的电场分布

图 8-3　双模 PCF 光纤

纤有着类似的结构，即在正交方向上的空气孔大小不同。通过适当增大空气孔的尺寸，这种保偏光子晶体光纤可被设计为只支持基模和二阶模式的双模高双折射光纤。

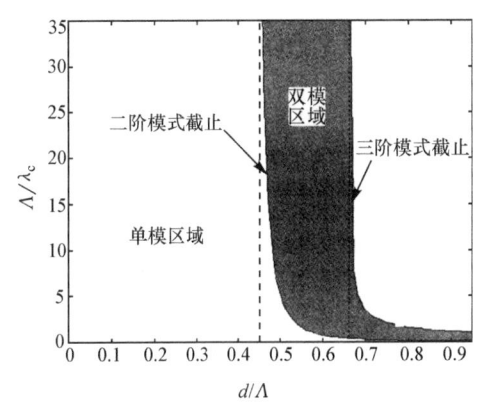 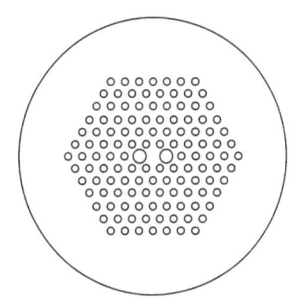

d：小孔直径；d_{big}：大孔直径；Λ：孔间距

图 8-4　PCF 的双模光子范围　　　　　图 8-5　双模高双折射 PCF

针对图 8-5 所示结构的计算表明，双模高双折射光子晶体光纤的二阶模式的极限损耗随波长和包层中空气孔圈数而变化。对于 10 圈空气孔的光子晶体光纤的二阶模式的限制损耗低于 0.25 dB/m，这对于许多器件应用而言已经足够。类似于传统的椭圆芯双模光纤，上面讨论的双模晶体光纤的应用前景也十分广阔，其中包括模式转换器、模式选择耦合器、带通/带阻滤波器、声光移频器、声光可调谐滤波器、波长可调谐光开关、上/下载复用器（add/drop multiplexer）、非线性频率转换、色散补偿、可调光衰减器和干涉型光纤传感器等。

2. 光子晶体光纤与单模光纤的耦合

实际应用中，光子晶体光纤必须与其他光纤或光波导连接，而且要求耦合损耗比较低。因为大多数传感系统使用单模光纤（single mode fiber, SMF），所以光子晶体光纤和单模光纤之间的耦合尤为重要。利用全矢量有限元法（finite element method, FEM），从麦克斯韦方程解出光子晶体光纤和单模光纤的场分布后，计算它们之间的重叠积分即可得到两种光纤之间的耦合损耗[35]。

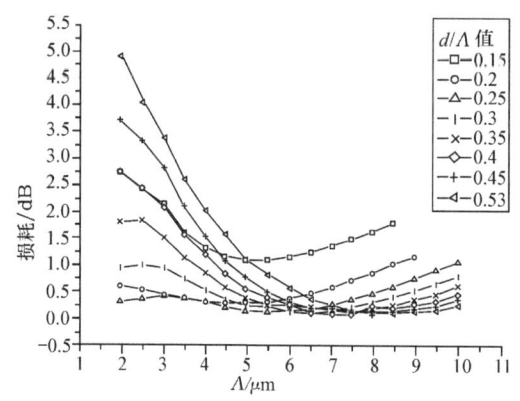

图 8-6 PCF 与单模光纤的耦合计算结果[36]

一般来说,由于存在微结构,光子晶体光纤中模场分布可能非常复杂。但是对于一些光子晶体光纤(如图 8-3(a)所示),其模场分布仍然可以近似为高斯型分布,这样就可以用模场半径来估算光子晶体光纤和单模光纤的耦合损耗。从图 8-6 可以看出,Λ 较小,d/Λ 较大时,光子晶体光纤和单模光纤的耦合损耗很大,这是因为光子晶体光纤的模场半径较小,增大了光子晶体光纤和单模光纤之间模场的不匹配。

降低耦合损耗的方法有多种,其中常用的方法包括两种。

(1) 过渡光纤法

在光子晶体光纤和单模光纤之间插入一段模场半径适中的过渡光纤,例如光纤与激光器、半导体光放大器等波导器件之间的耦合已经成功使用过透镜光纤(lensed fiber)。

(2) 透镜光纤法

用机械研磨、激光切割、化学腐蚀、加热拉丝等方法将光纤拉锥,然后透镜化,即可制作透镜光纤。透镜光纤的腰斑模场直径(MFD)可小至 $2.5\sim3.5~\mu m$,腰斑距(distance to beam waist,DBW,高斯光束的腰斑到透镜光纤端面的距离)可为 $5\sim20~\mu m$(因制作工艺而异)。腰斑模场直径还可以进一步减小。为了得到较低的耦合损耗,对准难度却大大提高了,可以用集成的扩束器来扩大耦合光束腰斑,从而降低对准难度。

8.1.2 光子晶体光纤传感器

1. 基于孔内光和物质相互作用的 PCF 传感器

1) 气体传感器

使用折射率导光型光子晶体光纤或者光子带隙光纤,根据光谱吸收原理可进行气体检测。芯区小、空气填充率高的折射率导光型光子晶体光纤中,包层孔中倏逝波的光功率较大,因此可用倏逝波检测孔内填充的气体。图 8-7 是用折射率导光型光子晶体光纤进行气体检测的实验方案和结果,其中光子晶体光纤长度为 75 cm,芯区直径约 $1.7~\mu m$,孔间距为 $1.5~\mu m$。

当光子晶体光纤的气孔中充满乙炔气体时,可调谐光滤波器(TOF)从 1 520 nm 调谐到 1 541 nm,测量得到的吸收光谱如图 8-7(b)所示,图 8-7(c)则显示了乙炔缓慢扩散进入空气孔过程中,在 1 531 nm 波长的一个吸收峰处测得的输出光功率的变化情况。从实验结果可估算出空气孔中的光功率大约有 6%,气体扩散到空气孔中的时间限制了传感器的响应时间。为了提高传感器的响应速度,可在光子晶体光纤侧面沿轴向周期性开口,使气体更快地扩散到消逝场区域。这类传感器的检测灵敏度可达到 ppm(10^{-6})级。与应用空心光子带隙光纤进行气体吸收测量的实验研究结果和折射率导光型光子晶体光纤类似,但空心区域的光功率可达到 95%以上,因此检测灵敏度得到大大提高。

2) 其他传感器

光子晶体光纤的气孔内可填充液体材料,然后采用光谱法或者折射法监测分析这些材料的光学性质(如折射率、吸收、荧光辐射)的变化。因为孔内的光强度较高(对于空心光子带隙

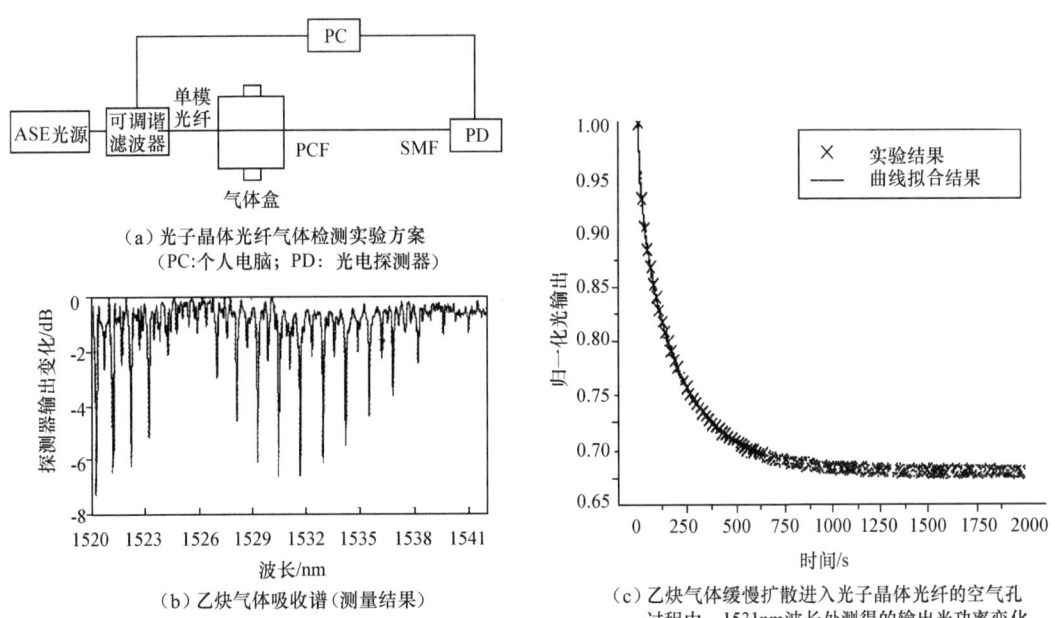

(a) 光子晶体光纤气体检测实验方案
(PC:个人电脑；PD：光电探测器)

(b) 乙炔气体吸收谱(测量结果)

(c) 乙炔气体缓慢扩散进入光子晶体光纤的空气孔
过程中，1531nm波长处测得的输出光功率变化

图 8-7　PCF 气体传感器

光纤,光场和样品材料的重叠率可接近100%),再加上可以应用较长的光纤来增加光和样品的作用长度,因此能够检测样品材料光学性质的微小变化。基于上述原理,光子晶体光纤可制作化学、生物化学和环境等领域的传感器。

在折射率导光型光子晶体光纤包层气孔内填充高折射率流体或液晶材料,可使这种混合材料的光纤成为光子带隙光纤,改变温度或外电场可调节其光子带隙。其热、电光学效应完全可用于温度和电场传感。

2. 双模光子晶体光纤传感器

高双折射双模光子晶体光纤实际上支持四个稳定模态,即 LP_{01} 模的两个偏振态和 LP_{11}(even) 模的两个偏振态,如图 8-8 所示。这四个模态在同一光纤中沿不同的路径传输,如果我们使同一偏振方向的不同模式或同一模式的不同偏振态进行干涉,即可在同一光纤中实现两个或多个干涉仪,即模式干涉仪或偏振干涉仪。由于模式或偏振态之间的相位差受环境温度、应变及其他因素的影响,因而这种双模光子晶体光纤可以用来测量温度、应变,或同时测量多个物理量。

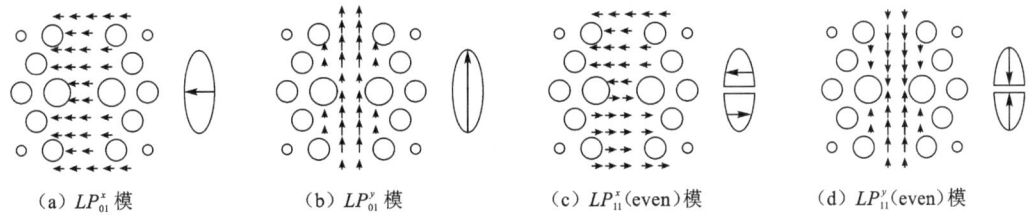

(a) LP_{01}^x 模　　(b) LP_{01}^y 模　　(c) LP_{11}^x(even)模　　(d) LP_{11}^y(even)模

图 8-8　双模高双折射 PCF 中的基模(LP_{01})和二阶模(LP_{11}(even))的模场分布

用高双折射双模光子晶体光纤进行应变测量,其工作原理是基于光纤中 LP_{01} 和 LP_{11}(even)之间的干涉。所用的光子晶体光纤由 6 圈空气孔组成,其基本参数如下: $\Lambda = 4.2\ \mu m$, $d/\Lambda = 0.$

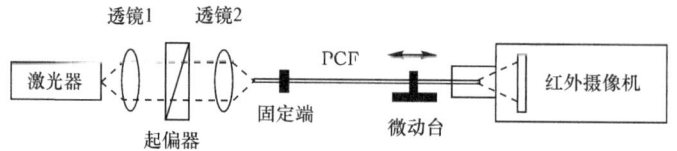

图 8-9 双模 PCF 干涉应力测量装置

$5,d_{\text{big}}/\Lambda=0.97$。图 8-9 所示的是实验装置图。从半导体激光器输出的激光被首先准直,然后通过一个起偏器,再通过透镜聚焦后耦合到光子晶体光纤。一个近红外 CCD 摄像头位于光纤的出射端面,用于检测输出的远场光强分布。所用光子晶体光纤长度约为 1 m,其中一端通过环氧树脂将其固定,另一端则固定于数控微动台上,用于在光纤上施加轴向应变。被施加应变的光纤长度约为 0.5 m。

通过采用 650 nm、780 nm、850 nm、980 nm、1 300 nm、1 550 nm 的光源,改变入射条件进行实验,同时观察输出光场的变化,得到以下结论:

(1) 从 650~1 300 nm 的范围内,这种光纤只支持基模 LP_{01} 和二阶模 LP_{11}(even),在 1 550 nm 处只支持基模传输。

(2) 在不同波长下的应变灵敏度:对应于 LP_{01} 和 LP_{11}(even)模式的 x 或 y 偏振干涉结果,变化情况为正弦曲线。如果定义 $\delta L_{2\pi}$ 为导致模间相位差变化 2π 时光纤被拉伸的长度,那么对 x 和 y 偏振而言,$\delta L_{2\pi}$ 分别为 124.4 μm 和 144.9 μm。对于起偏器置于 45°的情况,其结果是上述两种情形的叠加,结果是一个类似于幅度调制的光强输出。

图 8-10 给出了不同工作波长情况下 $\delta L_{2\pi}$ 的测量结果,在无应变作用下 LP_{01} 和 LP_{11}(even) 模之间拍长随波长的变化也示于图中。与传统椭圆芯光纤相反,光子晶体光纤的模间拍长以及产生 2π 模间相位差变化所需的光纤拉伸量都随着波长的增大而减小。表明这种光纤在长波长具有更高的应变灵敏度。

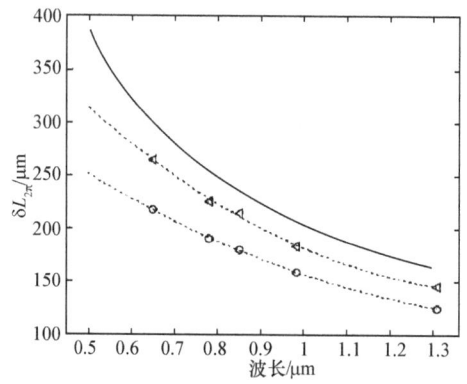

(图中实线为无施加应变时模间拍长随波长变化的理论计算结果)

图 8-10 不同波长下的 $\delta L_{2\pi}$ 测量结果($\bigcirc$—x 偏振光;$\triangle$—y 偏振光)

3. 掺杂的微结构聚合物光纤传感器

利用微结构聚合物光纤(microstructured polymer Optical fiber,MPOF)的巨大表面积,开发了一种新型掺杂方法——在聚合后掺杂。此方法中采用两步拉丝法制作聚合物光纤。第一次拉丝后,对得到的中间预制棒进行掺杂;中间预制棒中的空气孔直径大约 250 μm,使杂质溶液容易流过。首先将杂质(Rhodamine 6G:一种红色荧光染料)溶解在溶剂(甲醇)里,然后将中间预制棒浸泡在染料/甲醇溶液里,让杂质和溶剂扩散进入聚合物,然后加热除去溶剂,第二次拉丝即可制成光纤。他们利用这个工艺能够制作均匀掺杂光纤,掺杂浓度为 1 μmol/L～1 mmol/L,可以控制。应用这个掺杂工艺,也可以将其他有机或无机杂质掺入到聚合物中。聚合物光纤孔与孔之间的聚合物薄壁可以做得很薄,薄到可以认为是厚膜。厚膜掺杂则开辟了光子晶体光纤的全新应用,如生物传感,因为光学检测可实现非接触式测量。

8.1.3 PCF 小结

迄今为止,人们已经能够用石英或其他材料如硫化物玻璃、Schott 玻璃和聚合物等制备光子晶体光纤。折射率导波型光子晶体光纤的芯区可以掺 Ge、B 等以及稀土元素离子,如 Er^{3+}、Yb^{3+}、Nd^{3+} 等,用以改变折射率分布,制作光纤放大器和激光器等有源器件。光子晶体光纤还有许多其他新的特性,如无限单模(endless single mode)、大模场面积(单模光纤)、高非线性、高双折射、色散可控等。本章主要有选择地介绍了光子晶体光纤在传感方面的应用。

光子晶体光纤还可用于其他方面的传感,如用多芯光子晶体光纤进行曲率传感,大数值孔径光子晶体光纤用于增强双光子生物传感,用高非线性光子晶体光纤制作宽带超连续光谱光源从而实现高分辨率光学相干层析技术(Optical Coherence Tomography,OCT)诊断等。在这些应用当中,光子晶体光纤气体传感器可以用于高灵敏度气体探测,其微小的空心孔可以用于微量气体分析,有着广阔的应用前景。高双折射双模光子晶体光纤有望在应力和温度测量领域开辟新的应用。

8.2 聚合物光纤及其传感应用

随着光纤通信线路和网络在全世界范围内的迅速普及,通信的总体容量以空前的速率增长。简单采用金属电缆或无线通信的网络将无法满足进一步发展所需求的容量和质量。因此,未来的高速局域网必须采用光纤。当前,石英光纤和聚合物光纤(polymer optical fiber,亦称塑料光纤 plastic optical fiber,POF)是两个最适合这一应用领域的候选者。高速局域网是一个有巨大市场潜力的新兴领域。在此应用领域,聚合物光纤在材料成本和应用安全性等方面比传统的石英光纤更有优势。为此,在过去的几年里,世界各国在通信用聚合物光纤方面进行了卓有成效的研究和开发,并取得了重大进展。

聚合物光纤传感器的发展可以追溯到 20 世纪 90 年代以前。目前已报道的聚合物光纤传感器有许多种,包括结构安全监测传感器、湿度传感器、生物传感器、化学传感器、气体传感器、露点传感器、流量传感器、pH 值传感器、浑浊度传感器等。从已报道的文献可以看到,聚合物光纤可用于传感和测量一系列重要物理参数,包括辐射、液面、放电、磁场、折射率、温度、风速、旋转、振动、位移、电绝缘、水声、粒子浓度等。不过需要指出,从现今所有有关的报道中可以发现,绝大多数聚合物光纤传感器都是基于多模聚合物光纤,并且这些聚合物光纤传感器都是属于强度型。

近年来,单模聚合物光纤以及单模聚合物光纤光栅(polymer optical fiber grating)的研究与开发均有相当大的进展。在此基础上,基于单模聚合物光纤传感器的研发与应用工作业已开始。单模聚合物光纤在干涉型光纤传感以及光纤光栅传感方面的应用中比石英光纤有显著的优越性——典型的聚合物光纤材料的弹性模量是石英光纤的几十分之一。对应与应力和应变有关的光纤传感器,聚合物光纤的本征灵敏度比石英光纤高出好几十倍。因此,聚合物光纤在液体环境和塑性固体材料的传感应用有十分明显的优越性。例如在光纤水声传感器中采用聚合物光纤可以大大提高系统灵敏度并简化设计。

8.2.1 聚合物光纤材料及类型

1. 聚合物光纤材料

聚合物光纤的研究可以追溯到 20 世纪 70 年代早期。最初,主要有美国的杜邦公司(DuPont)和日本的三菱公司(Mitsubishi)两家致力于聚合物光纤的研发及商业应用。可用于制作聚合物光纤的材料有多种,其中包括:聚甲基丙烯酸甲酯(通称有机玻璃)、聚苯乙烯(polystyrene)、聚碳酸酯(polycarbonates)、全氟化物聚合物(perfluorinated polymers)[37]。纤芯材料主要有聚甲基丙烯酸甲酯(polymethyl methacrylate,PMMA)和聚苯乙烯(PS)。包层材料则用各种不同的氟化聚合物。当时制造的聚合物光纤的衰减高达 500 dB/km 以上。

目前大多数商用聚合物光纤仍是用低损耗的 PMMA 制造,其光传输窗口在 650nm 左右。典型的商用 PMMA 聚合物光纤衰减已能控制到 80~120 dB/km。这个范围内的衰减数值已与理论计算值相差不大。在这些 PMMA 聚合物光纤中,在可见光和近红外波长范围内的衰减主要来自于 C—H(碳—氢)振动的谐波吸收。然而,这些红外振动引起的吸收能通过原子的置换得到降低。因为氢是最轻的原子,C—H 键的基频振动频率高,对应于相对较短的波长处。例如,在 PMMA 中,C—H 键的基频振动对应于 3.2 μm 的波长。所以它的第 2~8 次谐波分布在 0.4~1.6 μm 的波长范围内。正是这些谐波的吸收使得 PMMA 在通常通信光谱范围内的衰减很大。

通过用一个较重原子代替氢原子,红外基频振动所对应的波长将向长波长方向移动,相应的高次谐波的波长也要向长波长方向移动。在同一光谱范围内,低次谐波吸收将被高次谐波吸收代替,因此减小了在通信光谱范围内的材料吸收。C—D(碳—氘)键的基频振动大约在 4.5 μm。而 C—F(碳—氟)键和 C—Cl(碳—氯)键的基频振动吸收对应于更长的波长,分别为 7.6~10 μm 和 11.7~18.2 μm,这些波长与 Si—O(硅—氧)键的基频振动所对应的吸收波长相当(在石英玻璃中 Si—O 键的基频振动所对应的吸收波长范围为 9~10 μm)。因为 C—D、C—F 和 C—Cl 键的基频振动所对应的波长较长,用 C—D,C—F 和 C—Cl 键置换 C—H 键所获得的氘化、氟化和氯化聚合物可以显著减少在可见光和近红外(600~1 500 nm)范围内的吸收衰减。日本电报电话公司(NTT)的 Kaino 等发展了用氘化 PMMA 作为纤芯来制作聚合物光纤的技术,在 680 nm 处获得 20 dB/km 的最低损耗。但是氘化 PMMA 的原材料价格非常昂贵,且工艺过程复杂,因而氘化聚合物光纤在目前并不实用。

近几年来,非常引人注目的是新开发的用全氟化聚合物制造的聚合物光纤。这类全氟化聚合物与传统的氟化聚合物如聚四氟乙烯(Teflon)等的材料性质非常类似,具有优良的化学、热、电和表面特性。其中最具吸引力的特性是具有非常宽的光传输窗口(650~1 300 nm)。在这个光传输窗口内,用此材料制作的渐变聚合物光纤已经获得低于 20 dB/km 的传输损耗。日本研究者成功制造了损耗低至 16 dB/km 的全氟化聚合物光纤。以前高质量低损耗的渐变折射率聚合物光纤(graded index polymer optical fiber,GI-POF)只能用预制棒法制作。最近,OFS 公司的研究者报道了采用传统的喷丝方法成功制备出低损耗 GI-POF。并且已有理论分析报道这种材料的衰减极限为 0.3 dB/km,完全可以与石英玻璃材料的衰减相比拟。然而目前这种材料的成本仍然非常高,有必要进行进一步的研究、开发和完善。图 8-11 为几种典型的不同材料和过程制作的聚合物光纤损耗谱。

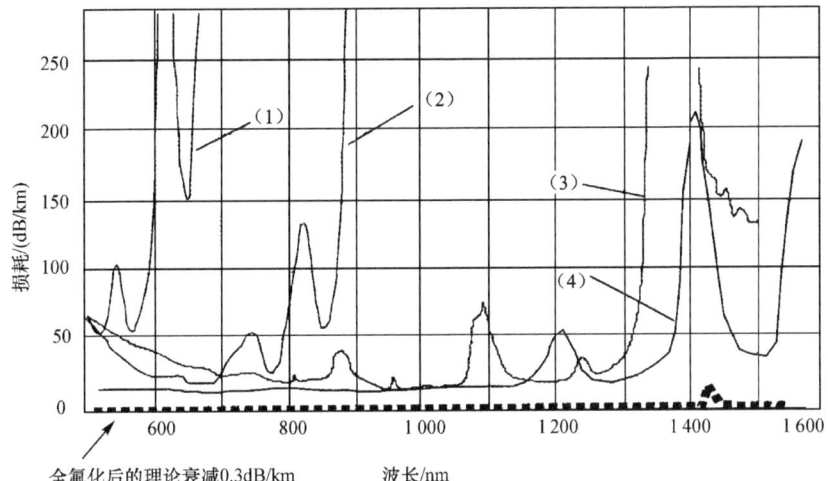

(1) PMMA聚合物光纤；(2) 氘化PMMA聚合物光纤；(3) 预制棒方法制造的全氟化聚合物光纤；
(4) 喷丝法制造的全氟化聚合物光纤

图 8-11 不同材料 POF 光纤的损耗谱

用于传感的聚合物光纤的物理特性的研究非常关键,具体要求为:①能够在相对恶劣的温度、湿度和紫外辐照条件下长期工作;②保持光学、热学和机械性能基本不变。

常用的 PMMA 聚合物光纤的上限工作温度一般为 85 ℃。加速老化实验表明,在等效于大约 19 年的典型外界环境的温度和湿度条件下,观察到了相当大的光传输性质变化。掺杂三苯基磷酸盐(triphenyl phosphate,TPP)的渐变折射率聚合物光纤是解决此问题的方案之一。实验结果显示掺杂 TPP 的渐变折射率 POF 在高湿度环境下(80 ℃,80% 相对湿度)具有较高的温度稳定性;同时其折射率分布能在 85 ℃ 的温度下稳定地保持 5 000 h 以上。然而目前并没有解决如何在高温条件下保持其性能长期稳定的问题。人们正在研究新掺杂材料渐变折射率聚合物光纤的高玻璃化转变温度(glass transition temperature) T_g,希望其能在 85 ℃ 甚至更高温度下长时间稳定地工作。

2. 聚合物光纤种类

聚合物光纤可以大致分为两大类:普通聚合物光纤和特种聚合物光纤。第一类包括所有的阶跃折射率多模、渐变折射率多模以及单模聚合物光纤。这一类聚合物光纤与普通石英光纤相类似。另一类包括所有特殊性能的聚合物光纤,如激光染料掺杂聚合物光纤、闪烁聚合物光纤、电光聚合物光纤,以及具有特殊结构的聚合物光纤,如微结构聚合物光纤和双芯聚合物光纤等。

普通聚合物光纤用于光纤传感器,主要考虑其成本低。但由于用于传感器的光纤长度一般都很短,光纤占整个传感器系统成本的比例小,因此这一点在传感器应用方面的意义并不是很大。聚合物光纤用于光纤传感器还因为有许多适合传感器应用的属性:如高柔软性、低弹性模量、大拉伸强度、抗震动冲击、不易折断等。此外,在某些特殊液体环境(如水、碱液、稀释的酸液及汽油、松节油等一些有机溶剂)中,聚合物光纤也显示出非常好的抗化学腐蚀性。总的说来,聚合物光纤传感器可能更加适用于条件相对恶劣的工业环境。

特殊聚合物光纤用做传感器,是因为聚合物光纤材料与聚合物功能材料具有很好的相容性——可获得各种所需特殊功能。这一点对于后面将要介绍的特种聚合物光纤如闪烁、电光、激光染料聚合物光纤等的研发至关重要。因为大量的有机物(如激光染料、有机电光材料等)

能直接加入聚合物光纤,使得聚合物光纤非常适合于用做非线性光学器件。如光放大器、激光器和电光调制器等。因此,聚合物光纤在许多现代科技领域如光子学、材料科学、医学、光学传感、光谱学等应用方面,有极大的潜力和发展。聚合物光纤很容易通过选择、掺杂或合成不同材料来获得所需要的物理、化学或表面性能。这样聚合物光纤比石英光纤更适应某些特殊(如生化)环境下的传感器应用。

1) 普通聚合物光纤

(1) 阶跃折射率多模聚合物光纤

传统的商用聚合物光纤主要是用拉丝方法制作的阶跃折射率多模(step-index multimode, SI-MM)光纤。通常这些商用聚合物光纤一般直径较大。典型的商用聚合物光纤外径为 1 mm,纤芯直径为 980 μm。如日本的三菱人造丝公司制作的聚合物光纤 ESKA CK40。此光纤的特性参数列于表 8-1。

表 8-1 阶跃折射率多模聚合物光纤(ESKA CK40)的设计规格及特性参数

参数	纤芯	包层
材料	PMMA	氟化聚合物
直径/μm	980	1000
弹性模量/GPa	3.09	0.68
泊松比	0.3	0.3
折射率	1.492	1.405
拉伸强度/MPa	82	
损耗(@ 650 nm)/(dB/km)	200	
最高工作温度/℃	70	
比重/(g/m)	1	

近来广泛开发出各种不同小外径和纤芯尺寸的阶跃折射率多模聚合物光纤。与多模石英光纤相类似,阶跃折射率多模聚合物光纤很长时间以来就被用于传感器。多模光纤主要用在强度型传感器系统中。与干涉型传感器相比较,强度型光纤传感器简单,成本低廉,但是其传感灵敏度也相对较低。实际上,正在研发的和已经实用的聚合物光纤传感器中,主要采用阶跃折射率多模聚合物光纤。

(2) 渐变折射率多模聚合物光纤

自 20 世纪 90 年代初始,低损耗、高带宽的渐变折射率多模(graded-index-multimode, GI-MM)聚合物光纤一直是研究热点。渐变折射率聚合物光纤的带宽比阶跃折射率聚合物光纤高出许多,但是要求精确控制光纤折射率分布。

日本的研究者所研制的渐变折射率聚合物光纤的带宽——长度乘积可达 2 GHz·km。这种渐变折射率聚合物光纤采用紫外光触发共聚反应过程产生。基本装置使用聚合物管,液相单体混合物首先溶解管内壁上的聚合物并在界面处形成了一层凝胶。由于"凝胶效应",在凝胶相中的聚合反应比在液相中的聚合反应速度快,所以聚合的产生亦是从界面逐渐进行到中心,最终获得要求的渐变折射率分布的聚合物光纤预制棒。

最近,OFS 实验室(原美国贝尔实验室之一)新制造了一系列渐变折射率多模氟化聚合物光纤。这些光纤的主要性能参数见表 8-2。这里值得一提的是,这些新的聚合物光纤都设计成比较小的尺寸。它们不仅能实现很高的传输带宽,而且在传感器应用方面也非常有利。

表 8-2　OFS 实验室建议的渐变折射率多模氟化聚合物光纤参数

外径/μm	芯径/μm	损耗@850 nm/(dB/km)	带宽/(MHz·km)
750	500	40	150~300
490	200	40	150~400
490	120	33	188~500
250	625	33	188~500

这些光纤暂时还无商品供应,也还没有在传感器中应用的相关报道。这些渐变折射率多模氟化聚合物光纤有很多优点,如低损耗、高带宽、高化学稳定性等,这使它们在很多传感应用中非常有利,并得到广泛的应用。

(3) 单模聚合物光纤

近年来,单模聚合物光纤的制造技术也得到了相当的发展。单模光纤对于实现干涉型的聚合物光纤传感器来说意义重大。另外,在单模聚合物光纤中写入光纤布拉格光栅的相关技术近来也得到了很大的发展。单模聚合物光纤光栅的制作成功,对于聚合物光纤光栅的传感应用十分重要。目前单模聚合物光纤以及聚合物光纤布拉格光栅方面的工作仍在继续,这些将为建立干涉型聚合物光纤传感器和聚合物光纤光栅传感器系统奠定必要基础。

前面已经提到,聚合物光纤在传感应用方面有很多的优越性。与石英光纤相比,聚合物光纤具有非常低的弹性模量,这个性质在许多物理量的传感应用中非常有用。在一定的应力下,聚合物光纤的弹性模量越低意味着产生相应的应变越大,也就具有越高的灵敏度。表 8-3 为石英和聚合物光纤与传感相关的典型特性参数。从表 8-3 可见,石英光纤的弹性模量比聚合物光纤的高 30 多倍。就与应力或应变相关的光纤传感器而言,如水声、振动和压力传感器等,聚合物光纤可获得比石英光纤高很多倍的传感灵敏度。

表 8-3　石英和聚合物光纤的相关特性参数比较

特　性	硅光纤	聚合物光纤
损耗/(dB/km)	0.2~3	10~100
弹性模量/GPa	100	3
拉伸强度/%	1~2	5~10

此外,石英光纤由于其脆硬的材料特性,通常最大拉伸强度(最大可承受的应变或断裂应变阈值)较低,约为 1%~2%。这就限制了石英光纤在某些传感领域的应用所能达到的最大工作范围,如工程材料断裂分析、结构安全监测等。相比之下,聚合物光纤则具有柔软的材料特性。聚合物光纤的最大拉伸强度远远大于石英光纤。如 PMMA 的最大拉伸强度通常有 10% 或更大。对于许多在土木工程或建筑结构中的压力、应力或应变传感而言,大的拉伸强度意味着能有很大的工作动态范围。

2) 特殊聚合物光纤

聚合物光纤有别于石英光纤的另一个极为重要的特征就是可以在很大的范围内选择材料。我们可以在许多的光学聚合物材料中,选择具有所需的特定性能(如弹性模量或弹性常数)的材料,用以开发有特定材料特性和相容性的各种聚合物光纤或聚合物光纤光栅。从而使聚合物光纤和聚合物光纤光栅能更适合于在各种不同的气体、液体和弹性、柔性固体材料环境中进行传感。

此外，也可以利用现代有机材料合成技术，对聚合物光纤材料进行改性——改善或强化聚合物光纤的某些材料性能（如弹性模量、弹性等），使得聚合物光纤（光栅）有更好的传感性能及更广泛的应用。因此，聚合物光纤在诸多应用单模光纤的重要传感系统中将非常具有竞争性。

（1）电光聚合物光纤

光纤是利用非线性光学效应来实现一定功能的最有效介质之一。因为在光纤中可以获得很高的光强度和很长的相互作用距离，从而可以使得所需要的非线性光学效应达到最佳或最大。众所周知，许多有机物具有很高的光学非线性并且响应速度非常快。把这些有机材料加入光纤纤芯中将使得光纤具备很高的光学非线性。尤其聚合物光纤特有的相对较低的加工制造温度（典型的拉纤温度低于 250℃），使得有大量的功能光学材料可以加入聚合物光纤中。而这对于石英光纤来说是完全不可能的。电光聚合物光纤在电压和电场传感器方面具有巨大的潜在应用前景。目前主要研究集中于光开关和光调制器用的电光聚合物光纤。

（2）闪烁聚合物光纤

闪烁聚合物光纤（scintillating POF）自 20 世纪 80 年代起开始研究，旨在用于辐射传感方面。闪烁聚合物光纤是有源材料如荧光材料、激光染料等掺杂的聚合物光纤，主要用于高能辐射的测量。闪烁聚合物光纤现在已实际应用于在核物理中监测核辐射和跟踪带电高能粒子。另外也有报道用普通的聚合物光纤作为辐射分布监测器，监测器具有很长的探测长度并且能得到连续的辐射分布。位置传感是基于飞行时间（time-of-flight）技术，监测器对 β 射线或带电粒子、γ 射线和快中子很敏感，对 β 射线、γ 射线和氘-氚（D-T）中子的空间分辨率分别为 30 cm、37 cm、13 cm。对 β 射线、γ 射线和氘-氚中子的探测效率分别为 0.11%、0.000 016% 和 0.000 12%。

（3）激光染料掺杂聚合物光纤

许多激光染料掺杂聚合物光纤（laser dye-doped POF）（纤芯掺杂或包层掺杂）的研究都以传感应用为目的。如采用染料掺杂聚合物光纤研制的非接触式传感器，用于探测薄膜长条中的缺陷——不透明度、空穴、裂纹和碎片以及透明薄膜的厚度变化。另一方面，开发各种不同的染料掺杂聚合物光纤，用来研制光纤激光器和光放大器。染料掺杂聚合物光纤用于光纤放大器和激光器，其主要工作波长在可见光和近红外波段，有别于掺铒石英光纤的 1 520～1 620 nm 工作波段。用在染料掺杂聚合物光纤方面的常用激光染料包括若丹明 6G（rhodamine 6G）、若丹明 B、吡咯甲烷 650、荧光素（fluorescein）等。

在传感器上，染料掺杂 POF 被用于湿度传感、故障监控系统等。例如，高压电环境中的气体绝缘开关中，绝缘开关用的主要电路装置用 SF6 气体严格密封，但是一旦里面出现异常，将导致重大安全故障。所以很有必要研制此种开关的故障监控技术。据报道，采用染料掺杂聚合物光纤系统可以监控高压电气体绝缘开关中的故障，并对实际高压电气体绝缘开关装置中监控系统的几个可靠性有关因素——开关装置的结构、SF_6 气体的分解产物在光纤表面的沉积以及其他环境条件进行研究。此外，染料掺杂的聚合物光纤气体传感器系统可用于检测酸性和碱性气体的浓度，此系统能检测出浓度低于百万分之十的 NH_3 和 HC-HCl 气体。这种光纤在低于 10 ns 的时间内将入射单色光转变为白光的特性，使得此光纤可以作为非常有用和高效的光源。

目前，纤芯掺杂的聚合物光纤已经有商品供应，不同的制造商还可以提供某些特殊设计要求的光纤——圆形或方形截面，或是不同的掺杂剂掺杂。这些制造商包括法国的 Optectron

公司、俄罗斯的 Tver 聚合物光纤研究生产中心、美国的 Poly-Optical 公司等。

染料掺杂聚合物光纤的长期稳定性一直是实际应用中的一个重要因素。俄罗斯对染料掺杂聚合物光纤的长期热稳定性的研究表明,当光纤样品放置在温度在 10～70 ℃ 范围内循环的环境中,其吸收峰值或发射波长处的传输光强改变了 5%,但是没有观察到吸收峰值和发射波长的漂移。然而当把样品暴露在阳光下时,其吸收和发射峰均移向长波方向。

（4）微结构聚合物光纤

在本章 8.1 节我们讨论了光子晶体光纤的传感应用,而聚合物材料也是制作光子晶体光纤的良好载体,通常将此类光纤称作微结构聚合物光纤(micro-structured POF)。图 8-12 所示是一个有 4 圈空气孔的一种微结构聚合物光纤结构,即折射率导光型。另有一些微结构聚合物光纤的中心为空气孔,即光子带隙光纤。

在聚合物光纤中引入这种空气孔的特殊结构,可产生与石英 PCF 光纤类似的许多新光纤传输特性,包括实现宽波长范围单模工作、具有大的有效纤芯和模面积、在空气中而不是在光纤材料中导光等。这些新的特性对于某些光纤传感器应用来说是非常有意义的。同样,与石英 PCF 相仿,这类微结构聚合物光纤适用于气体或化学传感器。

微结构聚合物光纤的制作技术与石英 PCF 有所不同。可以通过在商用 PMMA 棒中钻上有规则的孔洞,然后拉制出空气孔微结构聚合物光纤,其电子显微镜照片如图 8-13 所示。这些商用的挤压成型的 PMMA 棒一般都没有很好的光学性能。从照片上可以看出,空气孔微结构包括四圈孔排列呈六角结构嵌入外套层中。很显然,空气孔尺寸和形状有一定的不均匀性。有报道说,在波长 632.8 nm 处的衰减大约为 32 dB/m。与拉制光纤的预制棒相比,光纤的空气孔结构中的空气孔尺寸(d)与孔间距(Λ)的比率 $d/\Lambda = 0.46 (0.67)$ 稍有减小。

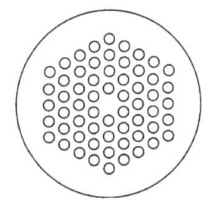

图 8-12 4 圈空气孔的微结构聚合物光纤

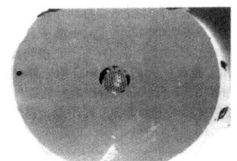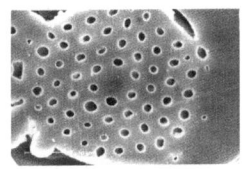

图 8-13 有外包层的空气孔微结构聚合物光纤

8.2.2 多模聚合物光纤传感器及其应用

目前研究开发的聚合物光纤传感器大多采用多模聚合物光纤的强度调制型传感器。

1. 辐射探测

许多年以来,在一系列的核物理实验中,闪烁聚合物光纤已经成功地应用在辐射检测和带电粒子跟踪上。近几年,闪烁聚合物光纤辐射探测器已经实际安装在许多重要的实验设备中。

日本建立了一个名为 K2K,即 KEK to Super-K(Super-Kamiokande)的实验项目[38,39],在相关的宇宙射线中研究中微子谐振。在这个项目中,由日本的国家加速器中心(KEK)的一个加速器产生 β 介子中微子,并由地下隧道发送它们至远在 250 km 以外的一个 Super-Kamiokande 探测器(见图 8-14)。K2K 实验项目是第一次长距离的由加速器产生中微子束的中微子谐振实验。在 Super-Kamiokande 实验中,为寻找大量中微子和中微子谐振的存在证据,采用了数目巨大的闪烁聚合物光纤探测器来提供非常高的带电粒子跟踪效率。利用如图 8-14 所示的实验探测装置,能准确辨认出准弹性和非弹性碰撞过程,并精确测出中微子相互作用量,其精确度可达 1%。

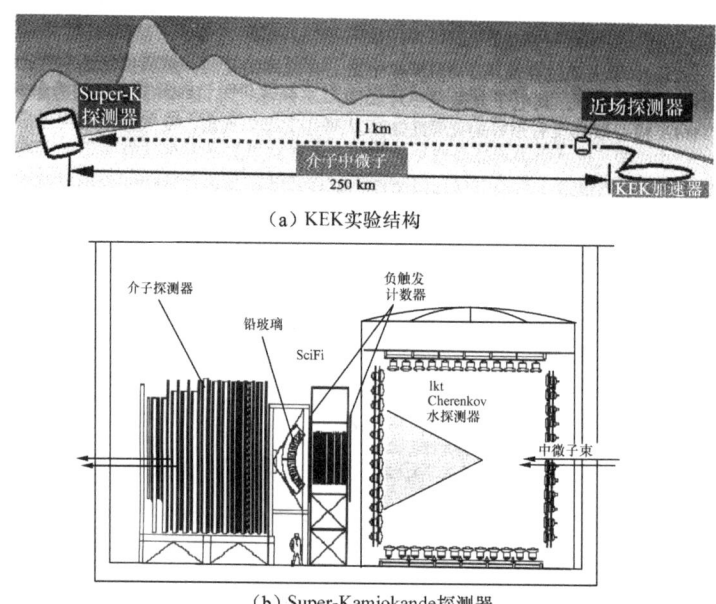

图 8-14 实验探测装置

采用的闪烁聚合物光纤的直径为 0.7 mm,闪烁光纤层用来提供在水平方向和垂直方向的撞击位置测量。一个单独的闪烁层具有 1.3 mm 的厚度,包括两个闪烁光纤的交叉排列层。垂直和水平光纤层用一个 1.6 cm 厚的梳状平板分开。沿着中微子束方向,总共有 20 个闪烁光纤层,邻近层相隔 9 cm。在 K2K,此闪烁聚合物光纤探测器用宇宙射线数据和电发光标准数据进行了校准,并且定期检查了此闪烁聚合物光纤探测器的稳定性。Kim 等人发现此闪烁聚合物光纤探测器的性能在 K2K 至今仍然继续稳定地实验运行。

2. 生物医学和化学传感

正如前述,聚合物光纤通常与生物医学或有机材料有良好的相容性,因此它们在生物医学和化学方面的传感应用中的优越性非常明显。

由于有很广的材料选择范围而易于找到适合的折射率和功能的聚合物光纤材料。因此聚合物光纤被用来制造多种用于生物医学或化学的光纤传感器。这些聚合物光纤传感器被用来检测化学和生物制剂、生物薄膜、生物胶团、生物组织和医疗数据。有机磷酸酯(organophosphate)是一种危险的神经制剂,导电聚合物和光纤的结合提供了一个有效的介质来检测有机磷酸酯。此研究发展了一种光纤传感器来探测有机磷酸酯和二甲基磷酸盐(dimethyl methyl phosphonate,DMMP)的存在。

食道癌的发生通常与巴雷特食管(Barrett's oesophagus)有关。为了普查有巴雷特食管的病人,可以利用聚合物光纤建立一个成本很低的检测系统。此实验系统是利用食道内壁的色度评估建立的。光纤探针(5 mm)中心有一个(外径 1 mm)聚合物光纤使得白光(3 200 K)可以通过。通过在探头里一个锥形反射镜,白光可以入射到病变的食道内壁上。此系统模拟巴雷特食管图形进行分析,在测试中性能很好。

3. 工程结构安全与材料断裂监测

1)工程结构安全监测

工程结构安全测试或监测系统对于评估局部破裂或内部损伤,确保结构的完整性是必需的。聚合物光纤传感器是一种非常经济实用的传感器。传感原理仍然是强度调制。先进的工程复合材料和结构良好的强度和硬度特性对它们的应用十分重要。而复合材料的层状结构使得它们易于受到撞击型负载的影响,这样的负载条件在航空、土木工程、汽车、航海行业中会经常遇到,甚至轻微的撞击就能引起内部结构的大面积破坏。其形式表现为纤维材料碎裂、叠层结构分离、复合结构断裂。问题是高性能复合结构的碰撞破坏有时很难通过直接的表面结构检查来发觉。许多轻度的撞击引起的破坏表面上看来很不明显,而在承载能力和疲劳限度方面引起的下降却是非常大的。在最近的几年中,将聚合物光纤传感器应用于复合材料结构的安全监测方面进行了许多研究并提出了各种方案。这些监测技术主要用来检测复合材料的结构特性(如硬度和强度)变化,这些变化直接反映了结构的退化或损坏程度。或者通过监测结构的动态响应特征,如共振频率和模式以及阻抗等的变化来获得结构的退化或损坏信息。

2)材料断裂分析与测试

材料断裂监测实际也与工程结构安全监测有关。近年来研制出一系列应用于土木工程应用的聚合物光纤传感器。如前所述,聚合物光纤应用于土木工程结构损坏和断裂监测比石英光纤传感器的优越之处在于,聚合物光纤传感器具有更好的塑性和更好的化学稳定性。

对于土木工程材料和结构初期断裂的监测而言,应变的精确信息往往不是十分必需的,这使精度不高、低成本但具有高拉伸度的聚合物光纤传感器成为首选。通过将一定长度光纤段的横截面去掉一部分,可提高聚合物光纤对断裂和垂直偏移的灵敏度。这个可以通过用剃须刀片削去聚合物光纤的部分表面来实现。这种聚合物光纤增敏处理的方法非常简单,只是去掉了聚合物光纤横截面上的一小部分。图 8-15 给出了削去部分表面的聚合物光纤传感器横截面的照片。

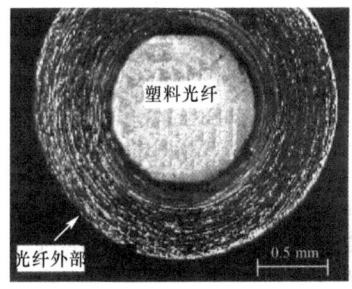
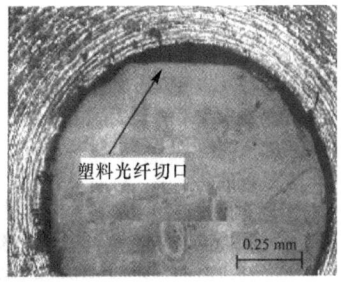

图 8-15 聚合物光纤的横截面

与其他光纤增敏方法不同,通常石英光纤的增敏采用腐蚀法,这会使光纤段的整个横截面上均被增敏。而此传感器由于只是去掉了聚合物光纤横截面上的某一小部分,其对侧向负载的响应与它的透射率对弯曲度的响应和对弯曲的方向有关。这就是为什么这种类型的传感器的弯曲灵敏度能够有方向性的原因。再加上负载引起光纤弯曲的情况下,光纤内部满足全内反射条件的传输模式是增加还是减少,取决于弯曲方向和负载的透射光强变化。此聚合物光纤传感器被用于检测混凝土梁在侧向负载条件下断裂及从开始到最终断裂点的整个垂直偏移过程。

对作了断裂测试之后的样品进行检查后发现,在应力高度集中的裂缝附近的聚合物光纤明显变细,产生裂纹。图 8-16 所示是测试之后变细和有微裂纹的聚合物光纤。聚合物光纤传感器的变细部分呈现出淡乳白色,显示有微裂纹的存在。实验证明了聚合物光纤传感器能够有效检测工程材料从初始裂缝出现、裂缝传播直至最终断裂的整个过程。很明显,聚合物光纤

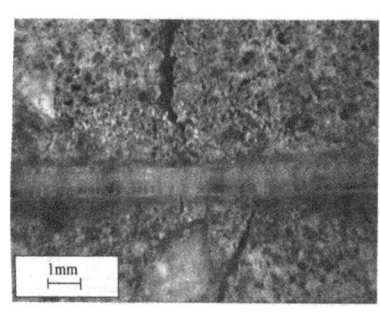 

图 8-16　聚合物光纤在断裂实验中出现的变细和裂纹照片

传感器最显著的优点在于它可以在一个很大的负载范围内工作,可对整个断裂的动态过程进行测试或监控,这一方面是传统的石英光纤传感器无法相比的。

3) 冲击损伤检测

聚合物光纤传感器不仅能在静态负载下有效地工作,而且也能在动态负载条件下很好地发挥作用。利用聚合物光纤传感器检测在纤维增强复合材料结构中的冲击损伤。用聚合物光纤传感器对碳纤维增强环氧的树脂悬臂梁进行动态响应测试,在不同的冲击能量下,实验分析了这些梁在自由振荡负载条件下的阻尼响应。此外,也用聚合物光纤传感器对层状结构的碳纤维增强的环氧梁在冲击后受损伤情况下的强度和阻尼特性进行了研究。

聚合物光纤的增敏通过打磨光纤表面而去掉大约 70 mm 的一段包层来实现。首先利用胶带来进行聚合物光纤位置的初步固定和校准。然后用基于氰基丙烯酸盐的快速黏合剂将聚合物光纤黏合在待测样品上。等待几分钟以确保在打磨聚合物光纤之前已牢固黏合。最初的观测显示,黏合剂对聚合物光纤的传输特性没有产生不良影响。当光从黏合后的聚合物光纤中通过时,光传输效率没有明显变化。如果用剃须刀片去除一段聚合物光纤的部分表面,这种传感器对弯曲形变得很敏感。

他们所用的实验装置如图 8-17 所示。在悬臂梁的自由端附加了质量为 70g 的重物以降低它的振荡频率。附加的重物延长了振荡周期,有利于测量悬臂梁的阻尼系数。实验得到以下结论:冲击导致悬臂梁动态响应变化的大小直接与冲击的能量有关,也间接和材料结构的退化或损伤相关。

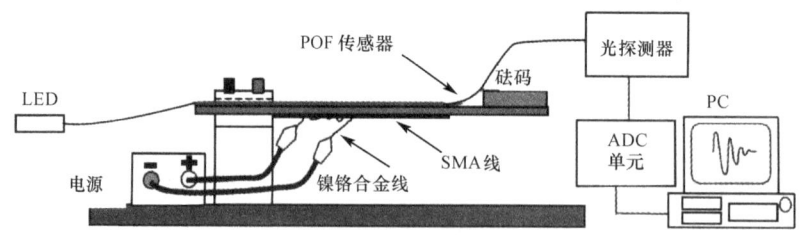

图 8-17　测量悬臂梁动态响应的实验装置

同时,这个实验还证明了聚合物光纤传感器能够有效地建立工程结构的退化或损伤与其动态响应之间的关系,具有很大的潜在应用范围。

4. 环境监测

在各种工业、农业、生物和医学应用中,环境条件因素诸如湿度、露点、pH、特种气体(氧气、二氧化碳、一氧化碳、煤气、甲烷等)等的精确测量、监测和控制十分重要。聚合物光纤传感器在这些方面的应用也有很大潜力。下面以湿度传感器为例予以简单介绍。

市场上对低成本,快速响应的湿度传感器的需要量相当大。聚合物光纤湿度传感器是基于湿度改变引起的折射率调制光传输信号的强弱进行测量,已有许多报道。如纤维素家族的一些有机物——羟乙基纤维素(HEC),在潮湿的空气中会发生膨胀,并由于附加了水分子而表现出折射率的减小。在 80% 相对湿度的实验中,羟乙基纤维素(HEC)薄膜的折射率变化显著,从干燥空气下的 1.51 下降到潮湿空气下的 1.49 以下,如图 8-18 所示。利用这种效应,可以制作简单、快速响应和高灵敏度的光纤湿度传感器。利用信号处理方法将光纤湿度传感器的线性响应范围从以前报道的 40%~55% 扩展到了 40%~82% 的相对湿度范围。

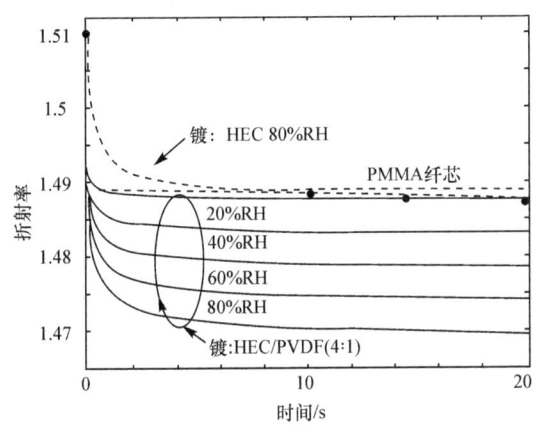

图 8-18　HEC 的折射率及潮湿空气中 HEC/PVDF(4∶1)的折射率比较图

一种新型聚合物光纤湿度传感器通过在光纤纤芯上镀一层湿度敏感包层构成。使用膨胀性纤维素和憎水聚合物的混合物作为聚合物光纤的传感包层。此传感包层在附着水分子之后发生折射率变化。当暴露于潮湿的空气中时,包层的折射率减小,聚合物光纤导光性能改善。因此,通过传感器头的光信号随不同的湿度而改变。

值得注意的是,只有当纤芯和涂覆包层的折射率对温度的关系相似时,此传感器才有可能对温度不敏感。因为只有在这种条件下,传感器的灵敏特性才主要取决于纤芯和涂覆包层的折射率对湿度的响应。实验表明,聚合物光纤湿度传感器能够在一个很大的相对湿度范围内工作,并且有很好的重复性。此聚合物光纤湿度传感器的时间响应测试结果如图 8-19 所示。很显然,此湿度传感器有良好的快速响应特性。

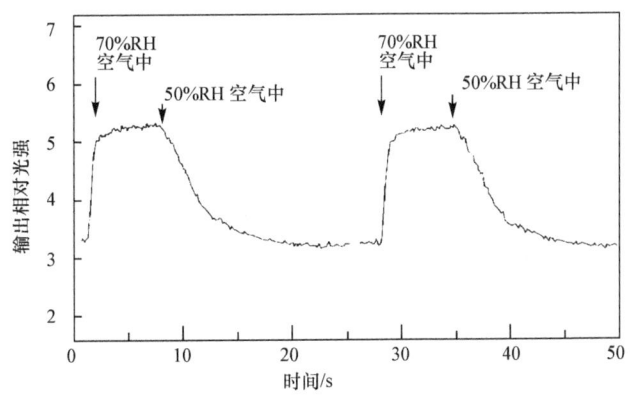

图 8-19　聚合物光纤湿度传感器的响应曲线

此外,聚合物光纤在露点传感器、氧传感器(连续监测氧气和溶解氧)和危险气体传感器方面都获得应用。Liao等人报道了利用特殊材料的激发态磷光寿命,使用一个单光纤探头,用于同时远程监测温度和氧气浓度的实验。在他们的实验监测中,温度和氧气的浓度在 15～45 ℃和 0～50%(O_2)的生理学范围的精度分别达到 0.24 ℃和 0.15%。这种特殊传感器在 1 cm 长的光纤纤芯表面上涂了一层特殊的磷光材料。所用的光纤是芯径为 750 μm 的聚合物光纤。用高亮度蓝光脉冲 LED 作为光源。时域磷光衰变的频域表示由快速傅里叶变换运算得到。

8.2.3 单模聚合物光纤传感器及其应用

毫无疑问,基于单模光纤的干涉型传感器从来是(石英)光纤传感器研究开发的主流。这首先是因为干涉型光纤传感器往往能够达到很高的检测灵敏度和分辨率。这些干涉型光纤传感器(通常要求使用单模光纤)具有强度型光纤传感器(通常采用多模光纤)无法竞争的优良性能。强度型光纤传感器由于系统过于简单,往往使得它们的性能不够理想,同时也使得它们的应用受到限制。此外,近几年来非常受欢迎的新型布拉格光纤光栅传感器,通常也要求使用单模光纤。

然而迄今为止,聚合物光纤传感器主要使用的仍然是多模光纤,且主要集中于简单和低成本的强度型光纤传感应用。可以预见,由于聚合物光纤有如前所述的相对石英光纤的诸多优点,聚合物光纤必然在单模光纤传感器及新型布拉格光纤光栅传感器的相关应用领域有重大发展和建树。本小节将主要介绍聚合物光纤光敏性、聚合物光纤布拉格光栅的相关课题,以及单模聚合物光纤传感器的研究近况和应用前景。

1. 聚合物光纤的光敏性

在光纤光栅制作中,光敏性相当重要。折射率光敏性是指在一定波长的光(通常为紫外光)辐照下材料的折射率发生改变的特性。对聚合物光纤的折射率光敏性的研究是进一步研发聚合物光纤光栅的前提。聚合物光纤光栅的传感应用目前仍是一个极有潜力而有待开发的重要领域。

近几年人们进行了大量实验,研究 PMMA 聚合物光纤和氟化聚合物光纤的光敏性和热敏性。其中一项研究采用一个单模、双芯的 PMMA 聚合物光纤,此光纤的两个芯都掺杂了激光染料荧光素(170×10^{-6})。这种聚合物光纤的近场图像和远场干涉条纹如图 8-20 所示。

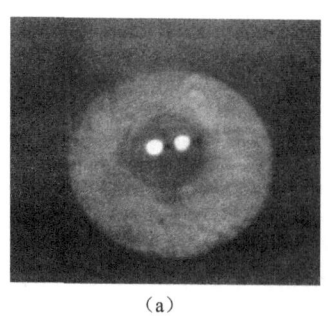
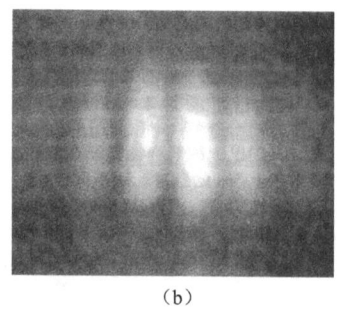

(a)　　　　　　　　　　　(b)

图 8-20　单模双芯聚合物光纤的近场图像(a)和远场干涉条纹(b)

近场图案直观地展现了光纤的结构;远场干涉条纹图案是在两个芯基模同时用氦氖激

光激发下产生的。由于芯之间距离相当小,所以远场干涉条纹之间距离非常大。远场干涉条纹能在距离光纤输出端仅有几厘米的光屏上清楚地看到。用于光敏性实验的简单系统如图 8-21 所示。在此系统中,光强较强的氩离子激光耦合入光纤的一个芯中,用以产生光敏性折射率改变。为了观察与测量光敏性产生的折射率改变,用了一个低功率的氦氖激光(1 mW,波长为 633 nm),通过发散透镜均匀地同时耦合到两个光纤芯中。从两个光纤芯输出的氦氖激光的远场干涉条纹将因光敏性产生的折射率的改变而发生相应移动。

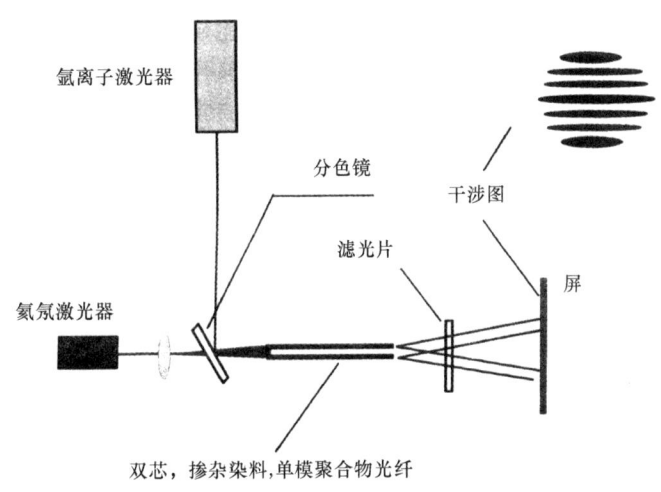

图 8-21 聚合物光纤光敏性实验的简单系统

实验中,观察到两种与折射率光敏性相关的干涉条纹移动(或相位移动),但两者具有很大的区别。

(1) 第一种相位移动响应很迅速,但是瞬时的

这种相位移动响应仅在氩离子激光辐照下存在。当氩离子激光辐照停止时,这种相位移动也消失。此相位移动效应对氩离子激光辐照的响应时间估计小于 0.1 ms。这一相位移动响应可能与纤芯中染料分子的光吸收产生的热非线性效应有关,不过它不是通常人们感兴趣的与光纤光栅制作有关的光敏性,因此暂时未作进一步研究。

(2) 第二种相位移动的响应相当缓慢

第二种相位移动的响应是相当缓慢的(它的建立需要足够长的时间),需要数十分钟才能显示出来,然而此相位移动效应对应长期性光敏效应,当去掉氩离子激光辐照后,光敏效应产生的相位移动仍能保持。

这正是与光纤光栅制作有关的光敏性。在这个实验中,总的相位移动达 15π。对于 14.5 cm 长的光纤,这种相位移动对应光敏性折射率改变为 3.3×10^{-5}。

聚合物光纤在紫外波段的光敏性测试实验,采用不同波长的紫外激光(325 nm、280 nm 和 248 nm)进行,得到的重要结论为:①在聚合物光纤中添加适当的光敏材料,例如,添加一定工作波长的各种激光染料,可以获得一定的光敏性。②基本聚合物材料,如 PMMA,在紫外线甚至可见光波长下都具有不同程度的光敏性,在 320 nm 波长附近具有很高的光敏性。③在典型波长(制作石英光纤光栅)244 nm 或 248 nm 波长处,聚合物光纤具有高的光吸收,光无法透射入光纤形成光纤光栅,而仅能在光纤表面形成蚀刻光栅。

以上这些实验为能够用聚合物光纤制作光栅提供了重要依据。最初尝试用添加光敏材料来提高光敏性的方法——使用了一些不同的激光染料和紫外线感光剂,但是光敏性改善并不显著。近期在 PMMA 里面掺杂了 4-nitrophenyl-N-butylnitrone,在 330 nm 的紫外光照射 60 s 之后可以得到 2% 的折射率变化。不过,以聚合物材料(PMMA 或 CYTOP)本身的光敏性,在适当的波长和足够的曝光下,基本能制作满意的聚合物光纤光栅。如何增加对聚合物光纤的光敏性依然是十分重要的研究课题。

当前,聚合物光纤光敏性机理尚未得到很好的解释。已提出一些理论,包括聚合物分子链的断裂、重组、交联,共价键的断裂、重组、光聚合及缺陷产生等,来解释光敏性产生的微观机制。其中获得较多认同的机理包括聚合物分子链重组、交联和光聚合。理论上认为,在紫外线或可见光下的聚合物分子链发生断裂,产生自由基,引起聚合体链的重新组合或交联,从而改变聚合物链密度,达到改变聚合物光折射率的效果。在聚合物里面仍存在未聚合的单体(分子)情况下,自由基的产生,引发单体的聚合,使聚合物体密度改变,结果光折射率也相应改变。但这些机制均没能得到完全认定。

从最近的一些实验观察,发现了两种类型(Ⅰ型和Ⅱ型)聚合物光纤光栅存在的证据。有趣的是,就制作过程和基本特性而言,这两种类型聚合物光纤光栅与对应的石英光纤光栅十分类似。即使是这样,由于聚合物和石英是完全不同的材料系统,它们实际产生的光敏性的机制应该是不同的。因此对光敏性机制的真正了解,仍有待进一步深入研究。

2. 聚合物光纤光栅制作

第一个报道的聚合物光纤光栅是在一个少模聚合物光纤上制作出来的。稍后,又在单模聚合物光纤上成功制作聚合物光纤光栅。第一套用于制备聚合物光纤光栅的实验系统,采用了环型(sagnac)干涉仪结构,系统中用相位模板(周期为 1 064 nm)进行分光;用 248 nm 波长写入时,相位模板的零阶衍射小于 1%,而两个主要衍射阶次(+1 和 -1)具有最大的衍射能量(各为 44% 左右)。光栅写入是用 Nd:YAG 激光器的三倍频输出光作为泵浦,先通过光参量振荡然后二倍频得到的。通过一个三棱镜组合,构成一个环形干涉仪。从相位模板出来的两个一阶光波通过此干涉环路产生制备光栅所需的干涉图样。这个系统的一个特别的优点是可选择不同于 248 nm 波长的写入光,而避免受到增大的零阶衍射的影响。此外,相位模板连同聚合物光纤一起可通过一个步进马达横向移动。这样,可以写入一个与相位模板相同长度的光栅。由宽谱光源和光谱分析仪组成的测量系统,则用来对光栅制备过程进行实时监控。

目前已有报道的少模聚合物光纤光栅,有大约 10 nm 的反射带宽;而单模聚合物光纤光栅的反射带宽约为 1 nm,并可达到 80% 的反射率以及 20 nm 的可调节范围。实际上,聚合物光纤光栅还可以实现更大范围内的宽带可调。图 8-22 显示的是宽谱可调范围达 73 nm 的单模聚合物光纤光栅——聚合物光纤长为 25.3 mm(光栅长 3 mm),在不同应力条件下的反射谱。应变值可以通过光纤在应力作用下的延伸量与初始光纤长度的比值确定。在图 8-22 曲线(a)是不受应力(应变为零)情况下的光栅反射谱,反射中心波长(即布拉格波长)为 1 561.12 nm;而曲线(b)~曲线(e)是应变为 1.22%~4.84% 的反射谱;曲线(e)的光纤纵向延伸了 1.225 mm,布拉格波长变为 1 634.22 nm。这是在不显著改变反射谱轮廓情况下能获得的最大波长。曲线(a)~曲线(e)的波长调谐范围是 73 nm。

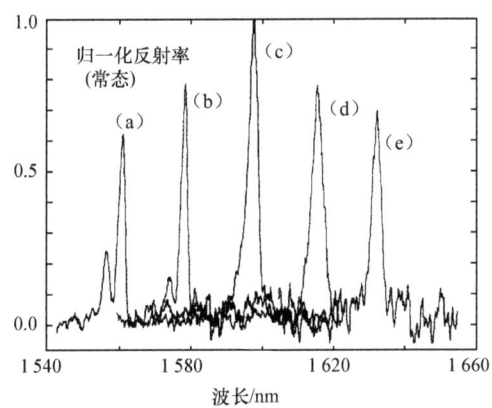

图 8-22 单模聚合物光纤光栅在不同应变调谐下的反射谱

这个调谐范围比石英光纤光栅所能获得的调节范围差不多要大 10 倍。由此可见,单模聚合物光纤光栅足以覆盖用于光通信的 C 波段或 L 波段,或一个掺铒光纤放大器的整个带宽。毫无疑问,极宽的可调谐范围很有实用意义。此外,利用 248 nm 紫外激光可以在多模聚合物光纤上制成表面蚀刻光栅。

3. 聚合物光纤光栅传感

基于前述的聚合物光纤和聚合物光纤光栅的研究进展,聚合物光纤传感器的开发应用已经有了一定的条件。光纤光栅用于传感的基本原理已经在第 4 章波长调制型传感器中进行了详细的讨论。这里我们仅讨论聚合物光纤光栅有别于石英材料光纤光栅的应力和温度灵敏度情况。

由第 4 章的讨论可知,应力产生的布拉格波长的变化 $\Delta\lambda_B$ 可以简单地表示成如下形式

$$\frac{\Delta\lambda_B}{\lambda_B}=(1-P_e)\varepsilon=\frac{1-P_e}{E}\sigma \tag{8-1}$$

式中:P_e 为有效弹光系数,ε 为纵向应变。

弹光系数 P_e 一般为一个小数值。石英光纤材料弹光系数 P_e 大约是 0.22;而 PMMA 聚合物光纤的弹光系数 P_e 大约是 0.04。值得注意的是,弹性模量 E 对布拉格波长灵敏度有很大的影响,且成反比关系。在一定的应力条件下,弹性模量相对小的材料产生较大的布拉格波长改变,即有较大的传感灵敏度。与弹性模量相对大的材料相比,为了产生相同的波长变化,它需要更小的应力或应变。正是因为 PMMA 等聚合物光纤材料的弹性模量远远小于石英光纤材料的弹性模量,所以上面多次提到聚合物光纤在传感器应用方面具有很大潜力。

在温度传感的情况下(通常与应力或应变一同传感),光纤温度的改变 ΔT 也会导致布拉格波长的变化。其关系可表达为如下形式

$$\frac{\Delta\lambda_B}{\lambda_B}=(\alpha+\beta)\Delta T \tag{8-2}$$

式中:α 为热膨胀系数;β 为光纤材料的相对热光系数。

表 8-4 中总结了典型石英光纤和聚合物光纤的有关温度特性参数。在表 8-3 和表 8-4 中,可以容易地比较聚合物光纤和石英光纤的温度传感特性。很清楚,聚合物光纤的热膨胀系数和热光系数都大于石英光纤。

表 8-4 典型石英光纤和聚合物光纤与传感相关的温度系数

特性	石英光纤	聚合物光纤
热光系数(10^{-5}/℃)	约 1	约 −10
热膨胀系数(10^{-5}/℃)	约 0.05	5

最近有人提出了采用单模聚合物光纤光栅-石英光纤光栅对的简单方案来解决应力、温度交叉敏感的问题。此光纤传感器方案如图 8-23 所示。他们使用了单模聚合物和石英光纤光栅对,同时检测应变和温度。测量结果如图 8-24 所示。在测试过程中,聚合物光纤光栅先被拉伸(加载),然后逐步地释放(减载)。很明显,布拉格波长和所加的应变之间有一个良好的线性关系。这里加载曲线与减载曲线很吻合,表明聚合物光纤光栅没有明显出现不可逆的响应。不过测试只是在短时期内完成的,最大的负载也只有 3 750 $\mu\varepsilon$,对应于 10 nm 的布拉格波长变化。因此这里所报道的应变响应结果也只适用于短时间的和中等负载的情况。长时间、大负载、大应变下的聚合物光纤光栅的响应仍然有待进一步研究。

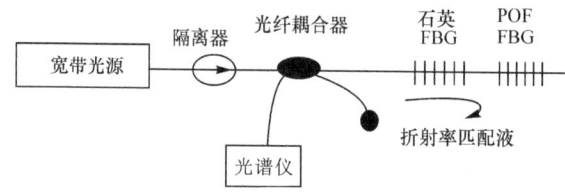

图 8-23 采用聚合物-石英光栅对的测量实验装置图

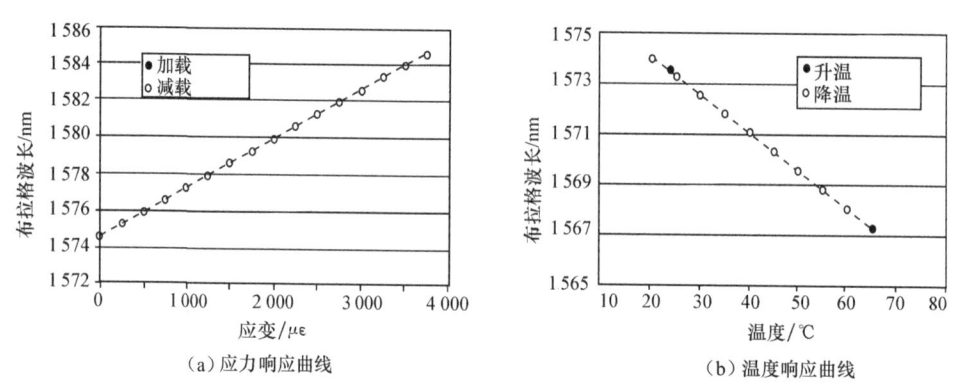

图 8-24 聚合物光纤的响应曲线

在 1 523 nm 的波长处,聚合物光纤光栅的应变响应可以确定为如下形式

$$\lambda_B = 1 522.9(1+0.974\varepsilon) \tag{8-3}$$

聚合物光纤光栅的应变灵敏度为 1.48 pm/$\mu\varepsilon$,约为石英光纤光栅的应变灵敏度 1.3 倍,石英光纤光栅的灵敏度约为 1.2 pm/$\mu\varepsilon$。聚合物光纤光栅的温度响应测试结果如图 8-24(b) 所示。

测试是在无外应力条件下进行的。聚合物光纤光栅的布拉格波长和温度之间呈良好的线性关系。升温和冷却曲线基本重合表明没有迟滞现象。结果证实,聚合物光纤光栅具有完全不同于石英光纤光栅的温度响应。随温度升高,聚合物光纤光栅的布拉格波长减小,与石英光纤光栅的布拉格波长增大刚好相反。在对一个布拉格波长为 1 541 nm 的聚合物光纤光栅进行测试之后,其温度响应可以表达为如下形式

$$\lambda_B = 1541(1-9.44\times10^{-5}T) \tag{8-4}$$

这样,在 1 541 nm 处聚合物光纤光栅的温度灵敏度为 146 pm/℃。这确认了聚合物光纤光栅的热力学灵敏度比石英光纤光栅的要高约 10 倍。已报道的石英光纤光栅的温度灵敏度是 13.7 pm/℃。此石英光纤光栅和聚合物光纤光栅的组合方案的特点,正是利用聚合物光纤光栅与石英光纤光栅之间的应变和温度灵敏度的显著差别。这一石英光纤光栅和聚合物光纤光栅的组合,由于截然不同的材料特性,转移矩阵的行列之间差异很大,从而温度和应力就可以同时准确地测定。

8.3 小　　结

虽然聚合物光纤研究和发展主要是围绕它在光纤通信领域的应用,但是聚合物光纤在其他工业应用领域如光纤传感、光纤照明等许多方面的潜力很大,将有重要的发展。光纤传感是一个重要的现代科技领域,其应用范围十分广泛。目前光纤传感器方面的工作绝大多数是基于石英光纤。无疑地,由于石英光纤本身有诸多优良特性,加之成熟的光纤器件和系统技术,使它们在光纤传感器的研究及应用方面发展迅速。

然而,聚合物光纤有很多显著的特性,如柔软、易弯曲、不易折断、抗振动、抗冲击、耐酸碱、使用安全等,使它们适用于各种工业环境下的光纤传感器应用。此外,聚合物、有机材料种类丰富,可供选择的材料多、灵活性大、且有机聚合和材料合成的技术成熟,聚合物光纤材料的机械特性、光学特性、化学特性,甚至生物特性均有可能进行改造和设计。这样,针对各种传感器应用,可以通过聚合物性能和功能的设计,有目的地研制特种聚合物光纤。正由于有许多独特之处,聚合物光纤在光纤传感方面有十分广阔的发展空间与应用前景。

聚合物光纤传感器的研究、发展和商用化已有相当长的历史。目前已研发有各种聚合物光纤传感器,应用在包括辐射检测、生物医学传感和化学传感、结构安全监测等许多方面。这些传感器主要使用多模聚合物光纤,包括普通通信用聚合物光纤以及激光染料掺杂的聚合物光纤、闪烁聚合物光纤、光电聚合物光纤、荧光聚合物光纤等具有特殊功能的聚合物光纤。在这些应用中,聚合物光纤通过纤芯掺杂、包层处理或涂覆特殊材料,从而获得在光子学、材料科学、化学、生物医学、光谱学、工程建筑等学科中特别的传感与检测功能。这些多模聚合物光纤传感器基本都是强度型的,比较适合于简单的和低成本的应用。

单模聚合物光纤在干涉型光纤传感器和光纤光栅传感器中有很大的应用潜力。这方面的研究和发展才刚刚开始,因而有很大的发展空间。聚合物光纤材料的特殊性能为利用单模聚合物光纤制作干涉型传感器和光纤光栅传感器提供了现实性。在许多与压力或应力有关的应用中,系统灵敏度主要取决于它的机械特性参数——弹性模量。用聚合物光纤或光栅制作的应力型传感器,包括声传感器、水听器和振动传感器等,可有更高的灵敏度。单模聚合物光纤和聚合物光纤光栅的研制在近几年有良好的发展。因此,单模聚合物光纤应用于传感器的研究开发已具有一定基础,可望有进一步的发展和开拓。

习题与思考

8.1 光子晶体光纤 PCF 与常规光纤的导光原理的区别主要在何处?

8.2 什么是二维光子晶体?什么是光子带隙?它们是如何引入光子晶体光纤的特殊性能的?

8.3 试扼要阐述光子晶体光纤的类型及其特点,并比较它们各自与相似类型常规通信光纤的区别。

8.4 光子晶体光纤用于传感的最大优势何在?试举例比较说明 PCF 传感器与常规光纤传感器的优缺点。

8.5 聚合物光纤也称为塑料光纤,其最大的特点来源于其制作材料的多样性。请举例说明聚合物光纤的材料特色,以及其传感应用的优势。

8.6 比较聚合物光纤与常规光纤类型、结构和传输特性的差别。

8.7 多模和单模聚合物光纤在光纤传感领域有着各自独到的应用。学习本章之后,试阐释你对聚合物光纤研究发展方向的看法。

第9章 纳米光纤与传感器

9.1 纳米光纤

纳米(nano)又称毫微米,如同厘米、分米和米一样,是长度单位的一种。1 nm＝10^{-9} m,也就是十亿分之一米。例如:头发丝的直径为60 000～70 000 nm;而1 nm直径的球体与乒乓球的比例相当于乒乓球与地球的比例。nano通常意指物体的尺寸为纳米或者数十纳米量级,如纳米颗粒、纳米技术。

在维基百科上,通常所说的纳米光纤被定义为亚波长直径光纤(subwavelength-diameter optical fiber,SDF或SDOF),即光纤的直径小于其所传输的光波长。SDOF的特征表现为光纤内、外部的电磁场都非常强,当光纤直径约为光源波长的一半时,横截面上所集中的光功率最大。因此,术语——亚波长定义这类物体非常恰当。

目前,直径小到纳米尺度的光纤还没有一个统一的称谓,不同的研究人员倾向于根据其不同特性来定义此类光纤。于是,出现各式各样的称谓,包括:亚波长波导、亚波长光纤、亚波长直径石英纤维、亚波长直径光纤锥、光子线波导、光子线、光子纳米线、光学纳米线、光纤纳米线、锥形光纤、光纤锥、亚微米直径石英光纤、超细光纤、光学纳米纤维、光微纤维和亚微米光纤波导。波导这个概念既可以用于光纤,也可以用于其他导波结构,如硅光子亚波长波导。由于大多数实验所采用的光源波长在0.8～1.6 μm,这里亚微米通常对应于亚波长;但是如果选用其他波长,则有可能不成立。本书中沿用光纤行业的常用称谓——纳米光纤。图9-1是摆放在直径约60 μm头发丝上的一根纳米光纤。

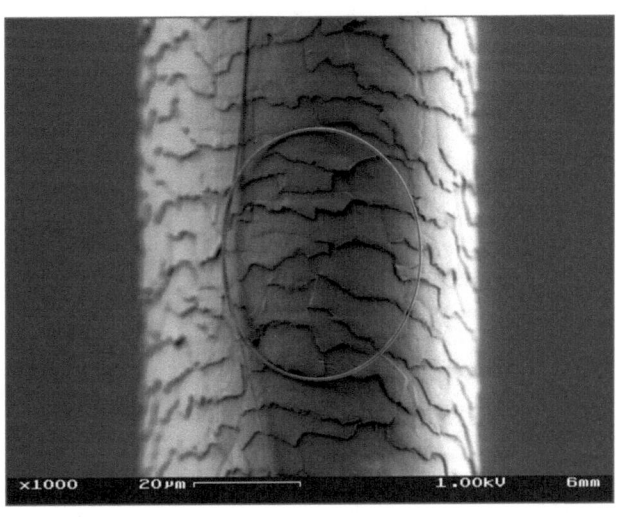

图 9-1 摆放在头发丝上的纳米光纤

9.1.1 纳米光纤的典型特征——极高的倏逝场能量

纳米光纤由几个部分构成：两端部分——很长很粗的一段（与传统光纤尺寸相同）、过渡区——光纤直径逐渐缩小直至亚波长量级的锥形区域和一段直径在亚波长量级的束腰——也是纳米光纤的主要工作区域。纳米光纤的核心特征在于其腰区大部分的光沿光纤外部传输。对该现象的严格求解应遵循圆形截面波导的麦克斯韦方程[4]，也可以简单地解释为：光被发生在波导与其周围介质分界面上的全反射(total internal reflection，TIR)束缚在波导中传输。当全反射发生时，光强度在两种介质的界面上并不是立刻衰减为零，而是进入相邻介质(波导外的光场被称作倏逝场)，并指数衰减(消失)。全反射光的穿透深度与具体波导结构相关，通常大于或者等于波长量级。

纳米光纤的直径小于或者等于工作波长。由于纳米光纤也是一类波导，所以其中的光传输可以运用类似于全反射的物理解释，即纳米光纤所传导的光穿透进入光纤周围介质(空气或真空)中，深度大于或者等于一个波长。然而，对于传统波导而言，这样的深度与波导尺寸相比非常小，因此在波导之外传输的能量几乎可以忽略；但是对于纳米光纤，倏逝场所占体积比纳米光纤本身尺寸还大。因此，纳米光纤的倏逝场包含了整个光纤所传输光能的绝大部分。图 9-2 是光纤中传输的基模能量(poynting 矢量)分布与光纤芯径大小、工作波长的关系图。图 9-2(a)描绘了随着光纤直径从 800 nm 减小至 200 nm，光纤内部所传输的光能的绝大部分转移到光纤外部传输(从 95% 下降至 10%)；而从图 9-2(b)可以看到：随着工作波长增加(633 nm 和 1 550 nm)，相同直径的光纤内部传输光功率比例减小。

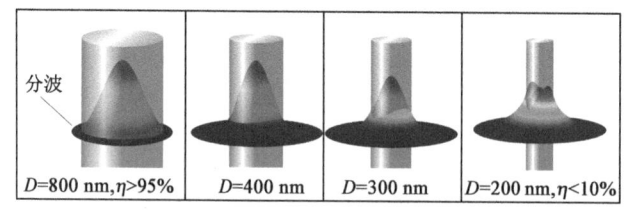

(a) 不同光纤直径对应的基模能量传输状态

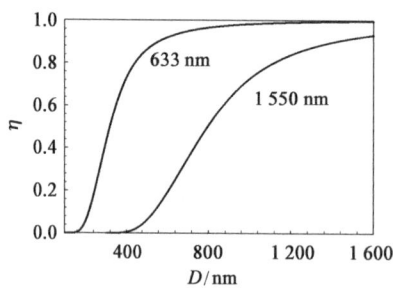

(b) 不同波长对应的光纤直径 D 与光纤内传输基模能量比例 η 的关系

图 9-2 光纤直径与光纤内传输能量的关系

9.1.2 纳米光纤的制造与操作

1. 制造方法

通常采用对普通光纤进行拉锥的方法制造纳米光纤，这需要特殊的拉锥设备来实现。

传统的光纤结构包括纤芯、包层和涂覆层。在对光纤进行拉锥之前,需要首先去除其涂覆层(剥除光纤涂覆层);然后将裸光纤的两端固定在拉锥机的可控移动平台上,用火焰或者强激光束对悬于两个平台之间的光纤中间部分进行加热,同时控制两个平台以一定速率向相反的方向移动;玻璃熔化时光纤被逐渐拉长,同时其直径缩小;火焰或者激光束通常也往复移动以保证获得足够长、直径均匀的腰区。采用上述熔融拉锥的方法,可获得的腰区长度为 1～10 mm,最小直径为 100 nm 的纳米光纤,工艺过程如图 9-3 所示。

(a) 固定于两平台之间,中间加热的光纤　　(b) 被火焰熔融拉细形成纳米光纤

图 9-3　熔融拉锥法工艺过程

聚合物纳米光纤与半导体纳米线和石英纳米光纤相比,具有优秀的机械性能,尤其是弹性和柔韧性非常好,有利于组装超紧凑、结构复杂的器件和功能模块。常用的聚合物纳米光纤材料中,聚对苯二甲酸丙二醇酯(polytrimethylene terephthalate,PTT)具有优良的弹性(弹性恢复率大于 90%)、柔韧性、较高的机械强度和较低的晶体模量(2.59 GPa)。从可见到近红外波段,非晶态 PTT 薄膜的透过率约为 90%;且折射率较大(1.638@532 nm),可以提供良好的光导效果。因此,不但 PTT 是未来的微纳光纤材料,PTT 纤维也是构筑超紧凑光子学器件的最佳选择之一。

针对聚合物纳米光纤材料的特殊性,有研究人员提出了一种简单、快速、低成本的制作方法"一步拉制法",图 9-4 所示为利用一步拉制技术制作聚对苯二甲酸丙二醇酯(PTT)纳米光纤的工艺过程示意图。

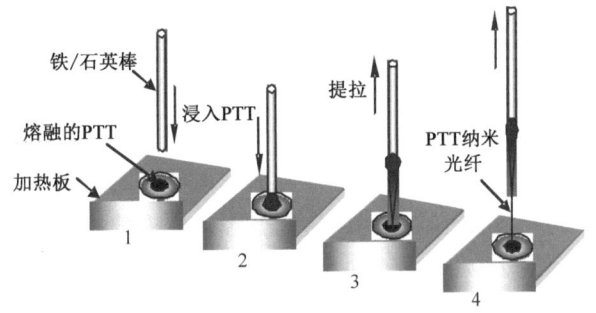

图 9-4　聚合物纳米光纤的一步拉制法

首先,用一块加热板来熔化 PTT 颗粒材料,拉制过程中加热板表面的温度恒定在 250±10 ℃;接着将一条直径大约为 125 μm 的 SiO_2 或铁棒的末端靠近并且浸入熔融的 PTT 中;然后,SiO_2 或铁棒以 0.1～1 m/s 的速度垂直上提,在熔融态 PTT 和棒的末端之间形成延伸的 PTT 纤维;最后,延伸的 PTT 纤维在空气中迅速淬火,形成一条空气包裹的非晶态 PTT 纳米光纤。采用这种方法得到的纳米光纤的直径最小为 60 nm,长度可达 50 cm。

2. 纳米光纤的操作

由于直径太细,纳米光纤也非常易断。因此,通常总是在拉锥后,立刻将纳米光纤永久性地固定在一个特制的框架上。

另一个问题是灰尘颗粒,灰尘颗粒会吸附在纳米光纤表面。当非常强的激光功率注入光纤时,灰尘颗粒在倏逝场中形成散射、升温并可能由于积热进而损坏腰区。为了防止发生此类损坏,需要在通风柜或者真空室等无尘环境中拉制纳米光纤。

9.2 纳米光纤中的光传输

由于纳米光纤大部分光能量在光纤表面的倏逝场——空气或者真空中传输,因此纳米光纤具有传输损耗低、能够保持光波良好的相干性和波导色散大等特点,除了可以制造光器件外,非常适合于光学传感应用。

9.2.1 传输方程与精确解

纳米光纤中的光传输遵循不同于普通光纤的传输方程。在传统光纤中,为了简化计算可以用通用非线性薛定谔方程(generalized nonlinear Schrödinger equation,GNLSE)来近似求解麦克斯韦方程。而 GNLSE 的关键假设条件是电场的 z 分量与其横向分量相比非常小(即弱导近似)。在此条件下,对电场的横向分量和纵向分量可以独立进行分析。其中,弱导区域是对大芯径光纤(纤芯尺寸远大于光波长)和纤芯-包层折射率差很小的光纤内情况的非常好的近似。然而,新近制造出的纤芯为亚波长级尺寸(亦称为:光子纳米线)的新波导,不但包层结构复杂、纤芯为亚波长级、实心,同时纤芯-包层的折射率差很大,完全不满足弱导条件。这类波导属于光子晶体光纤(PCF)中的特殊类型。例如挤压成型的 PCF,超小孔隙的 Kagome 空心 PCF,以及 TF,即空气或真空包裹的亚微米直径石英棒。上述结构的共同特性是:在强波导区域不能忽略电场的纵向分量。

近期人们已经开始清楚地认识到这类器件在光动力学领域的重要性。近期的研究证明:利用标量理论计算纳米光纤的非线性系数,其振幅的计算结果仅约为真实值的一半,而利用完整的矢量理论则可以得到准确的结果。最新的超小芯径、高非线性亚碲酸盐材料 PCF 的实验结果也印证了这一结论。

为了进一步深入理解纳米光纤,有人提出了基于慢变包络近似(slowly-varying envelope approximation,SVEA)的亚波长纤芯结构的演化方程。在推导过程中,同时考虑三个条件:①电磁场的矢量特性(包括偏振态和 z 分量);②脉冲光谱中非线性引起的强烈色散(即有效模场面积的变化是频率的函数);③矢量模式剖面随频率整体变化。

$$i\partial_z Q_m + D_m(i\partial_t)Q_m + k_0 \sum_{kld}\sum_{jhpv} \Gamma_{mkld}^{jhpv}[G^j(t) \otimes \Phi_{kld}^{hpv}(t)] = 0$$

式中:$k_0 \equiv \omega_0/c$ 为真空中的波数;$D_m(i\partial_t) = \beta_m(\omega_0 + i\partial_t) - \beta_m(\omega_0)$ 为包含参考频率附近所有影响光纤群速度色散的因素的色散因子;$G^j(\Delta\omega) \equiv \left(1 + \frac{\Delta\omega}{\omega_0}\right)\left(\frac{\Delta\omega}{\omega_0}\right)^j$ 为包含冲击项动力学的函数;$\Phi_{kld}^{hpv}(t) \equiv \frac{[(i\partial_t)^h Q_k(t)]\{R(t) \otimes [(i\partial_t)^p Q_l(t)][(-i\partial_t)^v Q_d^*(t)]\}}{\omega_0^{h+p+v}}$ 为非线性场。

该方程基于最少的假设条件,最终得到了用以往公式所无法获得的高质量的计算结果。尤其是该方法分析并计算证明了由上述第③项能够得到新的非线性项,这些非线性项同样间接影响对拉曼自频率调制(Raman self-frequency shift,RSFS)动力学中的修正,主要是抑制作用。因此,尽管纳米光纤中电场的矢量特性似乎可能导致非线性系数增大,而计算结果却显示这一作用实际上被其他项和效应(尤其是抑制增大的)所抵消。同时该结论与纳米光纤方面早期的工作并不抵触。

图 9-5 是采用上述公式仿真得到的纳米光纤横截面上光场分布的结果。分析发现,随着光纤直径的减小,总光场逐渐被从光纤芯挤到低折射率介质中;而且,在图 9-5(c,d)中纵向分量的振幅大于横向分量的 30%。

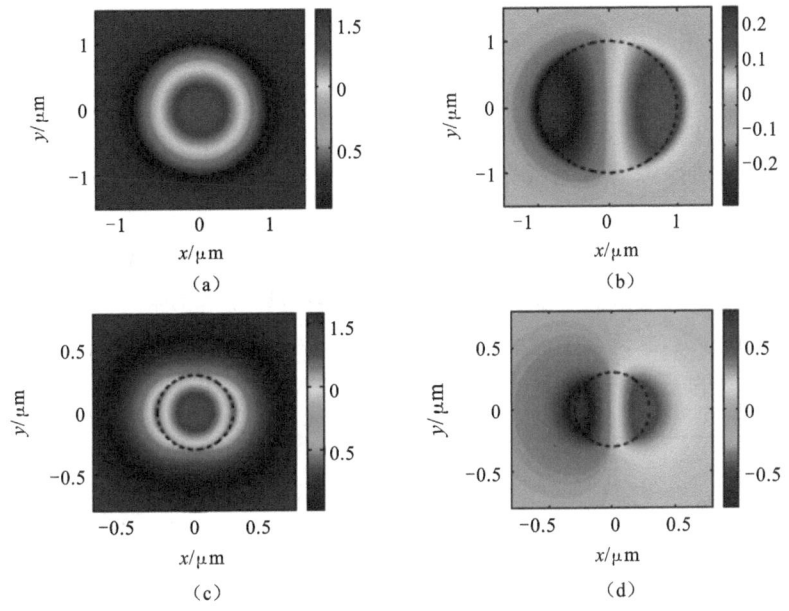

图 9-5 纳米光纤横截面上光场分布

注:(a,b) 空气中直径 $d=2~\mu m$,(c,d) 直径 $d=0.6~\mu m$ 的石英棒中电场的横向和纵向分量入射光波长 $\lambda=1~\mu m$,黑色的虚线为石英芯的直径。

9.2.2 传输损耗

纳米光纤的直径在百纳米量级,因此其表面粗糙度、直径均匀度、材料的吸收和光纤的弯曲是引起纳米光纤传输损耗的主要因素。

通常,对于直径 D 约等于三分之一光波长的纳米光纤($D \approx 400 \sim 500~nm$),其表面粗糙度小于 0.3 nm,直径的均匀度可以达到 10^{-6} 量级,由此引入的光传输损耗值小于 0.1 dB/mm。

弯曲损耗由于纳米光纤直径非常小,几乎可以从 0~180°任意弯曲,因此非常方便制作各种微型光纤器件,如图 9-6 所示。而由于弯曲所引入的能量损耗与弯曲半径相关。图 9-7(a)是不同光纤直径对应的光损耗和图 9-7(b)弯曲半径与光损耗的关系曲线。从图 9-6 可以看出纳米光纤

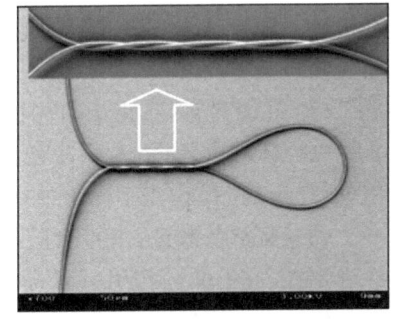

图 9-6 可任意弯曲的纳米光纤

的损耗与光纤直径呈反比；此外，其弯曲损耗与直径也是反比关系，这一特性与传统光纤相同。

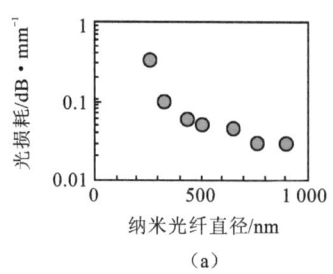
(a)

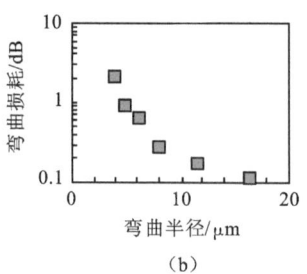
(b)

图 9-7　光损耗与(a)纳米光纤直径和(b)弯曲半径的关系曲线

9.2.3　纳米光纤的色散与超连续谱

由于直径非常小，纳米光纤可以在相对较低的脉冲能量下产生较强的非线性效应，并能提供足够的色散特性，以在超低的域值能量下产生超连续谱(supercontinuum, SC)。这一技术已经成为当前商用超连续谱白光激光器的主要技术，可实现 400～2 400 nm 光谱范围。总功率达十瓦级的激光输出。

纳米光纤是将普通光纤在高温下拉制而成。与普通光纤相比，当光从未拉锥区域注入拉锥区域过程中，光场经过自适应调节成为被玻璃-空气界面引导而不再是纤芯-包层界面引导，非线性效率提高几个数量级，并调整了光纤色散曲线——将零色散波长移动到可见光区，进而产生了宽带 SC 谱。图 9-8 为石英纳米光纤在不同色散区域的谱宽(a)和脉宽(b)随距离的变化关系图。

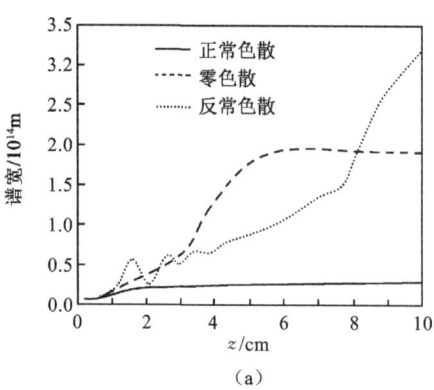
(a)

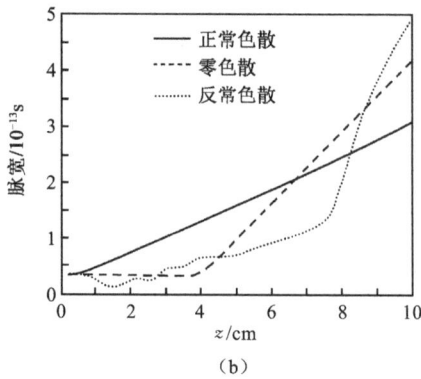
(b)

图 9-8　石英纳米光纤在不同色散区域的谱宽(a)和脉宽(b)随距离的变化

研究发现光纤的直径和材料等参数对色散有着重要的影响，并进而影响所产生 SC 谱的平坦性。随着纳米光纤直径的增大，其色散趋于平坦——两个零色散点先是向长波方向移动，然后向短波方向移动。

(1) 正常色散区，由于自相位调制和群速度色散的作用，可以产生平坦的 SC 谱；

(2) 零色散区，由于脉冲光谱一半在正常色散区，一半在反常色散区，三阶色散起主要作用，所产生的 SC 谱是不平坦的；

(3) 反常色散区，由于自陡峭效应、内脉冲拉曼散射、三阶或三阶以上的色散破坏了孤子的稳定性，它们共同作用引起高阶孤子分裂，所产生的 SC 谱也是不平坦的，且有很多新的频率尖峰。

9.3 纳米光纤的典型应用

纳米光纤探针作为纳米尺度光源或收集器,具有光学检测的快速、无损、微量等特点,能对纳米尺度的样品进行高分辨率研究。目前主要应用于近场光学显微镜和纳米光纤生物传感器中,作为近场扫描光学显微镜(scanning near-field optical microscope,SNOM)的关键元件。探针的直径和圆锥角决定了 SNOM 的分辨率和灵敏度。在纳米光纤生物传感器中,探针除了作为纳米光源或收集器外,还作为固定分子识别元件的载体。

纳米光纤的主要应用包括构造光子学器件。但制作亚波长直径的低损耗光纤仍然是一项严峻的挑战。主要是对光纤表面的粗糙度和光纤直径的一致性的要求非常严格。由近场光学理论可知,物体表面近场可以分为两个部分:一是可以向外部传播的部分,即形成传播场;二是被限制在样品表面外侧快速衰减的部分,即形成非辐射场,又称为倏逝波,倏逝波与光纤的结构和尺寸有密切的关系。

在光波的传播过程中传播场和倏逝波是共存的,但二者的比例取决于光纤的亚波长结构特征。所以对于小尺寸的光纤而言,其近场辐射是以倏逝波为主,这一特点非常适合用于光纤传感。基于倏逝波场激发的光纤传感器是目前研究和应用较广的一种传感器系统,并已应用于医学病原体、食物毒性、地下水污染、生化武器和环境样品等的快速检测,具有广阔的应用潜力和发展前景。在此类传感器中,光纤敏感单元的尺寸和倏逝波在传导模中所占的比例决定传感器的性能(如灵敏度和响应速度等)。传感光纤尺寸越小,倏逝波所占的比例越大,就可能提高传感器的灵敏度;同时,尺寸越小,响应速度越快,且对被测样品的需要量越小。

9.3.1 纳米光纤传感器

纳米光纤传感器和普通光纤传感器一样,也可以根据被调制的光学参量来分类为:强度调制型、相位调制型和光谱调制型。

1. 强度调制型纳米光纤传感器

由于直径小至纳米量级的低损耗光纤中有很大一部分光能量是在光纤芯之外,以倏逝波的形式传输。这一特性为高灵敏度的光学传感提供了新的机遇,尤其是在环境监测、公共卫生、化学和生物分析,包括 DNA、RNA、蛋白质、病毒和其他分子。研发人员提出了多种基于微粒子或原子的光散射特性的纳米光纤传感器结构,这些纳米光纤传感器和普通光纤倏逝波传感器一样,都属于强度调制型传感器。

作为化学、生物系统中光与物质最重要的相互作用之一的纳米粒子散射,是调制纳米光纤传输损耗的主要因素。有学者利用基于球形微粒的 Rayleigh-Gans 散射理论和纳米光纤的倏逝波传导特性,对水溶液中的纳米光纤周围的纳米颗粒的散射特征进行研究。图 9-9 是纳米光纤附近纳米粒子散射的基本模型。

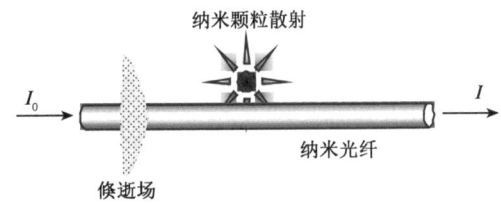

图 9-9 纳米光纤附近纳米粒子散射的基本模型

研究结果显示:基于纳米粒子散射引起的纳米光纤的传输损耗与纳米光纤的直径、光纤与周围环境的折射率、纳米颗粒的直径和数量都有关系。图 9-10 给出了计算得到的(a)单个颗

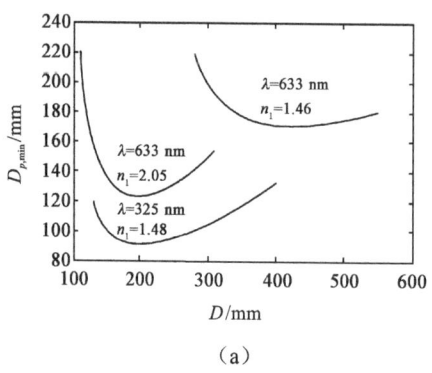
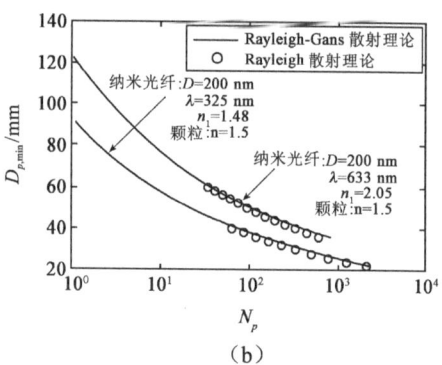

图 9-10 单个颗粒(a)和多个颗粒(b)的检测灵敏度
圆圈代表基于 Rayleigh 散射理论模型的计算结果

粒的最小可检测尺寸和(b)多个颗粒的最小可探测尺寸和数量,即检测灵敏度。图中,颗粒的折射率 n 和纳米光纤的直径 D 分别是 1.5 和 200 nm。实验结果证明纳米光纤制造微小、高灵敏度光学传感器的可行性。

2. 相位调制型纳米光纤传感器

相位调制型纳米光纤传感器主要用于检测光纤本身或者光纤周围环境的折射率的变化,利用纳米光纤接触即发生耦合的特性,可方便地构成 Mach-Zehnder 干涉仪、环形腔谐振腔等结构(如图 9-11 所示),其检测灵敏度比类似的平面波导传感器要高 1 个量级以上。

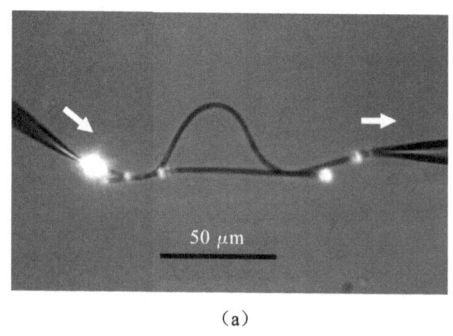
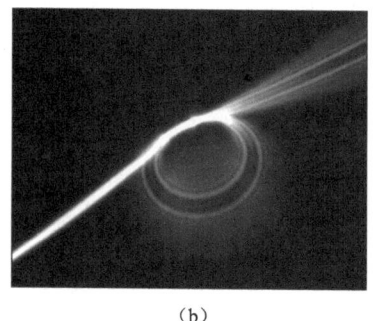

图 9-11 纳米光纤结构的(a)M-Z 干涉仪和(b)环形谐振腔

图 9-11(a)是在 MgF_2 基底上用两根 480 nm 直径的亚碲酸盐光纤构建的 M-Z 干涉仪,用于溶液折射率的测量。图 9-11(b)一个纳米光纤制作的环形谐振腔,通过检测共振峰的波长变化来检测光纤周围环境的折射率、腔长等的变化。当光纤直径小于 5 μm 时,环形器的直径可以小于 100 μm,是名副其实的微型传感器。

为了使传感器牢固、不易损坏,通常会将纳米光纤结构固定在基底或者固定在支撑架上。图 9-12(a)即为由金属棒支撑的纳米光纤环谐振腔结构。光纤直径为 2.1 μm,微环的直径为 460 μm,图 9-12(b)是该谐振腔的输出光谱曲线。该纳米光纤环形器的实验结果表明,其可分辨的最小折射率变化量优于 1×10^{-4}。

亚利桑那大学的研究者用 700 nm 直径的光纤 3 cm,工作波长 1 500 nm,实现液体折射率测量灵敏度为 5×10^{-4}。墨西哥的研究人员在直径 650 nm 的光纤 2 mm 长度上镀 4 nm 厚的 Pd 膜,实现快速氢气测量,响应时间为 10 s,比普通的光学传感器快 3~5 倍。

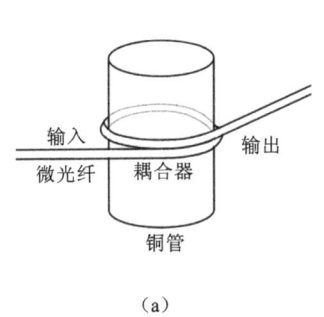 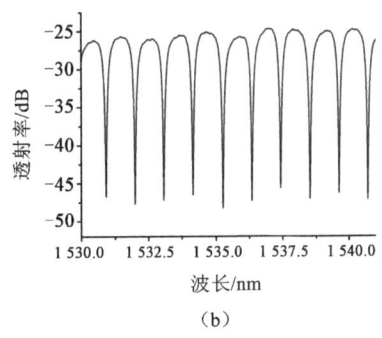

图 9-12　金属棒支撑的纳米光纤环形腔(a)及其输出谱线(b)

9.3.2　非线性光学器件

纳米光纤除了用于微光子器件和传感之外,在非线性光学、产生超连续辐射以及原子捕获与导引等方面也有许多研究报道,尤其是对纳米光纤的非线性光学相互作用进行了深入的研究。由于对模式束缚紧和非常强的波导色散,纳米锥和光纤在很低的阈值和很短的相互作用长度上即出现非线性光学特性。

9.3.3　纳米光纤耦合器

研究人员用拉锥法制造的纳米光纤制作了一系列的微纳光子器件。由于尺寸小、光损耗低、利用倏逝波传输和柔韧性好,这些微纳光子器件具有很多优于传统光纤器件的优势。图 9-13 是一个通过将塑性弯曲的石英纳米光纤移植到石英凝胶上制作而成的微米尺寸的光波导。首先,将直径 530 nm 的石英光纤在蓝宝石基片上弯成 8 μm 半径的弧度、退火,然后移植到石英凝胶上(图 9-13(a))。凝胶支撑的塑性弯曲纳米光纤波导表现出良好的光传导性能(图 9-13(b)),验证了此类器件在尺寸紧凑性、耦合损耗、结构简单性和制造难易性等方面都优于其他类型的弯曲光波导,如光子晶体结构。

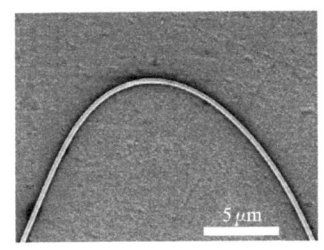 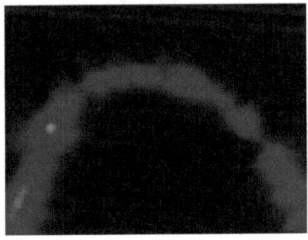 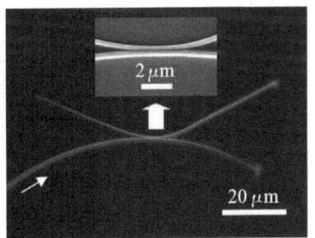

(a)石英凝胶上的弯曲波导　　(b)弯曲波导传输 633 nm 红光　　(c)纳米光纤耦合器

图 9-13　纳米光纤弯曲波导

弯曲波导可用于制作光耦合器。图 9-13(c)是由两根直径分别为 350 nm 和 450 nm 的亚碲酸盐玻璃纳米光纤组装的 X 形耦合器。当波长为 633 nm 的光由左下臂入射时,耦合器将光束一分为二,形成一个几乎没有附加损耗的 3 dB 耦合器。其中,交叠耦合区长度不足 5 μm,比普通光纤熔锥型耦合器要小得多。

纳米光纤耦合器的耦合效率分析可以从构成耦合的两环形光纤的直径、弯曲半径及其间距三个参数进行。图 9-14(a)是两弯曲光纤耦合的物理模型示意图。其中 D 为光纤的直径，R 为光纤的弯曲半径，d 为两弯曲光纤的间距。应用有限时域差分法（finite different time domain，FDTD），对两光纤之间的耦合效率定量计算得到发生耦合时，两光纤的折射率、振幅和光强分布，如图 9-14(b)所示。

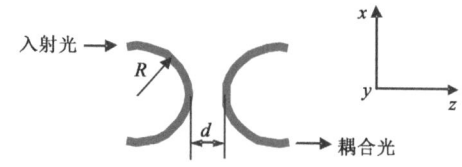

（a）两根弯曲光纤耦合的物理模型

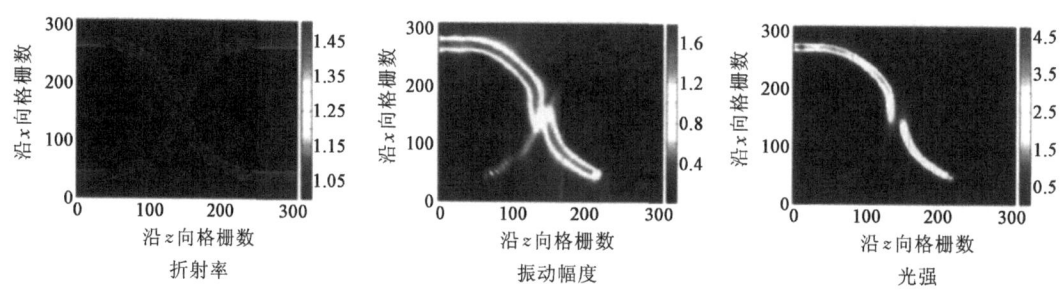

（b）两根耦合纳米光纤的折射率、振幅与光强度照片

图 9-14　两根纳米光纤之间的光耦合

由图 9-14(b)可以发现：

(1) 入射光纤表面附近可以清晰地看到有倏逝波产生；

(2) 光能量经过半圆形的光纤损失比较大，特别是在直通臂与半圆形光纤的连接处，这主要是由光纤的弯曲损耗所造成；

(3) 当入射光纤和耦合光纤接触时（即 $d=0$），有较多的光能量耦合进入接收光纤；随着两弯曲光纤距离的增加，耦合效率表现为线性下降的趋势；

(4) 由于光能量是从入射光纤（左直光纤）进入弯曲部分，再传输到下直光纤，此时很明显地看出耦合光纤下部分轮廓（即此处的光强要高于周围介质光强），而上部分则没有明显的耦合。

研究结果显示，当光纤直径达亚微米尺度后，相当一部分光能量在光纤外围一定范围内以倏逝波形式传输；两纳米光纤只需接触而不需要对准即有光能耦合。当然，也存在光能泄漏。而且随两光纤弯曲半径的增大，在一定半径范围内耦合效率基本保持不变，直到弯曲半径增大至某一特定值，耦合效率将急剧下降；而随两光纤直径的增大，耦合效率出现先增后降，最后基本保持不变的趋势。

9.3.4　原子捕获与导向

1. 纳米探针

纳米光纤探针由石英光纤制成纳米针尖，针尖表面镀上金属薄膜，端部留有通光孔径。纳米光纤探针目前多采用熔拉法或化学腐蚀法制备，针尖镀膜一般采用真空镀膜法。蒸发源以一定倾斜角对旋转的针尖进行镀膜，得到纳米通光孔径。采用化学镀膜法对纳米光纤针尖镀膜,是利用薄膜的应力形成通光孔径;在镀膜过程中加入超声波可以提高镀层的附着力和致密性。

"纳米探针"的针尖只有人类头发的千分之一粗,用它捅一个活细胞,会引起细胞短暂颤动。将纳米微传感器从细胞抽出,就能探测出导致癌症的 DNA 早期损坏的信号。用苯并芘(BaP)的代谢物培养的细胞,可模拟对致癌物的接触。BaP 是熟知的引起癌症的环境因子,经常在污染的城市大气中发现。在正常接触条件下,细胞接触 BaP 并同化(代谢)它,产生的代谢物与细胞的 DNA 反应,形成 DNA 生成物,能水解成 BPT——苯并芘的产物。

美国橡树岭国家实验室研制的这种纳米传感器中,纳米针尖是一条直径 50 nm 的镀银光纤,其中传输氦镉激光束(图 9-15)。光纤尖顶附有能辨认和黏结 BPT 的单克隆抗体。325 nm 激光激发光纤尖顶处的抗体 2BPT 复合物,使之发射荧光。新生荧光沿光纤传输到光探测器。镀在光纤壁上的银层防止激光激发光和抗体 2BPT 复合物发射的荧光逃离光纤。结合不同细胞制剂的抗体,纳米传感器即能用来监视蛋白质和其他粒子的存在。随着纳米技术的进步,目前已接近评估单个人类细胞健康状况的最终极限。

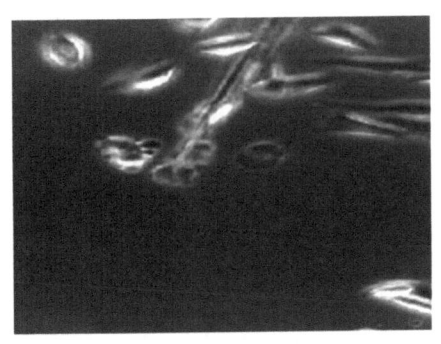

光束(深色)穿透活细胞探测癌症标识物质

图 9-15 纳米探针携带激光

2. 近场光学元件

MEMS 结构提供了一种利用渐逝波的方便途径。在光学领域,纳米孔径和暴露的平面波导常常用于产生渐逝波场。近场扫描光学显微镜就是由微机械加工出非常尖锐端点的悬臂梁和其上的纳米孔径组成。

1)原子力显微镜

原子力显微镜也由 IBM 公司开发,它探测表面,能够生成单个原子的表面状态图像。图 9-16 是原子力显微镜的外形及其探针的结构图。利用原子力显微镜,科学家们可以获得有关物质如何运动,和在原子及分子水平上相互作用的新知识。这意味着,他们现在能够把不同的分子彼此连接起来——这些分子在自然状态下本来永远也不可能相结合。其结果将是创造全新的物质,譬如一种比钢硬 100 倍而重量却只有其 1/6 的物质。

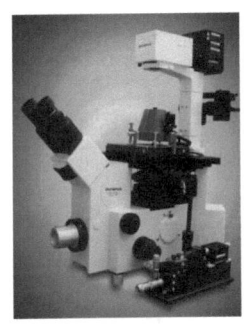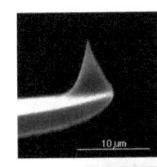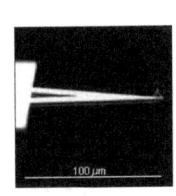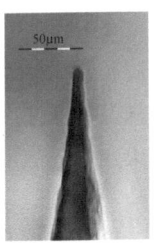
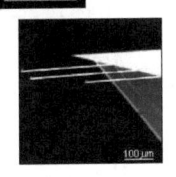

图 9-16 原子力显微镜及其探针结构

2) 光学镊子

强聚焦光可以操作数微米尺寸的微粒。尽管目前还没有基于 NEMS 技术的光学镊子，但是集成的 MEMS 光学镊子对于纳米技术将非常有用，可以用来操作微化学系统中的粒子甚至分子。"光学镊子"用来研究单个分子的运动，运用"纳米镊子"可以抓住和拉动分子（见图 9-17）。生物结构破天荒地在人类细胞水平上被修改。这对于人类健康和保健的意义是惊人的。

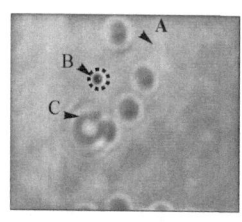
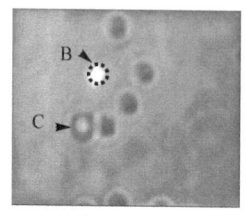
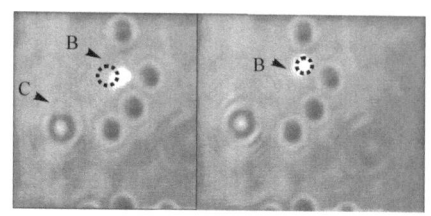

(a) A粒子粘在盖玻片上。B粒子将被捕捉。C粒子悬浮于水溶液

(b) B粒子被捕捉——图中光点为聚焦激光打到粒子的散射光

(c) 移动B粒子，C粒子正在做布朗运动

图 9-17 光学镊子移动单个粒子

3. 微机械加工的纳米级 SNOM 传感器

FIB 腐蚀是 3D 纳米制造技术中极具潜力的一种，样品上方的气体分子游离在样品上产生局部腐蚀或沉积。FIB 系统可用于 3D 微加工和 SNOM/AFM/STM 端面的制造。

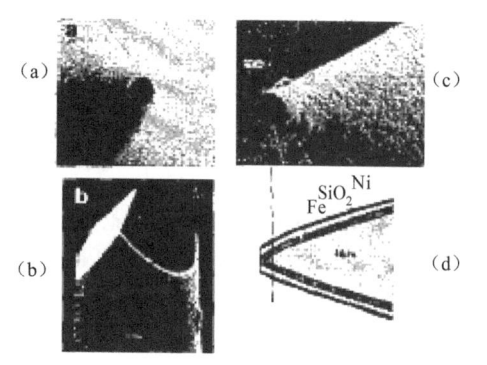

图 9-18 SNOM 针尖传感器

图 9-18 为采用 FIB 制造 SNOM 针尖的实例。采用 FIB 切割技术在光纤端面切割出一个与光纤轴垂直的平面（见图 9-18(a)），然后将此探针成像以检查是否有一个孔径（一个被金属环面包围的微小窗口，见图 9-18(b)）。如果没有看到孔径，则需要再次进行切割。该工序将反复进行直到获得满意的孔径尺寸为止。

扫描近场光学显微镜 SNOM 具有亚波长分辨率。这种显微镜使用一个孔阑限制的光学探针去探测样品附近的辐射。辐射的强度是样品表面光学性质的量度，与长度尺度有关。分辨率与光源的波长无关，而是由光探针口径和探针与样品之间的间隙大小决定的。将光探针以恒高模式在样品表面扫描，可以得到光的显微图像，其分辨率为 50nm 左右，即为光波长的十分之一。如果用电子反馈线路调节探针的高度来保持光强的恒定，则可得到样品表面的形貌。

9.4 纳米光纤传感的发展前景

在不远的将来，世界范围的纳米机电系统（nano electro mechanical system，NEMS）及其应用的市场将急速增加。NEMS 要远远小于 MEMS。例如，碳纳米管（纳米结构）可以用做 MEMS 中的纳米导线、传感器或其他装置。

敏感光纤尺寸越小,倏逝波所占的比例越大,就有可能使传感器的灵敏度越高、尺寸越小、响应越快,以及对被测样品用量越少。纳米光纤实现颗粒物的高灵敏传感检测将在环境监控、国家安全和生化研究等方面具有重要意义和广阔的应用前景。

习题与思考

9.1 什么是纳米光纤?纳米光纤的主要特性是什么?
9.2 请描述纳米传感器的特点及其与传统传感器的比较。
9.3 试简述光电纳米传感器的基本类型。
9.4 高性能纳米系统设计的主要内容是什么?
9.5 请描述纳米制造技术中与光电传感器相关的技术,并举例说明。
9.6 通过调研,试综述当前纳米光电传感器的新进展。
9.7 讨论并预测纳米传感器的发展趋势及可能的新应用领域。

参 考 文 献

[1] 廖延彪. 偏振光学[M]. 北京:科学出版社,2003.
[2] 廖延彪. 光纤光学[M]. 北京:清华大学出版社,2000.
[3] 马库塞. 介质光波导理论[M]. 刘弘度,译. 北京:人民邮电出版社,1982.
[4] 胡永明. 保偏光纤偏振器研究[M]. 北京:清华大学出版社,1999.
[5] GUANDERSON L C. Fiber optic sensor applications using Fabry-Perot interferometry [J] Proceeding of SPIE, 1990, 1267:194-204.
[6] 李川,张以谟,赵永贵,等. 光纤光栅:原理、技术与传感应用[M]. 北京:科学出版社,2005.
[7] 饶云江,王义平,朱涛. 光纤光栅原理及应用[M]. 北京:科学出版社,2006.
[8] HERVE C LEFEVRE. 光纤陀螺仪[M]. 北京:国防工业出版社,2004.
[9] 岳超瑜. 高细度光纤环行腔及其应用研究[D]. 北京:清华大学,1988.
[10] 王传林,阮双琛. 拉曼光纤放大器的原理及应用[J]. 深圳大学学报(理工版),2004(1):86-90.
[11] 孙圣和,王廷云,徐影. 光纤测量与传感技术[M]. 哈尔滨:哈尔滨工业大学出版社,2002.
[12] 靳伟,阮双琛,廖延彪,等. 光纤传感技术新进展[M]. 北京:科学出版社,2006.
[13] 苑立波,杨军. 光纤白光干涉原理与应用[M]. 北京:科学出版社,2016.
[14] 赵玉成,王琥,简水生. Mach-Zehnder光纤干涉仪零差检测方案[J]. 光通信技术,1994.18(3):188-191.
[15] DANDRIDGE A, TVETEN A B, GIALLORINZI T G. Homodyne demodulation schemes for fiber optic sensors using phase generated carrier[J]. IEEE Journal of quantum electron, 1982. QE18 (12): 1647-1653.
[16] DANDRIDGE A, TVETEN A B, KERSEY A D, et al. Multiplexing of interferometric Sensors using phase-generated carrier techniques [J]. Journal of lightwave technology, 1987. 5 (7):947-952.
[17] KOO K P, TVETEN A B, DANDRIDGC A. Passive stabilization scheme for fibre interferometers using (3×3) fibre directional couplers[J]. Applied physics letters, 1982, 41(3): 616-620.
[18] COLE A H, DANVER B A, BUCARO J A. Synthetic heterodyne interferometric modulation[J]. IEEE journal of quantum electronics, 1982, 18 (4):694-699.
[19] JACKSON D A, KERSEY A D, CORKE M, et al. Pseudoheterodyne detection scheme for optical interferometers[J]. Electronics letters, 1982, 18(25): 1081-1083.
[20] PU C, ZHU Z, LO Y H. A surface-micromachined optical self-homodyne polarimetric sensor for Noninvasive glucose monitoring [J]. IEEE photonics technology letters, 2000 12(2) 190-192.
[21] BUTTER C D, HOCKER G B. Fiber optic strain gauge[J]. Applied optics, 1978,17(18):2867-2869.
[22] OH K D, RANADE J, ARYA V, et al. Optical fiber Fabry-Perot interferometric sensor for magnetic field measurement[J]. IEEE photonics technology letters, 1997, 9(6) 797-799.
[23] KOVACS G. T A. Micromachined Transducers Sourcebook[M]. New York:McGraw-Hill, 1998.
[24] MEASURES R, A1AVIE A T. Maaskant Multiplexed Bragg grating laser sensors for civil engineering [C]. Proceedings of SPIE, 1993, 2071:21-29.
[25] RAO Y J, ZHU T, RAN Z L, et al. Novel long-period fiber gratings written by fiber long-period grating sensors[J]. Optics letters, 1996, 21 (9) 692-694.
[26] SCOTT R Q, USA M AND INABA H. Ultraweak emission imagery of mitosing soybeanst[J], Applied.

physics,1989,B48(2)183-185.
- [27] BONNER R, NOSSAL T. Model for laser Doppler rneasurements of blood How in tissue [J]. Applied optics,1981,20(12)2097-2107.
- [28] 周晓军,杜东.偏振模耦合分布式光纤传感器空间分辨率研究[J].物理学报,2005,4(5):2106-2109.
- [29] 耿军平,许家栋,韦高.基于布里渊散射的分布式光纤传感器的进展[J].测试技术学报,2004.16(2):87-91.
- [30] 耿文倩,耿军平,李焱,等.光时域背向拉曼散射分布式光纤传感器与光频域背向拉曼散射分布式光纤传感器对比研究[J].贵州工业大学学报(自然科学版),2002..31(5):49-53.
- [31] BHATIA V, MURPHY K A, CLAUS R O, et al. Recent developments in optical-fiber-based extrinsic Fabry-Perot interferometric strain sensing technology [J]. Smart material structure, 1995, 24(4): 246-251.
- [32] 陈伟民,朱勇,唐晓初,等.光纤法珀传感器串联复用的傅里叶变换解调方法初探[J].光学学报,2004.24(11):1481-1486.
- [33] BIRKS T A, ROBERTS P J, RUSSELL P S, et al. Full 2-D photonic bandgap in silica/air structures[J]. Electronics letters,1995,31(22):1941-1943.
- [34] BJARKLEV A, BROENG J. BJARKLEV A S. Photonic crystal fibers [M]. US: Kluwer Academic Publishers,2003.
- [35] SILVESTER P P, FERRARI R L. Finite elements for electrical engineers[M]. US: Cambridge university Press,1990.
- [36] HILL K O. A periodic distributed-parameter wavcguidcs for integrated optics [J]. Applied optics. 1974. 13(8):1853-1858.
- [37] ISHIGURE T. Thermaly stable GIPOFT[C] //Proceedings of POF Conference, Hawaii, 1997, 22-25: 142-143.
- [38] Introduction to k2k experiment[E/OL], http://neutrino.kek.jp/intro/k2k.html.
- [39] KHO B J. Tracking performance of the scintillating fiber detector in the K2K[J]. NucIEAR instrument A,2003,497:450-466.

附录 1 符 号 表

A_d	微弯振幅
Λ	(1) 光栅周期　(2) 孔直径
$\Delta\Lambda$	光纤本身在应力作用下的弹性变形
a	振幅衰减因子
α	(1) 热膨胀系数　(2) 弯曲损耗
B	磁感强度(磁通密度)
β	(1) 相对介质抗渗张量　(2) 传播常数　(3) 沿光子晶体纵向的波矢　(4) 光纤材料相对热光系数
C	弹性模量
C_1	第一辐射常数
C_2	第二辐射常数
c	真空中的光速
D	电感强度(点位移矢量/电通密度)
d	孔直径
E	(1) 电场强度　(2) 材料弹性模量　(3) 杨氏模量
E_F	费米能级
E_g	半导体禁带宽度
$E_0(\lambda, T)$	黑体发射的光谱辐射通量密度
ε	(1) 应变张量　(2) 介电函数
ξ	光纤光栅折射率温度系数
f	透明物质的弹光系数
FBG	光纤布拉格光栅
H	磁场强度
h	普朗克常数
I	光强度
I_s	声强
J	电流密度
k	(1) 玻尔兹曼常数　(2) 克尔常数
k'	微弯空间频率
k_{wg}	波导效应引起的布拉格波长漂移系数
K	(1) 距离系数　(2) 真空中的波数
ΔL	光纤纵向伸缩量
M	声强灵敏度
n	折射率

符号	含义
n_o	寻常光折射率
n_e	非常光折射率
n_{eff}	纤芯有效折射率
Δn_{eff}	光纤的弹光效应
P	(1) 径向应力 (2) 外压力 (3) 弹光系数
P_e	有效弹光系数
ρ	密度
Q	调制系数
R	(1) 反射光强度反射系数 (2) 半径
γ	插入损耗
γ_c	有效电光系数
S	轴向应力
T	绝对温度
τ	时延差
U	横向传播常数
$U_{\lambda/2}$	半波电压
μ	磁导率
V	(1) 光纤归一化频率 (2) 韦尔代常数
V_s	声波速度
ν	(1) 泊松比 (2) 光频率
ω	频率
η	耦合效率
z	离焦量
λ_B	布拉格中心波长
σ	应力
σ_π	半波应力
Ω	旋转角度
δ	电导率
φ	相位差
ϕ	磁通量
ψ	标量场分布
θ_c	全反射临界角
λ_g	光吸收边波长
$\Delta\lambda_B$	布拉格波长变化

附录2 缩写词汇表

AFM	atomic force microscope 原子力显微镜
APD	avalanche photo diode 雪崩光电二极管
APTH	active phase tracking homodyne 主动相位跟踪零差法
ARROW	antiresonant reflecting optical waveguide 抗谐振反射光波导
AWG	arrayed waveguide grating 阵列波导光栅
AWTH	active wavelength tuning homodyne 主动波长调谐零差法
BOTDA	Brillouin optical time domain analysis 布里渊光时域分析技术
BOFDA	Brillouin optical frequency domain analysis 布里渊光频域分析技术
BOTDR	Brillouin optical time domain reflectometry 布里渊光时域反射
BQ	beam quality 光束质量因子
CAD	computer aided design 计算及辅助设计
CCD	charge-coupled device 光电耦合元件
CCW	counter clock wise 逆时针
CMOS	complementary metal oxide semiconductor 互补金属氧化物半导体
CP	complementary pairs 补充配对
CVD	chemical vapor deposition 化学气相沉积
CW	clock wise 顺时针
CWDM	coarse wavelength division multiplexer 粗波分复器
DBF	digital beam forming 数字波数合成
DBR	distributed bragg reflector 分布布拉格反射器
DBW	distance to beam waist 腰斑距
DC	double cladding 双包层
DFB	distributed feedback Bragglaser 分布反馈布拉格光栅
DFRA	distributed fiber Raman amplifier 分布式拉曼放大器
DMD	digital micromirror device 数字微镜器件
DMMP	dimethyl methyl phosphonate 二甲基甲基磷酸盐
DNA	deoxyribonucleic acid 脱氧核糖核酸
DOP	degree of polarization 偏振度
DPSSL	diode pumped solid state laser 固体激光器
DWDM	dense wavelength division multiplexing 密集波分复用
EDFA	erbium-doped fiber amplifier 掺铒光纤放大器
EDF	erbium-doped fiber 掺铒光纤
EFPI	extrinsic fabry-perot interferometer 非本征法-珀干涉仪
FBG	fiber bragg grating 光纤布拉格光栅

FDTD	finite different time domain 有限时域差分法
FEM	finite element method 全矢量有限元法
FFPF	fiber fabry-perot filter 光纤法布里珀罗滤波器
FFP	fiber fabry-perot 光纤法珀腔
FFT	fast fourier transform algorithm 快速傅里叶变换法
FHD	flame hydrolysis deposition 火焰水解淀积
FIB	focused ion beam 聚焦离子束
FMCW	frequency modulation continuous wave 连续波调频技术
FPI	fabry-perot interferometer 光纤法珀干涉仪
FSR	free spectrum range 自由谱区
FWHM	full width at half maximum 半峰值宽度
FWM	four-wave mixing 四波混频
F-PA	Fabry-perot amplifier 法布里珀罗腔放大器
GI-MM	graded index multimode polymer fiber 渐变折射率多模聚合物光纤
GI-POF	graded index polymer optical fiber 渐变折射率聚合物光纤
GNLSE	generalized nonlinear schrodinger equation 通用非线性薛定谔方程
IC	integrated circuit 集成电路
ICP	inductively coupled plasma 感应耦合等离子体
IFPI	intrinsic fabry-perot interferometer 本征型光纤法珀传感器
ILA	injection lock mode amplifier 注入锁模放大器
ILFE	in-line fabry-perot 线型复合腔光纤法珀传感器
LD	laser diode 激光二极管
LED	light emitting diode 发光二极管
LFRA	lumped fiber Raman amplifer 集总式拉曼放大器
LMA	large mode area 大模场面积
MBB	molecular building block 分子构造块
MCP	microchannel plate 微通道板
MCVD	modified chemical vapor deposition 改进的化学气相沉积法
MEMC	motion estimate and motion compensation 运动估计和运动补偿
MEMS	micro-electro mechanical systems 微机电系统
MFDM	modulated frequency domain multiplexing 调制频域复用
MFD	mode field diameter 腰斑模场直径
MLD	multimode laser diode 多模半导体激光器
MMF	multi mode fiber 多模光纤
MOEMS	micro optoeletro mechanical system 微光电子机械系统
MPD	mode power distribution 模式功率分布型
MPOF	microstructured polymer optical fiber 微结构聚合物光纤
MQT	macroscopic quantum tunneling 宏观量子隧道效应
MTIR	modified total internal reflection 全反射
MTTF	mean time to failures 平均失灵时间

MWNT	multi-walled nanotube 多壁碳纳米管	
MZI	Mach-Zehnder interometer 马赫曾德尔干涉仪	
NA	numerical aperture 数值孔径	
NEMS	nano-electro-mechanical systems 纳米机电系统	
NF	noise figure 噪声系数	
OCDMA	optical code division multiple access 光码分复用	
OCT	optical coherence tomography 光学相干层析技术	
OEIC	optoelectronic integrated circuit 光电子集电路	
OFDM	optical frequency division multiplexing 光频分复用	
OSCM	optical subcarrier multiplexing 光副载波复用	
OSDM	optical space division multiplexing 光空分复用	
OTDM	optical time division multiplexing 光时分复用	
OTDR	optical time domain reflectometry 光时域反射	
OWDM	optical wavelength division multiplexing 光波分复用	
PBG	photonic band gap 光子带隙	
PCF	photonic crystal fiber 光子晶体光纤	
PC	polarization controller 偏振控制器	
PDG	polarization dependent gain 偏振相关增益	
PDL	polarization dependent loss 偏振相关损耗	
PDM	polarization dependent modulation 偏振相关调制	
PDR	polarization dependent response 偏振相关响应	
PDS	polarization dependent sensitivity 偏振相关灵敏度	
PDW	polarization dependent wavelength 偏振相关波长	
PECVD	plasma enhanced chemical vapor deposition 等离子体增强化学气相层积法	
PGC	phase generated carrier 相位载波生成法	
PHB	polarization burn hole effect 偏振烧孔效应	
PMD	polarization mode dispersion 偏振模色散	
PMMA	polymethyl methacrylate 聚甲基丙烯酸甲酯	
POF	polymer(plastic) optical fiber 聚合物光纤	
POTDR	polarization optical domain reflectometry 偏振光时域反射法	
PSD	phase sensitive detection 相敏检波	
PTT	polytrimethylene terephthalate 聚对苯二甲酸丙二醇酯	
PVS	physical vapor synthesis 物理蒸气合成	
PZT	piezoelectric ceramics 压电陶瓷	
RFA	raman fiber amplifier 拉曼光纤放大器	
RIE	reactive ion etching 反应离子蚀刻	
RNA	ribonucleic acid 核糖核酸	
ROTDR	Raman optical time domain reflectometry 拉曼散射光时域反射仪	
RSFS	Raman self-frequency shift 拉曼自频率调制	
SBS	stimulated brillouin scattering 受激布里渊散射	

SC	supercontinuum 超连续光谱
SDF/SDOF	subwavelength-diameter optical fiber 亚波长直径光纤
SDM	space division multiplexing 空分复用
SFM	space filling mode 空间填充模
SI-MM	step-index multimode 阶跃折射率多模光纤
SLA	semiconductor laser amplifier 半导体激光放大器?
SLED	super luminescent diodes 超辐射发光二极管
SMD	surface mounted devices 光表面贴装器件
SMF	single mode fiber 单模光纤
SMT	surface mounted technology 光表面组装技术
SNOM	scanning near-field optical microscope 近场扫描光学显微镜
SOA	semiconductor optical amplifier 半导体光放大器
SOP	states of polarization 偏振态
SPM	scanning-probe microscope 扫描探针显微镜
SPR	surface plasmon resonance 表面等离子体共振
SPW	surface plasmon wave 表面等离子体波
SRS	stimulated raman scattering 受激拉曼散射
STM	scanning tunneling microscope 扫描隧道显微镜
SVEA	slowly-varying envelop approximation 基于慢编包络近似
SWNT	single-walled nanotube 单壁碳纳米管
TDM	time domain multiplexing 时分复用
TEC	thermoelectric cooler 热电制冷器
TIR	total internal reflection 全反射
TOF	tunable optical filter 可调谐光滤波器
TO	thermal optic switch 热光开关
TPP	triphenyl phosphate 三苯基磷酸盐
TWA	travelling wave amplifier 行波放大器
UV	ultraviolet light 紫外光
VAD	vapor phase axial deposition 轴向淀积
WDM	wavelength division multiplexing 波分复用
WLS	wave length scanning 波长扫描法
XPM	cross phase modulation 交叉相位调制